U0144731

Structures II

結構學（下）

第二版　　　　　　　　苟昌煥 博士　著

五南圖書出版公司 印行

序

　　結構學是土木及相關科系學生必須修讀的一門課程，能提供學生在結構力學方面的基礎訓練。

　　本書著重基本觀念的闡述，並以平面結構做為講解的內容。透過例題的詳細解說，可使讀者加深對書中內容的瞭解與掌握。

　　全書分為上、下兩冊，各八個章節，可作為一般大學土木及相關科系結構學的教材或輔助教材之用。以下是對本書各章節的內容做一概述：

　　第一章是說明結構學若干基本定義，並介紹各種結構的組成型式及其功能。

　　第二章是講述結構的穩定性及可定性，說明了穩定與不穩定結構的型式及穩定結構靜不定度數之判定方法。

　　第三、四、五章分別講述靜定梁、桁架、剛架及組合結構內力計算的方法。

　　第六、七章分別說明靜定結構如何藉由力素與載重位置之關係，繪出該力素的影響線，以及影響線在結構設計上之應用。

　　第八章是說明計算靜定結構彈性變形的方法，其中包含了共軛梁法、卡氏第二定理及單位虛載重法。

　　第九章是對靜不定結構做一概述，並說明與靜定結構的基本差異。

　　第十章是對結構的對稱性及反對稱性做一說明，並強調取全做半及取半分析的觀念。

　　第十一、十二章是分別講述如何由力法中的諧合變形法及最小功法來分析靜不定結構。

　　第十三章是對節點的變位及桿件的側位移做一說明，以做為位移法分析靜不定結構的基礎。

　　第十四章是講述如何應用傾角變位法來分析靜不定撓曲結構，而傾角變位法即為結構分析中的位移法。

　　第十五章是講述彎矩分配法的分析觀念，而彎矩分配法是一種以位移法為基礎的漸近解法。

　　第十六章是對靜不定結構影響線的繪製及分析方法做一說明。

　　本書的撰寫乃是基於對結構學的興趣，惟個人能力有限，謬誤之處自所難免，盼望讀者不吝指正，筆者當虛心就教，不勝感激。

苟昌煥　謹誌

目　錄

12 力法——最小功法   12-1

13 節點變位與桿件側位移   13-1

第九章

靜不定結構概述

>>>>>>>>>

9-1 靜不定結構之定義

對於一穩定之結構，若其內、外約束力（即內、外未知力）之數量多於平衡方程式（指靜力平衡方程式與條件方程式）之數量時，稱此結構為一靜不定結構（statically indeterminate structure）或超靜定結構。

一般所謂內約束力泛指構件之內力，而外約束力泛指支承反力。

9-2 結構靜不定度數之判定

在結構為幾何穩定的前提下，若 N 表結構之靜不定度數，則由第二章第2-2節可知：（詳細說明請參閱第二章第2-2節）

1. 對梁結構而言

$$N = r - (3+c) \tag{9.1}$$

式中，r 表支承反力之數目；3 表靜力平衡方程式之數目；c 表條件方程式之數目。

2. 對桁架結構而言

$$N = (b+r) - 2j \tag{9.2}$$

式中，b 表桁架桿件之數目（須注意恆零桿件及交向斜桿）；r 表支承反力之數目；j 表桁架節點之數目。

3. 對剛架結構而言

$$N = (3b+r) - (3j+c) \tag{9.3}$$

式中，b 表剛架桿件之數目；r 表支承反力之數目；j 表剛架節點之數目。

至於組合結構靜不定度數之判定，亦請參閱第二章第2-2節之解說。

9-3　靜定結構與靜不定結構之基本區別

對於靜定結構與靜不定結構之基本區別，現敘述如下：

(1)靜定結構內、外未知力之求解，由平衡方程式（即靜力平衡方程式與條件方程式）即可解得。而靜不定結構內、外未知力之求解，無法單由平衡方程式求得。

(2)靜定結構應力之發生全基於外載重之作用，而靜不定結構應力之發生除了外載重之因素外，還會受到支承移動、溫度變化、桿件長度製造誤差等等因素之影響。在靜不定結構中，由支承移動、溫度變化、桿件長度製造誤差等所引致構材再產生的應力謂之二次應力（second stress）。

(3)對於一定載重而言，靜不定結構所產生的最大應力與變形通常較同形狀、同材料的靜定結構小，故靜不定結構可用較薄的構件來承受載重，且具較佳的穩定性。

(4)靜不定結構當設計錯誤或超過負荷時，會將載重重新分配至多餘的支承上，因而具有較高的安全性。

(5)與靜定結構相較，靜不定結構有著較便宜的材料費，但具有較昂貴的支承與節點之建造費。

9-4　分析靜不定結構之基本假設

分析靜不定結構時之基本假設包含以下幾點：

(1)桁架結構之節點均為鉸接。

(2)撓曲結構之桿件若由剛性節點（rigid joint）連接時，則結構受力後各剛性節點應繼續保持剛接，亦即，連接於同一剛性節點上之各桿端，在受力後其變形均應保持一致。

(3)力與變位之間要符合線性結構之要求。

(4)若僅考慮彎矩效應時，桿件在變形前後，其長度均假設不變。

9-5　概述分析靜不定結構之方法

　　如同靜定結構，在分析靜不定結構之力學行為時，亦須符合以下三個基本原則：（詳細說明請參閱第一章第 1-1 節）

(1)力系的平衡。

(2)材料的應力和應變關係。

(3)變形的一致性（即諧合性）。

　　在分析靜不定結構時，有兩種分析方法可滿足以上三個基本原則，即**力法**和**位移法**。所謂力法是一種以「力」為未知數的分析方法，若欲解出未知的力，則需列出滿足材料應力和應變關係及變位一致性的方程式。當未知力解出後，進一步可求得各桿件內力及節點變位。本書在力法的範疇中將介紹諧合變形法（method of consistent deformations）及最小功法（least work method）。

　　所謂位移法是一種以「變位」為未知數的分析方法，在定出未知的獨立節點變位（即**自由度**或稱**動不定度**（degree of kinematic indeterminacy））後，可將節點之平衡方程式按此節點變位列出，經由力系的平衡關係與材料應力和應變的關係，即可求得各節點之變位，進一步可得出各桿件之內力。本書在位移法的範疇中將介紹傾角變位法（method of slope deflection）。

　　除上述各種分析方法外，本書亦將介紹彎矩分配法（moment distribution method），彎矩分配法是一種以位移法為基礎的漸近解法，對於撓曲結構之內力分析至為簡便（結構無側位移時尤佳）。

討論 1

　　原則上，諧合變形法及最小功法適用於分析靜不定桁架結構及靜不定度數較少的撓曲結構，而傾角變位法及彎矩配分配法則適用於分析動不定度數（即未知的獨立節點變位數）較少的撓曲結構。

討論 2

　　靜定撓曲結構的內力係由靜力平衡條件來決定，因此內力狀態與 EI 值無關；靜不定撓曲結構的內力係由靜力平衡條件與變形條件共同決定，其中變形條件與各桿件的 EI 值相關，因此內力狀態必與 EI 值有關。

討論 3

　　在分析靜不定結構內力時：

(1)在載重作用下，需給出 EI 與 EA 的相對值。

(2)在溫度改變、支承移動、材料收縮及製造誤差等效應作用下，需給出 EI 與 EA 的絕對值（即實際值）。

第十章

結構之對稱性與反對稱性

當結構之靜不定度數增多時，計算量亦相對的增加，對於對稱及反對稱結構而言，若在分析的過程中能適當應用結構的對稱與反對稱特性，則可減少計算量，同時亦可提高分析的準確性。

10-1 對稱結構與反對稱結構之定義

談到對稱結構與反對稱結構，需先瞭解結構本身的對稱性，所謂結構本身的對稱性是包含以下兩方面的涵義：

(1)幾何對稱：即結構的幾何形狀和約束情況對某軸對稱。

(2)材料對稱：即桿件的斷面與材料性質（如 EI 值、EA 值等）也對此軸對稱。

對於平面結構而言，可分為具有幾何對稱軸的幾何線對稱（如圖 10-1(a)所示）及具有幾何對稱點的幾何點對稱（如圖 10-1(b)所示）兩種。

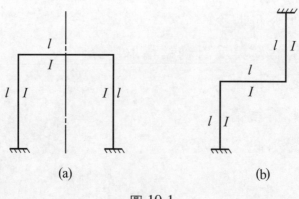

(a)　　　　　　　　　　　(b)

圖 10-1

能使幾何對稱及材料對稱的結構產生對稱反應（如變形、位移、內力、支

承反力等）的載重稱為對稱載重；反之，能使幾何對稱及材料對稱的結構產生反對稱反應的載重稱為反對稱載重。

　　上述所指的載重泛指廣義的載重，亦即除外加的載重外尚包含支承沉陷、溫度變化及製造誤差等等。

　　經由以上的說明，可瞭解一對稱結構必須同時滿足以下三條件：

　　⑴幾何對稱。

　　⑵材料對稱。

　　⑶載重對稱。

同理，一反對稱結構亦必須同時滿足以下三條件：

　　⑴幾何對稱。

　　⑵材料對稱。

　　⑶載重反對稱。

10-2　結構對稱中點（簡稱對稱中點）之特性

　　幾何對稱軸與結構的交點稱為**結構對稱中點**（或可簡稱**對稱中點**），對稱中點的性質可由三個力 F_x、F_y、M 及三個相應的變位 Δ_x、Δ_y、θ 來描述，其中三個力須滿足：

　　⑴力的平衡性。

　　⑵對稱性或反對稱性。

而三個相應的變位須滿足：

　　⑴變位的諧合性（即變位之連續性）。

　　⑵對稱性或反對稱性。

在這描述對稱中點性質的六個量中，必有三個量為零，而另外三個量不為零。現以圖 10-2 中所示的四個結構（EI 均為定值）為例，說明結構對稱中點之特性：

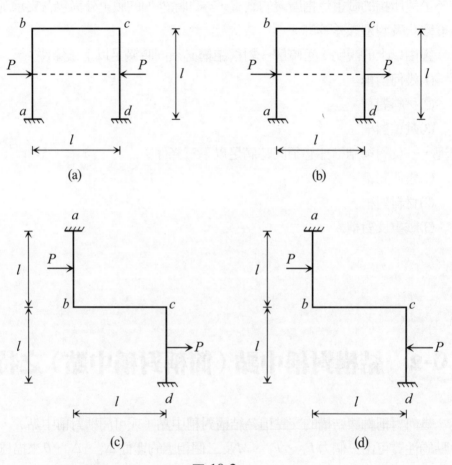

圖 10-2

圖 10-2(a)所示為一對稱結構，bc 桿件之中點即為結構對稱中點，由力的平衡性與對稱性可知，在此對稱中點處斷面內力有如下之特性：

$F_x \neq 0$　（表在對稱中點處水平方向的軸向力不為零）

$F_y = 0$　（表在對稱中點處剪力為零）

$M \neq 0$　（表在對稱中點處彎矩不為零）

再由變位的諧合性與對稱性可知，在此對稱中點處之變位有如下之特性：

$\Delta_x = 0$　（表在對稱中點處無水平方向位移）

$\Delta_y \neq 0$　（表在對稱中點處垂直方向之位移不為零）

$\theta = 0$　（表在對稱中點處無轉角）

圖 10-2(b)所示為一反對稱結構，bc 桿件之中點即為結構對稱中點，同以上分析，可知結構對稱中點有如下之特性：

$F_x = 0$；$F_y \neq 0$；$M = 0$

$\Delta_x \neq 0$；$\Delta_y = 0$；$\theta \neq 0$

圖 10-2(c)所示為一對稱結構，bc 桿件之中點即為結構對稱中點，同以上分析，可知結構對稱中點有如下之特性：

$F_x = 0$；$F_y = 0$；$M \neq 0$

$\Delta_x \neq 0$；$\Delta_y \neq 0$；$\theta = 0$

圖 10-2(d)所示為一反對稱結構，bc 桿件之中點即為結構對稱中點，同以上分析，可知結構對稱中點有如下之特性：

$F_x \neq 0$；$F_y \neq 0$；$M = 0$

$\Delta_x = 0$；$\Delta_y = 0$；$\theta \neq 0$

討論 1

以上各項對稱中點特性，為對稱或反對稱結構取半分析時之重要依據。

討論 2

在對稱結構中，對稱於幾何對稱軸（或點）的節點轉角，必大小相同而方向相反（如圖 10-2(a)、(c)所示之結構）。在反對稱結構中，對稱於幾何對稱軸（或點）的節點轉角，必大小相同而方向亦相同（如圖 10-2(b)、(d)所示之結構）。

例題 10-1

在下圖所示各結構中，EI 為定值，彈簧彈力常數均為 k，試問

(1)何者為對稱結構，何者為反對稱結構？

(2)在圖(a)中，節點 b 是否有轉角？是否有下陷？

(3)在圖(b)中，節點 b 是否有轉角？是否有下陷？

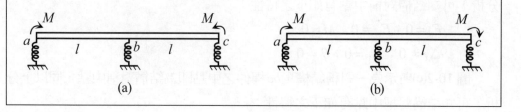

(a)　　　　　　　　　　　　　(b)

解

(1)圖(a)所示為一對稱結構（b 點為對稱中點）；圖(b)所示為一反對稱結構（b 點為對稱中點）

(2)由對稱結構的對稱中點特性可知：

　①$\theta_b = 0$，故 b 點沒有轉角產生

　②$\Delta_y \neq 0$，故 b 點有下陷產生

(3)由反對稱結構的對稱中點特性可知：

　①$\theta_b \neq 0$，故 b 點有轉角產生

　②$\Delta_y = 0$，故 b 點沒有下陷產生，換言之，b 處之彈簧不受力。

例題 10-2

在下圖所示各結構中，EI 為定值，試問

(1)何者為對稱結構，何者為反對稱結構？

(2)各剛架中 bc 桿件之內力分佈情形如何？（不經由計算，請直接判別）

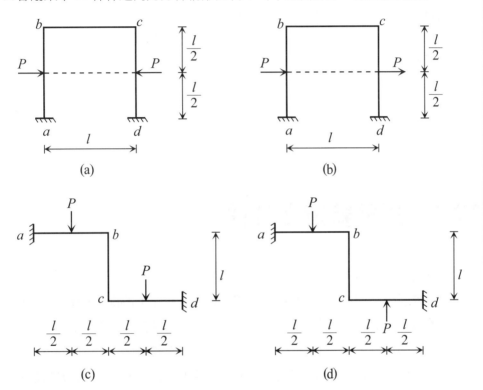

解

(1)圖(a)及圖(c)為對稱結構；圖(b)及圖(d)為反對稱結構。

(2)①圖(a)，在 bc 桿件中點處（即對稱中點），$F_x \neq 0$；$F_y = 0$；$M \neq 0$，故 bc 桿件上之軸向力不為零；由於 bc 桿件上無任何外加之側向力，因此在 bc 桿件上，各斷面的剪力值均為零，而彎矩圖為一平行於 bc 桿件的直線。

②圖(b)，在 bc 桿件中點處（即對稱中點），$F_x = 0$；$F_y \neq 0$；$M = 0$，故 bc 桿件上之軸向力為零；由於 bc 桿件上無任何外加之側向力，因此 bc 段之剪

力圖為一平行於 bc 桿件的直線。

③圖(c)，在 bc 桿件中點處（即對稱中點），$F_x = 0$；$F_y = 0$；$M \neq 0$，故 bc 桿件上軸向力為零；由於 bc 桿件上無任何外加之側向力，因此在 bc 桿件上，各斷面的剪力值均為零，而彎矩圖為一平行於 bc 桿件的直線。

④圖(d)，在 bc 桿件中點處（即對稱中點），$F_x \neq 0$；$F_y \neq 0$；$M = 0$，故 bc 桿件上之軸向力不為零；由於 bc 桿件上無任何外加之側向力，因此 bc 段之剪力圖為一平行於 bc 桿件的直線。

10-3　對稱結構之特性

一對稱結構必具有以下的特性：

(1)對於對稱結構而言，對稱於幾何對稱軸（或點）的節點轉角或桿端內力（end force），必大小相同，但方向相反。換言之，對稱結構之變形曲線與內力分佈必為對稱之形態。此處所謂桿端內力係指撓曲結構受到外力作用後，桿件將產生相應的內力，其中在桿件兩端的內力稱為桿端內力。

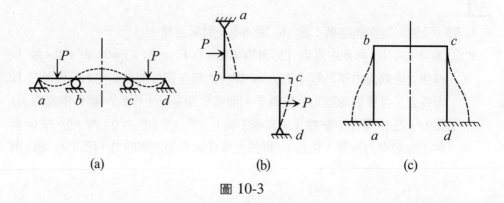

(a)　　　　　　　　(b)　　　　　　　　(c)

圖 10-3

圖 10-3 所示各結構，在廣義載重作用下均屬對稱結構，亦即：

①對節點轉角而言，$\theta_a = -\theta_d$，$\theta_b = -\theta_c$。

②對桿端彎矩而言，$M_{ab} = -M_{dc}$，$M_{ba} = -M_{cd}$，$M_{bc} = -M_{cb}$。

(2)由結構的對稱中點特性可知，若對稱中點上無集中載重作用，則在該對稱中點處平行於對稱軸之內力將為零，否則依對稱性可知，在該對稱中點處平行於對稱軸之內力將平分作用於該對稱中點上之集中載重。例如在圖 10-4(a)所示的對稱剛架，作用在中點 c 上的集中力 P 將被平行於對稱軸之內力所平分，如圖 10-4(b)所示。

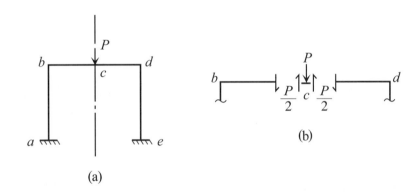

圖 10-4

(3)由結構的對稱中點特性可知，對稱中點處的轉角必須為零。

(4)對於對稱結構而言，由於內力的分佈具有對稱性，因此剪力圖必呈一反對稱圖形，而彎矩圖必呈一對稱圖形。圖 10-5(a)所示為一對稱結構，若在對稱軸兩側分取互為對稱的 a, b 兩個小單元（二者的剪力與彎矩亦相互對稱，如圖 10-5(b)所示），由內力符號之規定可知，在 a 單元上剪力為正，彎矩亦為正，而在 b 單元上剪力為負，彎矩為正，因此剪力圖呈反對稱分佈（如圖 10-5(c)所示），而彎矩圖呈對稱分佈（如圖 10-5(d)所示）。

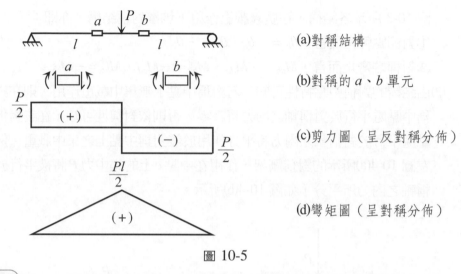

(a)對稱結構

(b)對稱的 a、b 單元

(c)剪力圖（呈反對稱分佈）

(d)彎矩圖（呈對稱分佈）

圖 10-5

討論

　　圖 10-5(a)所示之結構，雖然左端為鉸支承，右端為輥支承，但在僅有垂直支承反力的情況下，結構之內力及變形均為對稱分佈，因此可稱之為「實質」的對稱結構。

例題 10-3

下列各結構之 EI 為定值，試判斷其對稱性。

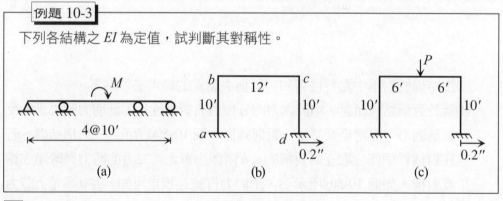

解

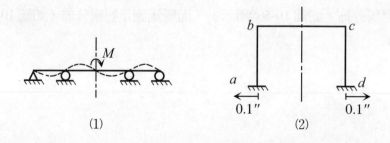

1. 圖(a)所示的結構,其彈性變形曲線呈反對稱分佈(如圖(1)所示),因此為一反對稱結構。
2. 圖(b)所示的結構,支承 d 向右移動 $0.2''$,其效應與圖(2)所示的對稱效應相同,因此為一對稱結構。
3. 載重 P 與支承移動均對剛架造成對稱的效應,因此圖(c)所示的結構為一對稱結構。

例題 10-4

下圖所示的對稱靜不定梁結構,EI 為定值,b 點為鉸接續,可否直接繪出其剪力圖與彎矩圖。

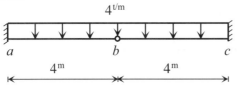

解

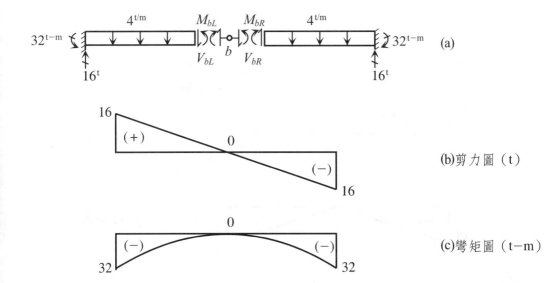

將原結構分解成圖(a)之形式，由於 b 點為一鉸接續（即內鉸接），因此
$M_{bL} = M_{bR} = 0$。又由於原結構為一對稱結構，因此由結構對稱中點之特性可知
$V_{bL} = V_{bR} = 0$（因為對稱中點（即 b 點）上無集中載重）。故原靜不定梁在繪
剪力圖及彎矩圖時，可將 ab 段及 bc 段均視為承受均佈載重 $4^{t/m}$ 作用之靜定懸
臂梁，因而可輕易繪出剪力圖（如圖(b)所示）及彎矩圖（如圖(c)所示）。

例題 10-5

下圖所示的對稱靜不定梁結構，EI 為定值，b 點為鉸接續，可否直接繪出其剪
力圖與彎矩圖。

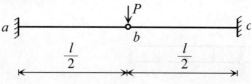

解

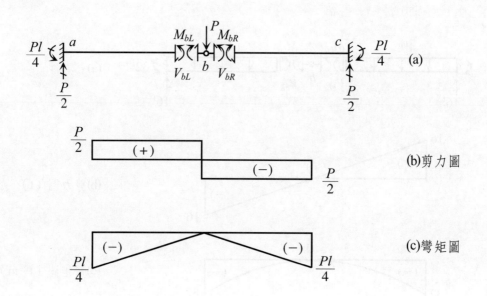

將原結構分解成圖(a)之形式，由於 b 點為一鉸接續，因此$M_{bL} = M_{bR} = 0$。又由於原結構為一對稱結構，因此由結構對稱中點之特性可知$V_{bL} = \dfrac{P}{2}$，$V_{bR} = -\dfrac{P}{2}$（因為對稱中點（即 b 點）上有一集中力 P，所以在中點處平行於對稱軸之內力（即 V_{bL} 及 V_{bR}）將平分此一集中力）。故原靜不定梁在繪剪力圖及彎矩圖時，可將 ab 段及 bc 段均視為自由端剪力為 $\dfrac{P}{2}$ 之靜定懸臂梁，因而可輕易繪出剪力圖（見圖(b)，及彎矩圖（見圖(c)）。

10-4　反對稱結構之特性

一反對稱結構必具有以下的特性：

(1)對於反對稱結構而言，對稱於幾何對稱軸（或點）的節點轉角或桿端內力，必大小相同，且方向亦相同。換言之，反對稱結構之變形曲線與內力分佈必為反對稱之形態。

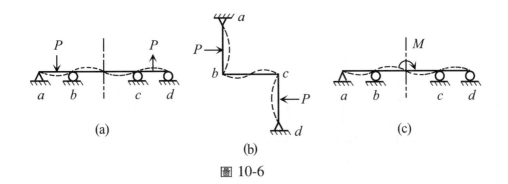

圖 10-6

圖 10-6 所示各結構，在廣義載重作用下均屬反對稱結構，亦即：

①對節點轉角而言，$\theta_a = \theta_d$，$\theta_b = \theta_c$。

②對桿端彎矩而言，$M_{ab} = M_{dc}$，$M_{ba} = M_{cd}$，$M_{bc} = M_{cb}$。

(2)在反對稱結構中，若結構對稱中點上無外加集中力矩作用，則在該中點處斷面彎矩一定為零，否則由反對稱性可知，在該中點處斷面彎矩將平分作用於該中點上之集中力矩。例如在 10-7(a)所示的反對稱剛架中，作用在中點 c 上的集中力矩 M 將被斷面彎矩所平分，如圖 10-7(b)所示。

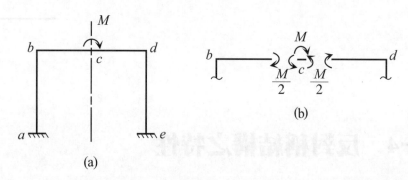

圖 10-7

另外，在圖 10-8(a)所示的反對稱剛架結構中，幾何對稱軸通過 cd 桿件，因此在理論上，cd 桿件上每一點都可視為結構對稱中點。由上述的觀念可知，若無其他集中力矩作用在 c 點時，桿端彎矩 M_{cd} 將被 c 點上其他桿件之斷面彎矩所平分，如圖 10-8(b)所示。

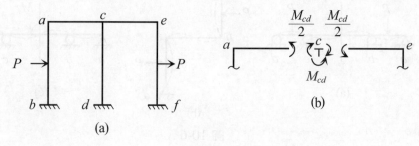

圖 10-8

(3)對於反對稱結構而言，由於內力的分佈具有反對稱性，因此剪力圖必呈一對稱圖形，而彎矩圖必呈一反對稱圖形。

10-5　對稱結構與反對稱結構取全做半之分析觀念

　　對稱結構之內力或變形均呈對稱分佈，而反對稱結構之內力或變形均呈反對稱分佈。依此特性，在分析對稱或反對稱結構時，僅需計算幾何對稱軸（或點）半邊的結構即可。至於對稱軸（或點）另半邊的結構，不論是內力或變形，均可由對稱性或反對稱性推得，而不需再另外計算。此種分析對稱或反對稱結構之方法，稱之為**取全做半法**。

10-6　對稱結構與反對稱結構取半分析之分析觀念

　　取半分析之觀念是將對稱結構或反對稱結構沿幾何對稱軸（或點）切開，任取一半來分析，並在切開處（即結構對稱中點處）以適當的支承來模擬（此支承的約束情形必須符合結構對稱中點之特性及原有的束制條件）。在完成分

析此部份之內力或變形後，再依對稱性或反對稱性推得對稱軸（或點）另一半結構的內力或變形。此種分析方法稱為**取半分析法**。

討論 1

　　在取半分析法中，對稱中點處將以適當的支承來模擬，在一般情況下，對稱中點處可依以下的原則來進行支承的模擬：

⑴對於具有奇數跨的對稱或反對稱結構而言，對稱中點處支承的模擬需符合對稱中點的特性。

⑵對於具有偶數跨的對稱或反對稱結構而言，對稱中點處支承的模擬需同時符合對稱中點的特性及中點處邊界條件的束制。

討論 2

　　不論是取全做半法或是取半分析法，均是應用結構的對稱性或反對稱性來簡化分析的過程，因此若能適當選取取全做半法或是取半分析法，將有助於結構的分析。

例題 10-6

於下圖所示各對稱結構中，說明取半分析之觀念（各桿件不計軸向變形）。

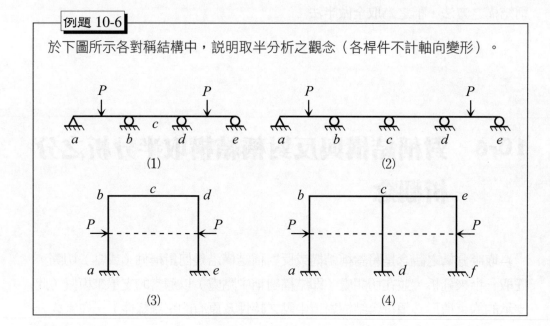

解

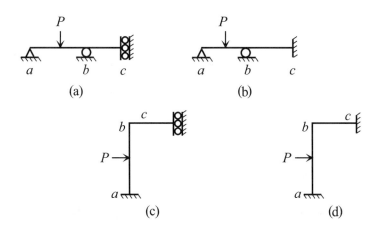

(a)   (b)

(c)   (d)

圖(1)至圖(4)各對稱結構之對稱中點特性均為

$$F_x \neq 0 \; ; \; F_y = 0 \; ; \; M \neq 0 \tag{1}$$

$$\Delta_x = 0 \; ; \; \Delta_y \neq 0 \; ; \; \theta = 0 \tag{2}$$

在取半分析法中，對稱中點處（即切斷處）將以適當的支承來模擬。

圖(1)及圖(3)所示均為具有奇數跨的對稱結構，在對稱中點處（即 c 點處）僅須符合對稱中點的特性即可（因無其他邊界條件來約束），因此在符合(1)式及(2)式的情況下，對稱中點處可模擬成一導向支承，如圖(a)及圖(c)所示。

圖(2)所示為一具有偶數跨的對稱連續梁結構，由於在對稱中點處（即 c 點處）應同時滿足對稱中點的特性及邊界條件的約束（原結構在 c 點處有一輥支承，可提供 $F_y \neq 0$ 及 $\Delta_y = 0$ 之邊界條件），所以在 c 點處必須符合

$$F_x \neq 0 , F_y \neq 0 \; ; \; M \neq 0 \tag{3}$$

$$及 \; \Delta_x = 0 \; ; \; \Delta_y = 0 \; ; \; \theta = 0 \tag{4}$$

之性質，由此可知，在符合(3)式及(4)式的情況下，c 點處可模擬成一固定端，如圖(b)所示。

圖(4)所示的為一具有偶數跨的剛架結構，由於在 c 點處應同時滿足對稱中點之特性與 cd 桿件的約束（原結構在 c 點處，由於桿件 cd 不計軸向變形，因此可提供 $F_y \neq 0$ 及 $\Delta_y = 0$ 之約束），故 c 點處可模擬成一固定端，如圖(d)所示。

例題 10-7

於下圖所示各反對稱結構中，說明取半分析之觀念（各桿件不計軸向變形）。

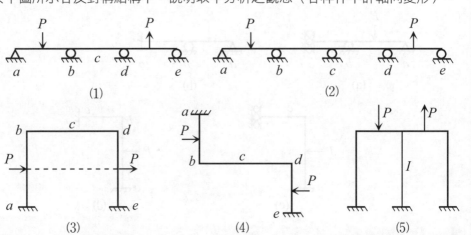

(1)

(2)

(3)

(4)

(5)

解

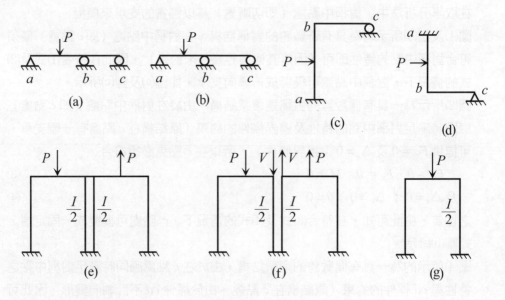

(a)

(b)

(c)

(d)

(e)

(f)

(g)

圖(1)至圖(3)各反對稱結構之對稱中點特性均為

$$F_x = 0 \; ; \; F_y \neq 0 \; ; \; M = 0$$

$\Delta_x \neq 0$；$\Delta_y = 0$；$\theta \neq 0$

圖(4)所示之反對稱結構的對稱中點特性為

$F_x \neq 0$；$F_y \neq 0$；$M = 0$

$\Delta_x = 0$；$\Delta_y = 0$；$\theta \neq 0$

圖(1)及圖(3)所示均為具有奇數跨的反對稱結構，依對稱中點的特性，可將 c 點處模擬成一輥支承，如圖(a)及圖(c)所示。

圖(2)所示為一具有偶數跨的反對稱結構，由對稱中點的特性及 c 點處的邊界條件（原結構在 c 點處有一輥支承）可知，c 點處仍然模擬成一輥支承，如圖(b)所示。

圖(4)所示為一反對稱結構，依對稱中點的特性，可將 c 點處模擬成一鉸支承，如圖(d)所示。

圖(5)所示為一具有偶數跨的反對稱剛架，在取半分析時，可假想中間柱是由兩根各具有 $\dfrac{I}{2}$ 的柱子所組成，如圖(e)所示，若沿對稱軸將此剛架切開（如圖(f)所示），則在桿件不計軸向效應的情況下，剪力 V 可略去不計（這一對大小相等、性質相反的剪力，對原結構各桿件之剪力及彎矩的分佈均無影響），故所取的半邊結構，如圖(g)所示。

例題 10-8

於下圖所示各結構，說明取半分析之觀念（各桿件不計軸向變形，且 EI 為定值）。

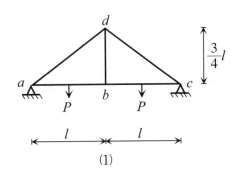

(1)

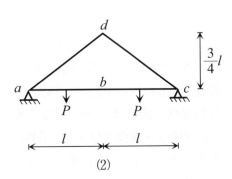

(2)

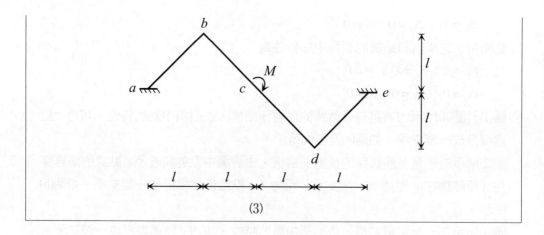

(3)

解

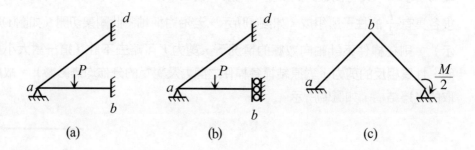

(a)　　　　　　(b)　　　　　　(c)

在圖(1)所示的對稱結構中，a點及c點均為鉸支承，因此在此處之 $\Delta_x = \Delta_y = 0$，由於 ad 桿件及 cd 桿件不計軸向變形，所以 d 點所形成的約束條件亦為 $\Delta_x = 0$ 及 $\Delta_y = 0$。在此情況下，又由於 ab 桿件、bc 桿件及 bd 桿件均不計軸向變形，所以 b 點所形成之約束條件亦為 $\Delta_x = 0$ 及 $\Delta_y = 0$。此外，由對稱中點之特性可知 $\theta_b = \theta_d = 0$。在同時考量 b 點和 d 點的對稱中點特性及約束條件後，可將 b 點及 d 點處均模擬成一固定端，如圖(a)所示。

同理，在圖(2)中，d 點亦可模擬成一固定端。但在圖(2)中，由於 b 點缺少 bd 桿件的連結，因此 $\Delta_y \neq 0$，所以依據 b 點的對稱中點特性 $\theta_b = 0$ 及 $\Delta_x = 0$，可將 b 點模擬成一導向支承，如圖(b)所示。

在圖(3)所示的反對稱結構中，由對稱中點特性：

$$F_x \neq 0 \text{；} F_y \neq 0 \text{；} M = 0$$

$\Delta_x = 0$；$\Delta_y = 0$；$\theta \neq 0$

可知 c 點可模擬成一鉸支承。此時作用在 c 點上之外加集中力矩變成 $\dfrac{M}{2}$，如圖(c)所示。

討論

所謂不移動節點（該節點 $\Delta_x = \Delta_y = 0$），係指固定支承點或鉸支承點或是不產生移動的非支承節點，凡由兩個不移動節點所分別延伸出的兩根桿件之交點亦為一不移動節點。由此原則可看出，圖(1)中的 a、b、c、d 四個節點及圖(2)中的 a、c、d 三個節點均為不移動節點。

10-7　偏對稱結構

所謂偏對稱結構，是指一個幾何與材料均為對稱之結構，若承受既不對稱亦不反對稱之載重後，必可藉由疊加原理，將其化為對稱結構與反對稱結構之組合。

例題 10-9

以下各結構均為偏對稱結構，請利用疊加原理將其化為對稱結構與反對稱結構之組合。

解

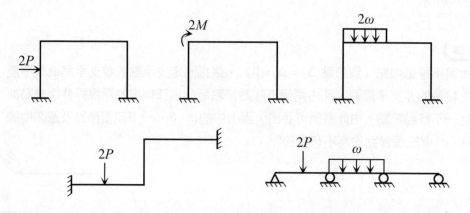

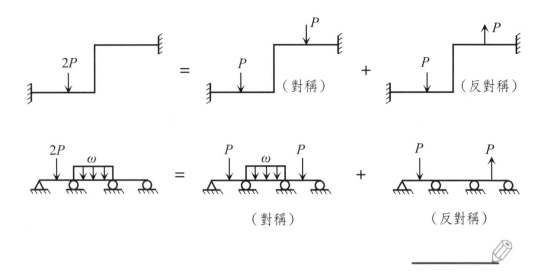

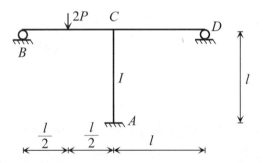

例題 10-10

請利用疊加原理，將下圖所示之偏對稱剛架化為對稱結構與反對稱結構之組合，並表示取半分析之結果。EI 為常數。

解

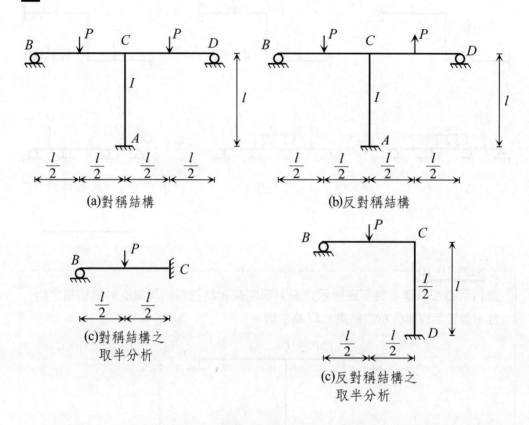

(a)對稱結構

(b)反對稱結構

(c)對稱結構之
取半分析

(c)反對稱結構之
取半分析

　　原剛架可化為對稱結構（如圖(a)所示）與反對稱結構（如圖(b)所示）之疊加。對於具有偶數跨的對稱或反對稱結構而言，對稱中點處支承的模擬需同時符合對稱中點的特性及中點處邊界條件的束制，因此在取半分析時，圖(a)所示的對稱結構可將C點處模擬成一固定支承（圖(c)所示）；圖(b)所示的反對稱結構可將CD桿件之I值減少一半（圖(d)所示）。

10-8　偏對稱觀念之應用

首先以圖 10-9 來說明撓曲結構在節點受力時所具有的內力分佈特性（設所有桿件均不計軸向變形之效應）：

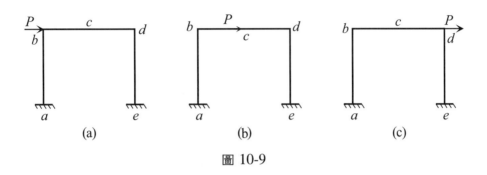

圖 10-9

圖 10-9(a)所示為一剛架結構，在 b 點上之集中力 P 係作用在 bd 桿件之軸向。當此集中力 P 沿著 bd 桿件滑動時，此剛架結構之內力具有以下的特性：

(1) 當集中力 P 作用在 b 點時（如圖 10-9(a)所示），剛架各桿件均將產生內力，其中 bd 桿件的軸向力是為壓力。

(2) 當集中力 P 沿 bd 桿件滑動至 c 點時（如圖 10-9(b)所示），剛架中各桿件之剪力及彎矩將保持不變，但 bd 桿件之軸向力卻已改變，其中 bc 段承受拉力，而 cd 段承受壓力。

(3) 當集中力 P 沿 bd 桿件滑動至 d 點時（如圖 10-9(c)所示），剛架中各桿件之剪力及彎矩仍將保持不變，但此時 bd 桿件的軸向力是為拉力。

由以上的分析可知，若結構僅考慮剪力或彎矩效應時，圖 10-9(a)、(b)、(c)所示的各情況是等效應的。

若將上述的內力分佈特性應用在偏對稱結構時，可以得到以下的觀念：

「在不考慮桿件軸向變形的情況下，對於幾何與材料均為對稱的結構而言，若作用力為既非對稱亦非反對稱的集中力，且僅作用於節點時，則此結構可視同一反對稱結構」。

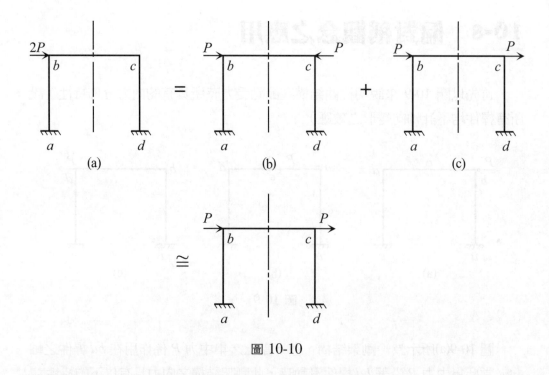

圖 10-10

現以圖 10-10 所示的結構為例，來說明以上的觀念。

圖 10-10(a)所示為一偏對稱結構，外力 $2P$ 係作用於節點 b 上，現藉由疊加原理可將其化為對稱結構（圖 10-10(b)）與反對稱結構（圖 10-10(c)）之組合。由於在圖 10-10(b)所示的對稱結構中，各桿件不存有剪力及彎矩（僅 bc 桿件受壓力），因此對於僅考慮剪力及彎矩效應的撓曲結構而言，對稱結構之部份可忽略不計，故圖 10-10(a)所示的偏對稱結構將等值於圖 10-10(c)所示的反對稱結構。換言之，若僅考慮剪力及彎矩效應時，圖 10-10(a)所示之偏對稱結構將可由圖 10-10(c)所示的反對稱結構來代替。

例題 10-11

在不計軸向變形的情況下，可否不經計算而直接判別各桿端彎矩是否為零？

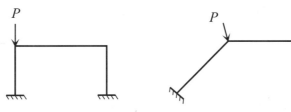

解

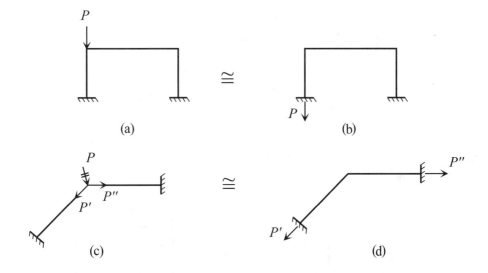

(a)　　　　(b)

(c)　　　　(d)

在不計軸向變形的情況下，若僅考慮彎矩效應時，圖(a)中之結構與圖(b)中之結構是等效應的。在圖(b)中不難看出各桿件均無彈性變形產生，此即表示在原結構中，各桿件之桿端彎矩均為零。換言之，作用在支承上的力將不使桿件產生內力及變形。

同理，圖(c)中之結構與圖(d)中之結構是等效應的，在圖(d)中亦可看出各桿件均無彈性變形產生，因此圖(c)中之結構，各桿件的桿端彎矩亦均為零。

討論

　　桿件會產生彈性變形，表示桿件中必存有剪力及彎矩；反之，若桿件無彈性變形產生，則表示此桿件中之剪力為零且彎矩亦為零。

例題 10-12

不考慮軸向及大變形效應，請繪出(A)、(B)二圖所示鋼架之軸力圖、剪力圖及彎矩圖，設各桿斷面 EI 均勻，桿長均為 L。

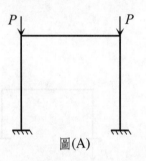

圖(A)

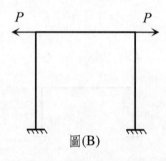

圖(B)

解

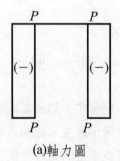

(a)軸力圖

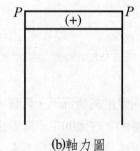

(b)軸力圖

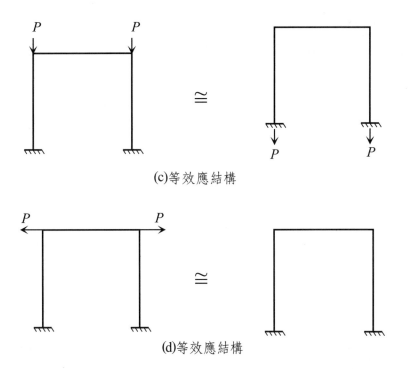

(c)等效應結構

(d)等效應結構

(1)軸向力圖

在圖(A)所示的結構中，僅二垂直桿件承受壓力，其軸力圖如圖(a)所示。

在圖(B)所示的結構中，僅水平桿件承受拉力，其軸力圖如圖(b)所示。

(2)剪力圖及彎矩圖

在僅考慮剪力或彎矩效應時，圖(A)所示之鋼架，其等效應的結構如圖(c)所示，因此各桿件中之剪力及彎矩均為零。

在圖(B)所示的鋼架中，集中力 P 係作用在水平桿件的軸向，因此若僅考慮剪力或彎矩效應而不計軸向效應時，原鋼架的等效應結構則如圖(d)所示，此時各桿件中之剪力及彎矩均為零。

例題 10-13

説明下圖中之各結構均為反對稱結構（各桿件長均為 l，EI 為定值且不計軸向變形）。

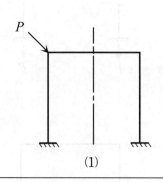

(1)

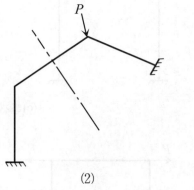

(2)

解

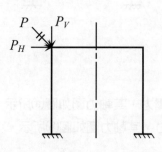 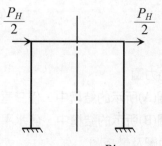

(a)

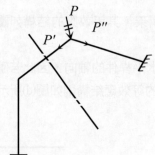 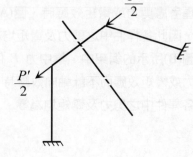

(b)

1. 在圖⑴所示的結構中，其垂直分力 P_v 不會讓各桿件產生彈性變形，而原結構在水平分力 P_H 作用下將視同一反對稱結構（如圖(a)所示）。

2. 在圖⑵所示的結構中，分力 P'' 不會讓各桿件產生彈性變形，而原結構在分力 P' 作用下將視同一反對稱結構（如圖(b)所示）。

例題 10-14

請將下列幾何與材料均為對稱之結構，依疊加原理將其化為對稱與反對稱結構之組合。

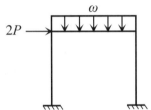
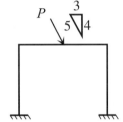

解

（對稱）　　　　　　　（反對稱）

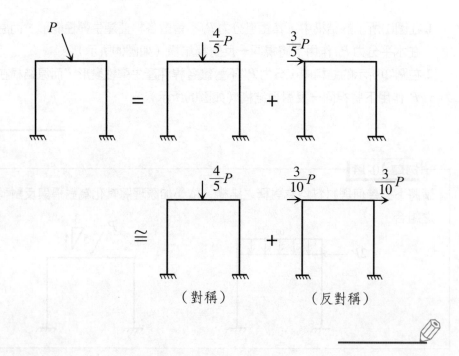

例題 10-15

下圖所示為一對稱剛架，各桿長均為 L，EI 為定值，試分析之。

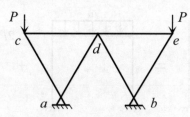

解

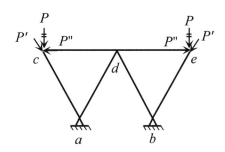

若將外力 P 沿桿件分解成 P' 及 P''，則由上圖可知：

(1) ac 桿件、be 桿件承受壓力 P'

(2) cd 桿件、de 桿件承受張力 P''

(3) ad 桿件、bd 桿件不受力

第十一章
力法──諧合變形法

結構的內未知力係指桿件之內力（亦稱內約束力）；結構的外未知力係指支承反力（亦稱外約束力）。

對靜不定結構而言，結構的內、外未知總數必超過平衡方程式（含靜力平衡方程式及條件方程式）的總數，因此在利用力法進行結構分析時，除了平衡方程式外，尚需建立符合變形一致性（即諧合性）的**諧合方程式**（compatibility equation）以配合之。

在靜不定結構中，多於平衡方程式數目的內、外未知力稱為**贅力**（redundant force）。所有贅力都是未知量，可經由諧合方程式來解出，而諧合方程式可藉由變形的一致性（即變形的諧合性）來建立。這種建立與未知贅力相同數目之諧合方程式以解算贅力的方法稱為**諧合變形法**（method of consistent deformations）。

在諧合變形法中，贅力的數目即為原結構靜不定的次數亦等於諧和方程式的數目，當贅力經由諧合方程式求得後，其他未知力均為靜定問題，皆可由平衡方程式求得。

討論 1

由於諧合變形法是以未知贅力（可為桿件內力或支承反力）為其基本未知量，故屬於力法之範疇。

討論 2

在廣義載重（包括一般載重、溫度改變、支承移動、製造誤差、材料收縮等）作用下，不論任何形式的靜不定結構，若符合疊加原理的條件，皆可使用諧合變形法來進行分析。但對計算過程而言，靜不定次數愈少的結構愈適合使用力法來解題；反之，動不定次數愈少之結構愈適合使用位移法來解題。

討論 3

諧合變形法對於一次靜不定結構的分析至為簡便，但對於高次靜不定結構的分析卻過於煩雜，往往需藉由電腦的輔助方符合實用性。

11-1 諧合變形法之基本假設

應用諧合變形法分析靜不定結構時，應有以下兩點基本假設：

(1)結構的變形與結構尺寸相比是微小的，且變形不影響載重的作用位置與
方向。

(2)材料遵守虎克定律，應力與應變成正比。

結構如能滿足以上二點基本假設，則在計算內力和變形時，均可應用疊加
原理。

11-2 贅力與基元結構之選取

在靜不定結構中，將多於平衡方程式數目的約束解除，並以未知贅力代替
之，則所形成的穩定且靜定之結構稱之為**基元結構**（primary structure）。在諧
合變形法中，是將未知贅力視為外力而與原載重共同作用在靜定且穩定的基元
結構上，由於基元結構在原載重與贅力的共同作用下，其受力與變形應與原結
構完全一致，因此基元結構在**贅點**處（即贅力所在之處）沿贅力方向的變位應
與原結構對應於贅力方向的變位相等。諧合變形法即是利用此變形的一致性來
建立與未知贅力相同數目的諧合方程式，藉以解出所有的贅力。

至於贅力的選取，可視方便而定，可能是桿件的內力，也可能是支承反
力。換言之，一靜不定結構之基元結構在理論上可有多種的選取形式，但唯須
注意的是，**所選取的基元結構定是一穩定且靜定的結構**。

基於以上的觀念，在選取基元結構時應特別注意以下三點：

(1)基元結構定是一穩定且靜定的結構，因此在形成基元結構時，只能從原

結構中除去多餘的約束，但不能除去必要的約束（所謂必要的約束是指
能維持結構穩定而絕對不可除去的約束，又稱為**絕對必要約束**）。

(2)基元結構只能由原結構中減少約束而得到，不能增加新的約束。

(3)除去多餘約束後，在基元結構中所加贅力的數目和性質必須和除去的約
束相對應。

綜合上述，基元結構可定義如下：

「**任何靜不定結構，如以贅力代替被解除的多餘約束（即多於平衡方程式
數目的非絕對必要約束），則所形成的穩定且靜定之結構謂之基元結構**」。

討論 1

基元結構亦可是一靜不定結構，但因靜定結構的變形較易求得，因此多選取靜
定結構為基元結構。

討論 2

一旦贅力解出後，原結構就轉化為靜定結構計算問題，此時可由平衡方程式解
出全部支承反力與桿件的內力。

以下是對撓曲結構及桁架結構之贅力及基元結構的選取做一說明：

一、撓曲結構之贅力與基元結構的選取

現以圖 11-1(a)所示的梁結構為例來說明撓曲結構之贅力與基元結構的選
取。圖 11-1(a)所示的梁結構為一度靜不定的結構，因此基元結構具有一個贅力
以代替被解除的約束。

(1)若選取 b 點之垂直支承力反力 R_{by} 為贅力時（即贅力 $X = R_{by}$），其基元
結構係為一穩定且靜定之懸臂梁結構，如圖 11-1(b)所示。

(2)若選取 a 點之彎矩 M_a 為贅力時（即贅力 $X = M_a$），其基元結構係為一

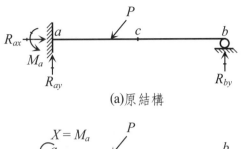

(a)原結構　　　　　　　　　　　(b)基元結構（懸臂梁形式）

(c)基元結構（簡支梁形式）　　　(d)基元結構（靜定複合梁形式）

圖 11-1

　　穩定且靜定之簡支梁結構，如圖 11-1(c)所示。

(3)若選取 c 斷面之彎矩 M_c 為贅力時（即贅力 $X = M_c$），則 c 斷面則改為無彎矩約束的鉸接續，其基元結構如圖 11-1(d)所示。

以上的原理可推廣應用至多度靜不定撓曲結構中。

　　贅力及基元結構的選取雖有多種形式，但儘量以容易求得諧合方程式中的係數為原則。

討論

　　若撓曲結構選取桿件內力為贅力時，可分以下幾種情況來討論：

(1)若選取斷面之彎矩為贅力時（即解除斷面彎矩約束），則將該斷面改置鉸接續，如圖 11-2(a)所示，其中贅力 X 等於該斷面之彎矩 M。

(2)若選取斷面之剪力為贅力時（即解除斷面剪力約束），則將該斷面改置導向接續，如圖 11-2(b)所示，其中贅力 X 等於該斷面之剪力 V。

(3)若選取斷面之軸力為贅力時（即解除斷面軸向約束），則將該斷面改置套筒接續，如圖 11-2(c)所示，其中贅力 X 等於該斷面之軸力 N。

(4)若同時選取斷面之彎矩、剪力、軸力為贅力時（即解除斷面所有約束），則是將該斷面切斷，如圖 11-2(d)所示，三個贅力 X_1、X_2 及 X_3 分別等於斷面之軸力 N，剪力 V 及彎矩 M。

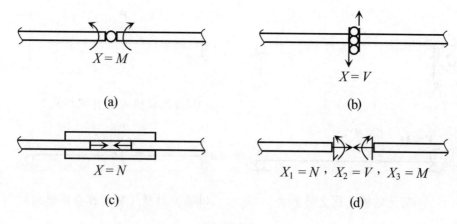

$$X = M$$

(a)

$$X = V$$

(b)

$$X = N$$

(c)

$$X_1 = N \ , \ X_2 = V \ , \ X_3 = M$$

(d)

圖 11-2

二、桁架結構之贅力與基元結構的選取

靜不定桁架結構亦可視情況選取支承反力或桿件內力做為贅力，但形成的基元結構必須為一穩定且靜定之桁架結構。

圖 11-3(a)所示為一度靜不定桁架結構，由於此桁架為外力靜定而內力一度靜不定之結構，因此僅可選擇一根桿件之內力做為贅力（即切斷該桿件並以一對大小相等、方向相反之軸向贅力代替原桿件之軸力）。由於基元結構必須為一穩定結構，因此切斷桿件後，不得使基元結構成為不穩定之結構。（有關桁架之穩定性，請見本書第二章之內容）

圖 11-3(b)所示亦為一度靜不定之桁架結構，由於此桁架為內力靜定而外力一度靜不定之結構，因此僅可選擇一個支承反力為贅力。基於穩定之考量，不得選支承反力 R_{ax} 為贅力，否則基元結構將是一個支承反力相互平行的不穩定結構。

圖 11-3(c)所示為二度靜不定之桁架結構，由於此桁架為外力一度靜不定且內力亦為一度靜不定之結構，因此必須選取一個支承反力及一根桿件內力做為

贅力，而絕對不可同時選取二個支承反力或二根桿件內力為贅力。假若選取支承反力 R_{cy} 及 ef 桿件之內力 S_{ef} 為贅力時，圖 11-3(c)所示桁架結構的基元結構可由圖 11-3(d)來表示，其中贅力 $X_1 = R_{cy}$，$X_2 = S_{ef}$。

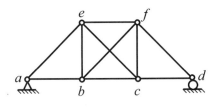

(a)外力靜定，內力 1 度
　　靜不定之桁架

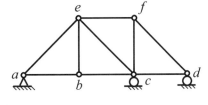

(b)外力 1 度靜不定，內力
　　靜定之桁架

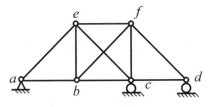

(c)外力 1 度靜不定，內力
　　1 度靜不定之桁架

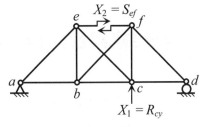

(d)基元結構

圖 11-3

三、贅力與絕對必要約束

有關贅力與絕對必要約束的相關注意事項，現整理如下：

(1)無論是任何形式的靜不定結構，均應注意到基元結構的穩定性，因此能保持結構穩定的絕對必要約束是不可由贅力來代替的。

(2)若僅需求解靜不定結構中的某一未知力（如某支承反力或某斷面內力）時，若此未知力不為絕對必要約束，則可令此欲求的未知力為贅力，待此贅力解出後，即得欲求的未知力。

　　例如，欲求圖 11-4(a)所示梁結構（一度靜不定）的支承反力 R_c 時，可令欲求的 R_c 為贅力（即 $X = R_c$），其基元結構如圖 11-4(b)所示，當贅力 X 解出後即等於欲求的支承反力 R_c。

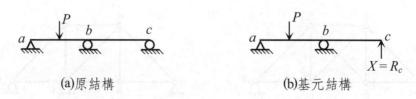

(a)原結構　　　　　　　　　　(b)基元結構

圖 11-4

四、對稱結構與反對稱結構之贅力與基元結構的選取

　　對稱結構或反對稱結構在分析時往往可採用取全做半或取半分析之觀念以簡化分析過程。現以圖 11-5(a)及圖 11-6(a)所示的對稱剛架及反對稱剛架為例，來分別說明對稱結構與反對稱結構之贅力及基元結構的選取原則。

　　圖 11-5(a)所示為三度靜不定之對稱剛架結構，c 點為其結構對稱中點。

(1)採用取全做半之分析方法時

　　由於僅需分析幾何對稱軸半邊之結構，因此在選取基元結構時，應沿幾何對稱軸將 c 點切開並取其上之三個斷面內力 N_c、V_c 及 M_c 為贅力（即保持基元結構為幾何對稱及材料對稱之構架）。由對稱中點特性可知贅力 $V_c = 0$，因此欲求解之未知贅力只有 $N_c = X_1$ 及 $M_c = X_2$（亦即只需計算對稱之贅力），基元結構如圖 11-5(b)所示。當半邊結構（如 abc）之內力或變形求得後，另外半邊結構（如 cde）之內力或變形則可由對稱性得出而不需另外計算。

(2)採用取半分析方法時

　　可將原結構（如圖 11-5(a)所示）沿幾何對稱軸切開，依對稱中點之特

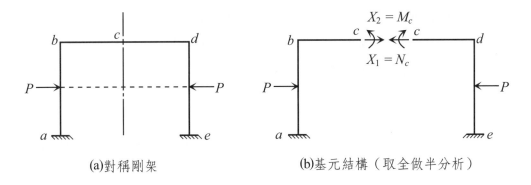

(a)對稱剛架　　　　　　　　(b)基元結構（取全做半分析）

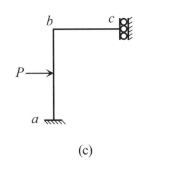

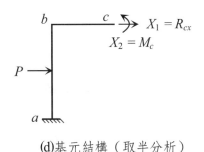

(c)　　　　　　　　　　(d)基元結構（取半分析）

圖 11-5

性，可將 c 點模擬成導向支承，如圖 11-5(c)所示，則所選取的半邊結構（如 abc）將形成一個二度靜不定的剛架結構，此時可按前節所述的方法，選取二個贅力以形成基元結構。假若選取 c 點處的兩個支承反力 R_{cx} 及 M_c 為贅力時，基元結構則如圖 11-5(d)所示。同理，當半邊結構之內力或變形完成分析後，另外半邊結構之內力或變形可由對稱性得出而不需另外計算。

圖 11-6(a)所示為三度靜不定之反對稱剛架結構，c 點為其結構對稱中點。

(1)採用取全做半之分析方法時

如同圖 11-5(a)所示的對稱剛架結構，現可將圖 11-6(a)所示的反對稱剛架結構沿其幾何對稱軸將 c 點切開並取其上之三個斷面內力 N_c、V_c 及 M_c 為贅力（即保持基元結構為幾何對稱及材料對稱之構架）。由對稱中點

特性可知贅力 $N_c = M_c = 0$，因此欲求解之未知贅力僅有 $V_c = X$（亦即只需計算反對稱之贅力），其基元結構如圖 11-6(b)所示。同理，當半邊結構之內力或變形求得後，另外半邊結構之內力或變形則可由反對稱性得出而不需另外計算。

(2)採用取半分析方法時

同理，可將原結構（如圖 11-6(a)所示）沿幾何對稱軸切開，依對稱中點特性，可將 c 點模擬成輥支承，如圖 11-6(c)所示，此時僅需選取一個贅力（例如支承反力 R_{cy}）即可形成基元結構，如圖 11-6(d)所示。當半邊結構之內力或變形完成分析後，另外半邊結構之內力或變形可由反對稱性得出而不需另外計算。

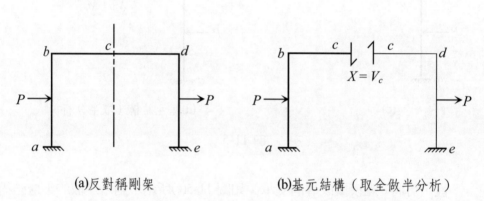

(a)反對稱剛架　　　　　　　　(b)基元結構（取全做半分析）

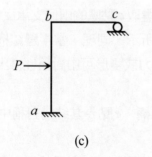
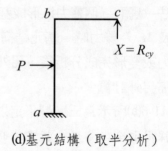

(c)　　　　　　　　　　(d)基元結構（取半分析）

圖 11-6

討論 1

無論是各種對稱或反對稱結構，均可依循上述要點來選取贅力及基元結構，以簡化分析過程。

討論 2

由結構之對稱性與反對稱性可知，對稱結構之內力和變形均是呈對稱分佈的，因此在對稱中點處，反對稱的贅力必為零；同理，反對稱結構之內力和變形均是呈反對稱分佈的，因此在對稱中點處，對稱的贅力亦必為零。

11-3　諧合方程式之建立

不論任何形式的靜不定結構，若符合疊加原理的條件，皆可應用諧合變形法來進行分析，因此諧合方程式的建立是必然滿足疊加原理的。

11-3-1　疊加原理

各種因素（如力或變形）對結構所產生的總效應，可由各因素分別對該結構所產生的各效應相加而得之，此種關係稱為**疊加原理**（principle of superposition）。

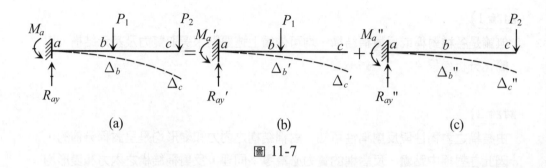

圖 11-7

圖 11-7(a)所示的懸臂梁，在 P_1 及 P_2 兩集中載重作用下，梁上所產生的總效應可視為圖 11-7(b)及圖 11-7(c)兩種情況的疊加，例如：

$$M_a = M'_a + M''_a$$

$$R_{ay} = R'_{ay} + R''_{ay}$$

$$\Delta_b = \Delta'_b + \Delta''_b$$

$$\Delta_c = \Delta'_c + \Delta''_c$$

此即疊加原理。疊加原理僅能適用於線性結構，而不能適用於非線性結構。當結構上的載重與變位之間的關係呈線性變化者，則稱此結構為線性結構。線性結構必滿足以下兩個條件：

(1)材料為彈性，在載重的範圍內需符合**虎克定律**（Hook's law）。

(2)結構的幾何變形極微小，在應力計算時可忽略不計。

11-3-2 諧合方程式的建立

將靜不定結構所有贅力除去，可形成穩定且靜定之基元結構。

若將贅力視為外力並與原載重共同作用於基元結構上，則藉由疊加原理與變形一致性即可建立與未知贅力相同數目的諧合方程式。所謂變形一致性即是變形諧合性，亦即所謂基元結構在贅點處沿贅力方向的變位應等於原結構對應於贅力方向的變位。

一、原結構對應於贅力方向的變位為零時之諧合方程式

現以圖 11-8(a)所示之二度靜不定梁結構為例，說明原結構對應於贅力方向之變位為零時諧合方程式的建立原則：

(a)原結構

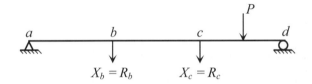

(b)基元結構承受原載重 P 與贅力 X_b、X_c 共同作用

$\parallel$

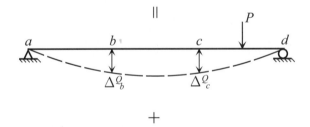

(c)基元結構承受原載重 P 作用

$+$

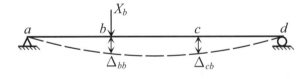

(d)基元結構承受贅力 X_b 作用

$+$

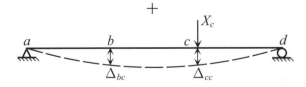

(e)基元結構承受贅力 X_c 作用

圖 11-8

(1)將 b，c 二支承移去，並取支承反力 R_b 及 R_c 為贅力（即贅力 $X_b = R_b$，$X_c = R_c$），此時所形成的基元結構為一簡支梁，其上承受原載重 P 及兩個贅力 X_b 及 X_c 共同作用，如圖 11-8(b)所示。

(2)依據疊加原理，圖 11-8(b)的效應可視為圖 11-8(c)、圖 11-8(d)及圖 11-8(e)等各效應的疊加，亦即基元結構在各贅點處沿贅力方向的變位分別為

$$\Delta_b = \Delta_b^Q + \Delta_{bb} + \Delta_{bc} \tag{11-1}$$

$$\Delta_c = \Delta_c^Q + \Delta_{cb} + \Delta_{cc} \tag{11-2}$$

其中：Δ_b：在贅點 b 處沿贅力 X_b 方向之撓度

Δ_c：在贅點 c 處沿贅力 X_c 方向之撓度

Δ_b^Q：在贅點 b 處由原載重 P 所引起在 X_b 方向之撓度

Δ_c^Q：在贅點 c 處由原載重 p 所引起在 X_c 方向之撓度

Δ_{bb}：在贅點 b 處由贅力 X_b 所引起在 X_b 方向之撓度

Δ_{bc}：在贅點 b 處由贅力 X_c 所引起在 X_b 方向之撓度

Δ_{cb}：在贅點 c 處由贅力 X_b 所引起在 X_c 方向之撓度

Δ_{cc}：在贅點 c 處由贅力 X_c 所引起在 X_c 方向之撓度

(3)原結構在 b 支承處沿贅力 X_b 方向之撓度為零，因此 b 點之變形諧合條件為

$$\Delta_b = 0 \tag{11-3}$$

同理，原結構在 c 支承處沿贅力 X_c 方向上撓度亦為零，因此 c 點之變形諧合條件為

$$\Delta_c = 0 \tag{11-4}$$

分別將（11-3）或及（11-4）式代入（11-1）式及（11-2）式中，則可得出諧合方程式為

$$\Delta_b^Q + \Delta_{bb} + \Delta_{bc} = 0 \tag{11-5}$$

$$\Delta_c^Q + \Delta_{cb} + \Delta_{cc} = 0 \tag{11-6}$$

(4)若令 f_{ij} 表柔度係數（flexibility coefficient），則 f_{ij} 定義為：由 j 點處之單位力（單位力矩）所引起 i 點處之撓度（轉角）。

若以柔度係數的形式來表示，則（11-5）式及（11-6）式可改寫為

$$\Delta_b^Q + f_{bb} X_b + f_{bc} X_c = 0 \tag{11-7}$$

$$\Delta_c^Q + f_{cb} X_b + f_{cc} X_c = 0 \tag{11-8}$$

（11-7）式及（11-8）式即為以柔度係數來表示的諧合方程式，當自由項 Δ_b^Q、Δ_c^Q 和主係數 f_{bb}、f_{cc} 以及副係數 f_{bc}、f_{cb} 求得後，即可聯立解出贅力 X_b 和 X_c。當所有贅力得出後，其餘支承反力或桿件內力皆可由平衡方程式求得。

（11-7）式及（11-8）式亦可表為矩陣的形式

$$\begin{Bmatrix} \Delta_b^Q \\ \Delta_c^Q \end{Bmatrix} + \begin{bmatrix} f_{bb} & f_{bc} \\ f_{cb} & f_{cc} \end{bmatrix} \begin{Bmatrix} X_b \\ X_c \end{Bmatrix} = \begin{Bmatrix} 0 \\ 0 \end{Bmatrix} \tag{11-9}$$

對於一具有 n 個贅力（X_1，X_2，$\cdots X_n$）的結構，諧合方程式可推廣成為

$$\Delta_1^Q + f_{11} X_1 + f_{12} X_2 + \cdots\cdots + f_{1n} X_n = 0$$

$$\Delta_2^Q + f_{21} X_1 + f_{22} X_2 + \cdots\cdots + f_{2n} X_n = 0$$

$$\cdots\cdots\cdots\cdots\cdots\cdots\cdots\cdots\cdots\cdots \tag{11-10}$$

$$\Delta_n^Q + f_{n1} X_1 + f_{n2} X_2 + \cdots\cdots + f_{nn} X_n = 0$$

（11-10）式可表為矩陣形式

$$\begin{Bmatrix} \Delta_1^Q \\ \Delta_2^Q \\ \vdots \\ \Delta_n^Q \end{Bmatrix} + \begin{bmatrix} f_{11} & f_{12} & \cdots\cdots & f_{1n} \\ f_{21} & f_{22} & \cdots\cdots & \vdots \\ \vdots & & \ddots & \vdots \\ f_{n1} & f_{n2} & \cdots\cdots & f_{nn} \end{bmatrix} \begin{Bmatrix} X_1 \\ X_2 \\ \vdots \\ X_n \end{Bmatrix} = \begin{Bmatrix} 0 \\ 0 \\ \vdots \\ 0 \end{Bmatrix} \tag{11-11}$$

或

$$\{\Delta^Q\} + [F]\{X\} = \{0\} \tag{11-12}$$

其中 $[F]$ 表柔度矩陣（flexibility matrix）為一對稱矩陣，而各柔度係數表示各單位贅力所引起在各贅力方向之變位。另外，對角線上的主係數 f_{ii} 表示單位贅力在自身方向上所引起的變位，故恒為正值。

聯立解（11-10）式或（11-11）式，即可得出 n 個欲求之贅力。

討論 1

在諧合方程式中，無論自由項 Δ_i^0、主係數 f_{ii}、副係數 f_{ij} 皆可由單位虛載重法、卡氏第二定理……求得，但若能熟記表 11-1 中的各項基本變形公式，則有助於各項係數的計算。

表 11-1

基元結構型式	撓度	轉角
	$\Delta_B = \dfrac{Ml^2}{2EI}$ （↓）	$\theta_B = \dfrac{Ml}{EI}$ （↻）
	$\Delta_B = \dfrac{Pl^3}{3EI}$ （↓）	$\theta_B = \dfrac{Pl^2}{2EI}$ （↻）
	$\Delta_B = \dfrac{\omega l^4}{8EI}$ （↓）	$\theta_B = \dfrac{\omega l^3}{6EI}$ （↻）
	$\Delta_c = \dfrac{Ml^2}{16EI}$ （↓）	$\theta_A = \dfrac{Ml}{3EI}$ （↻） $\theta_B = \dfrac{Ml}{6EI}$ （↺）
		$\theta_A = \dfrac{Pab(l+b)}{6\,lEI}$ （↻） $\theta_B = \dfrac{Pab(l+a)}{6\,lEI}$ （↺）
	$\Delta_c = \dfrac{Pl^3}{48EI}$ （↓）	$\theta_A = \dfrac{Pl^2}{16EI}$ （↻） $\theta_B = -\theta_A$ （↺）

表 11-1（續）

基元結構型式	撓度	轉角	
	$\Delta_c = \dfrac{5\omega l^4}{384EI}$ （↓）	$\theta_A = \dfrac{\omega l^3}{24EI}$	（↷）
		$\theta_B = -\theta_A$	（↶）
		$\theta_A = \dfrac{9\omega l^3}{384EI}$	（↷）
		$\theta_B = \dfrac{7\omega l^3}{384EI}$	（↶）

討論 2

在分析時，所選取的基元結構應儘量使諧合方程式中的自由項及副係數為零，以簡化計算過程。

二、原結構對應於贅力方向的變位不為零時之諧合方程式

在諧合變形法中，對於一具有 n 個贅力之結構而言，若此結構在對應於贅力方向的變位不為零，而為 Δ_1，Δ_2……，Δ_n 等設定值（為已知量）時，（11-11）式可改寫為

$$\begin{Bmatrix} \Delta^Q_1 \\ \Delta^Q_2 \\ \vdots \\ \Delta^Q_n \end{Bmatrix} + \begin{bmatrix} f_{11} & f_{12} & \cdots\cdots f_{1n} \\ f_{21} & f_{22} & \cdots\cdots \vdots \\ \vdots & \vdots & \vdots \\ f_{n1} & f_{n2} & \cdots\cdots f_{nn} \end{bmatrix} \begin{Bmatrix} X_1 \\ X_2 \\ \vdots \\ X_n \end{Bmatrix} = \begin{Bmatrix} \Delta_1 \\ \Delta_2 \\ \vdots \\ \Delta_n \end{Bmatrix} \qquad (11\text{-}13)$$

或

$$\{\Delta^Q\} + [F]\{X\} = \{\Delta\} \qquad\qquad (11\text{-}14)$$

現就結構產生支承移動及結構具有彈性支承等兩種情況來說明（11-13）式或（11-14）式的應用。

1. 結構產生支承移動之情況

當結構系統某支承有移動時，在基元結構須保持穩定的條件下，可取與支承移動方向相對應的支承反力為贅力，此時基元結構在贅點處沿贅力方向的變位應等於原結構的支承移動量，而這些支承移動量均為已知值。在（11-13）式中，若支承移動方向與假設的贅力方向相同，則支承移動量取正（即等號右邊取正值）；反之取負。

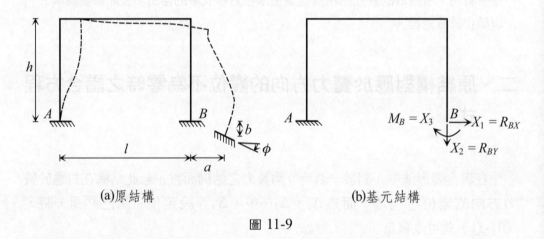

(a)原結構　　　　　　　　　　　　(b)基元結構

圖 11-9

現以圖 11-9(a)所示的結構為例來做一說明。圖 11-9(a)所示為三度靜不定剛架結構，支承 B 向右之移動量為 a，向下之移動量為 b，順時針轉動量為 ϕ。若取支承 B 上的三個反力為贅力，即 $X_1 = R_{BX}$，$X_2 = R_{BY}$，$X_3 = M_B$，則基元結構（如圖 11-9(b)所示）在 B 點處沿各贅力方向的變位應分別等於原結構在 B 點處相應的支承移動量，即

$$f_{11}X_1 + f_{12}X_2 + f_{13}X_3 = a$$
$$f_{21}X_1 + f_{22}X_2 + f_{23}X_3 = b$$
$$f_{31}X_1 + f_{32}X_2 + f_{33}X_3 = \phi$$

上式可寫成矩陣形式如下：

$$\begin{bmatrix} f_{11} & f_{12} & f_{13} \\ f_{21} & f_{22} & f_{23} \\ f_{31} & f_{32} & f_{33} \end{bmatrix} \begin{Bmatrix} X_1 \\ X_2 \\ X_3 \end{Bmatrix} = \begin{Bmatrix} a \\ b \\ \phi \end{Bmatrix}$$

或

$$[F]\{X\} = \{\Delta\} \tag{11-15}$$

與（11-14）式相較，由於本結構僅有支承移動效應而無載重作用，因此在（11-15）式中無 $\{\Delta^Q\}$ 這一項。相對的，假若本結構同時含有載重及支承移動力效應時，（11-15）式應改以（11-14）式來表示。

討論 1

所謂支承移動量是指支承的相對移動量而非絕對移動量。

討論 2

這裡要特別強調的是，當結構系統某支承有移動時，若不取該支承的反力為贅力，則應使（11-14）式及（11-15）式中的 $\{\Delta\} = \{0\}$，但由此所建立的諧合方程式中，自由項的計算較為麻煩。

2. 結構具有彈性支承之情況

(1)對於含有直線彈簧支承的靜不定結構，可將彈簧切開並取彈簧力 F_s 作為贅力，則諧合方程式為

$$\Delta^Q + fF_s = \Delta_{sp}$$
$$= -\frac{F_s}{k} \tag{11-16}$$

在（11-16）式中，負號表彈簧力 F_s 恆與直線彈簧支承的位移 Δ_{sp} 方向相反，而 k 表直線彈簧的彈力常數。

經移項後，（11-16）式亦可表示如下：

$$\Delta^Q + (f + \frac{1}{k})F_s = 0 \qquad (11\text{-}17)$$

(2)對於含有抗彎彈簧支承的靜不定結構，可將彈簧切開並取彈簧力 M_s 作為贅力，則諧合方程式為

$$\theta^Q + fM_s = \theta_{sp}$$

$$= -\frac{M_s}{k_\theta} \qquad (11\text{-}18)$$

在（11-18）式中，負號表彈簧力 M_s 恒與抗彎彈簧支承的轉角 θ_{sp} 方向相反，而 k_θ 表抗彎彈簧的彈力常數。

經移項後，（11-18）式亦可表示如下：

$$\theta^Q + (f + \frac{1}{k_\theta}) M_s = 0 \qquad (11\text{-}19)$$

⎡討論⎤

若直線彈簧改以二力桿件來代替時，可將二力桿件切斷，並取二力桿件之內力為贅力，此時在（11-16）式及（11-17）式中，F_s 將改為二力桿件之內力，而 k 表二力桿件之勁度係數。

11-4　諧合變形法之分析步驟

綜合前面幾節的觀念，現將諧合變形法之分析步驟及相關原則分述如下：

(1)對於靜不定結構，首先應選取贅力，再將贅力視為外力而與原載重共同作用於穩定且靜定之基元結構上。關於贅力及基元結構的選取原則有以下數點：

①贅力個數等於結構之靜不定度數。

②贅力不可以是結構中的絕對必要約束，否則基元結構將不穩定。

③基元結構只能由原結構中減少約束而得到，不能增加新的約束。

④所選取的基元結構應儘量使諧合方程式中的自由項及各係數容易求得
（最好能使較多的自由項及副係數為零）。

(2)利用結構在贅點處的變形一致性，建立與贅力相同數目的諧合方程式以
求解贅力。

(3)贅力解得後，再利用平衡方程式解出所有支承反力，進而可求得各桿件
內力或節點變位。

關於桿件內力或節點變位的計算，可由疊加原理直接求得，其原理如
下：

由於載重或贅力會使靜定的基元結構產生桿件內力及變形，而溫度變化
或桿件製造誤差僅會使靜定的基元結構產生桿件變形但不會產生桿件內
力，因此：

①載重所造成之桿件內力 = 載重作用下基元結構之桿件內力 + 贅力作用
下基元結構之桿件內力

②溫度變化或桿件製造誤差所造成之桿件內力 = 贅力作用下基元結構之
桿件內力

③節點變位 = 載重或溫度變化作用下基元結構之節點變位 + 贅力作用下
基元結構之節點變位

討論 1

諧合變形法是力法，但是由於柔度矩陣的形成，故亦稱為**柔度法**，因此諧合變
形法是為矩陣力法的基礎。

討論 2

基元結構的選取不是唯一的。對於靜不定撓曲結構而言，若用單位虛載重法求
解 Δ^Q、f_{ii}、f_{ij} 時，所選取的基元結構應使 $\dfrac{M}{EI}$ 圖及 m 圖的圖形簡單，並且體積

積分要易於計算。對於靜不定桁架結構而言，所選取的基元結構應有較多的零桿件。另外，若結構是對稱（或反對稱）結構時，應選取對稱（或反對稱）的基元結構，並配合取全做半法或取半分析法來解題。

討論 3

對於靜不定撓曲結構而言，基元結構上的載重及贅力可以等值節點載重（equivalent joint loadings）來加以簡化。有關等值節點載重之觀念，請見下一節（即11-5節）的說明。

11-5　等值節點載重

11-5-1　等值節點載重之說明

對撓曲結構（梁或剛架）而言，載重可能會直接作用在節點上，也可能會作用在桿件上（兩節點間之單元稱為一桿件），所謂等值節點載重，就是將這些作用在桿件上的載重轉化為作用在節點上的載重（可區分為等值節點力（equivalent joint force）和等值節點彎矩（equivalent joint moment）），使產生的節點變位與原載重系統所產生的節點變位相同。

由以上的說明可知，當作用在桿件上的載重轉化為作用在節點上的等值節點載重後，實際作用在節點上的載重應包含等值節點載重與原來直接作用在節點上的載重。

討論 1

　關於節點之定義，可敘述如下

(1)對撓曲結構而言：

　撓曲結構之節點一般多為剛性節點，而其他所謂非剛性節點，泛指由非剛性
接續（如鉸接續、輥接續、導向接續等）所形成的節點。

　一般而言，以下五種情形均可定義為撓曲結構之節點：

①桿件與桿件之交點。

②支承處。

③懸伸桿件之自由端。

④ I 值變化處。

⑤非剛性接續處。

兩節點間之單元可定義為桿件，凡桿件必須符合變形的連續性。

(2)對桁架結構而言：

　桁架結構係由若干二力桿件鉸接而成，因此二力桿件之鉸接處，即定義為桁
架之節點。

討論 2

　由於等值節點載重是將作用在桿件上的載重轉化成作用在節點上的載重，因此
等值節點載重系統與原載重系統僅節點變位相同，而節點間之桿件變位則不盡
相同。

11-5-2　等值節點載重之求法

　　等值節點載重的求法，最常見的有兩種，一種是由撓曲桿件的**固端反力**
（fixed-end forces）直接求得，所謂固端反力即是桿件在兩邊端點均為固定的
情況下，由桿件上的載重或由桿端節點變位所造成桿件兩端之抵抗力謂之，換
句話說，各桿件之固端反力即為在桿端處將節點「鎖住」（locking）之力。

　　另一種求得等值節點載重的常見方法，則是利用撓曲桿件的**形狀函數**
（shape function）來導出，這種方法需確切掌握桿件的變位形狀，否則導出的

等值節點載重將不準確。本節僅介紹由桿件的固端反力求出等值節點載重的方法，其方法為

等值節點載重＝－（交於該節點之各桿端的固端反力和）　　　　　（11-20）

在（11-20）式中，負號表示等值節點載重的方向恒與固端反力的方向相反。

由固端反力的定義可知，固端反力即為將節點「鎖住」之力，因此固端反力之反向力即可視為將該節點「解鎖」（unlocking），使節點恢復真實變形之力，依據此觀念，（11-20）式亦可表示為

等值節點載重＝－（交於該節點之各桿端的固端反力和）

＝－（該節點的「鎖住」之力）

＝該節點的「解鎖」之力　　　　　　　　　　（11-21）

由（11-21）式可知，任何作用在撓曲桿件上的載重（或是支承移動等外在因素）均可藉由「鎖住」及「解鎖」的過程，將其轉化為等值節點載重。許多結構分析方法，均需引用此一重要觀念。

另外，由固端反力的定義亦可看出，在固端反力中，固端彎矩（fixed-end moment）的方向恒指向桿端受壓的一側（由桿件的彈性變形曲線即可判斷桿端的受壓側）。

現將各種因素所造成之桿件固端反力整理如下：

(1)在撓曲結構中，若節點為剛性節點時，由桿件上的載重所造成桿件的固端反力（此時桿件兩端均視為固定端）列在表 11-2 中；由桿端節點變位所造成桿件的固端反力（同理，桿件兩端均視為固定端）列在表 11-3 中。

(2)在撓曲結構中，若存在鉸接續或外側為簡支承時，嚴格的說，桿件的固端反力亦應由表 11-2 或表 11-3 得出，但由於鉸接續處或外側簡支承處，桿件中的彎矩值為零，因此若不計節點的轉角差異時，這些桿件可應用表 11-4 或表 11-5 所示之修正的固端反力值（此時桿件一端視為固定端，另一端視為簡支端）來求得等值節點載重，以簡化計算過程。

表 11-2 由桿件上的載重所造成的固端反力
（桿件兩端均爲固定端之情況）

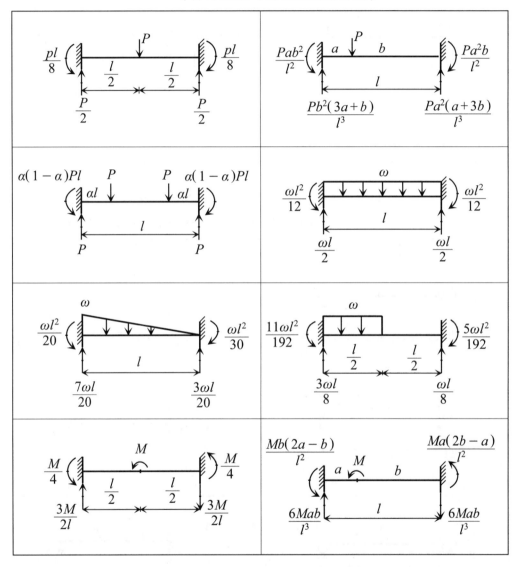

表 11-3　由桿端節點變位所造成的固端反力

（桿件兩端均為固定端之情況）

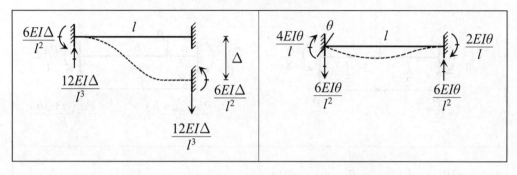

表 11-4　由桿件上的載重所造成的固端反力

（桿件一端為固定端，另一端為簡支端之情況）

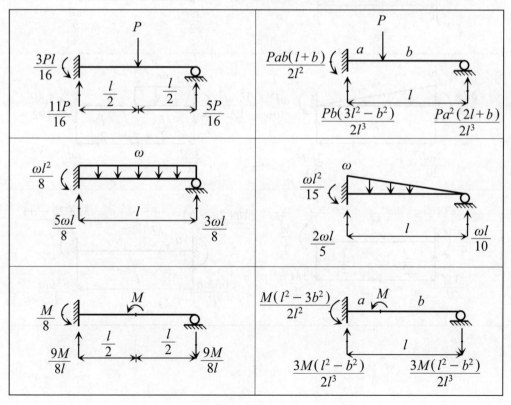

表 11-5　由桿端節點變位所造成的固端反力

（桿件一端為固定端，另一端為簡支端之情況）

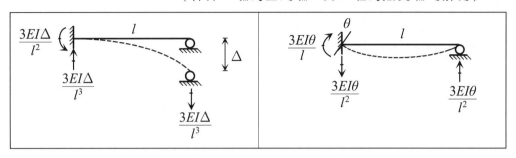

討論 1

對於桁架結構而言，若載重不是作用在節點時，由於節點均為鉸接，因此可將受載重之桿件視為簡支梁，求出支承反力後將其變號，即可得出桁架之等值節點載重。

討論 2

現以圖 11-10(a)所示的梁結構為例，說明如何由共軛梁法求出固端反力。

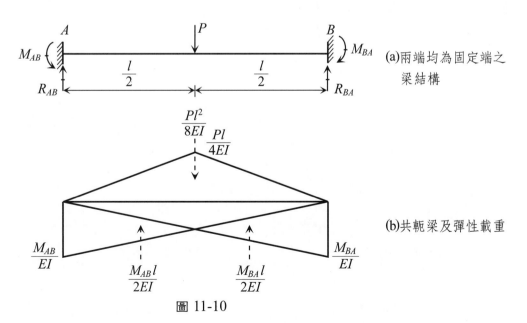

圖 11-10

由於結構對稱，所以

$$R_{AB} = R_{BA} = \frac{P}{2} \quad (\uparrow)$$

$$M_{AB} = M_{BA} \quad （方向指向桿端受壓側）$$

在圖 11-10(b)所示的共軛梁中，由

$$\Sigma F_y = 0$$

解得　$M_{AB} = M_{BA} = \dfrac{Pl}{8}$

例題 11-1

下圖所示為一簡支剛架，各桿件的 EI 為定值，長度均為 l，試求其等值節點載重。（載重 P 作用在 BC 桿件之中央位置）

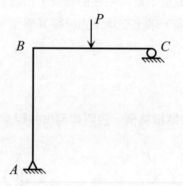

解

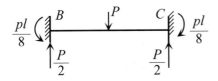

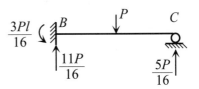

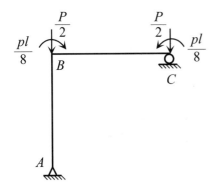

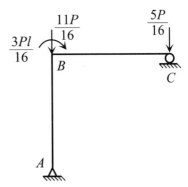

(a)等值節點載重系統㈠

(b)等值節點載重系統㈡

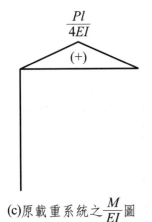

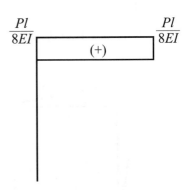

(c)原載重系統之 $\frac{M}{EI}$ 圖

(d)等值節點載重系統㈠之 $\frac{M}{EI}$ 圖

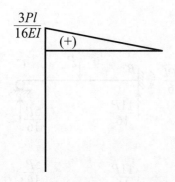

(e)等值節點載重系統㈡之 $\dfrac{M}{EI}$ 圖

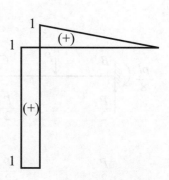

(f) m 圖（針對 θ_A 設立）

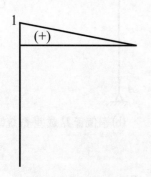

(g) m 圖（針對 θ_B 設立）

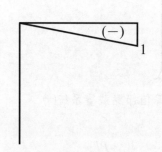

(h) m 圖（針對 θ_C 設立）

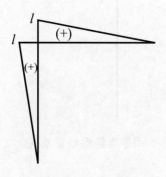

(i) m 圖（針對 Δ_{BH} 設立）

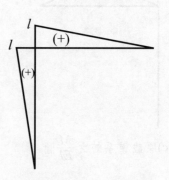

(j) m 圖（針對 Δ_{CH} 設立）

方法㈠等值節點載重系統㈠之建立

　　AB 桿件無載重，因此無等值節點載重。

　　BC 桿件之固端反力可由表 11-2 查得，將其反向後作用在剛架上，即可得出等值節點載重系統㈠，如圖(a)所示。

方法㈡等值節點載重系統㈡之建立

　　AB 桿件無載重，因此無等值節點載重。

　　在 BC 桿件上，若將 B 端視為固定端，C 端視為簡支端，則 BC 桿件之固端反力可由表 11-4 查得，將其反向後作用在剛架上，即可得出等值節點載重系統㈡，如圖(b)所示。

討論 1

現藉由單位虛載重法（各節點變位所對應虛擬系統之 m 圖，如圖(f)至圖(j)所示）將等值節點載重系統㈠（$\dfrac{M}{EI}$ 圖如圖(d)所示）、等值節點載重系統㈡（$\dfrac{M}{EI}$ 圖如圖(e)所示）與原載重系統（$\dfrac{M}{EI}$ 圖如圖(c)所示）之間各節點的變位做一比較：

(1)等值節點載重系統㈠各節點變位之計算

$$\theta_A = \left(\frac{Pl}{8EI}\right)(l)\left(\frac{1}{2}\right) = \frac{Pl^2}{16EI} \quad (\circlearrowleft)$$

$$\theta_B = \left(\frac{Pl}{8EI}\right)(l)\left(\frac{1}{2}\right) = \frac{Pl^2}{16EI} \quad (\circlearrowleft)$$

$$\theta_C = \left(\frac{Pl}{8EI}\right)(l)\left(-\frac{1}{2}\right) = -\frac{Pl^2}{16EI} \quad (\circlearrowright)$$

$$\Delta_{BH} = \Delta_{CH} = \left(\frac{Pl}{8EI}\right)(l)\left(\frac{l}{2}\right) = \frac{Pl^3}{16EI} \quad (\rightarrow)$$

(2)等值節點載重系統㈡各節點變位之計算

$$\theta_A = \frac{1}{2}\left(\frac{3Pl}{16EI}\right)(l)\left(\frac{2}{3}\right) = \frac{Pl^2}{16EI} \quad (\circlearrowleft)$$

$$\theta_B = \frac{1}{2}\left(\frac{3Pl}{16EI}\right)(l)\left(\frac{2}{3}\right) = \frac{Pl^2}{16EI} \quad (\circlearrowleft)$$

$$\theta_C = \frac{1}{2}\left(\frac{3Pl}{16EI}\right)(l)\left(-\frac{1}{3}\right) = -\frac{Pl^2}{32EI} \quad (\circlearrowright)$$

$$\Delta_{BH} = \Delta_{CH} = \frac{1}{2}\left(\frac{3Pl}{16EI}\right)(l)\left(\frac{2}{3}l\right) = \frac{Pl^3}{16EI} \quad (\rightarrow)$$

(3)原載重系統各節點變位之計算

$$\theta_A = \frac{1}{2}\left(\frac{Pl}{4EI}\right)(l)\left(\frac{1}{2}\right) = \frac{Pl^2}{16EI} \quad (\circlearrowleft)$$

$$\theta_B = \frac{1}{2}\left(\frac{Pl}{4EI}\right)(l)\left(\frac{1}{2}\right) = \frac{Pl^2}{16EI} \quad (\circlearrowleft)$$

$$\theta_C = \frac{1}{2}\left(\frac{Pl}{4EI}\right)(l)\left(-\frac{1}{2}\right) = -\frac{Pl^2}{16EI} \quad (\circlearrowright)$$

$$\Delta_{BH} = \Delta_{CH} = \frac{1}{2}\left(\frac{Pl}{4EI}\right)(l)\left(\frac{l}{2}\right) = \frac{Pl^3}{16EI} \quad (\rightarrow)$$

由以上的計算可得出以下的二點結論：

①等值節點載重系統㈠與原載重系統具有相同的節點變位，由等值節點載重的定義可知，等值節點載重系統㈠是為正確的等值節點載重系統。

②等值節點載重系統㈡與原載重系統在 C 點處之轉角 θ_c 不同，因此在結構分析中，唯有不計節點轉角差異時，方可將等值節點載重系統㈡視為正確的等值節點載重系統。

討論 2

比較圖(c)、圖(d)與圖(e)可知，由於原載重系統、等值節點載重系統㈠與等值節點載重系統㈡中之彎矩圖各不相同，因此在各系統中，桿件之變形亦將不同。

11-6　諧合變形法矩陣化概要

本節之目的在於將傳統的諧合變形法轉換成矩陣的形式，以作為矩陣力法（即柔度法）之分析基礎。

由前面各節之分析結果可知，利用諧合變形法分析靜不定結構時有以下之原則：

(1) 對靜不定結構之桿件內力可言

①載重所造成之桿件內力＝載重作用下基元結構之桿件內力＋贅力作用
下基元結構之桿件內力

②溫度變化或桿件製造誤差所造成之桿件內力＝贅力作用下基元結構之
桿件內力

(2) 對靜不定結構之節點變位而言

①節點變位＝載重或溫度變化作用下基元結構之節點變位＋贅力作用下
基元結構之節點變位

這些原則同樣的可應用在諧合變形法矩陣化的過程中。

一、諧合變形法之矩陣表達式

若一具有 n 個贅力 $\{X\} = \{X_1,\ X_2,\ \cdots\cdots X_n\}^T$ 之結構，當其承受 m 個集中載重 $\{R\} = \{R_1,\ R_2,\ \cdots\cdots R_m\}^T$ 作用時，$\{X\}$ 及 $\{R\}$ 遂即構成基元結構上全部之作用力，因此在分析基元結構的過程中需同時考量 $\{X\}$ 及 $\{R\}$ 的效應。現由（11-14）式可推知：

(1)原結構對應於 n 個贅力方向的已知變位若為 $\{\Delta_X\}$，則存在如下之關係

$$[F_{XR}]\{R\} + [F_{XX}]\{X\} = \{\Delta_X\} \tag{11-22}$$

在（11-22）式中，柔度矩陣 $[F_{XR}]$、$[F_{XX}]$ 及變位 $\{\Delta_X\}$ 所加註的下標 R 及 X 乃是用以區分集中載重 $\{R\}$ 及贅力 $\{X\}$ 對矩陣的影響。

(2)原結構在 m 個集中載重作用點處所對應的未知變位若為 $\{\Delta_R\}$，則存在如下之關係

$$[F_{RR}]\{R\} + [F_{RX}]\{X\} = \{\Delta_R\} \tag{11-23}$$

合併（11-22）式及（11-23）式於同一矩陣中得

$$\begin{bmatrix} [F_{RR}] & [F_{RX}] \\ [F_{XR}] & [F_{XX}] \end{bmatrix} \begin{Bmatrix} \{R\} \\ \{X\} \end{Bmatrix} = \begin{Bmatrix} \{\Delta_R\} \\ \{\Delta_X\} \end{Bmatrix} \tag{11-24}$$

在（11-24）式中，結構的柔度矩陣為$(m+n)(m+n)$階的對稱矩陣，而$\{R\}$及$\{X\}$即構成基元結構之全部作用力，其中與已知外力$\{R\}$相對應的則是未知變位$\{\Delta_R\}$；與未知贅力$\{X\}$相對應的則是已知變位$\{\Delta_X\}$。

二、未知贅力$\{X\}$及未知變位$\{\Delta_R\}$的求解

求解的步驟如下：

$$\{X\} = [F_{XX}]^{-1}\{\{\Delta_X\} - [F_{XR}]\{R\}\} \tag{11-25}$$

$$\{\Delta_R\} = [F_{RR}]\{R\} + [F_{RX}]\{X\} \tag{11-26}$$

當$\{X\}$及$\{\Delta_R\}$解出後，其餘之內、外未知力均可由力的平衡關係求得。

討論 1

在$\{\Delta_X\} = \{0\}$的情況下，（11-24）式可改寫為

$$\begin{bmatrix} [F_{RR}] & [F_{RX}] \\ [F_{XR}] & [F_{XX}] \end{bmatrix} \begin{Bmatrix} \{R\} \\ \{X\} \end{Bmatrix} = \begin{Bmatrix} \{\Delta_R\} \\ \{0\} \end{Bmatrix} \tag{11-27}$$

此時

$$\{X\} = -[F_{XX}]^{-1}[F_{XR}]\{R\} \tag{11-28}$$

$$\{\Delta_R\} = \left[[F_{RR}] - [F_{RX}][F_{XX}]^{-1}[F_{XR}] \right]\{R\} \tag{11-29}$$

討論 2

無論是（11-24）式或（11-27）式，均僅適用於集中載重（集中力或集中力矩）之情況。如果結構所承受之載重不為集中載重時，則可由以下兩種方式來解題：

方式㈠：回到傳統的諧合變形法，由（11-12）式或（11-14）式之觀念來解題。

方式㈡：利用等值節點載重之觀念將載重轉化為集中力或集中力矩，再由（11-24）式或（11-27）式之觀念來解題。

11-7 諧合變形法分析靜不定梁

　　基元結構在贅點處沿贅力方向之變位，可利用單位虛載重法配合體積積分來求得，亦可利用共軛梁法等來求得。但對於具有懸臂梁形式或簡支梁形式的基元結構而言，若能直接應用表 11-1 查得欲求之變位，則可大幅縮減計算的時間。

例題 11-2

試以諧合變形法分析下圖所示之靜不定梁。

一、取 B 支承之反力 R_B 為贅力

二、取 A 支承之反力 M_A 為贅力

三、取梁中央斷面之彎矩 M_C 為贅力

四、取梁中央斷面之剪力 V_C 為贅力

設梁之自重不計，且 EI 為常數。

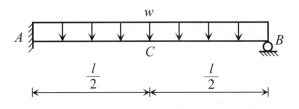

解

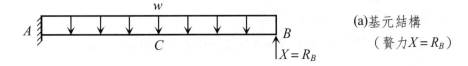

(a)基元結構

（贅力 $X = R_B$）

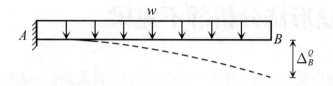

(b)由原載重造成基元
結構之變形

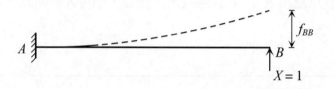

(c)由單位贅力造成基
元結構之變形

原結構為 1 次靜不定結構，因此需選取 1 個贅力，並建立 1 個諧合方程式來解得此贅力。

一、取 B 支承之反力 R_B 為贅力

(1)取 B 支承之反力 R_B 為贅力（即 $X = R_B$），並設方向向上。基元結構為一懸臂梁，如圖(a)所示。由原載重及單位贅力造成基元結構之變形，分別如圖(b)及圖(c)所示。

(2)原結構在 B 點處對應於贅力方向之垂直變位 $\Delta_B = 0$。

諧合方程式可由載重效應與贅力效應相疊加得出：

$$\Delta_B = \Delta_B^Q + f_{BB} X = 0 \qquad (1)$$

在上式中，Δ_B^Q 為原載重所造成基元結構在贅點（即 B 點）處沿贅力方向之變位，可由表 11-1 查得；f_{BB} 為單位贅力所造成基元結構在贅點處沿贅力方向之變位，亦可由表 11-1 查得。亦即

$$\Delta_B^Q = -\frac{wl^4}{8EI} \qquad (\downarrow)\ 負號表示與贅力之假設方向相反$$

$$f_{BB} = \frac{l^3}{3EI} \qquad (\uparrow)\ 正號表示與贅力之假設方向相同$$

將得出之 Δ_B^Q 及 f_{BB} 代入(1)式，解得

$$X = R_B = \frac{3wl}{8} \qquad (\uparrow)\ 正號表示贅力與原先假設之方向相同$$

(3)繪剪力圖及彎矩圖

　　當支承反力 R_B 求得後，原結構屬靜定分析，應用靜力平衡方程式，即可得出其餘支承反力（見圖(d)），而剪力圖如圖(e)所示，彎矩圖如圖(f)所示。

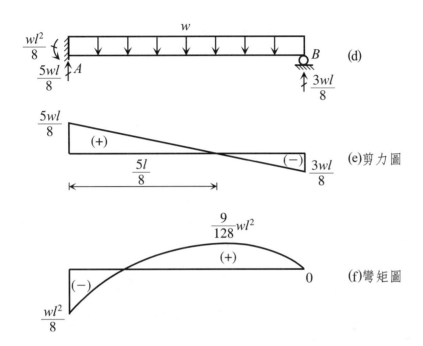

(d)

(e)剪力圖

(f)彎矩圖

二、取 A 支承之反力 M_A 為贅力

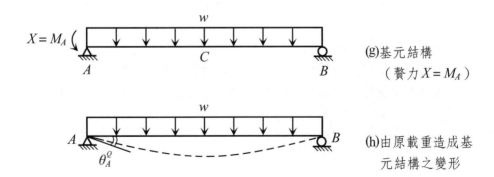

(g)基元結構
　（贅力 $X = M_A$）

(h)由原載重造成基
　元結構之變形

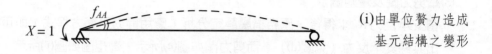

(i)由單位贅力造成
基元結構之變形

(1)取 A 支承之反力 M_A 為贅力（即 $X = M_A$），方向設為逆時針轉向。基元結構為一簡支梁，如圖(g)所示。由原載重及單位贅力造成基元結構之變形分別如圖(h)及圖(i)所示。

(2)原結構在 A 點處對應於贅力方向之旋轉角 $\theta_A = 0$。諧合方程式可由載重效應與贅力效應相疊加得出：

$$\theta_A = \theta_A^Q + f_{AA} X = 0 \tag{2}$$

在上式中，θ_A^Q 為原載重所造成基元結構在贅點（即 A 點）處沿贅力方向之轉角，可由表 11-1 查得；f_{AA} 為單位贅力所造成基元結構在贅點處沿贅力方向之轉角，亦可由表 11-1 查得。亦即

$$\theta_A^Q = -\frac{wl^3}{24EI} \quad (\circlearrowleft)\ 負號表示與贅力之假設方向相反$$

$$f_{AA} = \frac{l}{3EI} \quad (\circlearrowright)\ 正號表示與贅力之假設方向相同$$

將得出之 θ_A^Q 及 f_{AA} 代入(2)式，解得

$$X = M_A = \frac{wl^2}{8} \quad (\circlearrowright)\ 正號表示贅力與原先假設之方向相同$$

(3)繪剪力圖及彎矩圖

當支承反力 M_A 求得後，原結構屬靜定分析，應用靜力平衡方程式即可得出其餘支承反力（同圖(d)），而剪力圖、彎矩圖分別同圖(e)及圖(f)所示。

三、取梁中央斷面之彎矩 M_C 為贅力

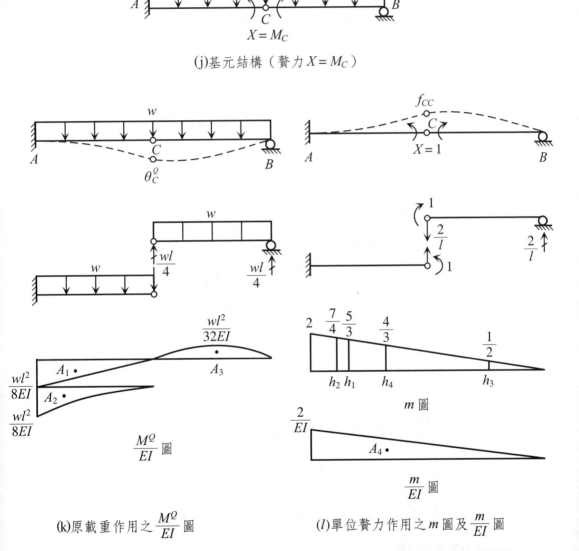

(j)基元結構（贅力 $X = M_C$）

$$\dfrac{M^Q}{EI} 圖$$

(k)原載重作用之 $\dfrac{M^Q}{EI}$ 圖

$$\dfrac{m}{EI} 圖$$

(l)單位贅力作用之 m 圖及 $\dfrac{m}{EI}$ 圖

(1)取梁中央斷面之彎矩 M_C 為贅力（即 $X = M_C$），假設方向如圖(j)所示，此時基元結構含有一個鉸接續，其中 AC 段為基本部分，而 CB 段為其附屬部分。

原載重作用下基元結構之 $\dfrac{M^Q}{EI}$ 圖如圖(k)所示（以個別彎矩圖來表示）。單位

贅力作用下基元結構之 m 圖及 $\dfrac{m}{EI}$ 圖如圖(l)所示。

(2)原結構在 C 點處對應於贅力方向之相對轉角 $\theta_C = 0$。

　　諧合方程式可由載重效應與贅力效應相疊加得出：

$$\theta_C = \theta_C^Q + f_{CC} X = 0 \tag{3}$$

在上式中，θ_C^Q 為原載重所造成基元結構在贅點（即 C 點）處沿贅力方向之相

對轉角，可由 $\dfrac{M^Q}{EI}$ 圖及 m 圖依單位虛載重法配合體積積分計算得出；f_{CC} 為

單位贅力所造成基元結構在贅點處沿贅力方向之相對轉角，可由 $\dfrac{m}{EI}$ 圖及 m

圖依單位虛載重法配合體積積分計算得出。亦即

$$
\begin{aligned}
\theta_C^Q &= \int m \frac{M^Q}{EI} dx \\
&= (A_1)(h_1) + (A_2)(h_2) + (A_3)(h_3) \\
&= \left[\frac{1}{2}\left(-\frac{wl^2}{8EI}\right)\left(\frac{l}{2}\right)\right]\left(\frac{5}{3}\right) + \left[\frac{1}{3}\left(-\frac{wl^2}{8EI}\right)\left(\frac{l}{2}\right)\right]\left(\frac{7}{4}\right) + \left[\frac{2}{3}\left(\frac{wl^2}{32EI}\right)\left(\frac{l}{2}\right)\right]\left(\frac{1}{2}\right) \\
&= -\frac{wl^3}{12EI} \quad \text{（負號表示與贅力之假設方向相反）} \\
f_{CC} &= \int m \frac{m}{EI} dx \\
&= (A_4)(h_4) \\
&= \left[\frac{1}{2}\left(\frac{2}{EI}\right)(l)\right]\left(\frac{4}{3}\right) \\
&= \frac{4l}{3EI} \quad \text{（正號表示與贅力之假設方向相同）}
\end{aligned}
$$

將得出之 θ_C^Q 及 f_{CC} 代入(3)式，解得

$$X = M_C = \frac{wl^2}{16} \quad \text{（正號表示贅力與原先假設方向相同）}$$

(3)繪剪力圖及彎矩圖

　　當斷面彎矩 M_C 求得後，原結構屬靜定分析，應用靜力平衡方程式即可得出

所有支承反力，如圖(m)所示。分析時先計算 CB 部分（附屬部分），再計算

AC部分（基本部分）。

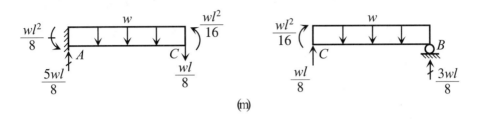

(m)

剪力圖，彎矩圖分別同圖(e)及圖(f)所示

四、取梁中央斷面之剪力 V_C 為贅力

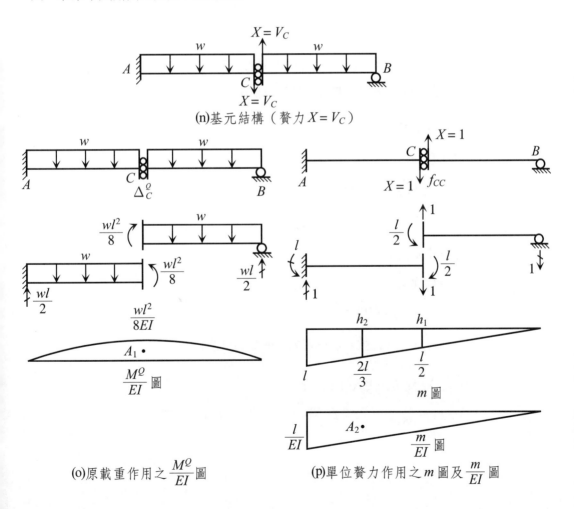

(n)基元結構（贅力 $X = V_C$）

(o)原載重作用之 $\dfrac{M^Q}{EI}$ 圖　　(p)單位贅力作用之 m 圖及 $\dfrac{m}{EI}$ 圖

(1) 取梁中央斷面之剪力 V_C 為贅力（即 $X = V_C$），假設方向如圖(n)所示，此時基元結構含有一個導向接續，其中 AC 段為基本部分，而 CB 段為其附屬部分。原載重作用下基元結構的 $\dfrac{M^Q}{EI}$ 圖如圖(o)所示。單位贅力作用下基元結構的 m 圖及 $\dfrac{m}{EI}$ 圖如圖(p)所示。

(2) 原結構在 C 點處對應於贅力方向之相對位移 $\Delta_C = 0$。

諧合方程式可由載重效應與贅力效應相疊加得出：

$$\Delta_C = \Delta_C^Q + f_{CC}X = 0 \tag{4}$$

在上式中，Δ_C^Q 為原載重所造成基元結構在贅點（即 C 點）處沿贅力方向之相對位移，可由 $\dfrac{M^Q}{EI}$ 圖及 m 圖依單位虛載重法配合體積積分計算得出；f_{CC} 為單位贅力所造成基元結構在贅點處沿贅力方向之相對位移，可由 $\dfrac{m}{EI}$ 圖及 m 圖依單位虛載重法配合體積積分計算得出。亦即

$$
\begin{aligned}
\Delta_C^Q &= \int m\frac{M^Q}{EI}\,dx \\
&= (A_1)(h_1) \\
&= \left[\frac{2}{3}\left(\frac{wl^2}{8EI}\right)(l)\right]\left(-\frac{l}{2}\right) \\
&= -\frac{wl^4}{24EI} \quad \text{（負號表示與贅力之假設方向相反）} \\
f_{CC} &= \int m\frac{m}{EI}\,dx \\
&= (A_2)(h_2) \\
&= \left[\frac{1}{2}\left(-\frac{l}{EI}\right)(l)\right]\left(-\frac{2l}{3}\right) \\
&= \frac{l^3}{3EI} \quad \text{（正號表示與贅力之假設方向相同）}
\end{aligned}
$$

將得出之 Δ_C^Q 及 f_{CC} 代入(4)式，解得

$$X = V_C = \frac{wl}{8} \quad \text{（正號表示贅力與原先假設方向相同）}$$

(3)繪剪力圖及彎矩圖

　　當斷面剪力 V_C 求得後，原結構屬靜定分析，應用靜力平衡方程式即可得出
所有支承反力，同圖(m)所示。同理，分析時先計算 CB 部分（附屬部分），
再計算 AC 部分（基本部分）。剪力圖、彎矩圖分別同圖(e)及圖(f)所示。

（討論）

若僅需繪出彎矩圖，則可應用以下之疊加原理：

彎矩 M = 載重作用下基元結構之彎矩 M^Q + 贅力作用下基元結構之彎矩 $(X)(m)$

換言之

彎矩圖 = M^Q 圖 + $(X)(m$ 圖$)$

此處所應注意的是，**彎矩圖的疊加是指彎矩座標值的疊加，而非僅是圖形的簡
單拼合**。

以上的說明乃是基於以下的原則：

載重所造成之桿件內力 = 載重作用下基元結構之桿件內力 + 贅力作用下基元結
　　　　　　　　　　　　構之桿件內力

另外，從 $\dfrac{M^Q}{EI}$ 圖中去除對應的 EI 值，即為 M^Q 圖。

例題 11-3

下圖所示為一靜不定梁，C 點受一向下之力 P 作用，試求 C 點變位。EI 為常數。

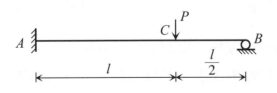

解

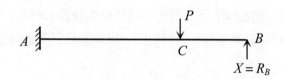

(a)基元結構（贅力 $X = R_B$）

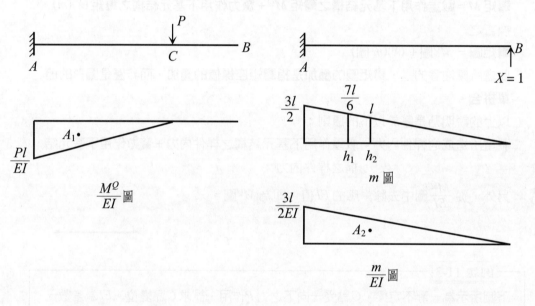

(b)原載重作用之 $\dfrac{M^Q}{EI}$ 圖　　　　　　(c)單位贅力作用之 m 圖及 $\dfrac{m}{EI}$ 圖

(1)原結構為 1 次靜不定結構，現取支承反力 R_B 為贅力（即 $X = R_B$），並設方向向上，基元結構如圖(a)所示。在原載重作用下，基元結構之 $\dfrac{M^Q}{EI}$ 圖如圖(b)所示；在單位贅力作用下，基元結構之 m 圖及 $\dfrac{m}{EI}$ 圖如圖(c)所示。

(2)原結構在 B 點處對應於贅力方向之變位 $\Delta_B = 0$。諧合方程式可由載重效應與贅力效相疊加得到：

$$\Delta_B = \Delta_B^Q + f_{BB}X = 0 \tag{1}$$

在上式中，由原載重造成基元結構在贅點（即 B 點）處沿贅力方向之變位 Δ_B^Q 可由 $\dfrac{M^Q}{EI}$ 圖對 m 圖計算得出：

$$
\begin{aligned}
\Delta_B^Q &= \int m\frac{M^Q}{EI}\,dx \\
&= (A_1)(h_1) \\
&= \left[\frac{1}{2}\left(-\frac{Pl}{EI}\right)(l)\right]\left(\frac{7l}{6}\right) \\
&= -\frac{7Pl^3}{12EI} \quad (\downarrow)
\end{aligned}
$$

由單位贅力造成基元結構在贅點處沿贅力方向之變位 f_{BB} 可由 $\dfrac{m}{EI}$ 圖對 m 圖計算得出：

$$
\begin{aligned}
f_{BB} &= \int m\frac{m}{EI}\,dx \\
&= (A_2)(h_2) \\
&= \left[\frac{1}{2}\left(\frac{3l}{2EI}\right)\left(\frac{3l}{2}\right)\right](l) \\
&= \frac{9l^3}{8EI} \quad (\uparrow)
\end{aligned}
$$

將得出之 Δ_B^Q 及 f_{BB} 代(1)式，解得

$$X = R_B = \frac{14}{27}P \quad (\uparrow)$$

(3)在求 C 點垂直變位 Δ_C 時，可在基元結構 C 點處沿 Δ_C 方向（假設向下）作用一單位虛載重（$\delta Q = 1$），形成一虛擬系統如圖(d)所示。

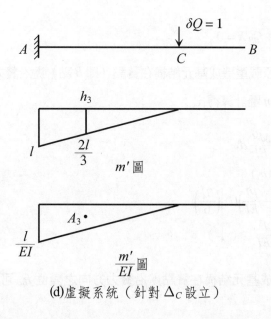

(d)虛擬系統（針對 Δ_C 設立）

由疊加原理可知：

節點變位＝載重作用下基元結構之節點變位＋贅力作用下基元結構之節點變位

亦即

$$\Delta_C = \Delta_C^Q + f_{CB} X \tag{2}$$

在上式中，由原載重造成基元結構在 C 點處之垂直變位 Δ_C^Q 可由 $\dfrac{M^Q}{EI}$ 圖對 m' 圖計算得出：

$$\begin{aligned}
\Delta_C^Q &= \int m' \frac{M^Q}{EI} dx \\
&= (A_1)(h_3) \\
&= \left[\frac{1}{2}\left(-\frac{Pl}{EI}\right)(l) \right]\left(-\frac{2}{3}l\right) \\
&= \frac{Pl^3}{3EI} \quad (\downarrow)
\end{aligned}$$

由單位贅力作用在基元結構 B 點處，造成 C 點之垂直變位 f_{CB} 可由 $\dfrac{m}{EI}$ 圖對

m'圖計算得出：（由於 m 圖及 m' 圖均為直線段，為求方便計，亦可由 $\dfrac{m'}{EI}$ 圖對 m 圖計算得出f_{CB}）

$$
\begin{aligned}
f_{CB} &= \int m'\frac{m}{EI}\,dx = \int m\frac{m'}{EI}\,dx \\
&= (A_3)(h_1) \\
&= \left[\frac{1}{2}\left(-\frac{l}{EI}\right)(l)\right]\left(\frac{7l}{6}\right) \\
&= -\frac{7l^3}{12EI} \quad (\uparrow)
\end{aligned}
$$

將得出之Δ_C^Q、f_{CB} 及 X 代入(2)式中得

$$
\Delta_C = \frac{5Pl^3}{162EI} \quad (\downarrow)
$$

（討論 1）

在計算f_{CB} 時，由 $\dfrac{m'}{EI}$ 圖計算 A 值，m 圖計算 h 值，較由 $\dfrac{m}{EI}$ 圖計算 A 值，m' 圖計算 h 值來的簡單，但先決條件是 m 圖及 m' 圖均須為直線段（詳見第八章有關應用體積積分法之注意事項第(5)點的說明）。

（討論 2）

本題若採用等值節點載重之觀念來求解贅力 $X = R_B$ 亦十分便捷，現說明如下：

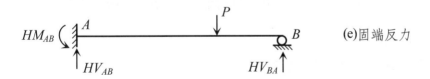

(e)固端反力

(f)受等值節點載重作用之基元結構（贅力 $X = R_B$）

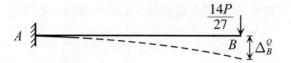

(g)由等值節點載重造成基元結構之變形

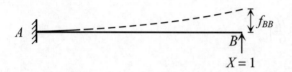

(h)由單位贅力造成基元結構之變形

由於不必求取 B 點之轉角，因此可用 A 端為固定，B 端可自由旋轉的等值節點載重系統。固端反力如圖(e)所示，其中 HV_{BA} 可由表 11-4 查得

$$HV_{BA} = \frac{Pa^2(2l+b)}{2l^3} = \frac{P(l)^2\left(2\left(\frac{3l}{2}\right)+\left(\frac{l}{2}\right)\right)}{2\left(\frac{3l}{2}\right)^3} = \frac{14P}{27} \quad (\uparrow)$$

受等值節點載重作用之基元結構如圖(f)所示，其中等值節點載重 HM_{AB} 及 HV_{AB} 將不影響基元結構之內力分佈及變形，因此可忽略不計。

由等值節點載重造成基元結構之變形，如圖(g)所示，其中 Δ_B^Q 可由表 11-1 查得

$$\Delta_B^Q = \frac{\left(\frac{14}{27}P\right)\left(\frac{3}{2}l\right)^3}{3EI} = \frac{7Pl^3}{12EI} \quad (\downarrow)$$

由單位贅力造成基元結構之變形，如圖(h)所示，其中 f_{BB} 可由表 11-1 查得

$$f_{BB} = \frac{\left(\frac{3}{2}l\right)^3}{3EI} = \frac{9l^3}{8EI} \quad (\uparrow)$$

將得出之 Δ_B^Q 及 f_{BB} 代入(1)式中，解得

$$X = R_B = \frac{14}{27}P \quad (\uparrow)$$

所得結果完全相同。

例題 11-4

試求下圖所示梁結構的支承反力 R_B 及斷面內力 M_A。

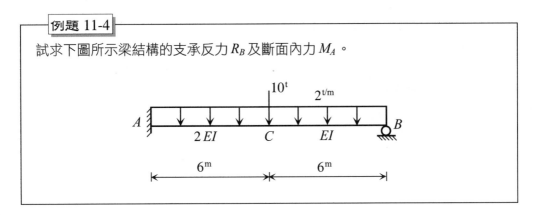

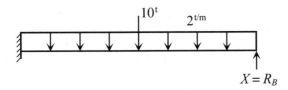

(a)基元結構（贅力 $X = R_B$）

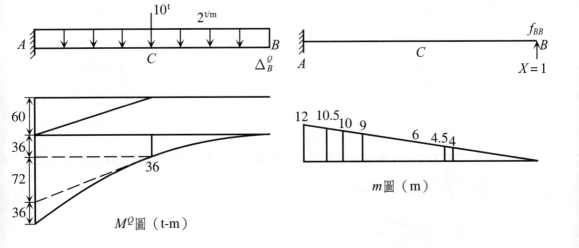

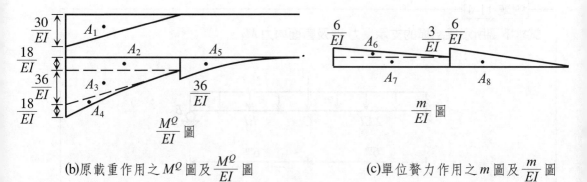

(b)原載重作用之 M^Q 圖及 $\dfrac{M^Q}{EI}$ 圖   (c)單位贅力作用之 m 圖及 $\dfrac{m}{EI}$ 圖

此梁為 1 次靜不定結構，因此需選取 1 個贅力，並建立 1 個諧合方程式來解此贅力。

(1)取支承反力 R_B 為贅力（即 $X = R_B$），並設方向向上，基元結構如圖(a)所示。在原載重作用下，基元結構之 M^Q 圖及 $\dfrac{M^Q}{EI}$ 圖，如圖(b)所示。於 M^Q 圖中，拋物線在 C 點處的切線不與梁軸平行（斜率 $= V_B = 12^{\,t}$），因此在 $\dfrac{M^Q}{EI}$ 圖中，AC 段之拋物線面積無法由表 8-5 直接查得，而須將其劃分為 A_2（為矩形面積）、A_3（為三角形面積，而底邊即為拋物線在 C 點處之切線）、A_4（為二次拋物線面積）等 3 個面積。在單位贅力作用下，基元結構之 m 圖及 $\dfrac{m}{EI}$ 圖如圖(c)所示。

(2)原結構在 B 點處對應於贅力方向之變位 $\Delta_B = 0$。諧合方程式可由載重效應與贅力效應相疊加得到：

$$\Delta_B = \Delta_B^Q + f_{BB} X = 0 \tag{1}$$

在上式中，由原載重造成基元結構在贅點（即 B 點）處沿贅力方向之變位 Δ_B^Q 可由 $\dfrac{M^Q}{EI}$ 圖對 m 圖計算得出：

$$
\begin{aligned}
\Delta_B^Q &= \int m \, \frac{M^Q}{EI} \, dx \\
&= \Sigma (A_i)(h_i) \qquad\qquad i = 1 \sim 5
\end{aligned}
$$

$$= \left[\frac{1}{2}\left(-\frac{30}{EI}\right)(6)\right](10) + \left[\left(-\frac{18}{EI}\right)(6)\right](9) + \left[\frac{1}{2}\left(-\frac{36}{EI}\right)(6)\right](10)$$

$$+ \left[\frac{1}{3}\left(-\frac{18}{EI}\right)(6)\right](10.5) + \left[\frac{1}{3}\left(-\frac{36}{EI}\right)(6)\right](4.5)$$

$$= -\frac{3654}{EI} \quad (\downarrow)$$

由單位贅力造成基元結構在贅點處沿贅力方向之變位 f_{BB} 可由 $\dfrac{m}{EI}$ 圖對 m 圖計算得出：

$$f_{BB} = \int m \frac{m}{EI}\, dx$$

$$= \Sigma(A_i)(h_i) \qquad i = 6\sim 8$$

$$= \left[\frac{1}{2}\left(\frac{3}{EI}\right)(6)\right](10) + \left[\left(\frac{3}{EI}\right)(6)\right](9) + \left[\frac{1}{2}\left(\frac{6}{EI}\right)(6)\right](4)$$

$$= \frac{324}{EI}$$

將得出之 Δ_B^Q 及 f_{BB} 代入(1)式，解得

$$X = R_B = 11.28^{\,t} \quad (\uparrow)$$

(3)求 M_A（從 $\dfrac{M^Q}{EI}$ 圖中去除對應的 EI 值，即為 M^Q 圖）

由於：

載重所造成之 M_A ＝載重作用下基元結構中之 M_A ＋贅力作用下基元結構中之 M_A

因此

$$M_A = (\,M^Q\,圖中之\,M_A\,) + (R_B)(\,m\,圖中之\,M_A\,)$$

$$= (-60-36-72-36) + (11.28)(12)$$

$$= -68.64^{\,t-m}$$

（當 R_B 求得後，M_A 亦可由靜力平衡條件求得）

討論

應用等值節點載重之觀念求取(1)式中之 Δ_B^Q：

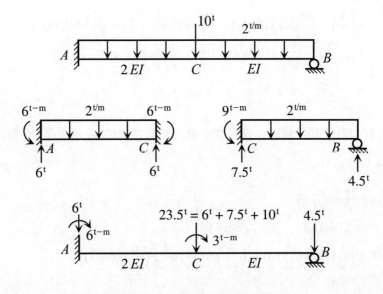

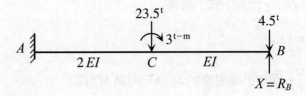

(d)固端反力及等值節點載重圖

(e)受等值節點載重作用之基元結構（贅力 $X = R_B$）

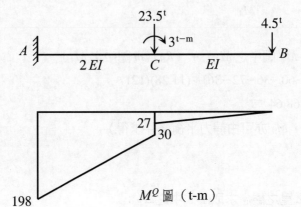

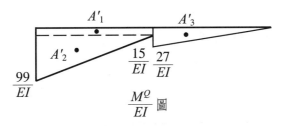

(f)節點載重作用之 M^Q 圖及 $\dfrac{M^Q}{EI}$ 圖

對於受力複雜的結構,其 M^Q 圖往往亦較複雜,若僅分析結構內力而不計節點間桿件之變形時,可用等值節點載重之觀念來繪製 M^Q 圖,以簡化分析。實際上作用在節點上的載重應是由等值節點載重與直接作用在節點上的載重相疊加而得,如圖(d)所示。在圖(d)中,AC 桿件及 CB 桿件之固端反力,可分別由表 11-2 及表 11-4 查得。

由於作用在支承 A 上的節點載重不影響基元結構內力之分佈,故可不計。受節點載重作用之基元結構,如圖(e)所示,而 M^Q 圖及 $\dfrac{M^Q}{EI}$ 圖如圖(f)所示。

此時 Δ_B^Q 可由圖(f)所示的 $\dfrac{M^Q}{EI}$ 圖對圖(c)所示的 m 圖計算得出,即

$$
\begin{aligned}
\Delta_B^Q &= \int m \frac{M^Q}{EI}\,dx \\
&= (A_1')(h_1') + (A_2')(h_2') + (A_3')(h_3') \\
&= \left[\left(-\frac{15}{EI}\right)(6)\right](9) + \left[\frac{1}{2}\left(-\frac{84}{EI}\right)(6)\right](10) + \left[\frac{1}{2}\left(-\frac{27}{EI}\right)(6)\right](4) \\
&= -\frac{3654}{EI}
\end{aligned}
$$

例題 11-5

試用諧合變形法分析下圖所示梁結構（*EI*為常數）：

(1)*B* 點之彎矩

(2)各支承反力

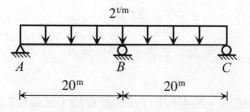

解

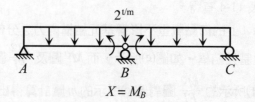

$X = M_B$

(a)基元結構（贅力 $X = M_B$）

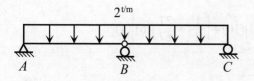

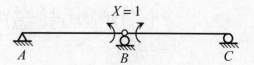

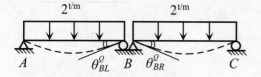

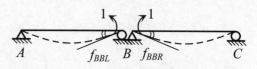

(b)由原載重造成基元結構之變形
（$\theta_{BR}^Q - \theta_{BL}^Q = \theta_B^Q$）

(c)由單位贅力造成基元結構之變
形（$f_{BBR} - f_{BBL} = f_{BB}$）

原結構為 1 次靜不定連續梁。

一、求 B 點之彎矩

(1)求 B 點之彎矩 M_B，為方便計，可取 M_B 為贅力（即 $X = M_B$），則當此贅力求得後，即為所求之 M_B。基元結構如圖(a)所示。在基元結構中，由於 B 點為一鉸接續（彎矩為零），因此可將 AB 段及 BC 段均視為簡支梁來處理；由原載重及單位贅力造成基元結構之變形，分別如圖(b)及圖(c)所示。

(2)原結構在 B 點處對應於贅力方向之相對旋轉角 $\theta_B = 0$。諧合方程式可由載重效應與贅力效應相疊加得出：

$$\theta_B = \theta_B^Q + f_{BB} X = 0 \tag{1}$$

在圖(b)及圖(c)中，轉角 θ_{BL}^Q、θ_{BR}^Q、f_{BBL}、f_{BBR} 可由表 11-1 查得

$$\theta_{BR}^Q = -\theta_{BL}^Q = \frac{wl^3}{24EI} = \frac{(2)(20)^3}{24EI} = \frac{2000}{3EI}$$

$$f_{BBR} = -f_{BBL} = \frac{l}{3EI} = \frac{20}{3EI}$$

在(1)式中，θ_B^Q 為原載重所造成基元結構在贅點處沿贅力方向之相對轉角；f_{BB} 為單位贅力所造成基元結構在贅點處沿贅力方向之相對轉角，因此

$$\theta_B^Q = \theta_{BR}^Q - \theta_{BL}^Q = \frac{4000}{3EI}$$

$$f_{BB} = f_{BBR} - f_{BBL} = \frac{40}{3EI}$$

將得出之 θ_B^Q 及 f_{BB} 代入(1)式，解得

$$X = M_B = -100^{\text{t-m}}$$

二、求各支承反力

當 M_B 求得後，各桿件均屬靜定分析，由於結構對稱，故分析半邊結構即可。

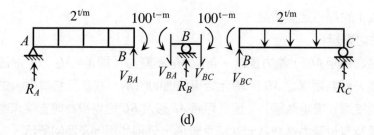

(d)

在圖(d)中，取 AB 桿件為自由體

　　由　$\Sigma M_B = 0$，得 $R_A = R_C = 15^t$　（↥）

　　由　$\Sigma F_y = 0$，得 $V_{BA} = V_{BC} = 25^t$　（↑）

取 B 點為自由體

　　由　$\Sigma F_y = 0$，得 $R_B = 50^t$　（↥）

例題 11-6

試利用諧合變形法分析下圖所示之連續架。$E = 200\ \text{Gpa}$，$I = 80 \times 10^{-6}\ \text{m}^4$。

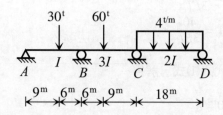

解

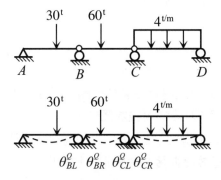

$X_1 = M_B \quad X_2 = M_C$

(a)基元結構（贅力$X_1 = M_B$，$X_2 = M_C$）

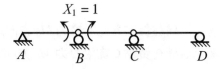

$\theta^o_{BL} \quad \theta^o_{BR} \quad \theta^o_{CL} \quad \theta^o_{CR}$

圖(b)由原載重造成基元結構之變形

（$\theta^o_{BR} - \theta^o_{BL} = \theta^o_B$；$\theta^o_{CR} - \theta^o_{CL} = \theta^o_C$）

$X_1 = 1$

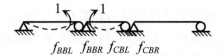

$f_{BBL} \quad f_{BBR} \quad f_{CBL} \quad f_{CBR}$

圖(c)由單位贅力$X_1 = 1$造成基元結構之變形

（$f_{BBR} - f_{BBL} = f_{BB}$；$f_{CBR} - f_{CBL} = f_{CB}$）

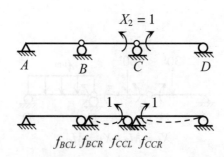

圖(d)由單位贅力 $X_2 = 1$ 造成贅元結構之變形

$(f_{BCR} - f_{BCL} = f_{BC}\ ；\ f_{CCR} - f_{CCL} = f_{CC})$

(1)原結構為 2 次靜不定的連續梁，可選取 B 點之彎矩 M_B 及 C 點之彎矩 M_C 為贅力（$X_1 = M_B$，$X_2 = M_C$），基元結構如圖(a)所示。

由原載重及單位贅力所造成基元結構之變形分別如圖(b)、圖(c)、圖(d)所示，其中 AB 段，BC 段及 CD 段均可視為簡支梁。

(2)原結構在 B 點及 C 點處對應於贅力方向之相對旋轉角分別為 $\theta_B = 0$ 及 $\theta_C = 0$。

諧合方程式可由載重效應與贅力效應相疊加得出：

$$\theta_B = \theta_B^Q + f_{BB} X_1 + f_{BC} X_2 = 0 \tag{1}$$

$$\theta_C = \theta_C^Q + f_{CB} X_1 + f_{CC} X_2 = 0 \tag{2}$$

在(1)式及(2)式中：

θ_B^Q 為原載重所造成基元結構在贅點 B 處沿贅力 M_B 方向之相對轉角

θ_C^Q 為原載重所造成基元結構在贅點 C 處沿贅力 M_C 方向之相對轉角

f_{BB} 為單位贅力作用在贅點 B 處造成沿贅力 M_B 方向之相對轉角

f_{CB} 為單位贅力作用在贅點 B 處造成沿贅力 M_C 方向之相對轉角

f_{BC} 為單位贅力作用在贅點 C 處造成沿贅力 M_B 方向之相對轉角

f_{CC} 為單位贅力作用在贅點 C 處造成沿贅力 M_C 方向之相對轉角

以上各自由項 θ_B^Q、θ_C^Q 及主係數 f_{BB}、f_{CC} 和副係數 f_{BC}、f_{CB} 均可由表 11-1 查得，亦即

$$\theta_B^Q = \theta_{BR}^Q - \theta_{BL}^Q = \frac{Pab(l+b)}{6lEI} + \frac{Pab(l+a)}{6lEI}$$

$$= \frac{(60)(6)(9)(15+9)}{6(15)\,E\,(3I)} + \frac{(30)(9)(6)(15+9)}{6(15)\,EI} = \frac{720}{EI}$$

$$\theta_C^Q = \theta_{CR}^Q - \theta_{CL}^Q = \frac{wl^3}{24EI} + \frac{Pab(l+a)}{6lEI} = \frac{(4)(18)^3}{24E\,(2I)} + \frac{(60)(6)(9)(15+6)}{6(15)\,E\,(3I)} = \frac{738}{EI}$$

$$f_{BB} = f_{BBR} - f_{BBL} = \frac{l}{3EI} + \frac{l}{3EI} = \frac{15}{3EI} + \frac{15}{3E\,(3I)} = \frac{6.667}{EI}$$

$$f_{CB} = f_{CBR} - f_{CBL} = 0 + \frac{l}{6EI} = 0 + \frac{15}{6E\,(3I)} = \frac{0.833}{EI}$$

$$f_{BC} = f_{BCR} - f_{BCL} = \frac{l}{6EI} + 0 = \frac{15}{6E\,(3I)} = \frac{0.833}{EI}$$

$$f_{CC} = f_{CCR} - f_{CCL} = \frac{l}{3EI} + \frac{l}{3EI} = \frac{18}{3E\,(2I)} + \frac{15}{3E\,(3I)} = \frac{4.667}{EI}$$

將所得之自由項，主係數及副係數代入(1)式及(2)式中，聯立解得

$$X_1 = M_B = -90.3^{\text{ t-m}} \qquad (\,)\,(\,)$$

$$X_2 = M_C = -142.0^{\text{ t-m}} \qquad (\,)\,(\,)$$

（副係數具對稱性，由上可知，$f_{CB} = f_{BC}$）

(3)繪剪力圖及彎矩圖

當 M_B 及 M_C 求得後，各桿件均屬靜定分析（見圖(d)），原結構之載重圖、剪力圖及彎矩圖分別如圖(e)、圖(f)及圖(g)所示。

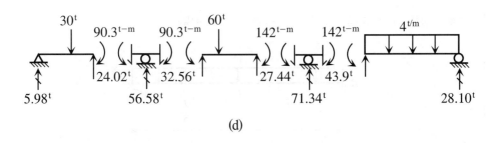

(d)

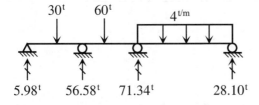

(e)原結構載重圖

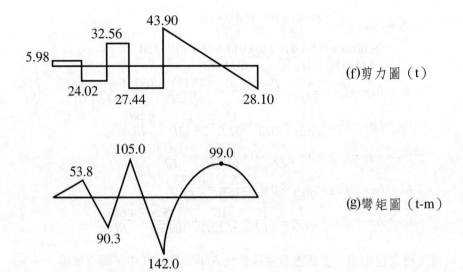

(f)剪力圖（t）

(g)彎矩圖（t-m）

討論

　　在分析內力時，若結構僅承受載重作用且僅有一種剛度（如 EI），則在計算時不必將 EI 值實際算出，因為 EI 值在計算過程中會自行消去。

例題 11-7

試繪下圖所示梁結構之剪力與彎矩圖，EI 為常數。

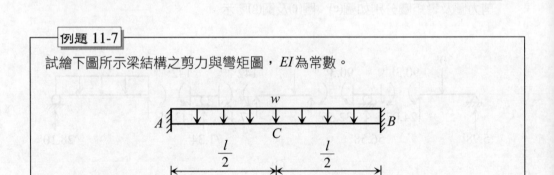

解

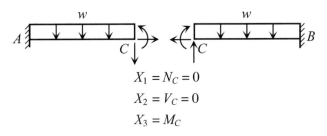

$X_1 = N_C = 0$

$X_2 = V_C = 0$

$X_3 = M_C$

(a)基元結構（贅力 $X_1 = N_C$，$X_2 = V_C$，$X_3 = M_C$）

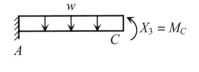

(b)基元結構取全做
半分析

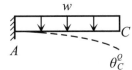

(c)由原載重造成基
元結構之變形

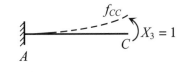

(d)由單位贅力造成
基元結構之變形

⑴原結構為 3 次靜不定之對稱結構，在選取基元結構時，可沿幾何對稱軸將 C
點切開，並取切開斷面中的三個斷面內力為贅力，即 $X_1 = N_C$，$X_2 = V_C$，
$X_3 = M_C$，基元結構如圖(a)所示。由於對稱結構之內力是呈對稱分佈，因此
在 C 點處，非對稱之贅力 $X_2 = V_C = 0$。另外，在垂直載重作用下，梁中的軸
向效應可不計，因此，$X_1 = N_C = 0$，故實際上欲求解的未知贅力僅 $X_3 = M_C$。
由於基元結構為一對稱結構，因此可採用取全做半法來進行分析，如圖(b)所
示。由原載及單位贅力造成基元結構之變形，分別如圖(c)及圖(d)所示。

⑵原結構在梁跨中央斷面處對應於贅力方向之相對旋轉角 $\theta_C = 0$。諧合方程式
可由載重效應及贅力效應相疊加得出：（在取全做半分析中，為計及另外半
邊結構之效應，故各係數前均應乘以 2）

$$\theta_C = 2\,(\theta_C^o + f_{CC}\,X_3) = 0 \tag{1}$$

在上式中，由表 11-1 可查得

$$\theta_C^Q = \frac{w(\frac{l}{2})^3}{6EI} = \frac{wl^3}{48EI} \quad (\circlearrowright)$$

$$f_{CC} = \frac{(\frac{l}{2})}{EI} = \frac{l}{2EI} \quad (\circlearrowleft)$$

將得出之 θ_C^Q 及 f_{CC} 代入(1)式中，解得

$$X_3 = M_C = \frac{wl^2}{24} \quad (\circlearrowleft\circlearrowright)$$

綜合以上分析，可知 $X_1 = N_C = 0$，$X_2 = V_C = 0$，$X_3 = M_C = \frac{wl^2}{24}$

(3)繪剪力圖及彎矩圖

當 M_C 得出後，由圖(b)，依靜力平衡條件，可得出支承 A 之反力：

$$R_{Ay} = \frac{wl}{2} \ (\uparrow) \ ; \ M_A = \frac{wl^2}{12} \ (\circlearrowright)$$

進而可繪出剪力圖（呈反對稱分佈，見圖(e)）及彎矩圖（呈對稱分佈，見圖(f)）。

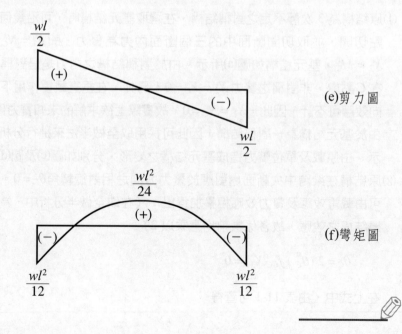

(e)剪力圖

(f)彎矩圖

例題 11-8

如何應用表 11-1 直接求得圖(一)及圖(二)所示梁結構在 C 點處之垂直位移 Δ_C？EI 均為常數。

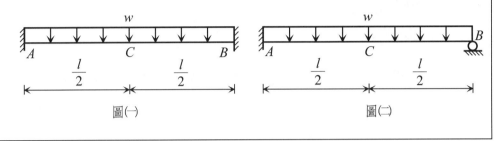

圖(一)   圖(二)

解

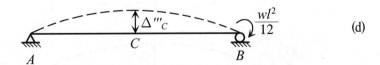

$\dfrac{wl^2}{12}$ A C B $\dfrac{wl^2}{12}$ (a)

A C Δ'_C B (b)

$\dfrac{wl^2}{12}$ A C Δ''_C B (c)

A C Δ'''_C B $\dfrac{wl^2}{12}$ (d)

㈠求解圖㈠所示梁結構在C點處之垂直位移Δ_C

原結構在載重作用下，由表 11-2 可查得固端彎矩如下：（見圖(a)）

$$FM_{AB} = \frac{wl^2}{12} \quad (\curvearrowright)$$

$$FM_{BA} = \frac{wl^2}{12} \quad (\curvearrowleft)$$

原結構在C點處之垂直位移Δ_C，可視為圖(b)、圖(c)及圖(d)三種情況之組合，亦即

$$\Delta_C = \Delta'_C + \Delta''_C + \Delta'''_C \tag{1}$$

由表 11-1 可查得：（設變位向下為正）

$$\Delta'_C = \frac{5wl^4}{384EI} \ (\downarrow) \ ; \ \Delta''_C = -\frac{Ml^2}{16EI} = -\frac{wl^4}{192EI} \ (\uparrow) \ ; \ \Delta'''_C = -\frac{wl^4}{192EI} \ (\uparrow)$$

將得出Δ'_C、Δ''_C及Δ'''_C代入(1)式中，得

$$\Delta_C = \frac{wl^4}{384EI} \quad (\downarrow)$$

㈡求解圖㈡所示梁結構在C點處之垂直位移Δ_C

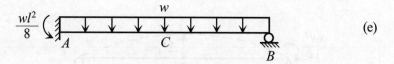

(e)

(f)

(g)

原結構在載重作用下，由表 11-4 查得固端彎矩$FM_{AB} = \dfrac{wl^2}{8}$（ㄢ），如圖(e)所示。原結構在$C$點處之垂直位移$\Delta_C$，可視為圖(f)及圖(g)兩種情況之組合，亦即

$$\Delta_C = \Delta'_C + \Delta''_C \tag{2}$$

由表 11-1 可查得：（設變位向下為正）

$$\Delta'_C = \frac{5wl^4}{384EI} \ (\downarrow) \ ; \ \Delta''_C = -\frac{Ml^2}{16EI} = -\frac{wl^4}{128EI} \ (\uparrow)$$

將得出之Δ'_C及Δ''_C代入(2)式中，得

$$\Delta_C = \frac{wl^4}{192EI} \quad (\downarrow)$$

例題 11-9

試繪下圖所示梁結構之彎矩圖。ET為常數。（B點為導向接續）

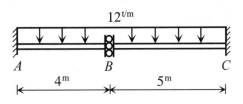

解

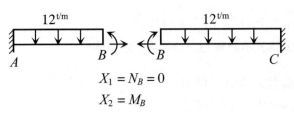

$$X_1 = N_B = 0$$
$$X_2 = M_B$$

(a)基元結構（贅力 $X_1 = N_B$，$X_2 = M_B$）

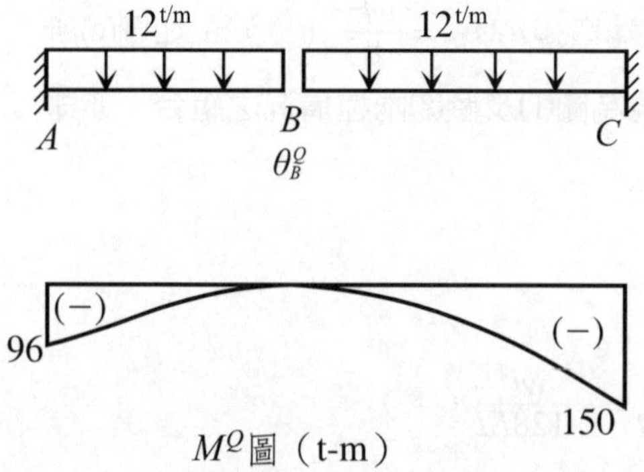

(b)原載重作用下之M^Q圖

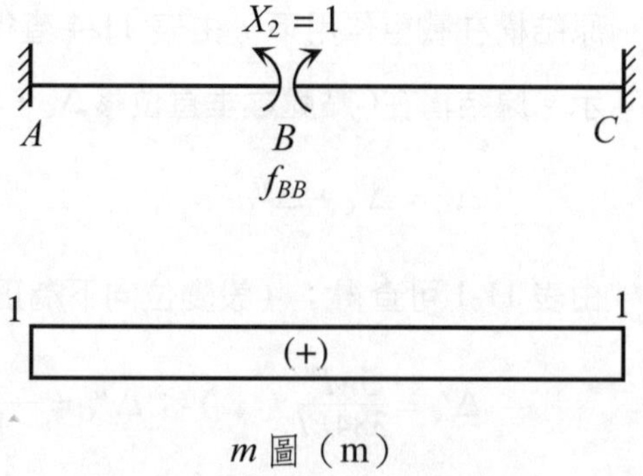

(c)單位贅力作用下之m圖

⑴原結構為 2 次靜不定之梁，選取B點（為導向接續，剪力為零）之斷面內力為贅力，即$X_1 = N_B$, $X_2 = M_B$，基元結構如圖(a)所示。由於在垂直載重作用下，梁中的軸向效應可不計，因此$X_1 = N_B = 0$，故實際上欲求解之贅力僅$X_2 = M_B$。由原載重及單位贅力造成基元結構之M^Q圖及m圖分別如圖(b)及圖(c)所示。

⑵原結構在B點處對應於贅力方向之相對旋轉角$\theta_B = 0$。諧合方程式可由載重效應及贅力效應相疊加得出：

$$\theta_B = \theta_B^Q + f_{BB} X_2 = 0 \tag{1}$$

在上式中，由表 11-1 可得到

$$\theta_B^Q = -\left(\frac{\omega l_{AB}^3}{6EI} + \frac{\omega l_{BC}^3}{6EI}\right) = -\left(\frac{(12)(4)^3}{6EI} + \frac{(12)(5)^3}{6EI}\right) = -\frac{378}{EI}$$

（負號表示與贅力之假設方向相反）

$$f_{BB} = \left(\frac{l_{AB}}{EI} + \frac{l_{AB}}{EI}\right) = \left(\frac{4}{EI} + \frac{5}{EI}\right) = \frac{9}{EI}$$

（正號表示與贅力之假設方向相同）

將得出θ_B^Q及 f_{BB} 代入(1)式，解得

$X_2 = M_B = 42^{\text{t-m}}$　（ ↺↻ ）

(3)繪彎矩圖

彎矩圖（如圖(d)所示）可由以下所示的疊加原理繪出

$$彎矩圖 = M^Q圖 + (M_B)(m圖)$$

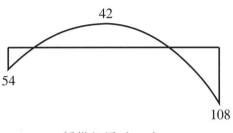

(d)彎矩圖（t-m）

例題 11-10

於下圖所示梁結構中，試求B點的垂直變位Δ_B。EI為常數。

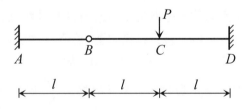

解

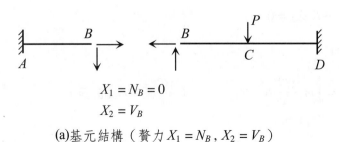

$$X_1 = N_B = 0$$
$$X_2 = V_B$$

(a)基元結構（贅力 $X_1 = N_B$，$X_2 = V_B$）

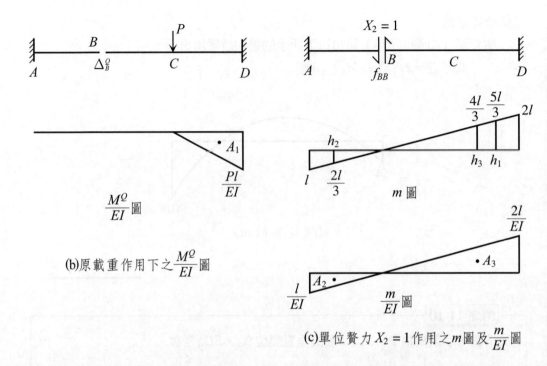

(b)原載重作用下之$\dfrac{M^Q}{EI}$圖

(c)單位贅力 $X_2 = 1$ 作用之m圖及$\dfrac{m}{EI}$圖

(1)原結構為 2 次靜不定之梁，選取B點（為鉸接續，彎矩為零）之斷面內力為贅力，即$X_1 = N_B$，$X_2 = V_B$，基元結構如圖(a)所示。由於在垂直載重作用下，梁中的軸向效應可不計，因此$X_1 = N_B = 0$，故實際上欲求解的未知贅力僅$X_2 = V_B$。由原載重及單位贅力造成基元結構之$\dfrac{M^Q}{EI}$圖及m圖及$\dfrac{m}{EI}$圖分別如圖(b)及圖(c)所示。

(2)原結構在B點處對應於贅力方向之相對位移 $\Delta_B = 0$。諧合方程式可由載重效應及贅力效應相疊加得出：

$$\Delta_B = \Delta_B^Q + f_{BB} X_2 = 0 \tag{1}$$

在上式中

$$\Delta_B^Q = \int m \dfrac{M^Q}{EI} dx \qquad (\dfrac{M^Q}{EI}圖對m圖計算)$$
$$= (A_1)(h_1)$$

$$= \left[\frac{1}{2}(-\frac{Pl}{EI})(l) \right](\frac{5l}{3})$$

$$= -\frac{5Pl^3}{6EI}$$

$$f_{BB} = \int m\frac{m}{EI}dx \qquad (\frac{m}{EI}\text{圖對}m\text{圖計算})$$

$$= (A_2)(h_2) + (A_3)(h_3)$$

$$= \left[\frac{1}{2}(-\frac{l}{EI})(l) \right](-\frac{2l}{3}) + \left[\frac{1}{2}(\frac{2l}{EI})(2l) \right](\frac{4l}{3})$$

$$= \frac{3l^3}{EI}$$

將得出之Δ_B^0及f_{BB}代入(1)，解得

$$X_2 = V_B = \frac{5}{18}P$$

(3)求Δ_B

　　現取AB段為自由體，如圖(d)所示

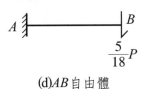

(d)AB自由體

由表 11-1 可查得

$$\Delta_B = \frac{(\frac{5}{18}P)l^3}{3EI} = \frac{5Pl^3}{54EI} \quad (\downarrow)$$

例題 11-11

下圖所示的連續梁，$EI = 8 \times 10^4$ t-m²，若B點下陷 3 cm，試繪彎矩圖。

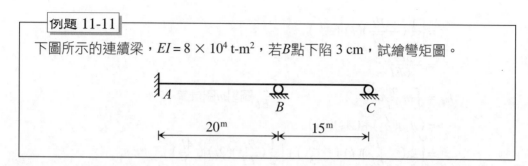

解

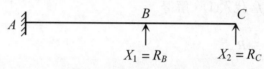

(a)基元結構（贅力 $X_1 = R_B$, $X_2 = R_C$）

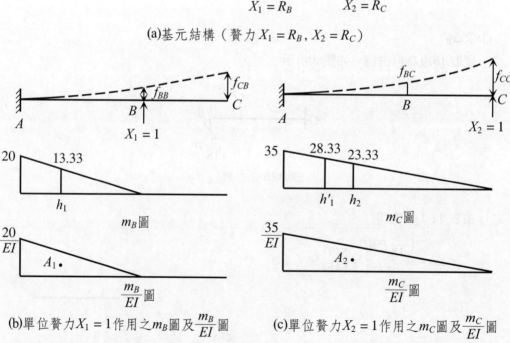

(b)單位贅力$X_1 = 1$作用之m_B圖及$\dfrac{m_B}{EI}$圖　　(c)單位贅力$X_2 = 1$作用之m_C圖及$\dfrac{m_C}{EI}$圖

(1)原結構為 2 次靜不定之梁，選取支承反力R_B及R_C為贅力，即$X_1 = R_B$，$X_2 = R_C$，基元結構如圖(a)所示。由單位贅力$X_1 = 1$及$X_2 = 1$造成基元結構之m_B圖、$\dfrac{m_B}{EI}$圖、m_C圖及$\dfrac{m_C}{EI}$圖分別如圖(b)及圖(c)所示。

⑵原結構在 B 點處對應於贅力 X_1 方向之位移為 0.03 m（↓）；在 C 點處對應於贅力 X_2 方向之位移為 0 m。因此諧合方程式將由支承移動效應及贅力效應相疊加得出：（因為無載重，所以自由項 Δ_B^0 及 Δ_C^0 均為零）

$$\Delta_B = f_{BB} X_1 + f_{BC} X_2 = -0.03 \text{（負號表示沉陷量與假設之贅力方向相反）} \quad (1)$$
$$\Delta_C = f_{CB} X_1 + f_{CC} X_2 = 0 \quad\quad\quad\quad\quad\quad\quad\quad\quad\quad (2)$$

在上兩式中

$$f_{BB} = \int m_B \frac{m_B}{EI} dx \quad (\frac{m_B}{EI} \text{圖對} m_B \text{圖計算})$$
$$= (A_1)(h_1)$$
$$= \left[\frac{1}{2}(\frac{20}{EI})(20)\right](13.33)$$
$$= \frac{2666}{EI}$$

$$f_{BC} = f_{CB} = \int m_B \frac{m_C}{EI} dx = \int m_C \frac{m_B}{EI} dx \quad (\frac{m_C}{EI} \text{圖對} m_B \text{圖或} \frac{m_B}{EI} \text{圖對} m_C \text{圖計算})$$
$$= (A_1)(h_1')$$
$$= \left[\frac{1}{2}(\frac{20}{EI})(20)\right](28.33)$$
$$= \frac{5666}{EI}$$

$$f_{CC} = \int m_C \frac{m_C}{EI} dx \quad (\frac{m_C}{EI} \text{圖對} m_C \text{圖計算})$$
$$= (A_2)(h_2)$$
$$= \left[\frac{1}{2}(\frac{35}{EI})(35)\right](23.33)$$
$$= \frac{14290}{EI}$$

將得出之 f_{BB}、f_{BC}、f_{CB}、f_{CC} 及 $EI = 8 \times 10^{4\,t-m}$ 代⑴式及⑵式中，解得

$$X_1 = R_B = -5.73^t \quad (\downarrow)$$
$$X_2 = R_C = 2.27^t \quad (\uparrow)$$

⑶繪彎矩圖

　　當 R_B 及 R_C 求得後，即可繪出彎矩圖，如圖(d)所示。

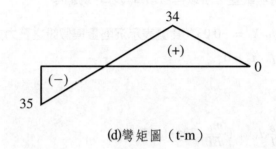

(d)彎矩圖（t-m）

┌──────┐
│ 討論 1 │
└──────┘

　　由於無載重作用，所以在諧合方程式中不必列出自由項 Δ_B^ℓ 及 Δ_C^ℓ，因而諧合方程式將是由支承移動效應及贅力效應相疊加得出。

┌──────┐
│ 討論 2 │
└──────┘

　　若是多個支承產生不均勻沉陷，則沉陷量係指各支承間的相對沉陷量而非絕對沉陷量。

┌────────────┐
│ 例題 11-12 │
└────────────┘

在下圖所示的連續梁中，支承 A、B、C 處分別向下沉陷 14 mm、22 mm、5 mm，已知 $E = 200$ kN/mm^2，$I = 300 \times 10^6$ mm^4，不計梁的自重，試求各支承反力。

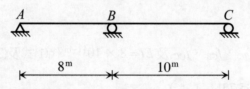

解

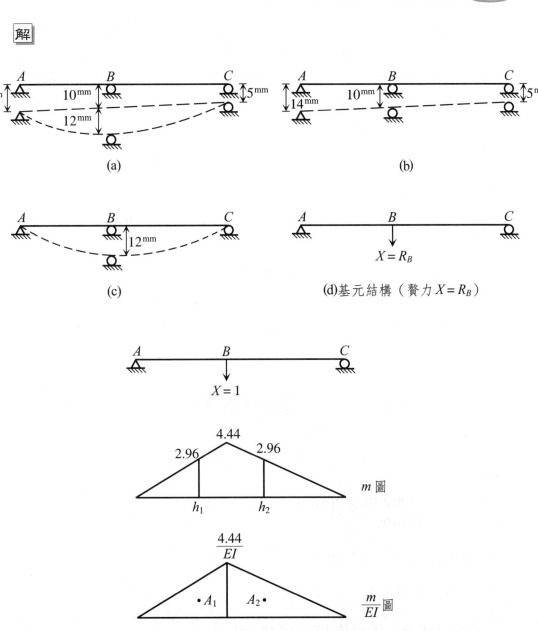

(a)

(b)

(c)

(d)基元結構（贅力 $X = R_B$）

(e)單位贅力 $X = 1$ 作用之 m 圖及 $\dfrac{m}{EI}$ 圖

在圖(a)中，虛線所示為原結構由支承沉陷所引致的變形，可視為圖(b)及圖(c)所示變形的疊加，其中圖(b)所示之變形可看成是由各支承間的均勻沉陷所造成的結果（依比例關係可得知，均勻沉陷量在 B 點處為 10 mm），這種均勻沉陷僅使結構產生剛體位移，而不產生桿件內力。相較於均勻沉陷，支承 B 與 A、C 支承間的相對沉陷量應為 22^{mm} − 10^{mm} = 12^{mm}，如圖(c)所示，此相對沉陷量將導致結構產生桿件的內力。由上可知，在分析時僅需考慮支承間的相對沉陷量即可。

(1)於圖(c)所示之結構中，選取支承反力 R_B 為贅力，即 $X = R_B$，並設方向向下，基元結構如圖(d)所示。由單位贅力 $X = 1$ 造成基元結構之 m 圖及 $\dfrac{m}{EI}$ 圖，如圖(e)所示。

(2)於圖(c)所示之結構中，在 B 點處對應於贅力方向之位移為 12^{mm} = 0.012^{m}（↓）。諧合方程式將由支承移動效應與贅力效應相疊加得出：

$$\Delta_B = f_{BB} X = +0.012^{m} \qquad （正號表示沉陷量與假設的贅力方向相同） \qquad (1)$$

在上式中，

$$
\begin{aligned}
f_{BB} &= \int m \frac{m}{EI} dx \qquad （\frac{m}{EI} 圖對 m 圖計算）\\
&= (A_1)(h_1) + (A_2)(h_2)\\
&= \left[\frac{1}{2}(\frac{4.44}{EI})(8)\right](2.96) + \left[\frac{1}{2}(\frac{4.44}{EI})(10)\right](2.96)\\
&= \frac{118.5 \times 10^6}{(200)(300 \times 10^6)}\\
&= 0.00198^{m}
\end{aligned}
$$

將得出之 f_{BB} 代入(1)式，解得

$$X = R_B = 6.06^{kN} \qquad （↓）$$

再由平衡條件，取整體結構為自由體，由

$$\Sigma M_A = 0 ，得 R_C = 2.69^{kN} \qquad （↑）$$
$$\Sigma F_y = 0 ，得 R_A = 3.37^{kN} \qquad （↑）$$

例題 11-13

如下圖所示，懸臂梁尾端以彈簧支撐著，彈簧常數為 K，梁的彎曲剛度為 EI，溫度膨脹系數為 α。已知梁未承載負荷時，彈簧沒有變形。設均勻分佈於梁上的荷載強度為 w，且溫度全面升高 ΔT，求彈簧之壓縮量。

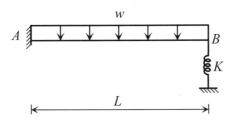

解

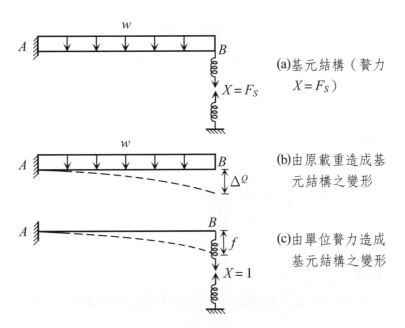

(a)基元結構（贅力 $X = F_S$）

(b)由原載重造成基元結構之變形

(c)由單位贅力造成基元結構之變形

由於梁之溫度係均勻升高，因此溫差效應僅導致全梁在水平方向均勻伸展，而不造成彈簧產生伸縮變形，由此可知，在原結構中彈簧之壓縮量係由荷載強度 w 所造成。

(1)原結構為 1 次靜不定梁，現選取彈簧內力 F_S 為贅力（將彈簧切斷，並以一對大小相等、方向相反之贅力 X 代替彈簧內力，即 $X = F_S$），基元結構如圖(a)。由原載重及單位贅力造成基元結構之變形，分別如圖(b)及圖(c)所示。

(2)原結構於彈簧切口處之相對軸向位移 $\Delta = 0$。

由公式（11-17）可知，諧合方程式係由載重效應、贅力效應及彈性支承效應相疊加得出：

$$\Delta = \Delta^Q + (f + \frac{1}{K})X = 0 \tag{1}$$

在上式中，由表 11-1 可查得

$$\Delta^Q = \frac{wL^4}{8EI} \quad (\downarrow)$$

$$f = \frac{L^3}{3EI} \quad (\downarrow)$$

將得出之 Δ^Q 及 f 代入(1)式，解得：

$$X = F_S = -\frac{\dfrac{KwL}{8}}{\dfrac{K}{3} + \dfrac{EI}{L^3}}$$

(3)求彈簧壓縮量 Δ_{sp}

$$\Delta_{sp} = \frac{F_s}{K} = \frac{-\dfrac{wL}{8}}{\dfrac{K}{3} + \dfrac{EI}{L^3}}$$

討論

本題亦可由以下的變形一致性得出彈簧的壓縮量：

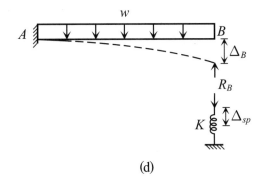

(d)

在 B 點處，從梁和彈簧的接合點切開，如圖(d)所示。

在圖(d)中由 AB 梁的自由體可知，B 點的垂直變位 Δ_B 係由原載重 w 及 B 點反力 R_B 所造成，現由表 11-1 可查得：（變位設向上為正，向下為負）

$$\Delta_B = -\frac{wL^4}{8EI} + \frac{R_B L^3}{3EI} \tag{1}$$

另外，彈簧在 R_B 作用下，變位 Δ_{sp} 為

$$\Delta_{sp} = -\frac{R_B}{K} \tag{2}$$

現由變形的一致性，可得出諧合方程式如下：

$$\Delta_B = \Delta_{sp} \tag{3}$$

若將(1)式及(2)式代入(3)式中，即可得出 R_B 及相同的彈簧壓縮量 Δ_{sp}。

例題 11-14

在下圖所示梁結構中，A端有一抗彎彈簧，彈簧係數 $k_\theta = \dfrac{3EI}{l}$，試繪梁之剪力圖及彎矩圖。$EI$為常數。

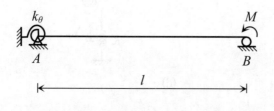

解

(a)基元結構（贅力 $X = M_S$）

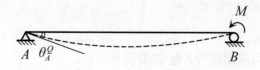

(b)由原載重造成基元結構之變形

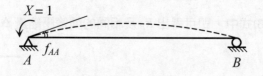

(c)由單位贅力造成基元結構之變形

(1)原結構為 1 次靜不定梁，現選取抗彎彈簧之內力 M_S 為贅力（$X = M_S$），並設 M_S 為逆時針轉向，基元結構如圖(a)所示。由原載重及單位贅力造成基元結構之變形，分別如圖(b)及圖(c)所示。

(2)由公式（11-19）可知，諧合方程式係由載重效應、贅力效應及彈性支承效應相疊加得出：

$$\theta_A^Q + (f_{AA} + \frac{1}{k_\theta})X = 0 \qquad\qquad (1)$$

在上式中，由表 11-1 查得

$$\theta_A^Q = -\frac{Ml}{6EI} \quad （ㄅ）負號表示與贅力之假設方向相反$$

$$f_{AA} = \frac{l}{3EI} \quad （ㄆ）正號表示與贅力之假設方向相同$$

將得出之 θ_A^Q 及 f_{AA} 代入(1)式，解得

$$X = M_S = 0.25M \quad （ㄇ）$$

(3)繪剪力圖及彎矩圖

　　當抗彎彈簧之內力 M_S 求得後，由靜力平衡條件可得出結構之載重圖（見圖(d)），剪力圖（如圖(e)）及彎矩圖（如圖(f)）。

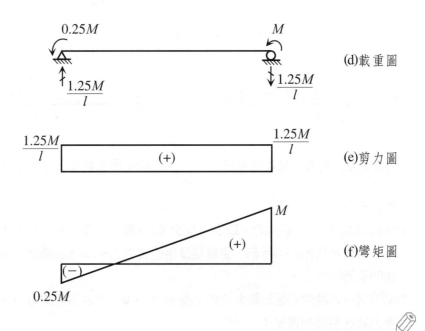

(d)載重圖

(e)剪力圖

(f)彎矩圖

例題 11-15

下圖所示之梁，高為 h，長為 L，抗彎勁度為 EI，原來溫度為 T_0，受熱後上表面溫度上升至 T_1，下表面升至 T_2，假設 $T_2 > T_1$，並以 α 表示材料之熱膨脹係數，試求該梁之支承反力及最大側位移。

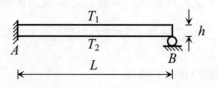

解

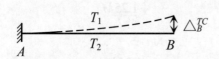

(a)基元結構（贅力 $X = R_B$）

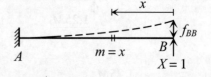

(b)由溫差造成基元結構之變形   (c)由單位贅力造成基元結構之變形

一、求各支承反力

(1)原結構為 1 次靜不定梁，取支承反力 R_B 為贅力（即 $X = R_B$），並設方向向上，基元結構如圖(a)所示。由溫差及單位贅力造成基元結構之變形，分別如圖(b)及圖(c)所示。

(2)原結構在 B 點處對應於贅力方向之變位 $\Delta_B = 0$。諧合方程式可由溫差效應與贅力效應相疊加得出：

$$\Delta_B = \Delta_B^{TC} + f_{BB} X = 0 \tag{1}$$

在(1)式中，Δ_B^{TC} 係為由梁上下兩側之溫差所造成基元結構在贅點處沿贅力方向之位移，參考公式（8.51），可求得：（$X = 1$ 時，圖(c)同等於單位虛載重法中之虛擬系統）

$$\Delta_B^{TC} = \int_O^L m\frac{\alpha(T_2 - T_1)}{h}dx = \frac{\alpha(T_2 - T_1)}{h}\int_O^L xdx = \frac{\alpha(T_2 - T_1)L^2}{2h} \quad (\uparrow)$$

由單位贅力造成基元結構在贅點處沿贅力方向之變位 f_{BB} 可由表 11-1 查得：

$$f_{BB} = \frac{L^3}{3EI} \quad (\uparrow)$$

將得出之 Δ_B^{TC} 及 f_{BB} 代入(1)式中解得

$$X = R_B = -\frac{3\alpha(T_2 - T_1)EI}{2hL} \quad (\downarrow)$$

(3)求支承反力 R_A , M_A

當支承反力 R_B 求得後，可由靜力平衡條件求得支承反力 R_A 及 M_A：

$$\Sigma F_y = 0，得 R_A = \frac{3\alpha(T_2 - T_1)EI}{2hL} \quad (\uparrow)$$

$$\Sigma M_A = 0，得 M_A = \frac{3\alpha(T_2 - T_1)EI}{2h} \quad (\curvearrowright)$$

二、求最大側位移

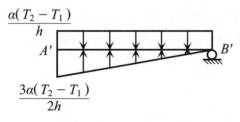

(d)共軛梁及彈性載重 $\frac{M}{EI}$

共軛梁及彈性載重如圖(d)所示，其中三角形的均變彈性載重係由支承反力 R_B 所產生：

$$\frac{M}{EI} = \frac{1}{EI}(R_B)(L) = \frac{1}{EI}(-\frac{3\alpha(T_2 - T_1)EI}{2hL})(L) = -\frac{3\alpha(T_2 - T_1)}{2h}$$

而均佈彈性載重係由溫度呈線性變化時所產生，由(8.51)式知：

$$\frac{M}{EI} = \frac{\alpha(T_2 - T_1)}{h}$$

若共軛梁在距 B'支承 x 距離處之剪力為零，則表

$$\frac{\alpha(T_2 - T_1)}{h}(L-x) - \frac{3\alpha(T_2 - T_1)}{4h}L(1-(\frac{x}{L})^2) = 0$$

$$x^2 - \frac{4L}{3}x + \frac{L^2}{3} = 0$$

由上式可解得在距 B'支承 $x = \frac{L}{3}$ 處之剪力為零，換言之，於 $x = \frac{L}{3}$ 處可得出共軛梁上的最大彎距值：（即為原結構之最大側位移）

$$\overline{M}_{max} = -\frac{2\alpha(T_2 - T_1)}{3h}(\frac{L}{3}) + \frac{2\alpha(T_2 - T_1)L}{3h}(\frac{2L}{9})(\frac{2 \times 3 + 1}{3+1})$$

$$= \frac{\alpha(T_2 - T_1)L^2}{27h} \quad (\downarrow)$$

$$= \Delta_{max}$$

（討論）

溫度改變會使靜不定結構產生桿件內力及變形，計算方法與載重作用之情形相似，自由項 Δ^{TC} 可按靜定體系在溫度改變時的變位計算公式（見第八章）來求解得到。

11-8 諧合變形法分析靜不定剛架

例題 11-16

試繪下圖所示剛架之彎矩圖，EI 為常數。

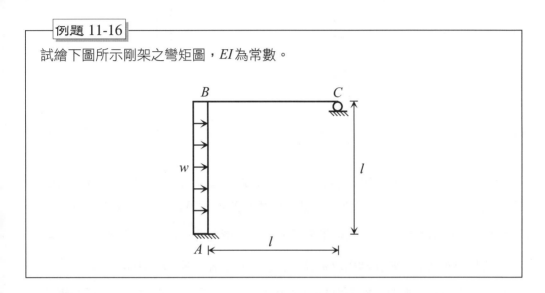

解

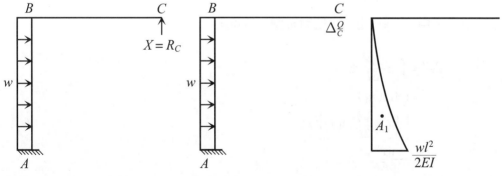

(a)基元結構（贅力 $X = R_C$）　(b)原載重作用於基元結構　(c)原載重作用之 $\dfrac{M^Q}{EI}$ 圖

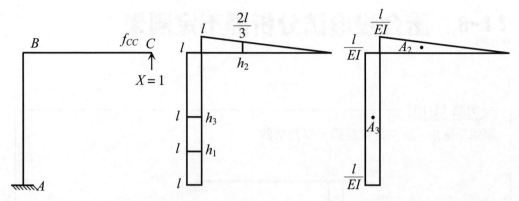

(d)單位贅力作用於基元結構　　(e)單位贅力作用之 m 圖　　(f)單位贅力作用之 $\dfrac{m}{EI}$ 圖

(1)原結構為 1 次靜不定剛架，現取支承反力 R_C 為贅力（即 $X = R_C$），並設方向向上，基元結構如圖(a)所示。基元結構受原載重及單位贅力作用，分別如圖(b)及圖(d)所示。在原載重作用下，基元結構之 $\dfrac{M^Q}{EI}$ 圖，如圖(c)所示。在單位贅力作用下，基元結構之 m 圖及 $\dfrac{m}{EI}$ 圖，分別如圖(e)及圖(f)所示。

(2)原結構在 C 點處對應於贅力方向之變位 $\Delta_C = 0$，諧合方程式可由載重效應及贅力效應相疊加得出：

$$\Delta_C = \Delta_C^Q + f_{CC}X = 0 \tag{1}$$

在上式中，Δ_C^Q 可由 $\dfrac{M^Q}{EI}$ 圖對 m 圖計算得出：

$$\begin{aligned}
\Delta_C^Q &= \int m\,\frac{M^Q}{EI}dx \\
&= (A_1)(h_1) \\
&= \left[\frac{1}{3}(-\frac{wl^2}{2EI})(l)\right](l) \\
&= -\frac{wl^4}{6EI} \quad (\downarrow)
\end{aligned}$$

f_{CC} 可由 $\dfrac{m}{EI}$ 圖對 m 圖計算得出：

$$f_{CC} = \int m\,\frac{m}{EI}dx$$

$$= (A_2)(h_2) + (A_3)(h_3)$$

$$= \left[\frac{1}{2}(\frac{l}{EI})(l)\right](\frac{2l}{3}) + \left[(\frac{l}{EI})(l)\right](l)$$

$$= \frac{4l^3}{3EI} \quad (\uparrow)$$

將得出之 Δ_C^Q 及 f_{CC} 代入(1)式中，解得

$$X = R_C = \frac{wl}{8} \quad (\updownarrow)$$

(3)繪彎矩圖

由於

彎矩 $M =$ 載重作用下基元結構之彎矩 $M^Q +$ 贅力作用下基元結構之彎矩 $(X)(m)$

因此

彎矩圖 $= M^Q$ 圖 $+ (R_c)(m$ 圖)　（見圖(g)所示）

在這裡所需強調的是，若從 $\dfrac{M^Q}{EI}$ 圖中去除對應的 EI 值，即為 M^Q 圖。

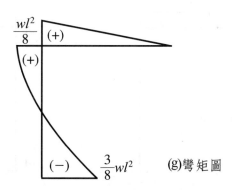

(g)彎矩圖

在圖(g)中，

$$M_A = M_A^Q + (R_C)(m_A) = (-\frac{wl^2}{2}) + (\frac{wl}{8})(l) = -\frac{3}{8}wl^2$$

$$M_B = M_B^Q + (R_C)(m_B) = (0) + (\frac{wl}{8})(l) = \frac{1}{8}wl^2$$

例題 11-17

試求下圖所示剛架之剪力圖及彎矩圖，EI為常數。

$1.2^{t/m}$

10^{m}

5^{m} 5^{m}

解

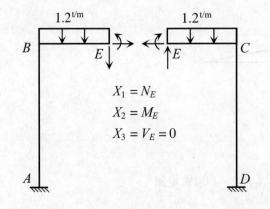

(a)基元結構
（贅力 $X_1 = N_E, X_2 = M_E, X_3 = V_E$）

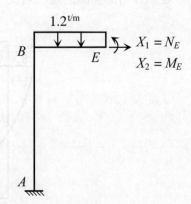

(b)基元結構取全做半分析

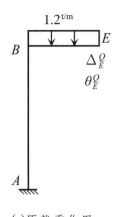

(c)原載重作用
於基本結構

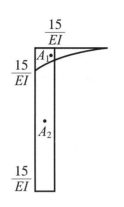

(d)原載重作用
之 $\dfrac{M^Q}{EI}$ 圖

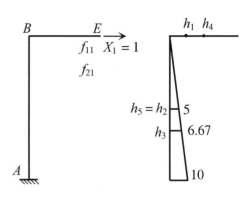

(e)單位贅力 $X_1 = 1$
作用於基元結構

(f)單位贅力 $X_1 = 1$
作用之 m_1 圖

(g)單位贅力 $X_1 = 1$
作用之 $\dfrac{m_1}{EI}$ 圖

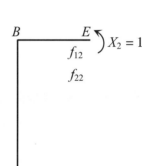

(h)單位贅力 $X_2 = 1$
作用於基元結構

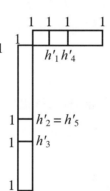

(i)單位贅力 $X_2 = 1$
作用之 m_2 圖

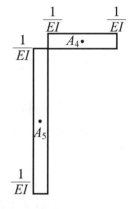

(j)單位贅力 $X_2 = 1$作
用之 $\dfrac{m_2}{EI}$ 圖

(1)原結構為 3 次靜不定之對稱剛架，可選取 E 點（即對稱幾何中點）處的三個
斷面內力為贅力，即 $X_1 = N_E, X_2 = M_E, X_3 = V_E$，基元結構如圖(a)所示。由於
對稱結構之內力是呈對稱分佈，因此在 E 點處，非對稱之贅力 $X_3 = V_E = 0$。
故實際上欲求解的未知贅力僅有 $X_1 = N_E, X_2 = M_E$。

　　由於基元結構為一對稱結構，因此可採用取全做半法來進行分析，如圖(b)所
示。由原載重及單位贅力（$X_1 = 1, X_2 = 2$）所造成之效應分別如圖(c)至圖(j)

所示。

(2)原結構在 E 點處對應於贅力 N_E 及 M_E 方向之相對變位分別為 $\Delta_E = 0$ 及 $\theta_E = 0$。諧合方程式可由載重效應及贅力效應相疊加得出：（在取全做半分析中，為計及另外半邊結構之效應，故各係數前均應乘以 2）

$$\Delta_E = 2(\Delta_E^Q + f_{11}X_1 + f_{12}X_2) = 0 \tag{1}$$

$$\theta_E = 2(\theta_E^Q + f_{21}X_1 + f_{22}X_2) = 0 \tag{2}$$

在上兩式中，由原載重造成基元結構在贅點處沿贅力 $X_1(=N_E)$ 方向之相對位移 Δ_E^Q，可由 $\dfrac{M^Q}{EI}$ 圖對 m_1 圖計算得出：

$$
\begin{aligned}
\Delta_E^Q &= \int m_1 \frac{M^Q}{EI}dx \\
&= (A_1)(h_1) + (A_2)(h_2) \\
&= 0 + \left[(-\frac{15}{EI})(10)\right](-5) \\
&= \frac{750}{EI}
\end{aligned}
$$

由原載重造成基元結構在贅點處沿贅力 $X_2(=M_E)$ 方向之相對轉角 θ_E^Q，可由 $\dfrac{M^Q}{EI}$ 圖對 m_2 圖計算得出：

$$
\begin{aligned}
\theta_E^Q &= \int m_2 \frac{M^Q}{EI}dx \\
&= (A_1)(h_1') + (A_2)(h_2') \\
&= \left[\frac{1}{3}(-\frac{15}{EI})(5)\right](1) + \left[(-\frac{15}{EI})(10)\right](1) \\
&= -\frac{175}{EI}
\end{aligned}
$$

由單位贅力 $X_1 = N_E = 1$ 造成基元結構在贅點處沿贅力 $X_1(=N_E)$ 方向之相對位移 f_{11}，可由 $\dfrac{m_1}{EI}$ 圖對 m_1 圖計算得出：

$$
\begin{aligned}
f_{11} &= \int m_1 \frac{m_1}{EI}dx \\
&= (A_3)(h_3)
\end{aligned}
$$

$$= \left[\frac{1}{2} (-\frac{10}{EI})(10) \right] (-6.67)$$

$$= \frac{333.5}{EI}$$

由單位贅力 $X_1 = N_E = 1$ 造成基元結構在贅點處沿贅力 $X_2 (= M_E)$ 方向之相對

轉角 f_{21}，可由 $\frac{m_1}{EI}$ 圖對 m_2 圖計算得出：

$$f_{21} = \int m_2 \frac{m_1}{EI} dx$$

$$= (A_3)(h'_3)$$

$$= \left[\frac{1}{2} (-\frac{10}{EI})(10) \right] (1)$$

$$= -\frac{50}{EI}$$

由單位贅力 $X_2 = M_E = 1$ 造成基元結構在贅點處沿贅力 $X_1 (= N_E)$ 方向之相對

位移 f_{12}，可由 $\frac{m_2}{EI}$ 圖對 m_1 圖計算得出：

$$f_{12} = \int m_1 \frac{m_2}{EI} dx$$

$$= (A_4)(h_4) + (A_5)(h_5)$$

$$= 0 + \left[(\frac{1}{EI})(10) \right] (-5)$$

$$= -\frac{50}{EI}$$

　　（副系數具對稱性，由上可知，$f_{12} = f_{21}$）

由單位贅力 $X_2 = M_E = 1$ 造成基元結構在贅點處沿贅力 $X_2 (= M_E)$ 方向之相對

轉角 f_{22}，可由 $\frac{m_2}{EI}$ 圖對 m_2 圖計算得出：

$$f_{22} = \int m_2 \frac{m_2}{EI} dx$$

$$= (A_4)(h'_4) + (A_5)(h'_5)$$

$$= \left[(\frac{1}{EI})(5) \right] (1) + \left[(\frac{1}{EI})(10) \right] (1)$$

$$= \frac{15}{EI}$$

將以上求得之自由項，主係數及副係數代(1)式及(2)式中，聯立解得

$$X_1 = N_E = -1.0^t$$
$$X_2 = M_E = 8.33^{t-m}$$

(3)繪剪力圖及彎矩圖

當 N_E 及 M_E 求得後，各桿件均屬靜定分析，剪力圖如圖(k)所示，彎矩圖如圖(l)所示。

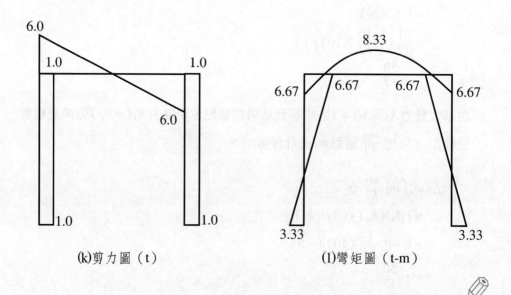

(k)剪力圖（t）　　　　　　　　(l)彎矩圖（t-m）

例題 11-18

試繪下圖所示對稱剛架之彎矩圖。

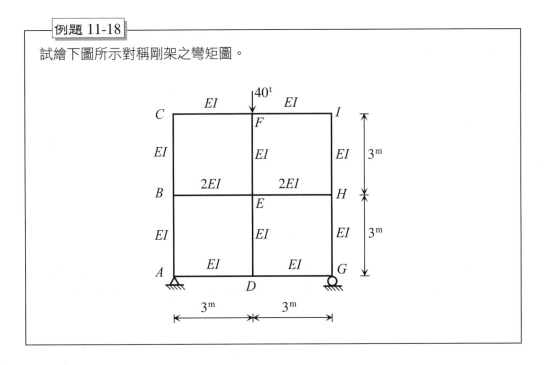

解

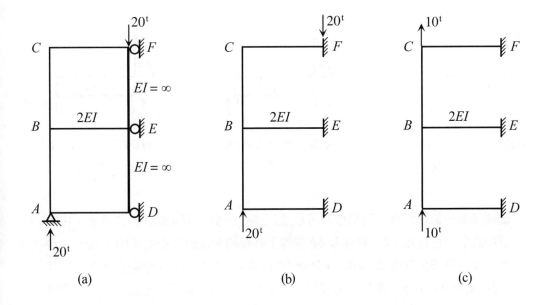

(a)   (b)   (c)

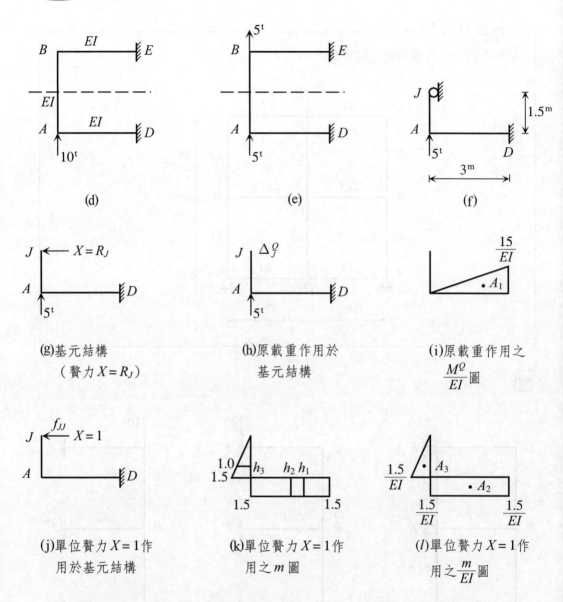

(d)

(e)

(f)

(g)基元結構
（贅力 $X = R_J$）

(h)原載重作用於
基元結構

(i)原載重作用之
$\dfrac{M^Q}{EI}$ 圖

(j)單位贅力 $X = 1$ 作
用於基元結構

(k)單位贅力 $X = 1$ 作
用之 m 圖

(l)單位贅力 $X = 1$ 作
用之 $\dfrac{m}{EI}$ 圖

此剛架為一對稱結構，可採取半分析法以簡化分析。剛架受外力作用後，由對
稱中點之特性可知，DE 桿件及 EF 桿件上各點均無旋轉角產生（即 $\theta = 0$），亦
無水平位移產生（即 $\Delta_x = 0$），因此 DE 桿件及 EF 桿件將只作垂直向下的平移
（即 $\Delta_y \neq 0$），而不產生撓曲變形。在取半分析時，為了符合這種情形，可將

DE 桿件及 EF 桿之撓曲剛度 EI 視為無限大，並將 D、E、F 點改以輥支承來模擬，如圖(a)所示。圖(a)所示之剛架與圖(b)所示之剛架（D、E、F 點為固定點，AB 桿件及 BC 桿件受力後作向上之移動）是同等的，因為二者具有相同的桿件變形與內力分佈。圖(b)所示之剛架可化為圖(c)所示的反對稱剛架。再經取半分析（見圖(c)至圖(f)），最後僅需計算圖(f)所示的 JAD 剛架。

(1) JAD 剛架為 1 次靜不定結構，現取支承反力 R_J 為贅力（即 $X = R_J$），並設方向向左，基元結構如圖(g)所示。基元結構受原載重及單位贅力作用，以及所對應的 $\dfrac{M^Q}{EI}$ 圖、m 圖、$\dfrac{m}{EI}$ 圖，如圖(h)至圖(l)所示。

(2) JAD 剛架（見圖(f)）在 J 點處對應於贅力方向的變位 $\Delta_J = 0$。諧合方程式可由載重效應及贅力效應相疊加得到：

$$\Delta_J = \Delta_J^Q + f_{JJ} X = 0 \tag{1}$$

在上式中，Δ_J^Q 可由 $\dfrac{M^Q}{EI}$ 圖對 m 圖計算得出：

$$\begin{aligned}
\Delta_J^Q &= \int m \frac{M^Q}{EI}\, dx \\
&= (A_1)(h_1) \\
&= \left[\frac{1}{2}\left(\frac{-15}{EI}\right)(3)\right](1.5) \\
&= -\frac{33.75}{EI}
\end{aligned}$$

f_{JJ} 可由 $\dfrac{m}{EI}$ 圖對 m 圖計算得出：

$$\begin{aligned}
f_{JJ} &= \int m \frac{m}{EI}\, dx \\
&= (A_2)(h_2) + (A_3)(h_3) \\
&= \left[\left(\frac{1.5}{EI}\right)(3)\right](1.5) + \left[\frac{1}{2}\left(\frac{1.5}{EI}\right)(1.5)\right](1.0) \\
&= \frac{7.875}{EI}
\end{aligned}$$

將得出之 Δ_J^Q 及 f_{JJ} 代入(1)式，解得

$$X = R_J = \frac{30^t}{7} \quad (\leftarrow)$$

(3)繪彎矩圖

應用彎矩圖 =（M^Q圖）+（R_J）（m圖），可得到 JAD 剛架的變矩圖，如圖(m)所示。而原剛架的彎矩圖可經由對稱性及反對稱性繪出，如圖(n)所示。

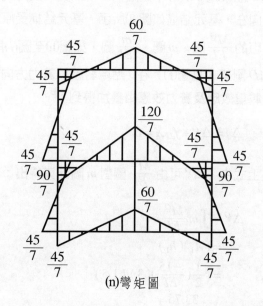

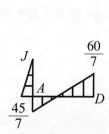

(m)JAD之彎矩圖

(n)彎矩圖

例題 11-19

試繪下圖所示剛架之彎矩圖。*EI* 為常數。

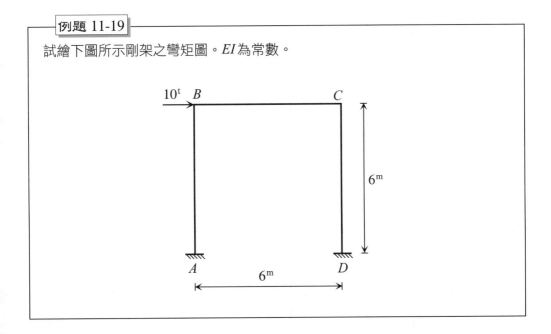

解

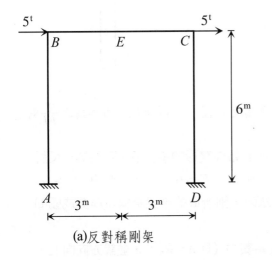

(a)反對稱剛架

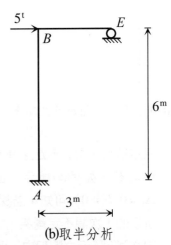

(b)取半分析

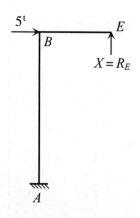

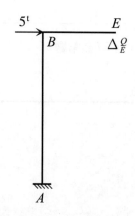

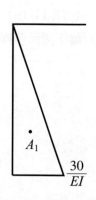

(c)基元結構（贅力 $X = R_E$）　(d)原載重作用於基元結構　(e)原載重作用之 $\dfrac{M^Q}{EI}$ 圖

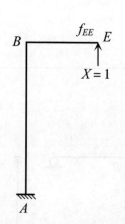

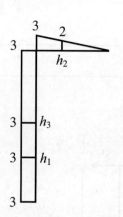

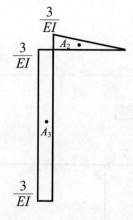

(f)單位贅力作用於基元結構　(g)單位贅力作用之 m 圖　(h)單位贅力作用之 $\dfrac{m}{EI}$ 圖

　　原結構為 3 次靜不定之偏對稱剛架，在不計軸向變形的情況下，可視為一反對稱剛架，如圖(a)所示。由對稱中點之特性（$F_x = 0, F_y \neq 0, M = 0, \Delta_x \neq 0,$ $\Delta_y = 0, \theta \neq 0$）可知，若採用取半分析法時，則所取的半邊結構可模擬成圖(b)所示的 1 次靜不定剛架。

(1)在圖(b)所示之剛架中，取支承反力 R_E 為贅力（即 $X = R_E$），並設方向向上，基元結構如圖(c)所示。原載重及單位贅力作用於基元結構分別如圖(d)及圖(f)所示，而對應的 $\dfrac{M^Q}{EI}$ 圖、m 圖及 $\dfrac{m}{EI}$ 圖分別如圖(e)、圖(g)及圖(h)所示。

⑵在圖(b)所示之剛架中，在 E 點處對應於贅力方向之變位 $\Delta_E = 0$。諧合方程式
可由載重效應及贅力效應相疊加得到：

$$\Delta_E = \Delta_E^Q + f_{EE} X = 0 \tag{1}$$

在上式中，Δ_E^Q 可由 $\dfrac{M^Q}{EI}$ 圖對 m 圖計算得出：

$$\begin{aligned}
\Delta_E^Q &= \int m \frac{M^Q}{EI} dx \\
&= (A_1)(h_1) \\
&= \left[\frac{1}{2}(\frac{-30}{EI})(6) \right](3) \\
&= -\frac{270}{EI} \quad (\downarrow)
\end{aligned}$$

f_{EE} 可由 $\dfrac{m}{EI}$ 圖對 m 圖計算得出：

$$\begin{aligned}
f_{EE} &= \int m \frac{m}{EI} dx \\
&= (A_2)(h_2) + (A_3)(h_3) \\
&= \left[\frac{1}{2}(\frac{3}{EI})(3) \right](2) + \left[(\frac{3}{EI})(6) \right](3) \\
&= \frac{63}{EI} \quad (\uparrow)
\end{aligned}$$

將得出之 Δ_E^Q 及 f_{EE} 代入⑴式中，解得

$$X = R_E = 4.29^{t} \quad (\uparrow)$$

⑶繪彎矩圖

首先繪出圖(b)所示剛架的彎矩圖，進而再利用反對稱性，即可繪出全剛架之
彎矩圖（如圖(i)所示）

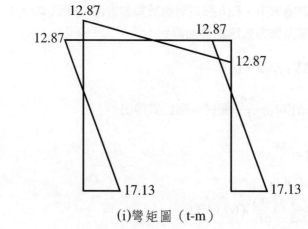

(i)彎矩圖（t-m）

例題 11-20

如下圖所示，A 點為輥支承，BD 為剛體，其他 EI 值為常數，各節點為剛接，
試求 A 點位移及 B 點轉角。

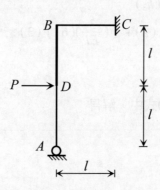

解

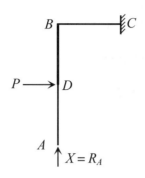

(a)基元結構（贅力 $X = R_A$）

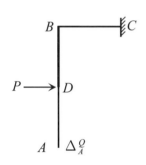

(b)原載重作用於基元結構

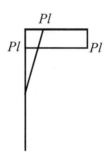

(c)原載重作用之 M^Q 圖

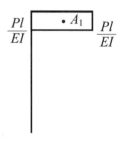

(d)原載重作用之 $\dfrac{M^Q}{EI}$ 圖

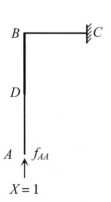

(e)單位贅力作用於基元結構

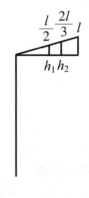

(f)單位贅力作用之 m 圖

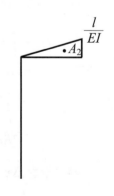

(g)單位贅力作用之 $\dfrac{m}{EI}$ 圖

⑴原結構為 1 次靜不定剛架，現取支承反力 R_A 為贅力（即 $X = R_A$），並設方向向上，基元結構如圖(a)所示。基元結構受原載重及單位贅力作用，分別如圖(b)及圖(e)所示。在原載重作用下，基元結構之 M^Q 圖如圖(c)所示；$\dfrac{M^Q}{EI}$ 圖如圖(d)所示（請注意，由於 BD 段之 $EI = \infty$，所以在 $\dfrac{M^Q}{EI}$ 圖中，BD 段之值為零）。在單位贅力作用下，基元結構之 m 圖及 $\dfrac{m}{EI}$ 圖，分別如圖(f)及圖(g)所示。

⑵原結構在 A 點處對應於贅力方向之變位 $\Delta_{AV} = 0$。諧合方程式可由載重效應及贅力效應相疊加得到：

$$\Delta_{AV} = \Delta_{AV}^Q + f_{AA} X = 0$$

在上式中，Δ_A^Q 可由 $\dfrac{M^Q}{EI}$ 圖對 m 圖計算得出：

$$\begin{aligned}
\Delta_{AV}^Q &= \int m \frac{M^Q}{EI}\, dx \\
&= (A_1)(h_1) \\
&= \left[\left(-\frac{Pl}{EI}\right)(l)\right]\left(\frac{l}{2}\right) \\
&= -\frac{Pl^3}{2EI}
\end{aligned}$$

f_{AA} 可由 $\dfrac{m}{EI}$ 圖對 m 圖計算得出：

$$\begin{aligned}
f_{AA} &= \int m \frac{m}{EI}\, dx \\
&= (A_2)(h_2) \\
&= \left[\frac{1}{2}\left(\frac{l}{EI}\right)(l)\right]\left(\frac{2l}{3}\right) \\
&= \frac{l^3}{3EI}
\end{aligned}$$

將得出之 Δ_{AV}^Q 及 f_{AA} 代入⑴式中，解得

$$X = R_A = \frac{3}{2}P \quad (\uparrow)$$

(3)求解 Δ_{AH}

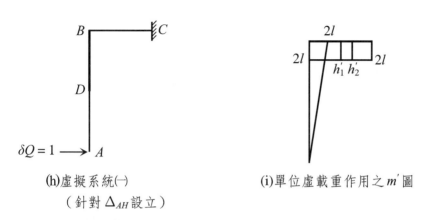

(h)虛擬系統(一)

（針對 Δ_{AH} 設立）

(i)單位虛載重作用之 m' 圖

在求 A 點水平位移 Δ_{AH} 時，可在基元結構 A 點處沿 Δ_{AH} 方向（假設向右）作用一單位虛載重（$\delta Q = 1$），形成虛擬系統（一），如圖(h)所示。由單位虛載重作用之 m' 圖，如圖(i)所示。

由疊加原理知：

$$\Delta_{AH} = （原載重造成基元結構在 A 點處之水平位移 \Delta_{AH}^Q）+（單位贅力造$$
$$成基元結構在 A 點處之水平位移 f_\Delta）×（贅力 R_A） \qquad (2)$$

在上式中，Δ_{AH}^Q 可由 $\dfrac{M^Q}{EI}$ 圖對 m' 圖計算得出：

$$\Delta_{AH}^Q = \int m' \frac{M^Q}{EI}\,dx$$
$$= (A_1)(h_1')$$
$$= [(-\frac{Pl}{EI})(l)](-2l)$$
$$= \frac{2Pl^3}{EI}$$

f_Δ 可由 $\dfrac{m}{EI}$ 圖對 m' 圖計算得出：

$$f_\Delta = \int m' \frac{m}{EI}\,dx$$
$$= (A_2)(h_2')$$

$$= [\frac{1}{2}(\frac{l}{EI})(\tilde{l})](-2l)$$

$$= -\frac{l^3}{EI}$$

將得出之 Δ_{AH}^Q、f_Δ 及 $R_A = \frac{3}{2}P$ 代入(2)式，得

$$\Delta_{AH} = \frac{Pl^3}{2EI} \quad (\rightarrow)$$

(4)求解 θ_B

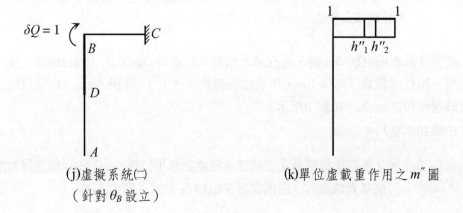

(j)虛擬系統(二)
（針對 θ_B 設立）

(k)單位虛載重作用之 m'' 圖

在求 B 點轉角 θ_B 時，可在基元結構 B 點處沿 θ_B 方向（假設順時針方向）作用一單位虛力矩（$\delta Q = 1$），形成虛擬系統(二)，如圖(j)所示。由單位虛力矩作用之 m'' 圖，如圖(k)所示。

由疊加原理知：

θ_B ＝（原載重造成基元結構在 B 點處之轉角 θ_B^Q）＋（單位贅力造成基元結構在 B 點處之轉角 f_θ）×（贅力 R_A）　　　　　　　　(3)

在上式中，θ_B^Q 可由 $\frac{M^Q}{EI}$ 圖對 m'' 圖計算得出：

$$\theta_B^Q = \int m'' \frac{M^Q}{EI} dx$$

$$= (A_1)(h_1'')$$

$$= [(-\frac{Pl}{EI})(l)](1)$$

$$= -\frac{Pl^2}{EI}$$

f_θ 可由 $\frac{m}{EI}$ 圖對 m'' 圖計算得出：

$$f_\theta = \int m'' \frac{m}{EI} dx$$

$$= (A_2)(h_2'')$$

$$= [\frac{1}{2}(\frac{l}{EI})(l)](1)$$

$$= \frac{l^2}{2EI}$$

將得出之 θ_B^Q、f_θ 及 $R_A = \frac{3}{2}P$ 代入(3)式，得

$$\theta_B = -\frac{Pl^2}{4EI} \quad （ㄟ）負號表示與假設方向相反$$

例題 11-21

試繪下圖所示剛架之彎矩圖。EI 為常數。支承 A 下陷 0.02 m 且順時針旋轉 0.01 rad，支承 B 下陷 0.01 m。

(一)取支承反力 M_A 為贅力。

(二)取支承反力 R_B 為贅力。

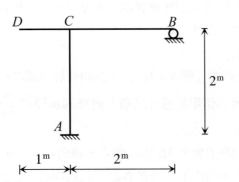

解

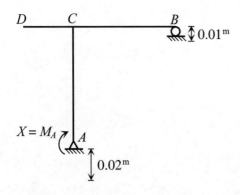

(a)基元結構（贅力 $X = M_A$）

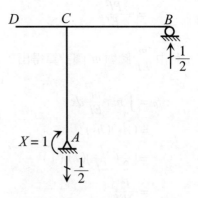

(b)單位贅力作用於基元結構

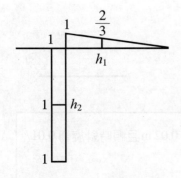

(c)單位贅力作用之 m 圖

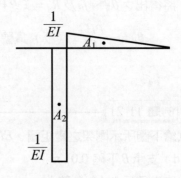

(d)單位贅力作用之 $\dfrac{m}{EI}$ 圖

原剛架為 1 次靜不定結構，因此需選取 1 個贅力。由於無載重作用，因此結構內力將是由支承移動效應所造成。

㈠取支承反力 M_A 為贅力

(1)取支承反力 M_A 為贅力（即 $X = M_A$），方向假設為順時針方向，基元結構如圖(a)所示，單位贅力作用於基元結構及對應的 m 圖和 $\dfrac{m}{EI}$ 圖，分別如圖(b)、圖(c)和圖(d)所示。

(2)原結構在 A 點處對應於贅力 M_A 方向的支承轉角 $\theta_A = 0.01 \text{ rad}$（正號表示支承旋轉與假設之贅力同方向）。由於在基元結構中尚有其他支承移動量（A 點

及 B 點分別下陷 0.02 m 及 0.01 m），因此在建立諧合方程式時，除了贅力效
應外，尚須將所有支承移動效應考慮在內，亦即

$$\theta_A = \theta_A^{SM} + f_{AA}X = 0.01 \tag{1}$$

在上式中，支承移動效應乃是反應在 θ_A^{SM} 及等號右邊的 0.01 rad 中，其中 θ_A^{SM}
係由其他支承移動量（A 點及 B 點分別下陷 0.02 m 及 0.01 m）所造成基元結
構在贅點處沿贅力方向的轉角，可由圖(b)所示的支承反力及圖(a)所示的支承
移動量計算得出：（可參考(8.41)式）

$$\theta_A^{SM} = -\left[\Sigma(r_x)(\Delta_x) + \Sigma(r_y)(\Delta_y) + \Sigma(m_s)(\theta_s)\right]$$
$$= -\left[0 + (\frac{1}{2})(0.02) + (-\frac{1}{2})(0.01) + 0\right]$$
$$= -0.005$$

另外，由單位贅力所造成基元結構在贅點處沿贅力方向之轉角 f_{AA}，可由 $\dfrac{m}{EI}$
圖對 m 圖計算得出：

$$f_{AA} = \int m\frac{m}{EI}dx$$
$$= (A_1)(h_1) + (A_2)(h_2)$$
$$= \left[\frac{1}{2}(\frac{1}{EI})(2)\right](\frac{2}{3}) + \left[(\frac{1}{EI})(2)\right](1)$$
$$= \frac{8}{3EI}$$

將 θ_A^{SM} 及 f_{AA} 代入(1)式中，解得

$$X = M_A = 0.0056EI \quad (\curvearrowleft)$$

(3)繪彎矩圖

　　當支承反力 M_A 求得後，由靜力平衡條件即可繪出彎矩圖，如圖(e)所示。

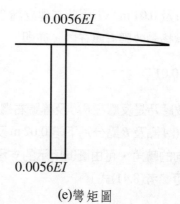

(e)彎矩圖

㈡取支承反力 R_B 為贅力

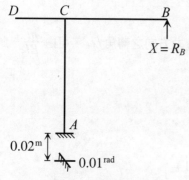

(f)基元結構（贅力 $X = R_B$）

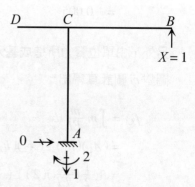

(g)單位贅力作用於基元結構

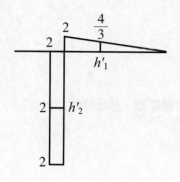

(h)單位贅力作用之 m 圖

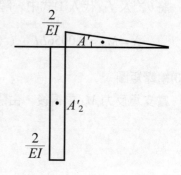

(i)單位贅力作用之 $\dfrac{m}{EI}$ 圖

(1)取支承反力 R_B 為贅力（即 $X = R_B$），並假設方向向上，基元結構如圖(f)所示，單位贅力作用於基元結構及對應的 m 圖和 $\dfrac{m}{EI}$ 圖，分別如圖(g)、圖(h)和圖(i)所示。

(2)原結構在 B 點處對應於贅力 R_B 方向的支承沉陷量 $\Delta_B = -0.01$ m（負號表示支承沉陷量與假設之贅力反方向）。由於在基元結構中尚有其他支承移動量（ A 點及下陷 0.02 m 且旋轉 0.01 rad），因此在建立諧合方程式時，除了贅力效應外，尚須將所有支承移動效應考慮在內，亦即

$$\Delta_B = \Delta_B^{SM} + f_{BB}\,X = -0.01 \tag{2}$$

在上式中，支承移動效應乃是反應在 Δ_B^{SM} 及等號右邊的 -0.01 m 中，其中 Δ_B^{SM} 係由其他支承移動量（ A 點下陷 0.02 m 且旋轉 0.01 rad）所造成基元結構在贅點處沿贅力方向的位移，可由圖(g)所示的支承反力及圖(f)所示的支承移動量計算得出：

$$\begin{aligned}
\Delta_B^{SM} &= -\left[\, \Sigma(r_x)(\Delta_x) + \Sigma(r_y)(\Delta_y) + \Sigma(m_s)(\theta_s)\,\right] \\
&= -\left[\, 0 + (1)(0.02) + (2)(0.01)\,\right] \\
&= -0.04
\end{aligned}$$

另外，由單位贅力所造成基元結構在贅點處沿贅力方向之位移 f_{BB}，可由 $\dfrac{m}{EI}$ 圖對 m 圖計算得出：

$$\begin{aligned}
f_{BB} &= \int m\,\frac{m}{EI}\,dx \\
&= (A_1')(h_1') + (A_2')(h_2') \\
&= \left[\, \frac{1}{2}(\frac{2}{EI})(2)\,\right](\frac{4}{3}) + \left[\,(\frac{2}{EI})(2)\,\right](2) \\
&= \frac{32}{3EI}
\end{aligned}$$

將 Δ_B^{SM} 及 f_{BB} 代入(2)式中，解得

$$X = R_B = 0.0028EI \quad (\uparrow)$$

(3)繪彎矩圖

當支承反力 R_B 求得後，即可繪出彎矩圖，如圖(e)所示。

例題 11-22

試利用諧合變形法求下圖所示剛架中之彈簧內力，設各桿件之 EI 均相同，$E = 200 \text{ kN/mm}^2$，$I = 500 \times 10^6 \text{ mm}^3$，彈簧常數 $k = 300 \text{ kN/m}$，自重不計。

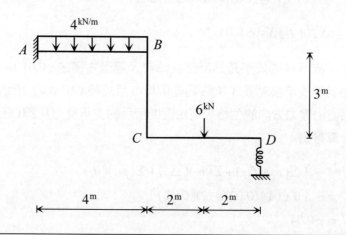

解

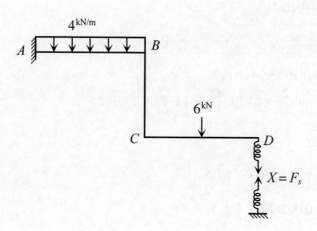

(a)基元結構（贅力 $X = F_s$）

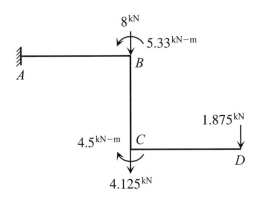

(b)等值節點載重作用於基元結構

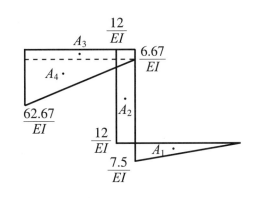

(c)等值節點載重作用之 $\dfrac{M^Q}{EI}$ 圖

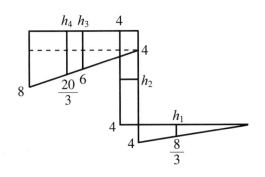

(d)單位贅力作用之 m 圖

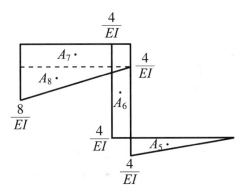

(e)單位贅力作用之 $\dfrac{m}{EI}$ 圖

由於在分析過程中不計及節點間桿件之變位，因此可將原載重化為等值節點載重，以簡化 $\dfrac{M^Q}{EI}$ 圖之圖形。將桿件之固端反力（AB 桿件由表 11-2 查得；CD 桿件依題意不必求 D 點之轉角，故可由表 11-4 查得）反向，即為作用在節點上之等值節點載重。$EI = (200^{\,kN/mm^2})(500 \times 10^6{\,}^{mm^3}) = 1 \times 10^{11}\ kN\cdot mm^2 = 1 \times 10^5\ kN\cdot m^2$

(1)原結構為 1 次靜不定剛架，現選取彈簧內力 F_s 為贅力（將彈簧切斷，並以一對大小相等、方向相反之贅力 X 代替彈簧內力，即 $X = F_s$），基元結構如圖(a)所示。作用在基元結構上的等值節點載重，以及對應的 $\dfrac{M^Q}{EI}$ 圖分別如圖(b)及圖(c)所示。在單位贅力作用下之 m 圖及 $\dfrac{m}{EI}$ 圖，則分別如圖(d)及圖(e)所示。

(2)原結構對應於彈簧切口處之相對軸向位移 $\Delta = 0$。

由公式（11-17）可知，諧合方程式係由載重效應、贅力效應及彈性支承效應相疊加得出：

$$\Delta = \Delta^Q + (f + \frac{1}{k})X = 0 \tag{1}$$

在上式中，Δ^Q 可由 $\dfrac{M^Q}{EI}$ 圖對 m 圖計算得出：

$$
\begin{aligned}
\Delta^Q &= \int m \frac{M^Q}{EI} dx \\
&= (A_1)(h_1) + (A_2)(h_2) + (A_3)(h_3) + (A_4)(h_4) \\
&= \left[\frac{1}{2}(-\frac{7.5}{EI})(4)\right](\frac{-8}{3}) + \left[(-\frac{12}{EI})(3)\right](-4) + \left[(-\frac{6.67}{EI})(4)\right] \\
&\quad (-6) + \left[\frac{1}{2}(-\frac{56}{EI})(4)\right](\frac{-20}{3}) \\
&= +\frac{1090.75}{EI} \\
&= +0.0109
\end{aligned}
$$

f 可由 $\dfrac{m}{EI}$ 圖對 m 圖計算得出：

在 m 圖中，$h_5 = h_1$，$h_6 = h_2$，$h_7 = h_3$，$h_8 = h_4$

$$
\begin{aligned}
f &= \int m \frac{m}{EI} dx \\
&= (A_5)(h_5) + (A_6)(h_6) + (A_7)(h_7) + (A_8)(h_8) \\
&= \left[\frac{1}{2}(-\frac{4}{EI})(4)\right](\frac{-8}{3}) + \left[(-\frac{4}{EI})(3)\right](-4) + \left[(-\frac{4}{EI})(4)\right](-6) \\
&\quad + \left[\frac{1}{2}(-\frac{4}{EI})(4)\right](\frac{-20}{3}) \\
&= 0.002187
\end{aligned}
$$

將得出之 Δ^Q、f 及 $k = 300^{\text{ kN/m}}$ 代入(1)式，解得

$$X = F_s = -1.98^{\text{kN}}$$

例題 11-23

於下圖所示的剛架中,外側溫度降低 35℃,而內側溫度升高 15℃,已知斷面對稱於形心軸,斷面高度 $h = 0.6$ m,$EI = 144{,}000$ kN-m²,材料之熱膨脹係數 $\alpha = 0.00001$。試繪軸向力圖及彎矩圖。

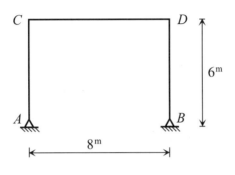

解

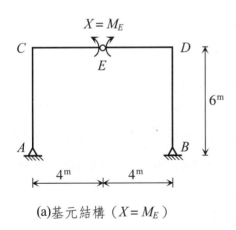

(a)基元結構 $(X = M_E)$

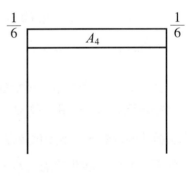

(b)單位贅力作用之 n 圖

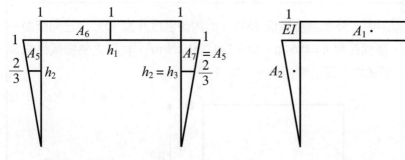

(c)單位贅力作用之 m 圖　　　　(d)單位贅力作用之 $\dfrac{m}{EI}$ 圖

(1)原結構為 1 次靜不定之對稱剛架，現選取 E 點（結構對稱中點）處之斷面彎矩 M_E 為贅力（即 $X = M_E$），基元結構如圖(a)所示。基元結構受單位贅力作用之 n 圖（軸向力圖），m 圖（彎矩圖）、$\dfrac{m}{EI}$ 圖分別如圖(b)、圖(c)及圖(d)所示。

(2)原結構在 E 點處對應於贅力方向之相對旋轉角 $\theta_E = 0$。諧合方程式可由溫差效應與贅力效應相疊加得出：

$$\theta_E = \theta_E^{TC} + f_{EE} X = 0 \tag{1}$$

在上式中，θ_E^{TC} 係為溫差所造成基元結構在贅點處沿贅力方向之相對旋轉角。由於基元結構為一靜定剛架，因此在求解 θ_E^{TC} 時須同時考慮以下兩種情形：①桿件軸線處的溫度變化效應（$\Delta T = \dfrac{T_1 + T_2}{2} = \dfrac{(-35) + (15)}{2} = -10℃$），②桿件兩側的溫度變化效應（$T_2 - T_1 = 15 - (-35) = 50℃$）。現由公式（8.48）及（8.51）可求得 θ_E^{TC}：

$$\theta_E^{TC} = \Sigma n(\alpha)(\Delta T)(l) + \Sigma \int m \frac{(\alpha)(T_2 - T_1)}{h} dx$$

$$= (\alpha)(\Delta T)(A_4) + (\alpha)\frac{(T_2 - T_1)}{h}(A_5 + A_6 + A_7)$$

$$= (\alpha)(-10)(\frac{1}{6} \times 8) + (\alpha)\frac{5.0}{0.6}(\frac{1}{2} \times 1 \times 6 + 1 \times 8 + \frac{1}{2} \times 1 \times 6)$$

$$= 1153.34(\alpha)$$

在計算 θ_E^{TC} 的過程中，$\Sigma(n \times l)$ 表示 n 圖之面積，$\Sigma \int mdx$ 表示 m 圖之面積。由 n 圖可看出 CD 梁係受拉，但溫度變化 ΔT 卻為負值，因此 n 圖面積與 ΔT 的乘積為負數。另外，由 m 圖可知桿件之內側係受拉，而且桿件內側之溫度亦較高（$T_2 > T_1$），故 m 圖面積與（$T_2 - T_1$）的乘積為正數。

f_{EE} 為單位贅力所造成基元結構在贅點處沿贅力方向之相對旋轉角，可由 $\dfrac{m}{EI}$ 圖對 m 圖計算得出：

$$f_{EE} = \int m \frac{m}{EI} dx$$
$$= (A_1)(h_1) + (A_2)(h_2) + (A_3)(h_3)$$
$$= \left[\left(\frac{1}{EI} \right)(8) \right](1) + 2 \left[\frac{1}{2} \left(\frac{1}{EI} \right)(6) \right] \left(\frac{2}{3} \right)$$
$$= \frac{12}{EI}$$

將得出 θ_E^{TC}、f_{EE}、$EI = 144{,}000$ 及 $\alpha = 0.00001$ 代入(1)式，解得

$$X = M_E = -138.4$$

(3)繪軸向力圖及彎矩圖

由於基元結構為一靜定結構，其內力分佈不受溫度變化之影響，而是由贅力所引起，因此

　　軸向力圖 $= (M_E)(n$ 圖$)$　（見圖(e)）
　　彎矩圖 $= (M_E)(m$ 圖$)$　（見圖(f)）

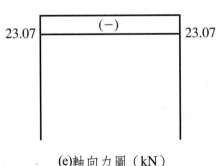

(e)軸向力圖（kN）

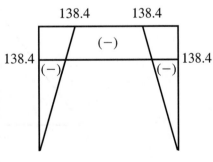

(f)彎矩圖（kN-m）

討論

讀者可自行練習取全做半法

11-9 諧合變形法分析靜不定桁架

靜不定桁架可分為：(1)外力靜定，內力靜不定之桁架(2)外力靜不定，內力靜定之桁架(3)外力、內力均為靜不定之桁架。若桁架是內力靜不定，則應選取桿件之軸力為贅力；若桁架是外力靜不定，則應選取支承反力為贅力，但無論如何，所選取的基元結構均應是靜定且穩定之結構。

當由諧合方程式求得贅力後，可由疊加原理直接求得各桿件之內力及節點變位。

例題 11-24

試用諧合變形法計算下圖所示桁架之桿件內力，各桿件自重不計，$E = 200$ kN/mm^2，斷面積分別為：$A_{ad} = A_{cd} = 750$ mm^2，$A_{ab} = A_{bc} = A_{bd} = 600$ mm^2。

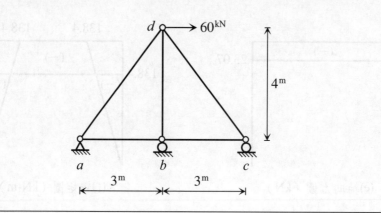

解

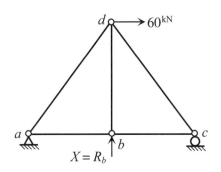

(a)基元結構（贅力$X = R_b$）

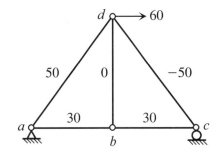

(b)原載重作用（桿件軸力設為S_i^Q，
單位：kN）

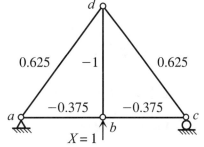

(c)單位贅力$X = 1$作用（桿件軸力設為
n_i）

(1)原桁架為外力1次靜不定，內力靜定之桁架，現選取支承反力R_b為贅力，即
$X = R_b$，基元結構如圖(a)所示。原載重作用於基元結構造成各桿件之軸力S_i^Q
如圖(b)所示。單位贅力作用於基元結構造成各桿件之軸力n_i如圖(c)所示。

(2)原結構在b點處對應於贅力方向之變位$\Delta_b = 0$。諧合方程式可由載重效應及
贅力效應相疊加得到：

$$\Delta_b = \Delta_b^Q + f_{bb}X = 0$$

在上式中，由原載重造成基元結構在贅點（即b點）處沿贅力方向之變位
Δ_b^Q，可由下式求得

$$\Delta_b^Q = \Sigma n_i \frac{S_i^Q l_i}{EA_i}$$

$$= \frac{1}{E}\left[(-0.375)\left(\frac{(30)(3000)}{600}\right) \times 2 + (0.625)\left(\frac{(50)(5000)}{750}\right) + (-1.0) \right.$$

$$\left(\frac{(0)(4000)}{600}\right) \qquad + (0.625)\left(\frac{(-50)(5000)}{750}\right)\Bigg]$$

$$= -\frac{112.5}{E}$$

由單位贅力造成基元結構在贅點處沿贅力方向之變位 f_{bb}，可由下式求得

$$f_{bb} = \Sigma n_i \frac{n_i l_i}{EA_i}$$

$$= \frac{1}{E}\left[(-0.375)\left(\frac{(-0.375)(3000)}{600}\right) \times 2 + (0.625)\left(\frac{(0.625)(5000)}{750}\right) \times 2 + \right.$$

$$(-1) \qquad \left(\frac{(-1)(4000)}{600}\right)\Bigg]$$

$$= \frac{13.29}{E}$$

將得出之 Δ_b^Q 及 f_{bb} 代入(1)式，解得

$$X = R_b = 8.465^{kN} \quad (\updownarrow)$$

(3)當贅力求得後，可由疊加原理得出各桿件內力，即

　　載重所造成之桿件內力 S_i = 原載重作用下基元結構之桿件內力（ S_i^Q ）+

　　　　　　　　　　　贅力作用下基元結構之桿件內力$(X)(n_i)$

亦即：

$$S_{ab} = (30) + (8.465)(-0.375) = 26.83^{kN}$$

$$S_{bc} = (30) + (8.465)(-0.375) = 26.83^{kN}$$

$$S_{ad} = (50) + (8.465)(0.625) = 55.29^{kN}$$

$$S_{bd} = (0) + (8.465)(-1) = -8.465^{kN}$$

$$S_{dc} = (-50) + (8.465)(0.625) = -44.71^{kN}$$

討論

以上各桿件之計算資料及內力計算結果可列成表格的形式如下：

桿件	l_i (mm)	A_i (mm)^2	S_i^Q (kN)	n_i	$n_i \dfrac{S_i^Q l_i}{A_i}$	$n_i \dfrac{n_i l_i}{A_i}$	$S_i = S_i^Q + X n_i$ (kN)
ab	3000	600	30	-0.375	-56.25	0.7	26.83
bc	3000	600	30	-0.375	-56.25	0.7	26.83
ad	5000	750	50	0.625	208.33	2.61	55.29
bd	4000	600	0	-1	0	6.67	-8.465
dc	5000	750	-50	0.625	-208.33	2.61	-44.71
Σ					-112.5	13.29	

有時對於桿件較多的桁架，列表計算較為清楚。

例題 11-25

於下圖所示桁架，桿件 CD 之斷面為 $2A$，其餘桿件為 A，各桿件之楊氏係數為 E，試求：

㈠桿件 AD 之軸力

㈡ D 點之水平位移

㈢若桿件 CD 之斷面相當大，使其接近剛體狀態，求桿件 AD 之軸力。

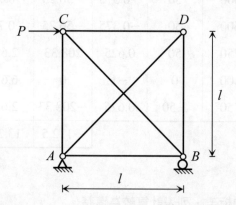

解

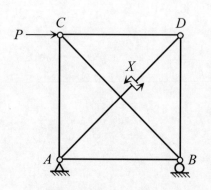

(a)基元結構（贅力 $X = S_{AD}$）

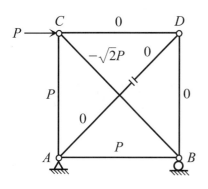 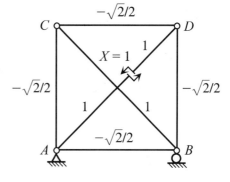

(b)原載重作用（桿件軸力設為 S_i^Q）　　　(c)單位贅力 $X=1$ 作用（桿件軸力設為 n_i）

(一)求桿件 AD 之軸力 S_{AD}

(1)原桁架為外力靜定，內力 1 次靜不定之桁架，現選取桿件 AD 之軸力 S_{AD} 為贅力（可將 AD 桿件切斷，並以一對大小相等、方向相反之贅力 X 代替 AD 桿件之軸力，即 $X=S_{AD}$，並設為張力），基元結構如圖(a)所示。原載重 P 作用於基元結構造成各桿件之軸力 S_i^Q 如圖(b)所示。單位贅力 $X=1$ 作用於基元結構造成各桿件之軸力 n_i 如圖(c)所示。若將贅力 X 求得，即為欲求之桿件 AD 的軸力 S_{AD}。

(2)原桁架對應於 AD 桿件切口處之相對軸向位移 $\Delta_{AD}=0$。諧合方程式可由載重效應及贅力效應相疊加得出：

$$\Delta_{AD} = \Delta_{AD}^Q + fX = 0 \tag{1}$$

在上式中，Δ_{AD}^Q 為原載重所造成基元結構在 AD 桿件切口處之相對軸向位移，可由下式求得

$$\begin{aligned}
\Delta_{AD}^Q &= \Sigma n_i \frac{S_i^Q l_i}{EA_i} \\
&= \frac{1}{E}\left[(P)\left(\frac{(-\sqrt{2}/2)\,l}{A}\right) \times 2 + (1)\left(\frac{(-\sqrt{2}P)(\sqrt{2}l)}{A}\right) \right] \\
&= -\frac{3.414Pl}{EA}
\end{aligned}$$

f 為單位贅力所造成基元結構在 AD 桿件切口處之相對軸向位移，可由下式

求得

$$f = \Sigma n_i \frac{n_i l_i}{EA_i}$$

$$= \frac{1}{E}\left[(-\sqrt{2}/2)\left(\frac{(-\sqrt{2}/2)l}{A}\right) \times 3 + (-\sqrt{2}/2)\left(\frac{(-\sqrt{2}/2)l}{2A}\right) + (1)\left(\frac{(1)(\sqrt{2}l)}{A}\right) \times 2\right]$$

$$= \frac{4.578l}{EA}$$

將得出之 Δ^Q_{AD}、f 代入(1)式，解得

$$X = S_{AD} = 0.75\text{P} \quad （張力）$$

(二)求 D 點水平位移 Δ_{DH}

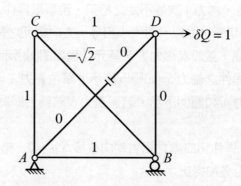

(d)虛擬系統（桿件軸力設為n'_i）

在基元結構 D 點處沿 Δ_{DH} 方向（假設向右）作用一單位虛載重（$\delta Q = 1$）形成虛擬系統，如圖(d)所示，而各桿件之軸力以 n'_i 來表示。

由疊加原理可知：

$\Delta_{DH} =$ （原載重造成基元結構在 D 點處之水平位移Δ^Q_{DH}）＋（贅力造成基元結構在 D 點處之水平位移$(f')(X)$）

亦即

$$\Delta_{DH} = \Delta^Q_{DH} + f' S_{AD} \tag{2}$$

在上式中

$$\Delta_{DH}^Q = \Sigma n_i' \frac{S_i^Q l_i}{EA_i}$$

$$= \frac{1}{E}\left[(1)\left(\frac{pl}{A}\right) \times 2 + (-\sqrt{2})\left(\frac{(-\sqrt{2}P)(\sqrt{2}l)}{A}\right)\right]$$

$$= \frac{4.828Pl}{EA}$$

$$f' = \Sigma n_i' \frac{n_i l_i}{EA_i}$$

$$= \frac{1}{E}\left[(1)\left(\frac{(-\sqrt{2}/2)l}{A}\right) \times 2 + (1)\left(\frac{(-\sqrt{2}/2)l}{2A}\right) + (-\sqrt{2})\left(\frac{(1)\sqrt{2}l}{A}\right)\right]$$

$$= -\frac{3.768l}{EA}$$

將得出之Δ_{DH}^Q、f'及S_{AD}代入(2)式，解得

$$\Delta_{DH} = \frac{2Pl}{EA} \quad (\rightarrow)$$

(三)求桿件AD之軸力S_{AD}（當CD桿件之EA接近無限大）

當CD桿件之EA值相當大（即CD桿件之EA接近無限大）時，可不計其軸向位移，因此在(1)式中，將CD桿件的效應由Δ_{AD}^Q及f中扣除，即可解出欲求之S_{AD}，因此

$$\Delta_{AD}^Q = -\frac{3.414Pl}{EA} - n_{CD}\frac{S_{CD}^Q l_{CD}}{EA_{CD}}$$

$$= -\frac{3.414Pl}{EA} - (-\sqrt{2}/2)\frac{(0)l}{E(2A)}$$

$$= -\frac{3.414Pl}{EA}$$

$$f = \frac{4.578l}{EA} - n_{CD}\frac{n_{CD} l_{CD}}{EA_{CD}}$$

$$= \frac{4.578l}{EA} - (-\sqrt{2}/2)\frac{(-\sqrt{2}/2)l}{E(2A)}$$

$$= \frac{4.328l}{EA}$$

將得出之Δ_{AD}^Q及f代入(1)式，解得

$$S_{AD} = 0.79P \quad （張力）$$

例題 11-26

試求下圖所示桁架 *CE* 桿件及 *GK* 桿件之內力，其中 *BF* 桿件及 *CE* 桿件為 $2EA$，其餘桿件為 EA。

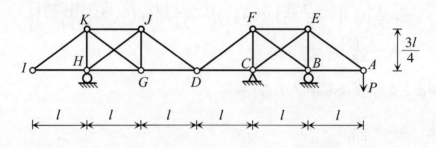

解

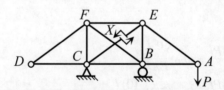

(a)基元結構（贅力 $X = S_{CE}$）

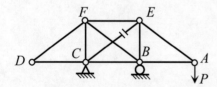

(b)原載重作用（桿件軸力設為 S_i^0）

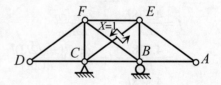

(c)單位贅力 $X = 1$ 作用（桿件軸力設為 n_i）

原結構為多跨桁架橋，*ABCDEF* 桁架為基本部份，*DGHIJK* 桁架為其附屬部份。

㈠分析*DGHIJK*桁架（附屬部份）

由於作用在基本部份之載重 *P* 僅能使此基本部份產生支承反力及桿件內力，但不使附屬部份受力，因此 *DGHIJK* 桁架將無桿件內力產生，故可知 $S_{GK} = 0$。

㈡分析 *ABCDEF* 桁架（基本部份）

⑴*ABCDEF*桁架為外力靜定，內力 1 次靜不定之桁架，現選取桿件 *CE* 之軸力 S_{CE} 為贅力（可將 *CE* 桿件切斷，並以一對大小相等、方向相反之贅力 *X* 代替 *CE* 桿件之軸力，即 $X = S_{CE}$，並設為張力），基元結構如圖(a)所示。原載重 *P* 作用於基元結構（見圖(b)）造成各桿件之軸力以 S_i^o 來表示。單位贅力 *X* = 1 作用於基元結構（見圖(c)）造成各桿件之軸力以 n_i 來表示。若將贅力 *X* 求得，即為欲求之軸力 S_{CE}。

⑵原桁架對應於 *CE* 桿件切口處之相對軸向位移 $\Delta_{CE} = 0$。諧合方程式可由載重效應及贅力效應相疊加得出：

$$\Delta_{CE} = \Delta_{CE}^o + fX = 0 \tag{1}$$

桿件	S_i^o	n_i	l_i	$E_i A_i$	$n_i S_i^o l_i / E_i A_i$	$n_i^2 l_i / E_i A_i$
AB	$-4P/3$	0	l	1	0	0
AE	$5P/3$	0	$5l/4$	1	0	0
BC	0	$-4/5$	l	1	0	$16l/25EA$
BE	$-P$	$-3/5$	$3l/4$	1	$9Pl/20EA$	$27l/100EA$
BF	$-5P/3$	1	$5l/4$	2	$-25Pl/24EA$	$5l/8EA$
CD	0	0	l	1	0	0
CE	0	1	$5l/4$	2	0	$5l/8EA$
CF	P	$-3/5$	$3l/4$	1	$-9Pl/20EA$	$27l/100EA$
DF	0	0	$5l/4$	1	0	0
EF	$4P/3$	$-4/5$	l	1	$-16Pl/15EA$	$16l/25EA$
Σ					$-2.108Pl/EA$	$3.07l/EA$

在(1)式中，Δ_{CE}^Q為原載重所造成基元結構在 CE 桿件切口處之相對軸向位移，可由下式並配合上表所列之計算結果得出

$$\Delta_{CE}^Q = \sum n_i \frac{S_i^Q l_i}{E_i A_i} = -\frac{2.108Pl}{EA}$$

f 為單位贅力所造成基元結構在 CE 桿件切口處之相對軸向位移，可由下式並配合上表所列之計算結果得出

$$f = \sum n_i \frac{n_i l_i}{E_i A_i} = \frac{3.07l}{EA}$$

將得出之 Δ_{CE}^Q 及 f 代入(1)式，解得

$$X = S_{CE} = 0.687P \quad （張力）$$

故知

$$S_{GK} = 0 \; ; \; S_{CE} = 0.687P \quad （張力）$$

例題 11-27

在下圖所示桁架中，各桿件之 $\dfrac{AE}{l} = 1000$ t/m，支承 B 下陷 1 cm，試求支承 B 之反力。

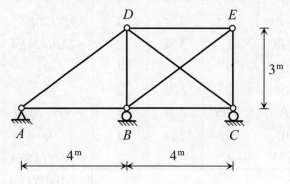

解

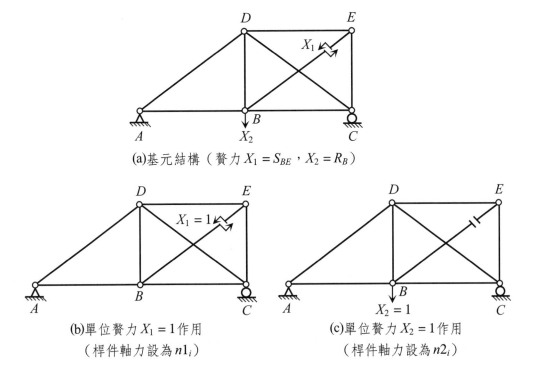

(a)基元結構（贅力 $X_1 = S_{BE}$，$X_2 = R_B$）

(b)單位贅力 $X_1 = 1$ 作用
（桿件軸力設為 $n1_i$）

(c)單位贅力 $X_2 = 1$ 作用
（桿件軸力設為 $n2_i$）

(1)原桁架是內力及外力均為 1 次靜不定之桁架，故需選取一根桿件之內力及一個支承反力為贅力。現分別選取 BE 桿件之軸力 S_{BE} 及支承反力 R_B 為贅力，基元結構如圖(a)所示，其中贅力 $X_1 = S_{BE}$，$X_2 = R_B$。單位贅力 $X_1 = 1$ 作用於基元結構（見圖(b)）造成各桿件之軸力以 $n1_i$ 來表示；單位贅力 $X_2 = 1$ 作用於基元結構（見圖(c)）造成各桿件之軸以 $n2_i$ 來表示。

(2)原桁架對應於 BE 桿件切口處之相對軸向位移 $\Delta_{BE} = 0$；另外，原桁架在 B 點處對應於贅力 X_2 方向的位移 $\Delta_B = +0.01$ m（正號表示支承沉陷量與假設之贅力同方向），因此在建立諧合方程式時，應考慮到贅力及支承沉陷之效應，亦即

$$\Delta_{BE} = f_{11} X_1 + f_{12} X_2 = 0 \tag{1}$$

$$\Delta_B = f_{21} X_1 + f_{22} X_2 = +0.01 \tag{2}$$

桿件	$n1_i$	$n2_i$	$n1_i^2$	$n2_i^2$	$(n1_i)(n2_i)$
AD	0	$-5/6$	0	25/36	0
AB	0	2/3	0	4/9	0
BD	$-3/5$	1	9/25	1	$-3/5$
DE	$-4/5$	0	16/25	0	0
CD	1	$-5/6$	1	25/36	$-5/6$
BE	1	0	1	0	0
CE	$-3/5$	0	9/25	0	0
BC	$-4/5$	2/3	16/25	4/9	$-8/15$
Σ			4	59/18	$-59/30$

在(1)式及(2)式中，f_{11} 為單位贅力 $X_1 = 1$ 所造成基元結構在 BE 桿件切口處之相對軸向位移，即

$$f_{11} = \Sigma(n1_i)\frac{(n1_i)l}{EA} = 4\left(\frac{1}{1000}\right)$$

f_{12} 為單位贅力 $X_2 = 1$ 所造成基元結構在 BE 桿件切口處之相對軸向位移，即

$$f_{12} = \Sigma(n1_i)\frac{(n2_i)l}{EA} = -\frac{59}{30}\left(\frac{1}{1000}\right)$$

f_{21} 為單位贅力 $X_1 = 1$ 所造成基元結構在 B 點處沿贅力 X_2 方向之位移，即

$$f_{21} = f_{12} = -\frac{59}{30}\left(\frac{1}{1000}\right)$$

f_{22} 為單位贅力 $X_2 = 1$ 所造成基元結構在 B 點處沿贅力 X_2 方向之位移，即

$$f_{22} = \Sigma(n2_i)\frac{(n2_i)l}{EA} = \frac{59}{18}\left(\frac{1}{1000}\right)$$

將得出之 f_{11}、f_{12}、f_{21}、f_{22} 代入(1)式及(2)式中，聯立解得

$$X_1 = S_{BE} = 2.12^t$$
$$X_2 = R_B = 4.32^t \quad (\downarrow)$$

故知支承反力 $R_B = 4.32^t$，方向向下。

例題 11-28

在下圖所示桁架中，FG 桿件及 GH 桿件的溫度較其他桿件低 30℃，各桿件的斷面積 $A = 50\ cm^2$，楊氏模數 $E = 2 \times 10^3\ t/cm^2$，熱膨脹係數 $\alpha = 1.0 \times 10^{-5}\ m/m/℃$，試求桿件內力，並將桿件內力標示在桁架上。

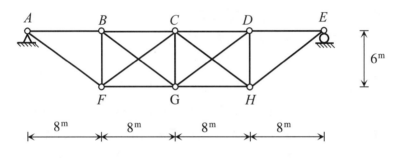

解

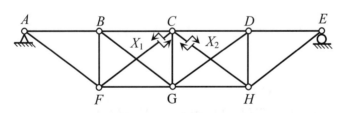

(a)基元結構（贅力 $X_1 = X_2$）

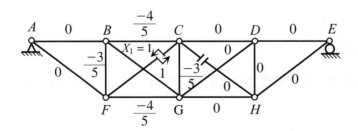

(b)單位贅力 $X_1 = 1$ 作用（桿件軸力設為 $n1_i$）

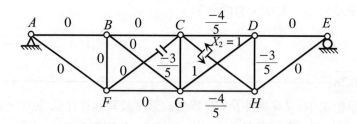

(c)單位贅力 $X_2 = 1$ 作用（桿件軸力設為 $n2_i$）

(1)原桁架為一外力靜定，內力 2 次靜不定之對稱桁架，現取 CF 桿件之軸力 S_{CF} 及 CH 桿件之軸力 S_{CH} 為贅力。由於對稱，所以贅力 $X_1 = S_{CF}$ 與贅力 $X_2 = S_{CH}$ 是相等的，並均設為張力。基元結構如圖(a)所示。

單位贅力 $X_1 = 1$ 作用於基元結構造成各桿件之軸力 $n1_i$ 如圖(b)所示。

單位贅力 $X_2 = 1$ 作用於基元結構造成各桿件之軸力 $n2_i$ 如圖(c)所示。

(2)由於對稱之故，因此贅力 $X_1 = X_2$，所以僅需列出一條諧合方程式來求解贅力。原桁架對應於 CF 桿件切口處之相對軸向位移 $\Delta_{CF} = 0$。諧合方程式可由溫差效應及贅力效應相疊加得出：

$$\Delta_{CF} = \Delta_{CF}^{TC} + f_{11} X_1 + f_{12} X_2 = 0 \ (X_1 = X_2) \tag{1}$$

在上式中，Δ_{CF}^{TC} 為溫差所造成基元結構在 CF 桿件切口處之相對軸向位移，可由公式（8.48）求得

$$\begin{aligned}
\Delta_{CF}^{TC} &= \Sigma(n1_i)(\alpha)(\Delta T)(l_i) \\
&= (n1_{FG})(\alpha)(\Delta T)(l_{FG}) + (n1_{GH})(\alpha)(\Delta T)(l_{GH}) \\
&= \left(-\frac{4}{5}\right)(1.0 \times 10^{-5})(-30)(8) + 0 \\
&= 0.00192^{m} \\
&= 0.192^{cm}
\end{aligned}$$

f_{11} 為單位贅力 $X_1 = 1$ 所造成基元結構在 CF 桿件切口處之相對軸向位移，可由下式求得

$$f_{11} = \Sigma(n1_i)\frac{(n1_i)(l_i)}{EA}$$

$$= \frac{1}{(2 \times 10^3)(50)} \left[(1)^2(1000) \times 2 + \left(-\frac{3}{5}\right)^2 (600) \times 2 + \left(-\frac{4}{5}\right)^2 (800) \times 2 \right]$$

$$= 0.03456^{\text{cm/t}}$$

f_{12} 為單位贅力 $X_2 = 1$ 所造成基元結構在 CF 桿件切口處之相對軸向位移，可由下式求得

$$f_{12} = \Sigma (n1_i) \frac{(n2_i)(l_i)}{EA}$$

$$= \frac{1}{(2 \times 10^3)(50)} \left[\left(-\frac{3}{5}\right)^2 (600) \right]$$

$$= 0.00216^{\text{cm/t}}$$

將得出之 Δ_{CF}^{TC}、f_{11}、f_{12} 代入⑴式，並由對稱條件 $X_1 = X_2$，可解得

$$X_1 = X_2 = -5.23^{\text{t}} \quad （壓力）$$

⑶當贅力求得後，可由疊加原理得出各桿件之內力，即

溫度變化所造成之桿件內力 $S_i =$ 贅力作用下基元結構之桿件內力

$$(X_1)(n1_i) + (X_2)(n2_i)$$

亦即：（對稱之故，僅需計算半邊桁架）

$$S_{AB} = S_{DE} = (X_1)(n1_{AB}) + (X_2)(n2_{AB}) = 0 + 0 = 0^{\text{t}}$$

$$S_{BC} = S_{CD} = (X_1)(n1_{BC}) + (X_2)(n2_{BC}) = (-5.23)\left(-\frac{4}{5}\right) + 0 = 4.18^{\text{t}}$$

$$S_{BF} = S_{DH} = (X_1)(n1_{BF}) + (X_2)(n2_{BF}) = (-5.23)\left(-\frac{3}{5}\right) + 0 = 3.14^{\text{t}}$$

$$S_{AF} = S_{EH} = (X_1)(n1_{AF}) + (X_2)(n2_{AF}) = 0 + 0 = 0^{\text{t}}$$

$$S_{CF} = S_{CH} = (X_1)(n1_{CF}) + (X_2)(n2_{CF}) = (-5.23)(1) + 0 = -5.23^{\text{t}}$$

$$S_{BG} = S_{DG} = (X_1)(n1_{BG}) + (X_2)(n2_{BG}) = (-5.23)(1) + 0 = -5.23^{\text{t}}$$

$$S_{FG} = S_{GH} = (X_1)(n1_{FG}) + (X_2)(n2_{FG}) = (-5.23)\left(-\frac{4}{5}\right) + 0 = 4.18^{\text{t}}$$

$$S_{CG} = (X_1)(n1_{CG}) + (X_2)(n2_{CG}) = (-5.23)\left(-\frac{3}{5}\right) + (-5.23)\left(-\frac{3}{5}\right) = 6.28^{\text{t}}$$

上述計算結果列在圖(d)中

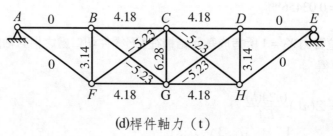

(d)桿件軸力（t）

例題 11-29

下圖為一桁架，由於工廠製作誤差，*fg*、*gh* 兩桿件較精準的長度多了 0.0078 ft。現場工人以機具勉強將兩桿裝上。試求因此而導致 *dg* 桿件之內力 Q，假設各桿之 L/A 值均為 1，E 為定值。

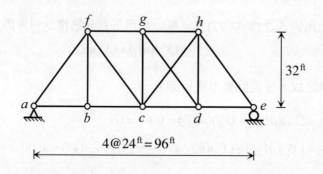

解

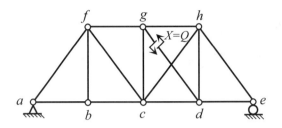

(a)基元結構（贅力 $X = Q$）

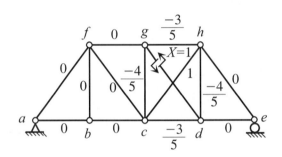

(b)單位贅力 $X = 1$ 作用（桿件軸力設為 n_i）

⑴原桁架為外力靜定，內力 1 次靜不定之桁架，現選取 dg 桿之軸力 Q 為贅力
（可將 dg 桿切斷，並以一對大小相等、方向相反之贅力 X 代替 dg 桿之軸力
Q，即 $X = Q$，並設為張力），基元結構如圖(a)所示。單位贅力 $X = 1$ 作用於
基元結構造成各桿件之軸力 n_i 如圖(b)所示。若將贅力 X 求得，即得出 dg 桿件
之內力 Q。

⑵原桁架對應於 dg 桿件切口處之相對軸向位移 $\Delta_{dg} = 0$。諧合方程式可由桿件
製造誤差效應及贅力效應相疊加得出：

$$\Delta_{dg} = \Delta_{dg}^E + fX = 0 \tag{1}$$

在上式中，Δ_{dg}^E 為桿件製造誤差所造成基元結構在 dg 桿件切口處之相對軸向
位移，可由公式（8.66）求得

$$\Delta_{dg}^E = \Sigma n(\Delta l)$$

$$= (n_{fg})(\Delta l_{fg}) + (n_{gh})(\Delta l_{gh})$$

$$= (0)(0.0078) + \left(-\frac{3}{5}\right)(0.0078)$$

$$= -0.00468^{ft}$$

f 為單位贅力所造成基元結構在 dg 桿件切口處之相對軸向位移，可由下式求得

$$f = \Sigma n_i \frac{n_i L_i}{EA_i}$$

$$= \frac{L_i}{EA_i}\left[\left(-\frac{3}{5}\right)^2 \times 2 + \left(-\frac{4}{5}\right)^2 \times 2 + (1)^2 \times 2\right]$$

$$= \frac{4}{E}$$

將得出之 Δ_{dg}^E 及 f 代入(1)式，解得

$$X = Q = 0.00117E \quad （張力）$$

11-10　諧合變形法分析靜不定組合結構

　　組合結構一般是由撓曲桿件與二力桿件組合而成，能各自發揮其優點。由於二力桿件之軸向勁度 $\dfrac{EA}{l}$ 相當於直線彈簧的勁度係數 k，因此組合結構與含有彈性支承的撓曲結構在建立諧合程式時，基本原理是一樣的。

　　若以單位虛載重法求解基元結構受原載重作用時之變位，其公式為：

$$變位 = \int m \frac{M^Q}{EI}dx + \Sigma n_i \frac{S_i^Q l}{EA}$$

其中，M^Q 及 S_i^Q 分別為原載重造成基元結構中撓曲桿件之彎矩及二力桿件之軸力；m 及 n_i 分別為單位贅力造成基元結構中撓曲桿件之彎矩及二力桿件之軸力。

在分析內力時，應先求取二力桿件之軸力，再依據荷載、支承反力及二力桿件之軸力求取撓曲桿件之內力。唯材料具有不同的剛度（EI、EA），在計算時須注意單位之換算。

例題 11-30

於下圖所示組合結構中，ACB 梁之 EI 為常數，二力桿件 CD 之 $EA = \dfrac{6EI}{l^2}$，試繪 ACB 梁之剪力圖及彎矩圖。

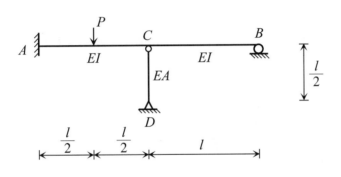

解

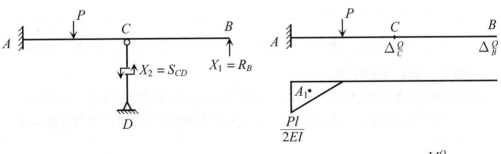

(a)基元結構（贅力 $X_1 = R_B$，$X_2 = S_{CD}$）　　(b)原載重作用之 $\dfrac{M^Q}{EI}$ 圖

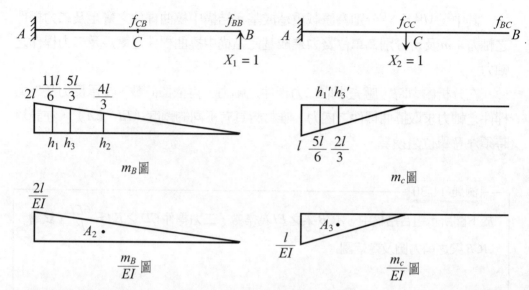

(c)單位贅力 $X_1 = 1$ 作用之 m_B 圖及 $\dfrac{m_B}{EI}$ 圖　(d)單位贅力 $X_2 = 1$ 作用之 m_c 圖及 $\dfrac{m_c}{EI}$ 圖

二力桿件 CD 之軸向勁度 k_{CD} 為

$$k_{CD} = \frac{EA}{\left(\dfrac{l}{2}\right)} = \frac{\dfrac{6EI}{l^2}}{\left(\dfrac{l}{2}\right)} = \frac{12EI}{l^3}$$

(1)原結構為 2 次靜不定之組合結構，現取支承反力 R_B 及 CD 桿件之軸力 S_{CD} 為贅力，即 $X_1 = R_B$，$X_2 = S_{CD}$，（在取 CD 桿件之軸力 S_{CD} 為贅力時，可將 CD 桿件切斷，並以一對大小相等、方向相反之贅力 X_2 代替軸力 S_{CD}，並設為張力），基元結構如圖(a)所示。原載重、單位贅力 $X_1 = 1$ 及單位贅力 $X_2 = 1$ 作用於基元結構造成 ACB 梁的 $\dfrac{M^Q}{EI}$ 圖、m_B 圖及 $\dfrac{m_B}{EI}$ 圖、m_c 及 $\dfrac{m_c}{EI}$ 圖，分別如圖(b)、圖(c)、圖(d)所示。

(2)原結構在 B 點處對應於贅力 X_1 方向的位移 $\Delta_B = 0$；且原結構對應於 CD 桿件切口處之相對軸向位移 $\Delta_{CD} = 0$。諧合方程式係由載重效應及贅力效應相疊加得出：

$$\Delta_B = \Delta_B^Q + f_{BB} X_1 + f_{BC} X_2 = 0 \tag{1}$$

$$\Delta_{CD} = \Delta_C^Q + f_{CB} X_1 + \left(f_{CC} + \frac{1}{k_{CD}} \right) X_2 = 0 \tag{2}$$

在(1)式及(2)式中，

$$\Delta_B^Q = \int m_B \frac{M^Q}{EI}\, dx \quad \left(\frac{M^Q}{EI} \text{ 圖對 } m_B \text{ 圖計算} \right)$$

$$= (A_1)(h_1)$$

$$= \left[\frac{1}{2} \left(-\frac{Pl}{2EI} \right) \left(\frac{l}{2} \right) \right] \left(\frac{11l}{6} \right)$$

$$= -\frac{11Pl^3}{48EI}$$

$$\Delta_C^Q = \int m_C \frac{M^Q}{EI}\, dx \quad \left(\frac{M^Q}{EI} \text{ 圖對 } m_C \text{ 圖計算} \right)$$

$$= (A_1)(h_1{}')$$

$$= \left[\frac{1}{2} \left(-\frac{Pl}{2EI} \right) \left(\frac{l}{2} \right) \right] \left(-\frac{5l}{6} \right)$$

$$= \frac{5Pl^3}{48EI}$$

$$f_{BB} = \int m_B \frac{m_B}{EI}\, dx \quad \left(\frac{m_B}{EI} \text{ 圖對 } m_B \text{ 圖計算} \right)$$

$$= (A_2)(h_2)$$

$$= \left[\frac{1}{2} \left(\frac{2l}{EI} \right) (2l) \right] \left(\frac{4l}{3} \right)$$

$$= \frac{8l^3}{3EI}$$

$$f_{BC} = f_{CB} = \int m_B \frac{m_C}{EI}\, dx \quad \left(\frac{m_C}{EI} \text{ 圖對 } m_B \text{ 圖或 } \frac{m_B}{EI} \text{ 圖對 } m_C \text{ 圖計算} \right)$$

$$= (A_3)(h_3)$$

$$= \left[\frac{1}{2} \left(-\frac{l}{EI} \right) (l) \right] \left(\frac{5l}{3} \right)$$

$$= -\frac{5l^3}{6EI}$$

$$f_{CC} = \int m_C \frac{m_C}{EI}\, dx \quad \left(\frac{m_C}{EI} \text{ 圖對 } m_C \text{ 圖計算} \right)$$

$$= (A_3)(h_3{}')$$

$$= \left[\frac{1}{2} \left(-\frac{l}{EI} \right) (l) \right] \left(\frac{-2l}{3} \right)$$

$$= \frac{l^3}{3EI}$$

將得出之自由項、主係數、副係數及 $k_{CD} = \frac{12EI}{l^3}$ 代入(1)式及(2)式中，聯立解得：

$$X_1 = R_B = \frac{P}{48}（\uparrow）\quad ; \quad X_2 = -\frac{5P}{24}（壓力）$$

(3)繪 ACB 梁之剪力圖及彎矩圖

　　ACB 梁之載重圖、剪力圖及彎矩圖，分別如圖(e)、圖(f)及圖(g)所示。

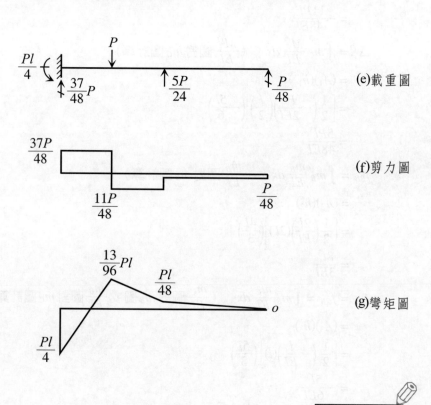

(e)載重圖

(f)剪力圖

(g)彎矩圖

例題 11-31

下圖所示為一桁架與梁組合之結構，梁之撓曲勁度為 EI，AD 桿件、BD 桿件、CD 桿件之軸力勁度為 EA。AB 梁中點 C 處受一向下作用力 P。設 $EA = \dfrac{30EI}{\sqrt{3}l^2}$，試求 CD 桿件之內力 Q，並繪製 AB 梁之剪力圖及彎矩圖。

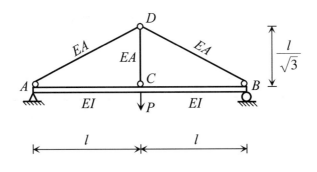

解

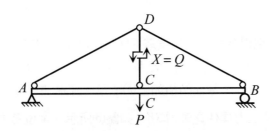

(a)基元結構（贅力 $X = Q$）

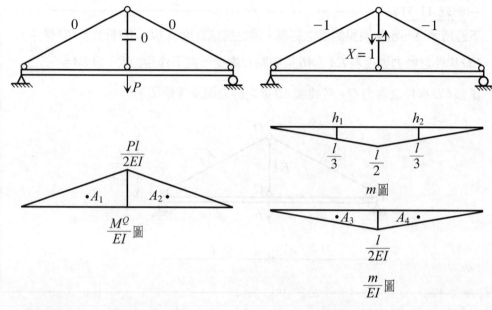

(b)原載重作用之 $\dfrac{M^Q}{EI}$ 圖
（二力桿件之軸力設為 S_i^Q ）

(c)單位贅力 $X=1$ 作用之 m 圖及 $\dfrac{m}{EI}$ 圖（二力桿件之軸力設為 n_i ）

(1)原結構為 1 次靜不定組合結構，現選取 CD 桿件之軸力 Q 為贅力（可將 CD 桿件切斷，並以一對大小相等、方向相反之贅力 X 代替 CD 桿件之軸力 Q，即 $X=Q$，並設為張力），基元結構如圖(a)所示。原載重作用於基元結構造成 AB 梁的 $\dfrac{M^Q}{EI}$ 圖及二力桿件之軸力 S_i^Q，如圖(b)所示。單位贅力作用於基元結構造成 AB 梁的 m 圖、 $\dfrac{m}{EI}$ 圖及二力桿件之軸力 n_i，如圖(c)所示。另外，依題意可知， AB 梁將不計軸向效應。

(2)原結構對應於 CD 桿件切口處之相對軸向位移 $\Delta_{CD}=0$。諧合方程式係由載重效應及贅力效應相疊加得出：

$$\Delta_{CD} = \Delta_{CD}^Q + fX = 0 \qquad (1)$$

在上式中， Δ_{CD}^Q 為原載重所造成基元結構在 CD 桿件切口處之相對軸向位移，可由下式求得

$$\Delta_{CD}^Q = \int m \frac{M^Q}{EI}\, dx + \Sigma n_i \frac{S_i^Q l}{EA}$$

$$= (A_1)(h_1) + (A_2)(h_2) + \Sigma n_i \frac{S_i^Q l}{EA}$$

$$= 2\left[\frac{1}{2}\left(\frac{Pl}{2EI}\right)(l)\right]\left(-\frac{l}{3}\right) + 2\left[(-1)\frac{(0)(\frac{2l}{\sqrt{3}})}{EA}\right] + (1)\frac{(0)(\frac{l}{\sqrt{3}})}{EA}$$

$$= -\frac{Pl^3}{6EI}$$

f 為單位贅力所造成基元結構在 CD 桿件切口處之相對軸向位移，可由下式求得：（$h_3 = h_1$ ；$h_4 = h_2$）

$$f = \int m \frac{m}{EI}\, dx + \Sigma n_i \frac{n_i l}{EA}$$

$$= (A_3)(h_3) + (A_4)(h_4) + \Sigma \frac{n_i^2 l}{EA}$$

$$= 2\left[\frac{1}{2}\left(-\frac{l}{2EI}\right)(l)\right]\left(-\frac{l}{3}\right) + 2\left[\frac{(-1)^2(\frac{2l}{\sqrt{3}})}{EA}\right] + \frac{(1)^2(\frac{l}{\sqrt{3}})}{EA}$$

$$= \frac{l^3}{6EI} + \frac{5l}{\sqrt{3}}\left(\frac{\sqrt{3}l^2}{30EI}\right)$$

$$= \frac{l^3}{3EI}$$

將得出之 Δ_{CD}^Q 及 f 代入(1)式，解得

$$X = Q = \frac{P}{2} \quad （正表張力）$$

(3)繪 AB 梁之剪力圖及彎矩圖

二力桿件之軸力，可由疊加法由下式求得：

$$S_i = S_i^Q + X n_i$$

亦即

$$S_{AD} = (0) + \left(\frac{P}{2}\right)(-1) = -\frac{P}{2} \quad （壓力）$$

$$S_{CD} = (0) + \left(\frac{P}{2}\right)(1) = \frac{P}{2} \qquad （張力）$$

$$S_{BD} = (0) + \left(\frac{P}{2}\right)(-1) = -\frac{P}{2} \qquad （壓力）$$

當二力桿件之軸力求得後，視同外力，與原載重共同作用在 AB 梁上，AB 梁之載重圖、剪力圖及彎矩圖，分別如圖(d)、圖(e)及圖(e)所示。

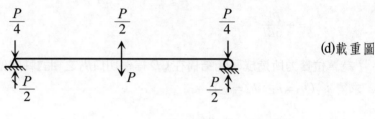

(d)載重圖

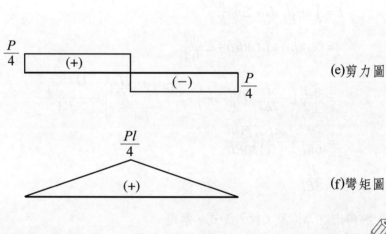

(e)剪力圖

(f)彎矩圖

例題 11-32

於下圖所示的組合結構中，鋼索之斷面積 $A_1 = \dfrac{1}{144}$ ft² ；AB 梁之斷面積 $A_2 = \dfrac{1}{12}$ ft² ，$I = \dfrac{1}{144}$ ft⁴。若鋼索只考慮軸向效應，而 AB 梁考慮軸向效應及彎曲效應，試求鋼索之內力，E 為常數。

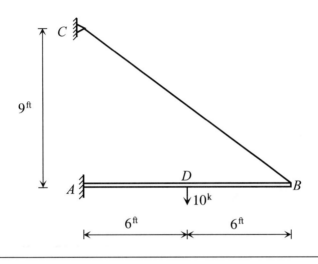

解

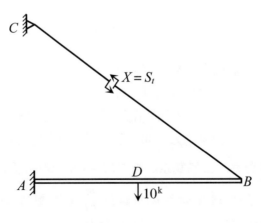

(a)基元結構（贅力 $X = S_t$）

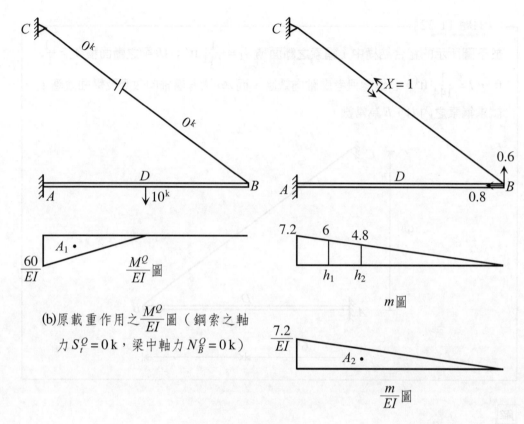

(b)原載重作用之 $\dfrac{M^Q}{EI}$ 圖（鋼索之軸

力 $S_t^Q = 0\,\mathrm{k}$，梁中軸力 $N_B^Q = 0\,\mathrm{k}$）

(c)單位贅力 $X = 1$ 作用之 m 圖及 $\dfrac{m}{EI}$ 圖

（鋼索之軸力 $n_t = 1$，梁中軸力 $n_B = -0.8$）

鋼索僅能受拉，因此內力僅為張力。

(1)原結構為 1 次靜不定之組合結構，現取 BC 鋼索之內力 S_t 為贅力（可將鋼索
切斷，並以一對大小相等、方向相反之贅力 X 代替鋼索之內力 S_t，即 $X = S_t$，
並設為張力），基元結構如圖(a)所示。原載重作用於基元結構造成 AB 梁的
$\dfrac{M^Q}{EI}$ 圖如圖(b)所示，此時鋼索之軸力 $S_t^Q = 0\,\mathrm{k}$，梁中之軸力 $N_B^Q = 0\,\mathrm{k}$。單位贅
力作用於基元結構造成 AB 梁的 m 圖及 $\dfrac{m}{EI}$ 圖如圖(c)所示，此時鋼索之軸力
$n_t = 1$，而梁中之軸力 $n_B = -0.8$（負表壓力）。由上可知，當贅力 X 求得後，
即為欲求的鋼索內力 S_t。

⑵原結構對應於 BC 鋼索 4 切口處之相對軸向位移 $\Delta_{BC} = 0$。諧合方程式係由載重效應及贅力效應相疊加得出，其中 AB 梁要考慮彎曲及軸向變形的影響，而 BC 鋼索僅考慮軸向變形的影響：

$$\Delta_{BC} = \Delta_{BC}^Q + fX = 0 \tag{1}$$

在上式中，

$$\Delta_{BC}^Q = \int_0^{12} m \frac{M^Q}{EI} dx + n_B \frac{N_B^Q l_{AB}}{EA_2} + n_t \frac{S_t^Q l_{BC}}{EA_1}$$

$$= (A_1)(h_1) + 0 + 0$$

$$= \left[\frac{1}{2} \left(-\frac{60}{EI} \right)(6) \right](6)$$

$$= -\frac{1080}{EI}$$

$$f = \int_0^{12} m \frac{m}{EI} dx + n_B \frac{n_B l_{AB}}{EA_2} + n_t \frac{n_t l_{BC}}{EA_1}$$

$$= \left[\frac{1}{2} \left(\frac{7.2}{EI} \right)(12) \right](4.8) + \frac{(-0.8)^2(12)}{EA_2} + \frac{(1)^2(15)}{EA_1}$$

$$= \frac{207.36}{EI} + \frac{7.68}{EA_2} + \frac{15}{EA_1}$$

將得出之 Δ_{BC}^Q、f 及已知的 I、A_1、A_2 值代入⑴式，解得

$$X = S_t = 4.84^k \quad （正表鋼索承受張力）$$

例題 11-33

試繪下圖所示組合結構之彎矩圖。BE 桿件為一二力桿件，軸向剛度 $EA = \dfrac{EI}{l^2}$，其餘桿件之 EI 為定值。

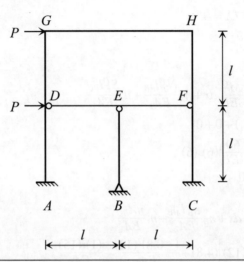

解

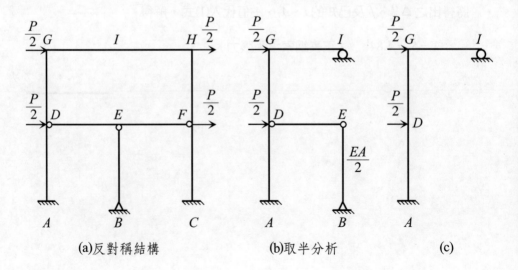

(a)反對稱結構　　　　(b)取半分析　　　　(c)

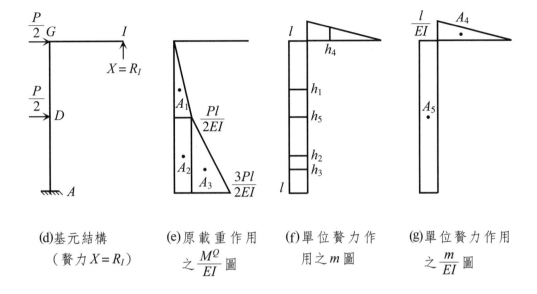

(d)基元結構　　　(e)原載重作用　(f)單位贅力作　(g)單位贅力作用
　（贅力 $X = R_I$）　　之 $\dfrac{M^Q}{EI}$ 圖　　用之 m 圖　　　之 $\dfrac{m}{EI}$ 圖

原結構為一偏對稱結構，在撓曲桿件不計軸向變形的情況下，可視為一反對稱結構，如圖(a)所示。由對稱中點之特性（$F_x = 0$，$F_y \neq 0$，$M = 0$；$\Delta_x \neq 0$，$\Delta_y = 0$，$\theta \neq 0$）可知，若採用取半分析法時，則所取的半邊結構可模擬成圖(b)所示的組合結構，其中 I 點為一輥支承，E 點視為一鉸接續，此時 DE 桿件及 BE 桿件均為二力桿件。由桁架零桿件（zero force member）之定義可看出，DE 桿件及 BE 桿件之內力（即軸向力）均為零，因此所取的半邊結構，最後可模擬成圖(c)所示的 1 次靜不定剛架。

(1)在圖(c)所示之剛架中，取支承反力 R_I 為贅力（即 $X = R_I$），並設方向向上，基元結構如圖(d)所示。由原載重及單位贅力作用於基元結構所得出之 $\dfrac{M^Q}{EI}$ 圖、m 圖及 $\dfrac{m}{EI}$ 圖分別如圖(e)、圖(e)及圖(g)所示。

(2)在圖(c)所示之剛架中，在 I 點處對應於贅力方向之變位 $\Delta_I = 0$。諧合方程式可由載重效應及贅力效應相疊加得到：

$$\Delta_I = \Delta_I^Q + f_{II} X = 0 \tag{1}$$

在上式中，Δ_I^Q 可由 $\dfrac{M^Q}{EI}$ 圖對 m 圖計算得出：

$$\Delta_I^Q = \int m \frac{M^Q}{EI} dx$$

$$= (A_1)(h_1) + (A_2)(h_2) + (A_3)(h_3)$$

$$= \left[\frac{1}{2}\left(-\frac{Pl}{2EI}\right)(l)\right](l) + \left[\left(-\frac{Pl}{2EI}\right)(l)\right](l) + \left[\frac{1}{2}\left(-\frac{Pl}{EI}\right)(l)\right](l)$$

$$= -\frac{5Pl^3}{4EI} \quad (\downarrow)$$

f_{II} 可由 $\frac{m}{EI}$ 圖對 m 圖計算得出：

$$f_{II} = \int m \frac{m}{EI} dx$$

$$= (A_4)(h_4) + (A_5)(h_5)$$

$$= \left[\frac{1}{2}\left(\frac{l}{EI}\right)(l)\right]\left(\frac{2l}{3}\right) + \left[\left(\frac{l}{EI}\right)(2l)\right](l)$$

$$= \frac{7l^3}{3EI} \quad (\uparrow)$$

將得出之 Δ_I^Q 及 f_{II} 代入(1)式，解得

$$X = R_I = \frac{15}{28}P \quad (\updownarrow)$$

(3)繪彎矩圖

　　首先繪出圖(c)所示剛架之彎矩圖，進而再由反對稱性可繪出全剛架之彎矩圖
　　（如圖(h)所示）

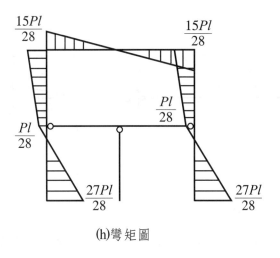

$$\frac{15Pl}{28}$$

$$\frac{15Pl}{28}$$

$$\frac{Pl}{28}$$

$$\frac{Pl}{28}$$

$$\frac{27Pl}{28}$$

$$\frac{27Pl}{28}$$

(h)彎矩圖

例題 11-34

於下圖所示結構中，CD桿件因製造誤差增長了 a，試求由此所產生的彎矩圖。

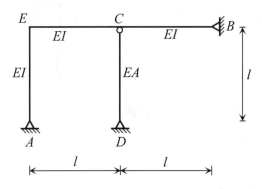

解

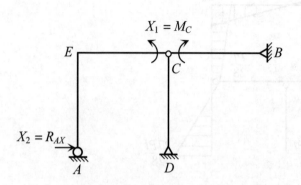

(a)基元結構（贅力 $X_1 = M_C$，$X_2 = R_{AX}$）

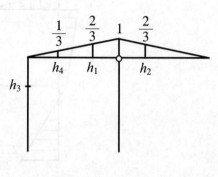

(b)單位贅力 $X_1 = 1$ 作用之 m_1 圖
（CD 桿之軸力 $n_1 = \dfrac{2}{l}$）

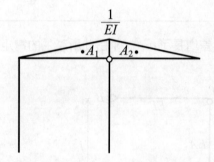

(c)單位贅力 $X_1 = 1$ 作用之 $\dfrac{m_1}{EI}$ 圖

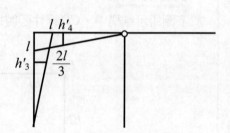

(d)單位贅力 $X_2 = 1$ 作用之 m_2 圖
（CD 桿件之軸力 $n_2 = 1$）

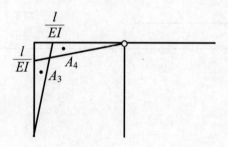

(e)單位贅力 $X_2 = 1$ 作用之 $\dfrac{m_2}{EI}$ 圖

由於 CD 桿件為二力桿件，因此原結構為 2 次靜不定之組合結構。又由於無載重作用，所以結構內力將是由 CD 桿件製造誤差所造成。

⑴選取 C 點之斷面彎矩 M_C 及支承反力 R_{AX} 為贅力，即 $X_1 = M_C$，$X_2 = R_{AX}$，基元結構如圖(a)所示。單位贅力 $X_1 = 1$ 及 $X_2 = 1$ 作用於基元結構之彎矩圖分別如圖(b)至圖(e)所示。

⑵原結構在 C 點處對應對贅力 X_1 方向的相對旋轉角 $\theta_C = 0$；且原結構在 A 點處，對應於贅力 X_2 方向之位移 $\Delta_{AH} = 0$。諧合方程式係由桿件製造誤差效應及贅力效應相疊加得出：

$$\theta_C = \theta_C^E + f_{CC} X_1 + f_{CA} X_2 = 0 \tag{1}$$
$$\Delta_{AH} = \Delta_{AH}^E + f_{AC} X_1 + f_{AA} X_2 = 0 \tag{2}$$

在上兩式中，θ_C^E 及 Δ_{AH}^E 係由 CD 桿件製造誤差所造成基元結構分別在 C 點處沿贅力 X_1 方向的旋轉角及在 A 點處沿贅力 X_2 方向的位移，可參考公式（8.66）得出：

$$\theta_C^E = (n_1)(\Delta l_{CD}) = \left(\frac{2}{l}\right)(a) = \frac{2a}{l} \quad （CD 桿件係增長，故取 +a）$$
$$\Delta_{AH}^E = (n_2)(\Delta l_{CD}) = (1)(a) = a$$

另外，

$$f_{CC} = \int m_1 \frac{m_1}{EI} dx \quad （\frac{m_1}{EI} 圖對 m_1 圖計算）$$
$$= (A_1)(h_1) + (A_2)(h_2)$$
$$= 2\left[\frac{1}{2}\left(\frac{1}{EI}\right)(l)\right]\left(\frac{2}{3}\right)$$
$$= \frac{2l}{3EI}$$

$$f_{CA} = f_{AC} = \int m_1 \frac{m_2}{EI} dx \quad （\frac{m_2}{EI} 圖對 m_1 圖或 \frac{m_1}{EI} 圖對 m_2 圖計算）$$
$$= (A_3)(h_3) + (A_4)(h_4)$$
$$= 0 + \left[\frac{1}{2}\left(-\frac{l}{EI}\right)(l)\right]\left(\frac{1}{3}\right)$$
$$= -\frac{l^2}{6EI}$$

$$f_{AA} = \int m_2 \frac{m_2}{EI} dx \quad \left(\frac{m_2}{EI} \text{圖對} m_2 \text{圖計算} \right)$$

$$= (A_3)(h_3') + (A_4)(h_4')$$

$$= 2 \left[\frac{1}{2} \left(-\frac{l}{EI} \right)(l) \right] \left(-\frac{2l}{3} \right)$$

$$= \frac{2l^3}{3EI}$$

將得出之各項係數代入(1)式及(2)式中，聯立解得

$$X_1 = M_C = -\frac{18EI}{5l^2}a \quad (\;\supset\subset\;)$$

$$X_2 = R_{AX} = -\frac{12EI}{5l^3}a \quad (\leftarrow)$$

(3)繪彎矩圖

由於

桿件製造誤差所造成之桿件內力＝贅力作用下基元結構之桿件內力

因此

彎矩圖 = $(M_C)(m_1$圖$) + (R_{AX})(m_2$圖$)$　　（見圖(e)所示）

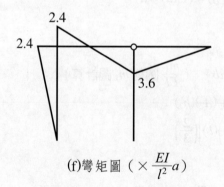

2.4

2.4

3.6

(f)彎矩圖（$\times \dfrac{EI}{l^2}a$）

例題 11-35

於下圖所示各剛架中，EI 為常數，彈簧之彈力常數為 k_s，二力桿件之 $EA = \dfrac{6EI}{l^2}$，試求各剛架之支承反力 M_A。

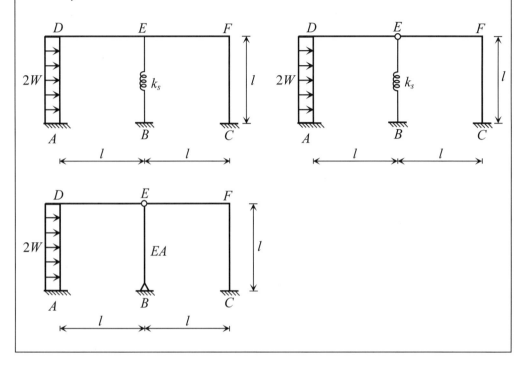

解

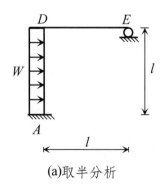

(a)取半分析

由於直線彈簧或二力桿件 BE 均無法提供剛架之側向抗彎勁度，因此圖中所示之各剛架在側向外力作用下，均視為具有單數跨之反對稱剛架，在取半分析時，由對稱中點之特性可知，各剛架之 E 點均可模擬成輥支承，如圖(a)所示。由例題 11-16 可知，各剛架之支承反力 M_A 均為 $-\dfrac{3}{8}Wl^2$。

第十二章

力法──最小功法

　　最小功法（method of least work）實際上即是將卡氏第二定理應用在諧合變形法中，因此最小功法亦是以贅力為其未知量，故屬於力法的範疇。

12-1　最小功原理

　　一線性結構之總應變能 U 若為外力 Q_i（Q_i 可為集中力或集中力矩）的函數，則此應變能 U 對外力 Q_i 的一次偏微分，即為在 Q_i 位置及方向上的變位 D_i（D_i 可為撓度 Δ 或轉角 θ）。此即為卡氏第二定理，其表達式為

$$\frac{\partial U}{\partial Q_i} = D_i \qquad\qquad (12\text{-}1)$$

　　在基元結構中，除有外力 Q_i 作用外尚有贅力 X_i 的作用，因此基元結構的應變能 U 是為外力 Q_i 及贅力 X_i 的函數。原結構對應於贅點處沿贅力 X_i 方向若無變位時，由（12-1）式可知，應變能 U 對贅力 X_i 的一次偏微分將為零，此即**最小功原理**，其表達式為

$$\frac{\partial U}{\partial X_i} = O \qquad\qquad (12\text{-}2)$$

　　（12-2）式表示一靜不定結構對應於贅點處沿贅力方向若無變位時，則各贅力將使該結構之應變能為最小值。

　　最小功原理亦可稱為**卡氏諧合定理**（Castigliano's theorem of compatibility），而（12-2）式所表示的各方程式亦可稱為**卡氏諧合方程式**。聯立解（12-2）式，即可解出所有的贅力。建立與未知贅力相同數目之卡氏諧合方程式以解算贅力的方法稱為最小功法。最小功法僅適用於線性結構。

討論 1

若以輔應變能 W^* 取代應變能 U，則（12-2）式可改寫為

$$\frac{\partial W^*}{\partial X_i} = O \qquad\qquad (12\text{-}3)$$

（12-3）式即稱為**最小輔能原理**（principle of minimum complementary energy），表示一靜不定結構（可為線性或非線性結構）於贅點處沿贅力方向若無變位時，則各贅力將使該結構之輔應變能為最小值。

討論 2

最小功法求解靜不定結構時之基本假設條件同諧合變形法。

12-2　最小功法之分析步驟

現將最小功法之分析步驟分述如下：

(1)對於靜不定結構，首先應選取贅力，再將贅力視為外力而與原載重共同作用於穩定且靜定之基元結構上。

(2)依據結構之應變能，建立與贅力相同數目的卡氏諧合方程式以求解贅力。

(3)贅力解得後，再利用平衡方程式解出所有支承反力，進而可求得各桿件內力或節點變位。

討論

最小功法實為諧合變形法，其差異是在求解贅力的過程中，所應用的是卡氏諧合方程式。

例題 12-1

對於線性彈性結構而言，試舉例說明：

(1)總應變能對外力偏微分時，卡氏第二定理同等於單位虛載重法。

(2)總應變能對贅力微偏微分時，最小功原理同等於單位虛載重法。

解

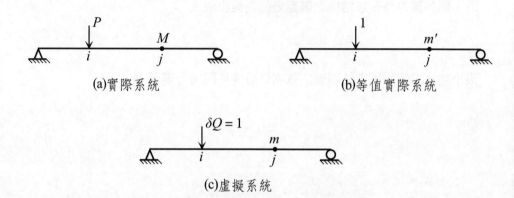

(a)實際系統　　　　　(b)等值實際系統

(c)虛擬系統

1. 圖(a)所示為一受外力 P 作用之實際系統，將等同於圖(b)所示的等值實際系統。在圖(a)中，當外力 P 作用於 i 點時，j 點的彎矩若假設為 M，則在圖(b)中，由單位力（無單位）造成 j 點的彎矩則假設為 m'。由於圖(a)之實際系統等同於圖(b)之等值實際系統，因此則有

$$M = Pm' \tag{1}$$

因而　$\dfrac{\partial M}{\partial P} = m'$

另外，在圖(c)所示的虛擬系統中，當單位虛力（$\delta Q = 1$，無單位）作用於 i 點時，則 j 點的彎矩設為 m。比較圖(b)及圖(c)，則有

$$m' = m$$

若設結構之總應變能為 U，則有

$$\frac{\partial U}{\partial P} = \int \frac{M(\frac{\partial M}{\partial P})}{EI} dx = \int \frac{Mm'}{EI} dx = \int \frac{Mm}{EI} dx = \Delta_i \tag{2}$$

若 Δ_i 為 i 點處沿外力 P 方向之變位，則由(2)式可看出，總應變能對外力偏微分時，卡氏第二定理同等於單位虛載重法。

2. 若將圖(a)中之 P 看成是贅力（即 i 點視為贅點，而贅力 $X = P$），此時變位 $\Delta_i = 0$，則(1)式可改寫為

$$M = Xm'$$ (3)

因而　$\dfrac{\partial M}{\partial X} = m'$

此時

$$\frac{\partial U}{\partial X} = \int \frac{M\left(\dfrac{\partial M}{\partial X}\right)}{EI}\,dx = \int \frac{Mm'}{EI}\,dx = \int \frac{Mm}{EI}\,dx = 0$$ (4)

由(4)式可看出，總應變能對贅力偏微分時，最小功原理同等於單位虛載重法。

12-3　最小功法分析靜不定撓曲結構

若撓曲結構僅考慮彎矩效應時，其應變能為

$$U = \int \frac{M^2}{2EI}\,dx$$ （12-4）

對於具有 n 個贅力 X_i（$i = 1 \sim n$）的撓曲結構而言，其卡氏諧合方程式可寫為

$$\frac{\partial U}{\partial X_1} = \int \frac{M\left(\dfrac{\partial M}{\partial X_1}\right)}{EI}\,dx = 0$$

$$\frac{\partial U}{\partial X_2} = \int \frac{M\left(\frac{\partial M}{\partial X_2}\right)}{EI} dx = 0$$

$$\vdots$$

$$\frac{\partial U}{\partial X_n} = \int \frac{M\left(\frac{\partial M}{\partial X_n}\right)}{EI} dx = 0$$

以上各方程式亦可寫為

$$\frac{\partial U}{\partial X_i} = \int \frac{M\left(\frac{\partial M}{\partial X_i}\right)}{EI} dx = 0 \qquad i = 1.2,\cdots\cdots n \tag{12-5}$$

在（12-5）式中，由於有 $\left(\frac{\partial M}{\partial X_i}\right)$ 的計算項目，因此在分析過程宜採直接積分法。

例題 12-2

於下圖所示的梁結構中，$E = 2,000$ t/cm^2，$I = 2,500$ cm^4，試求支承 A 及 C 的反力。

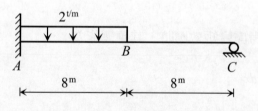

解

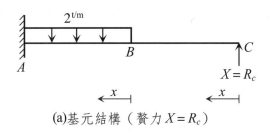

(a)基元結構（贅力 $X = R_c$）

原結構為 1 次靜不定梁，因此需選取 1 個贅力，並建立 1 個卡氏諧合方程式來解出此贅力。

(1)取支承反力 R_c 為贅力（即 $X = R_c$），並設方向向上。基元結構為一懸臂梁，如圖(a)所示。

(2)基元結構承受外載重及贅力 R_c 共同作用後，將發生彈性變形，因而產生應變能 U。由於原結構在 C 點處對應於贅力 R_c 方向之垂直變位為零，因此由最小功原理可知，將應變能 U 對贅力 R_c 做一次偏微分，其值應等於零，故卡氏諧合方程式為

$$\frac{\partial U}{\partial R_c} = \int \frac{M(\partial M/\partial R_c)}{EI} dx = 0 \tag{1}$$

(1)式可依據下表來做計算

分段	積分原點	積分範圍(m)	M	$\partial M/\partial R_c$
CB	C	0～8	$R_c x$	x
BA	B	0～8	$R_c(8+x) - x^2$	$8+x$

將上表的數據代入(1)式得

$$\int \frac{M(\partial M/\partial R_c)}{EI}dx$$

$$= \frac{1}{EI}\int_0^8 [R_c x](x)\,dx + \frac{1}{EI}\int_0^8 [R_c(8+x) - x^2](8+x)\,dx = 0$$

解上式得

$$R_c = 1.75^t \quad (\uparrow)$$

當支承反力 R_c 求得後，由平衡條件即可求得支承反力

$$R_{Ay} = 14.25^t \quad (\uparrow)\ ;\ M_A = 36^{t-m} \quad (\circlearrowright)$$

例題 12-3

試求下圖所示剛架之剪力圖及彎矩圖。EI 為常數。

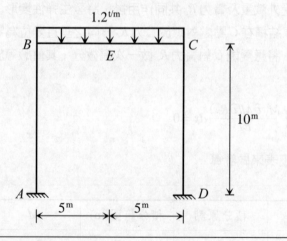

解

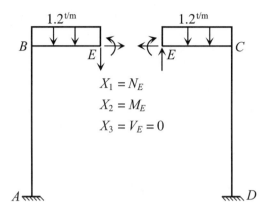

$X_1 = N_E$

$X_2 = M_E$

$X_3 = V_E = 0$

(a)基元結構

（贅力 $X_1 = N_E, X_2 = M_E, X_3 = V_E$ ）

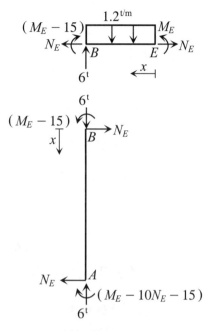

(b)桿件受力示意圖

(1)原結構為 3 次靜不定之對稱剛架，可選取 E 點（即對稱幾何中點）處的三個斷面內力為贅力，即 $X_1 = N_E$，$X_2 = M_E$，$X_3 = V_E$，基元結構如圖(a)所示。由於對稱結構之內力是呈對稱分佈，因此在 E 點處，非對稱之贅力 $X_3 = V_E$ $= 0^t$。故實際上欲求解的未知贅力僅有 $X_1 = N_E$，$X_2 = M_2$。

(2)原結構在 E 點處對應於贅力 N_E 及 M_E 方向之相對變位均為零，因此由最小功原理可知，無論是將應變能 U 對贅力 N_E 做一次偏微分或是對贅力 M_E 做一次偏微分，其值均應等於零，故卡氏諧合方程式可寫為

$$\frac{\partial U}{\partial N_E} = \Sigma \int \frac{M(\partial M / \partial N_E)}{EI} dx = 0 \tag{1}$$

$$\frac{\partial U}{\partial M_E} = \Sigma \int \frac{M(\partial M / \partial M_E)}{EI} dx = 0 \tag{2}$$

由於基元結構為一對稱結構，因此可採用取全做半法來進行分析，因而(1)式

及(2)式可依據下表來做計算

分段	積分原點	積分範圍(m)	M	$\partial M/\partial N_E$	$\partial M/\partial M_E$
EB	E	$0\sim5$	$M_E - \dfrac{(1.2)(x)^2}{2}$	0	1
BA	B	$0\sim10$	$M_E - N_E x - 15$	$-x$	1

將上表的數據代入(1)式得

$$\Sigma \int \frac{M(\partial M/\partial N_E)}{EI}dx = \frac{2}{EI}\left[\int_0^5 (M_E - \frac{(1.2)(x)^2}{2})(0)\,dx \right.$$
$$\left. + \int_0^{10}(M_E - N_E x - 15)(-x)\,dx\right]$$
$$= 0$$

（為計及另外半邊結構之效應，故各項積分均應乘以 2）

上式積分後整理得

$$3M_E - 20N_E - 45 = 0 \tag{3}$$

再將上表的數據代入(2)式得

$$\Sigma \int \frac{M(\partial M/\partial M_E)}{EI}dx = \frac{2}{EI}\left[\int_0^5 (M_E - \frac{(1.2)(x)^2}{2})(1)\,dx \right.$$
$$\left. + \int_0^{10}(M_E - N_E x - 15)(1)\,dx\right]$$
$$= 0$$

上式積分後整理得

$$3M_E - 10N_E - 35 = 0 \tag{4}$$

聯立解(3)式及(4)式得

$$N_E = -1.0^t \qquad （負號表示與假設方向相反）$$

$$M_E = 8.33^{\text{t-m}} \quad （正號表示與假設方向相同）$$

(3)繪剪力圖及彎矩圖

　　將得出之 N_E 及 M 值代入圖(b)中，即可繪出剪力圖及彎矩圖（請見例題 11-17 中之圖（k）及圖（l））。

例題 12-4

在下圖所示的剛架中，C 點及 E 點均為鉸接續，設各桿件之 EI 值均為常數，試求該剛架的彎矩圖。

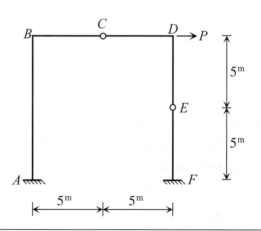

解

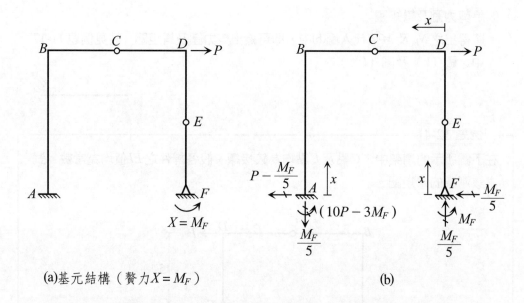

(a)基元結構（贅力$X = M_F$）　　　　　　　　　　　(b)

(1)原結構為 1 次靜不定之剛架，現選取支承反力 M_F 為贅力（即 $X = M_F$），並設方向為逆時針，基元結構如圖(a)所示。基元結構的載重圖如圖(b)所示。

(2)由於在鉸接續處彎矩圖的斜率是保持連續的，因此任意斷面的彎矩，均可以連續函數表示之。原結構在 F 點處對應於贅力 M_F 的旋轉角為零，因此由最小功原理可得出卡氏諧合方程式：

$$\frac{\partial U}{\partial M_F} = \Sigma \int \frac{M(\partial M/\partial M_F)}{EI} dx = 0 \tag{1}$$

(1)式可依據下表來做計算（參考圖(b)）

分段	積分原點	積分範圍(m)	M	$\partial M/\partial M_F$
AB	A	$0\sim10$	$3M_F - \dfrac{M_F}{5}x - 10P + Px$	$3 - \dfrac{x}{5}$
DCB	D	$0\sim10$	$-M_F + \dfrac{M_F}{5}x$	$-1 + \dfrac{x}{5}$
FED	F	$0\sim10$	$M_F - \dfrac{M_F}{5}x$	$1 - \dfrac{x}{5}$

將上表的數據代入(1)式得

$$\Sigma \int \frac{M(\partial M/\partial M_F)}{EI}dx = \frac{1}{EI}\Bigg[\int_0^{10}(3M_F - \frac{M_F}{5}x - 10P + Px)(3 - \frac{x}{5})dx$$

$$+ \int_0^{10}(-M_F + \frac{M_F}{5}x)(-1 + \frac{x}{5})dx$$

$$+ \int_0^{10}(M_F - \frac{M_F}{5}x)(1 - \frac{x}{5})dx \Bigg]$$

$$= 0$$

上式積分後整理得

$$50M_F - 116.67P = 0 \tag{2}$$

由(2)式可解得支承反力 $M_F = 2.334P$ （↗）

(3)繪彎矩圖

　　將得出之 M_F 值代入圖(b)中，即可繪出彎矩圖，如圖(c)所示。

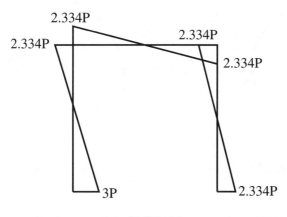

2.334P
2.334P
2.334P
2.334P
3P
2.334P

(c)彎矩圖

例題 12-5

下圖為一半圓形的兩鉸拱，若 EI 為常數，試分析支承的反力。

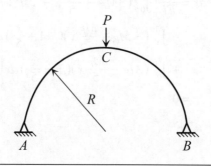

解

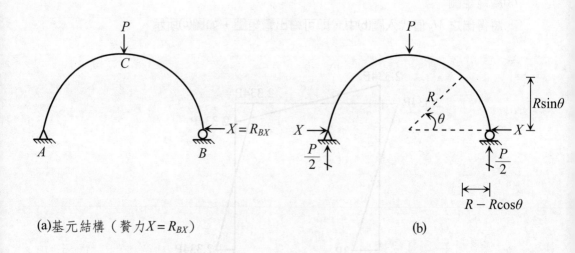

(a)基元結構（贅力 $X = R_{BX}$）　　　　　　　　　　　　　　(b)

(1)原結構為 1 次靜不定之拱結構，現選取支承反力 R_{Bx} 為贅力（即 $X = R_{Bx}$），並設方向向左，基元結構如圖(a)所示。基元結構的載重圖如圖(b)所示。

(2)由圖(b)可知，在圓拱任意斷面 θ 處之彎矩為

$$M = \frac{PR}{2}(1 - \cos\theta) - XR\sin\theta \qquad 0 \le \theta \le \frac{\pi}{2}$$

$$\frac{\partial M}{\partial X} = -R\sin\theta$$

而 $ds = Rd\theta$

原結構在 B 點處對應於贅力 X 的水平位移為零，因此由最小功原理可得出卡氏諧合方程式：

$$\frac{\partial U}{\partial X} = \int \frac{M(\partial M/\partial X)}{EI} ds = 0$$

亦即

$$2\int_0^{\frac{\pi}{2}} \frac{\left[\frac{PR}{2}(1-\cos\theta) - XR\sin\theta\right](-R\sin\theta)}{EI} Rd\theta = 0$$

解上式，得

$$X = R_{BX} = \frac{P}{\pi} \quad (\leftarrow)$$

(3)將得出之 X 代入圖(b)，解得

$$R_{AX} = \frac{P}{\pi} \quad (\rightarrow)$$

$$R_{BX} = \frac{P}{\pi} \quad (\leftarrow)$$

$$R_{AY} = R_{BY} = \frac{P}{2} \quad (\uparrow)$$

12-4 最小功法分析靜不定桁架

由於桁架結構僅考慮桿件之軸向力效應，因此其應變能可表示為

$$U = \sum \frac{S^2 l}{2EA} \tag{12-6}$$

對於具有 n 個贅力 X_i（$i=1\sim n$）的桁架結構而言，其卡氏諧合方程式可寫為

$$\frac{\partial U}{\partial X_i} = \Sigma \frac{S\left(\dfrac{\partial S}{\partial X_i}\right)l}{EA} = O \qquad i=1.2,\cdots\cdots n \tag{12-7}$$

例題 12-6

於下圖所示的桁架中，各桿件之 EA 為常數，試以最小功法求 CD 桿件之內力。

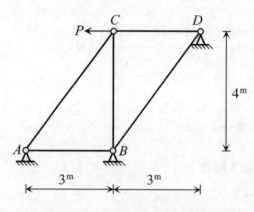

解

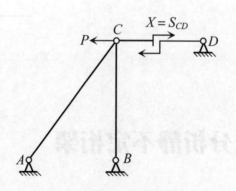

(a)基元結構（贅力 $X=S_{CD}$）

在原結構中，A、B、D 均為鉸支承，因此在外力 P 作用下 AB 桿件及 BD 桿件均

為恆零桿件（詳見第 2 章第 2-2 節）。由於在分析時，恆零桿件將不計入，因此

$$N = b + r - 2j$$

$$= 3 + 6 - 2 \times 4$$

$$= 1$$

所以原結構為 1 次靜不定之桁架。

(1)取 CD 桿件之軸力 S_{CD} 為贅力（可將 CD 桿件切斷，並以一對大小相等、方向相反之贅力 X 代替 CD 桿件之軸力，即 $X = S_{CD}$，並設為張力），基元結構如圖(a)所示。若將贅力 X 求得，即為欲求之 S_{CD}。

(2)原桁架對應於 CD 桿件切口處之相對軸向位移為零，因此由最小功原理可得出卡氏諧合方程式：

$$\frac{\partial U}{\partial X} = \Sigma \frac{S(\partial S/\partial X)l}{EA} = 0 \tag{1}$$

(1)式可依據下表來做計算

桿件	S	$\partial S/\partial X$	l(m)	$S(\partial S/\partial X)l$
AC	$-\frac{5}{3}(P-X)$	$\frac{5}{3}$	5	$-\frac{125}{9}(P-X)$
BC	$\frac{4}{3}(P-X)$	$-\frac{4}{3}$	4	$-\frac{64}{9}(P-X)$
DC	X	1	3	$3X$
Σ				$-\frac{189}{9}P + \frac{216}{9}X$

將上表的數據代入(1)式，得

$$\Sigma \frac{S(\partial S/\partial X)l}{EA} = \frac{1}{EA}\left[\Sigma S(\partial S/\partial X)l\right]$$

$$= \frac{1}{EA}\left[-\frac{189}{9}P + \frac{216}{9}X\right]$$

$$= 0$$

由上式可解得

$$X = S_{CD} = \frac{7}{8}P \quad （張力）$$

（討輪）

在計算桁架靜不定度數時，恆零桿件將不計入，因此在桁架內力分析之過程中，恆零桿件亦將不計入。

───── 例題 12-7 ─────

於下圖所示桁架，桿件 CD 之斷面為 $2A$，其餘桿件為 A，各桿件之楊氏係數為 E，試求：

㈠桿件 AD 之軸力

㈡D 點之水平位移

㈢若桿件 CD 之斷面相當大，使其接近剛體狀態，求桿件 AD 之軸力。

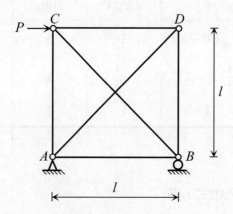

解

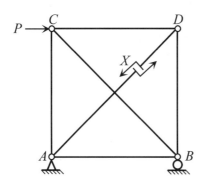

(a)基元結構（贅力 $X = S_{AD}$）

㈠求桿件 AD 之軸力 S_{AD}

⑴原桁架為外力靜定，內力 1 次靜不定之桁架，現取 AD 桿件之軸力 S_{AD} 為
贅力（可將 AD 桿件切斷，並以一對大小相等、方向相反之贅力 X 代替 AD
桿件之軸力，即 $X = S_{AD}$，並設為張力），基元結構如圖(a)所示。若將贅力
X 求得，即為欲求之 S_{AD}。

⑵原桁架對應於 AD 桿件切口處之相對軸向位移為零，因此由最小功原理可
得出卡氏諧合方程式：

$$\frac{\partial U}{\partial X} = \Sigma \frac{S\left(\dfrac{\partial S}{\partial X}\right)l}{EA} = 0 \tag{1}$$

⑴式可依據下表（表一）來做計算

表一

桿件	S	$\partial S/\partial X$	l	A	$S(\partial S/\partial X)l/A$
AB	$P-\dfrac{\sqrt{2}}{2}X$	$-\dfrac{\sqrt{2}}{2}$	l	A	$(-\dfrac{\sqrt{2}}{2}P+\dfrac{X}{2})l/A$
AC	$P-\dfrac{\sqrt{2}}{2}X$	$-\dfrac{\sqrt{2}}{2}$	l	A	$(-\dfrac{\sqrt{2}}{2}P+\dfrac{X}{2})l/A$
AD	X	1	$\sqrt{2}l$	A	$\sqrt{2}Xl/A$
BC	$-\sqrt{2}P+X$	1	$\sqrt{2}l$	A	$(-2P+\sqrt{2}X)l/A$
BD	$-\dfrac{\sqrt{2}}{2}X$	$-\dfrac{\sqrt{2}}{2}$	l	A	$(\dfrac{X}{2})l/A$
CD	$-\dfrac{\sqrt{2}}{2}X$	$-\dfrac{\sqrt{2}}{2}$	l	$2A$	$(\dfrac{X}{2})l/2A$
Σ					$(-3.414P+4.578X)l/A$

將表一之數據代入(1)式，得

$$\Sigma\frac{S\left(\dfrac{\partial S}{\partial X}\right)l}{EA}=\frac{1}{E}\left[\Sigma\frac{S\left(\dfrac{\partial S}{\partial X}\right)l}{A}\right]$$
$$=\frac{1}{E}\left[(-3.414P+4.578X)\frac{l}{A}\right]$$
$$=0$$

由上式可解得

$$X=S_{AD}=0.75P \quad （張力）$$

(二)求 D 點水平位移 Δ_{DH}

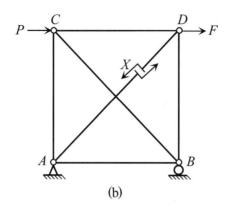

(b)

在 D 點上無作用於Δ_{DH}之集中力，因此在基元結構中需假設一水平集中力 $F(=0)$ 作用於 D 點上，如圖(b)所示。由卡氏第二定理可知

$$\Delta_{DH} = \Sigma \frac{S\left(\dfrac{\partial S}{\partial F}\right)l}{EA} = \frac{1}{E}\left[\Sigma \frac{S(\partial S/\partial F)l}{A}\right] \tag{2}$$

(2)式可依據下表（表二）來做計算

表二

桿件	S	$\partial S/\partial F$	$S(F=0)$	l	A	$S(\partial S/\partial F)l/A$
AB	$P-\dfrac{\sqrt{2}}{2}X+F$	1	$P-\dfrac{\sqrt{2}}{2}X$	l	A	$(P-0.707X)l/A$
AC	$P-\dfrac{\sqrt{2}}{2}X+F$	1	$P-\dfrac{\sqrt{2}}{2}X$	l	A	$(P-0.707X)l/A$
AD	X	0	X	$\sqrt{2}l$	A	0
BC	$-\sqrt{2}(P+F)+X$	$-\sqrt{2}$	$-\sqrt{2}P+X$	$\sqrt{2}l$	A	$(2.828P-2X)l/A$
BD	$-\dfrac{\sqrt{2}}{2}X$	0	$-\dfrac{\sqrt{2}}{2}X$	l	A	0
CD	$-\dfrac{\sqrt{2}}{2}X+F$	1	$-\dfrac{\sqrt{2}}{2}X$	l	$2A$	$(-0.707X)l/2A$
Σ						$(4.828P-3.768X)l/A$

在表二中，當偏微分項$\left(\dfrac{\partial S}{\partial F}\right)$完成後，即可將$F=0$代入$S$項中（得出$S(F=0)$項），由此可計算得到

$$\sum \frac{S\left(\dfrac{\partial S}{\partial F}\right)l}{A} = (4.828P - 3.768X)\frac{l}{A}$$

將$X = 0.75P$代入上式後，再將上式代入(2)式中得到：

$$\Delta_{DH} = \frac{2Pl}{EA} \quad (\rightarrow)$$

㈢求桿件AD之軸力S_{AD}（當CD桿件之EA接近無限大）

當CD桿件之EA值接近無限大時，在表一中扣除CD桿件之效應後，得

$$\sum \frac{S\left(\dfrac{\partial S}{\partial F}\right)l}{A} = (-3.414P + 4.328X)\frac{l}{A}$$

將上式代入(1)式中，解得

$$X = S_{AD} = 0.79P \quad （張力）$$

12-5　最小功法分析靜不定組合結構

由於組合結構係由撓曲桿件與二力桿件組合而成，因此應變能可表示為

$$U = \int \frac{M^2}{2EI}\,dx + \sum \frac{S^2 l}{2EA} \tag{12-8}$$

對於具有n個贅力X_i（$i = 1 \sim n$）的組合結構而言，其卡氏諧合方程式可寫為

$$\frac{\partial U}{\partial X_i} = \int \frac{M\left(\frac{\partial M}{\partial X_i}\right)}{EI}dx + \Sigma \frac{S\left(\frac{\partial S}{\partial X_i}\right)l}{EA} = 0 \qquad i = 1.2,\cdots\cdots n \qquad (12\text{-}9)$$

例題 12-8

下圖所示為一桁架與梁組合之結構，梁之撓曲勁度為 EI，AD 桿、BD 桿、CD 桿之軸力勁度為 EA。AB 梁中點 C 處受一向下作用力 P。設 $EA = \dfrac{30EI}{\sqrt{3}l^2}$，試求 CD 桿內力 Q，並繪製 AB 梁之剪力圖及彎矩圖。

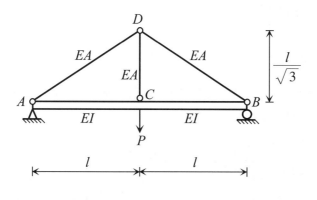

解

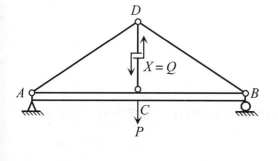

(a)基元結構（贅力 $X = Q$）

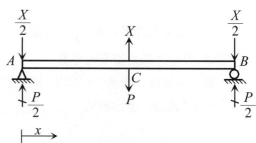

(b) AB 梁載重圖（P、X 共同作用）

(1)原結構為 1 次靜不定之組合結構，取 CD 桿件之軸力 Q 為贅力（可將 CD 桿件切斷，並以一對大小相等、方向相反之贅力 X 代替 CD 桿件之軸力，即 X = Q，並設為張力），基元結構如圖(a)所示。由於基元結構為一對稱結構，因此可採用取全做半法進行分析。圖(b)所示為 AB 梁受外力 P 及贅力 X 共同作用時之載重圖。

(2)結構之總應變能 U 可寫為

$$U = U_{梁} + U_{二力桿件}$$

$$= \int \frac{M^2}{2EI}dx + \Sigma \frac{S^2 l}{2EA}$$

$$= \left[2\int_0^l \frac{[(\frac{P}{2} - \frac{X}{2})x]^2}{2EI}dx \right] + \left[\frac{X^2 l_{CD}}{2EA} + 2\frac{(-X)^2 l_{AD}}{2EA} \right]$$

原結構對應於 CD 桿件切口處之相對軸向位移為零，因此由最小功原理可得出卡氏諧合方程式：

$$\frac{\partial U}{\partial X} = 2\int_0^l \frac{M\left(\frac{\partial M}{\partial X}\right)}{EI}dx + \Sigma \frac{S\left(\frac{\partial S}{\partial X}\right)l}{EA}$$

$$= \frac{2}{EI}\int_0^l \left[(\frac{P}{2} - \frac{X}{2})x \right](-\frac{x}{2})dx + \frac{1}{EA}\left[(X)(1)(\frac{l}{\sqrt{3}}) \right.$$

$$\left. + 2(-X)(-1)(\frac{2l}{\sqrt{3}}) \right]$$

$$= -\frac{Pl^3}{6EI} + \frac{l^3}{3EI}X$$

$$= 0$$

由上式可解得 $X = Q = \dfrac{P}{2}$ （張力）

(3)繪 AB 梁之剪力圖及彎矩圖

當 X 求得後，由圖(b)可得出 AB 梁的載重圖（見圖(c)），而剪力圖、彎矩圖分別如圖(d)、圖(e)所示。

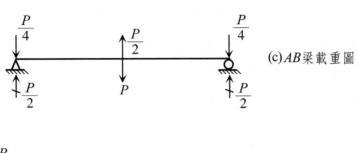

(c)*AB*梁載重圖

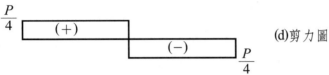

(d)剪力圖

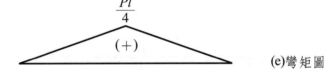

(e)彎矩圖

例題 12-9

在下圖所示的組合結構中，BC 鋼索之斷面積 $A_1 = \dfrac{1}{144}$ ft²；AB 梁之斷面積 $A_2 = \dfrac{1}{12}$ ft²，$I = \dfrac{1}{144}$ ft⁴。若鋼索只考慮軸向效應，而 AB 梁考慮軸向效應及彎曲效應，試求鋼索之內力。E 為常數。

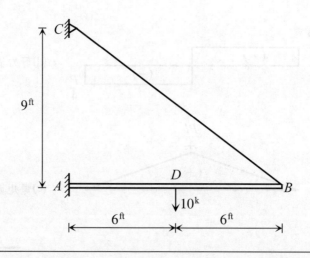

解

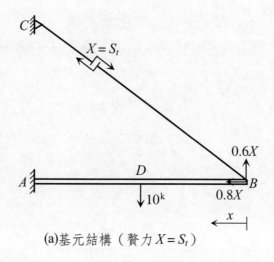

(a)基元結構（贅力 $X = S_t$）

⑴原結構為 1 次靜不定之組合結構，取 BC 鋼索之內力 S_t 為贅力（可將鋼索切斷，並以一對大小相等、方向相反之贅力 X 代替鋼索之內力，即 $X = S_t$，並設為張力），基元結構如圖(a)所示。若將 X 求得，即為欲求之 S_t。（鋼索僅能承受張力，而不能承受壓力）

⑵由於鋼索只考慮軸向效應，而 AB 梁需考慮軸向及彎曲效應，因此結構之總應變能 U 為

$$U = U_{鋼索} + U_{梁}$$

$$= \left[\frac{X^2 l_{BC}}{2EA_{BC}}\right] + \left[\frac{(-0.8X)^2 l_{AB}}{2EA_{AB}} + \int_0^6 \frac{(0.6Xx)^2}{2EI} dx\right.$$

$$\left. + \int_6^{12} \frac{[(0.6Xx) - (10)(x-6)]^2}{2EI} dx\right]$$

原結構對應於 BC 鋼索切口處之相對軸向位移為零，因此由最小功原理可得出卡氏諧合方程式：

$$\frac{\partial U}{\partial X} = \left[\frac{Xl_{BC}}{EA_1}\right] + \left[\frac{0.64Xl_{AB}}{EA_2} + \frac{1}{EI}\int_0^6 (0.6Xx)(0.6x)dx\right.$$

$$\left. + \frac{1}{EI}\int_6^{12}[(0.6Xx) - (10)(x-6)](0.6x)dx\right]$$

$$= 0$$

將 $l_{BC} = 15^{ft}$，$l_{AB} = 12^{ft}$，$A_1 = \frac{1}{144}^{ft^2}$，$A_2 = \frac{1}{12}^{ft^2}$，$I = \frac{1}{144}^{ft^4}$ 代入上式，解得

$$X = S_t = 4.84^k \quad （張力）$$

12-6　最小功法在結構具有彈性支承時之應用

對於含有彈簧支承之靜不定結構而言，若將彈簧切開並取彈簧力為贅力時，結構之總應變能應將彈簧之應變能包含在內。

12-6-1　最小功法在結構具有直線彈簧支承時之應用

以圖 12-1(a)所示之具有直線彈簧支承的梁結構為例（其中彈簧之彈力常數為 k），若將彈簧切開並取彈簧之內力 F_s 為贅力時，直線彈簧之應變能為

$$U_{sp} = \frac{1}{2}(F_s)\left(\frac{F_s}{k}\right) = \frac{F_s^2}{2k} \tag{12-10}$$

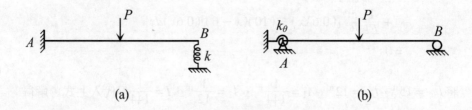

(a)　　　　　　　　　(b)

圖 12-1

此時結構之總應變能為

$$U = U_{梁} + U_{sp}$$

$$= \int \frac{M^2}{2EI}\,dx + \frac{F_s^2}{2k}$$

由於彈簧切口處（即贅點處）之相對位移為零，因此卡氏諧合方程式為

$$\frac{\partial U}{\partial F_s} = \frac{\partial U_{梁}}{\partial F_s} + \frac{\partial U_{sp}}{\partial F_s}$$

$$= \int \frac{M\left(\dfrac{\partial M}{\partial F_s}\right)}{EI}\, dx + \frac{F_s}{k}$$

$$= 0$$

上式亦可寫為

$$\int \frac{M\left(\dfrac{\partial M}{\partial F_s}\right)}{EI}\, dx = -\frac{F_s}{k}$$

或

$$\frac{\partial U_{梁}}{\partial F_s} = -\frac{F_s}{k} \tag{12-11}$$

在（12-11）式中，負號表示彈簧力 F_s 恆與直線彈簧支承的位移方向相反。

　　若將圖 12-1(a)中的 AB 梁改為桁架，而 B 端乃維持是直線彈簧支承時，（12-11）式可寫為

$$\sum \frac{S\left(\dfrac{\partial S}{\partial F_s}\right)l}{EA} = -\frac{F_s}{k}$$

12-6-2　最小功法在結構具有抗彎彈簧支承時之應用

　　以圖 12-1(b)所示之具有抗彎彈簧支承的梁結構為例（其中彈簧之彈力常數為 k_θ），若將彈簧切開並取彈簧之內力 M_s 為贅力時，抗彎彈簧之應變能為

$$U_\theta = \frac{1}{2}\left(M_s\right)\left(\frac{M_s}{k_\theta}\right) = \frac{M_s^2}{2k_\theta} \tag{12-12}$$

此時結構之總應變能為

$$U = U_{梁} + U_\theta$$

$$= \int \frac{M^2}{2EI}\, dx + \frac{M_s^2}{2k_\theta}$$

由於彈簧切口處（即贅點處）之相對轉角為零，因此卡氏諧合方程式為

$$\frac{\partial U}{\partial M_s} = \frac{\partial U_{梁}}{\partial M_s} + \frac{\partial U_\theta}{\partial M_s}$$

$$= \int \frac{M\left(\dfrac{\partial M}{\partial M_s}\right)}{EI}\,dx + \frac{M_s}{k_\theta}$$

$$= 0$$

上式亦可寫為

$$\frac{\partial U_{梁}}{\partial M_s} = -\frac{M_s}{k_\theta} \tag{12-13}$$

在（12-13）式中，負號表示彈簧力 M_s 恆與抗彎彈簧支承的旋轉方向相反。

例題 12-10

於下圖所示之靜不定梁，B 端為彈性支承，其彈性係數 $k = \dfrac{48EI}{l^3}$，若梁的 EI 為常數，試利用最小功原理求支承 B 的反力。

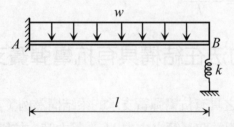

解

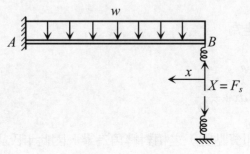

(a)基元結構（贅力 $X = F_s$）

(1)原結構為 1 次靜不定之梁結構，現將直線彈簧切開，並取彈簧內力 F_s 為贅力，即 $X = F_s$，則彈簧壓縮量為 F_s / k。基元結構如圖(a)所示。

(2)結構之總應變能 U 可寫為

$$U = U_{梁} + U_{sp} \quad （梁之積分原點取在 B 點）$$

$$= \int \frac{M^2}{2EI}dx + \frac{F_s^2}{2k}$$

$$= \frac{1}{2EI}\int_0^l (F_s x - \frac{1}{2}wx^2)^2 dx + \frac{F_s^2}{2(48EI/l^3)}$$

由於彈簧切口處之相對軸向位移為零，因此由最小功原理可得出卡氏諧合方程式：

$$\frac{\partial U}{\partial F_s} = \frac{1}{EI}\int_0^l \left(F_s x - \frac{1}{2}wx^2\right)(x)\,dx + \frac{F_s}{(48EI/l^3)}$$

$$= 0$$

由上式可解得彈簧內力

$$X = F_s = \frac{6wl}{17} \quad （壓力）$$

(3)

$$\Big\downarrow F_s = \frac{6wl}{17}$$

$$\uparrow R_B$$

(b)

取自由體如圖(b)所示，由 $\Sigma F_y = 0$，得支承反力

$$R_B = \frac{6wl}{17} \ (\uparrow)$$

例題 12-11

於下圖所示之靜不定梁，A 端有一抗彎彈簧，其彈簧係數為 k_θ（$k_\theta = \dfrac{M_s}{\theta}$，其中 M_s 及 θ 分別為彎矩及轉角），且 $k_\theta = \dfrac{3EI}{l}$，除此之外，$A$ 點原為鉸支承，試繪梁之剪力圖及彎矩圖。EI 為常數。

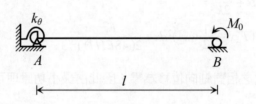

解

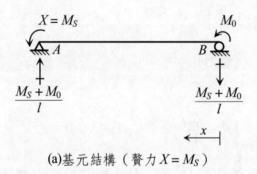

(a)基元結構（贅力 $X = M_S$）

⑴原結構為 1 次靜不定之梁結構，現取抗彎彈簧的內力 M_s 為贅力，即 $X = M_s$，

並設 M_s 為逆時針轉向，而抗彎彈簧的旋轉角為 $\dfrac{M_s}{k_\theta}$。基元結構如⒜所示。

⑵結構之總應變能 U 可寫為

$$U = U_梁 + U_\theta \quad （梁之積分原點取在 B 點）$$

$$= \int \frac{M^2}{2EI} dx + \frac{M_s{}^2}{2k_\theta}$$

$$= \frac{1}{2EI} \int_0^l \left(\frac{M_s + M_0}{l}x - M_0\right)^2 dx + \frac{M_s{}^2}{2(3EI/l)}$$

由最小功原理可得出卡氏諧合方程式：

$$\frac{\partial U}{\partial M_s} = \frac{1}{EI} \int_0^l \left(\frac{M_s + M_0}{l}x - M_0\right)\left(\frac{x}{l}\right) dx + \frac{M_s}{(3EI/l)}$$

$$= 0$$

由上式可解得抗彎彈簧之內力

$$X = M_A = \frac{M_0}{4} \;（\;ᗡ\;）$$

⑶繪剪力圖、彎矩圖

當抗彎彈簧之內力 M_s 求得後，由靜力平衡條件可得出結構之載重圖、剪力圖及彎矩圖。（詳見例題 11-14）

12-7 最小功法在結構支承有移動時之應用

當結構系統某支承有移動時，在基元結構須保持穩定的條件下，可取與支承移動方向對應的支承反力為贅力 X，此時結構之應變能 U 對該支承反力的一次偏微分應等於此支承之移動量 Δ_{SM}，即：

$$\frac{\partial U}{\partial X} = \Delta_{SM} \qquad\qquad (12\text{-}14)$$

在（12-14）式中，支承移動量 Δ_{SM} 若與假設的贅力 X 同方向時定為正值；反之，Δ_{SM} 則定為負值。

（12-14）式即是結構支承有移動時之卡氏諧合方程式，其中所取贅力即為與支承移動方向對應的支承反力。

討論

當結構系統某支承有移動時，若應變能 U 對其他沒有支承移動的反力取一次偏微分，則（12-14）式中 Δ_{SM} 值應為零。

例題 12-12

於下圖所示之連續梁，B 點因支承不穩固，向下沉陷 1 cm，試分析該梁由於支承沉陷所產生的各支承反力。$EI = 12 \times 10^2$ t-m²。

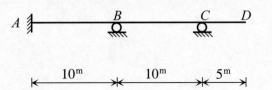

解

(a)基元結構（贅力 $X_1 = R_B$, $X_2 = R_C$）

(1)原結構為 2 次靜不定之連續梁，選取支承反力 R_B 及 R_C 為贅力，即 $X_1 = R_B$，$X_2 = R_C$，並設方向均為向上，基元結構如圖(a)所示。由於 CD 段為懸伸部份，當無外力作用時，內力將為零，故可不予分析。

(2)原結構在 B 點處及在 C 點處對應於贅力方向之變位分別為 0.01 m（↓）及 0 m，因此由最小功原理可得出卡氏諧合方程式：

$$\frac{\partial U}{\partial R_B} = \Sigma \int \frac{M(\partial M/\partial R_B)}{EI} dx = -0.01 \tag{1}$$

（負號表示沉陷量與假設之贅力方向相反）

$$\frac{\partial U}{\partial R_C} = \Sigma \int \frac{M(\partial M/\partial R_C)}{EI} dx = 0 \tag{2}$$

(1)式及(2)式可依據下表來做計算分段

分段	積分原點	積分範圍(m)	M	$\partial M/\partial R_B$	$\partial M/\partial R_C$
CB	C	$0 \sim 10$	$R_C x$	0	x
BA	B	$0 \sim 10$	$10R_C + (R_C + R_B)x$	x	$10+x$

將上表之數據代入(1)式得

$$\Sigma \int \frac{M(\partial M/\partial R_B)}{EI} dx = \int_0^{10} \frac{(R_C x)(0)}{12 \times 10^2} dx + \int_0^{10} \frac{[10R_C + (R_C + R_B)x](x)}{12 \times 10^2} dx$$

$$= -0.01$$

上式積分後整理得

$$625R_C + 250R_B = -9 \tag{3}$$

再將上表之數據代入(2)式得

$$\Sigma \int \frac{M(\partial M/\partial R_C)}{EI} dx = \int_0^{10} \frac{(R_C x)(x)}{12 \times 10^2} dx +$$

$$\int_0^{10} \frac{[10R_C + (R_C + R_B)x](10 + x)}{12 \times 10^2} dx$$

$$= 0$$

上式積分後整理得

$$5R_B + 16R_C = 0 \tag{4}$$

聯立解(3)式及(4)式，得

$$X_1 = R_B = -0.163^t \quad (\updownarrow) \text{ 負號表示與假設方向相反}$$

$$X_2 = R_C = 0.051^t \quad (\updownarrow) \text{ 正號表示與假設方向相同}$$

(3)當支承反力 R_B 及 R_C 求得後，取整體結構為自由體，由靜力平衡方程式可求出其他支承反力

$$\Sigma F_y = 0 \text{；得 } R_A = 0.112^t \quad (\uparrow)$$

$$\Sigma M_A = 0 \text{；得 } M_A = 0.61^{t-m} \quad (\circlearrowleft)$$

例題 12-13

於下圖所示的桁架中，支承 D 因某因素而下陷 0.5 cm，試計算各桿件之內力。各桿件之 $\dfrac{l}{EA} = 10^{-2}$ cm/t。

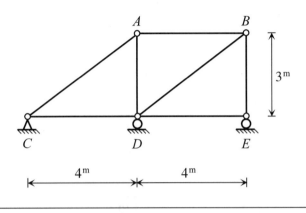

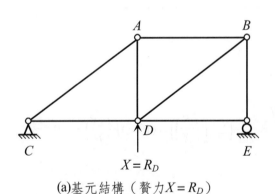

(a)基元結構（贅力 $X = R_D$）

(1)原桁架為外力 1 次靜不定，內力靜定之桁架，可取支承反力 R_D 為贅力，即 $X = R_D$，並設方向向上，基元結構如圖(a)所示。

(2)原桁架在 D 點處對應於贅力 X 方向之位移為 0.5 cm（↓），因此由最小功原理可得出卡氏諧合方程式：

$$\frac{\partial U}{\partial X} = \Sigma \frac{S\left(\frac{\partial S}{\partial X}\right)l}{EA} = -0.5 \tag{1}$$

（負號表示沉陷量與假設之贅力方向相反）

(1)式可依據下表來做計算

桿件	S	$\partial S / \partial X$	$S(\partial S / \partial X)$
AB	$2X/3$	$2/3$	$4X/9$
AC	$5X/6$	$5/6$	$25X/36$
AD	$-X/2$	$-1/2$	$X/4$
BD	$-5X/6$	$-5/6$	$25X/36$
BE	$X/2$	$1/2$	$X/4$
CD	$-2X/3$	$-2/3$	$4X/9$
DE	0	0	0
Σ			$25X/9$

將上表之數據代入(1)式，得

$$\Sigma \frac{S\left(\frac{\partial S}{\partial X}\right)l}{EA} = \frac{l}{EA}\left(\Sigma S\left(\frac{\partial S}{\partial X}\right)\right) = (10^{-2})\left(\frac{25X}{9}\right) = -0.5$$

由上式可解得

$$X = R_D = -18^{t} \quad (\downarrow)$$

(3)當 X 求得後，各桿件內力可由上表中之第一項算出：

$$S_{AB} = \frac{2X}{3} = -12^{t} \quad （壓力）$$

$$S_{AC} = \frac{5X}{6} = -15^{t} \quad （壓力）$$

$$S_{AD} = \frac{-X}{2} = 9^{t} \qquad （張力）$$

$$S_{BD} = \frac{-5X}{6} = 15^{t} \qquad （張力）$$

$$S_{BE} = \frac{X}{2} = -9^{t} \qquad （壓力）$$

$$S_{CD} = \frac{-2X}{3} = 12^{t} \qquad （張力）$$

$$S_{DE} = 0^{t}$$

12-8　最小功法在桁架結構有桿長誤差或溫度變化時之應用

　　在基元結構須保持穩定的條件下，可取有桿長誤差或有溫度變化之桿件的內力為贅力 X，並設為張力，而此時桁架之應變能 U 對贅力 X 的一次偏微分應等於該桿長的誤差值或因溫度變化而產生的桿長伸縮量 Δ_{MT}：

$$\frac{\partial U}{\partial X} = \Sigma \frac{S\left(\frac{\partial S}{\partial X}\right)l}{EA} = \Delta_{MT} \qquad （12\text{-}15）$$

在（12-15）式中，當贅力假設為張力時，則：

(1)桿件製造過長或溫度使桿件伸長時，贅力桿之內力將為壓力，因此 Δ_{MT} 取負值。

(2)桿件製造過短或溫度使桿件縮短時，贅力桿之內力將為張力，因此 Δ_{MT} 取正值。

（12-15）式即是桁架結構有桿長誤差或溫度變化時之卡氏諧合方程式。

討論

若不是取有桿長誤差或有溫度變化之桿件的內力為贅力時，仍以諧合變形法較方便。故本節不再加以討論。

例題 12-14

於下圖所示桁架中，各桿件 $\dfrac{EA}{l} = 100$ t/cm，若 BD 桿件遇熱溫度上升 50℃，膨脹係數 $\alpha = 10^{-5}$ cm/cm℃，試求各桿件之內力。

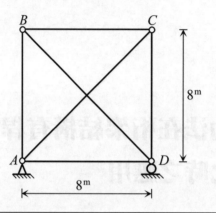

解

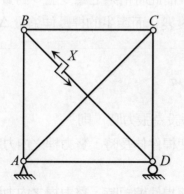

(a)基元結構（贅力$X = S_{BD}$）

⑴原桁架為外力靜定，內力 1 次靜不定之桁架，現取有溫度變化之 BD 桿件的
　軸力 S_{BD} 為贅力（可將 BD 桿件切斷，並以一對大小相等、方向相反之贅力
　X 代替 BD 桿件之軸力，即 $X = S_{BD}$，並設為張力），基元結構如圖⒜所示。

⑵當 BD 桿件遇熱溫度上升 50℃ 時，切口處桿件之伸長量為

$$\Delta l_{BD} = \alpha(\Delta T) l_{BD} = (10^{-5})(50)(800\sqrt{2}) = 0.5656^{cm}$$

由分式（12-15）可知卡氏諧合方程式為

$$\frac{\partial U}{\partial X} = \Sigma \frac{S\left(\frac{\partial S}{\partial X}\right)l}{EA} = -0.5656 \tag{1}$$

（負號表示溫度上升贅力桿之內力將為壓力）

⑴式可依據下表來做計算

桿件	S	$\partial S/\partial X$	$S(\partial S/\partial X)$
AB	$-\dfrac{\sqrt{2}}{2}X$	$-\dfrac{\sqrt{2}}{2}$	$\dfrac{X}{2}$
AC	X	1	X
AD	$-\dfrac{\sqrt{2}}{2}X$	$-\dfrac{\sqrt{2}}{2}$	$\dfrac{X}{2}$
BC	$-\dfrac{\sqrt{2}}{2}X$	$-\dfrac{\sqrt{2}}{2}$	$\dfrac{X}{2}$
BD	X	1	X
CD	$-\dfrac{\sqrt{2}}{2}X$	$-\dfrac{\sqrt{2}}{2}$	$\dfrac{X}{2}$
Σ			$4X$

將上表之數據代入⑴式，得
$$\Sigma \frac{S(\partial S/\partial X)l}{EA} = \frac{l}{EA}(\Sigma S(\partial S/\partial X)) = \frac{1}{100}(4X) = -0.5656$$
由上式可解得 $X = S_{BD} = -14.14^{t}$　（壓力）

(3)當 X 求得後，經由上表中之第一項，即可得出各桿件之內力

$$S_{AB} = S_{BC} = S_{CD} = S_{AD} = 10^{\text{t}} \quad （張力）$$

$$S_{BD} = S_{AC} = -14.14^{\text{t}} \quad （壓力）$$

例題 12-15

於下圖所示桁架中，各桿件之 EA 值皆相同。設 BD 桿短 Δ，經勉強裝接後，試求各桿件之軸力。

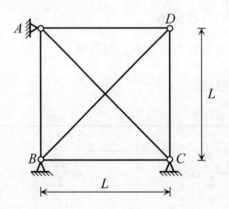

解

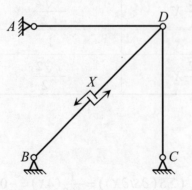

(a)基元結構（贅力 $X = S_{BD}$）

在原結構中，A、B、C均為鉸支承，而且AB、BC及AC等三根桿件均無製造誤差，因而此三根桿件均為恆零桿件。由於在分析時恆零桿件將不計入，因此

$$N = b + r - 2j$$
$$= 3 + 6 - 2 \times 4$$
$$= 1$$

所以原結構為 1 次靜不定之桁架。

⑴現取有製造誤差之BD桿件的軸力S_{BD}為贅力（可將BD桿件切斷，並以一對大小相等、方向相反之贅力X代替BD桿件之軸力，即$X = S_{BD}$，並設為張力），基元結構如圖(a)所示。

⑵由於BD桿件短了Δ，由公式（12-15）可知卡氏諧合方程式為

$$\frac{\partial U}{\partial X} = \Sigma \frac{S\left(\frac{\partial S}{\partial X}\right)L}{EA} = \Delta \quad （正號表示贅力桿過短，因而其內力將為張力）(1)$$

⑴式可依據下表來做計算

桿件	S	$\partial S/\partial X$	L	$S(\partial S/\partial X)L$
AD	$-\dfrac{\sqrt{2}}{2}X$	$-\dfrac{\sqrt{2}}{2}$	L	$\dfrac{XL}{2}$
BD	X	1	$\sqrt{2}L$	$\sqrt{2}XL$
CD	$-\dfrac{\sqrt{2}}{2}X$	$-\dfrac{\sqrt{2}}{2}$	L	$\dfrac{XL}{2}$
Σ				$(1+\sqrt{2})XL$

將上表之數據代入⑴式，得

$$\Sigma \frac{S\left(\dfrac{\partial S}{\partial X}\right)L}{EA} = \frac{1}{EA}\left(\Sigma S\left(\frac{\partial S}{\partial X}\right)L\right) = \frac{1}{EA}\left((1+\sqrt{2})XL\right) = \Delta$$

由上式可解得 $X = S_{BD} = \dfrac{EA\Delta}{(1+\sqrt{2})L}$

(3)當 X 求得後，由上表第一項可得出其餘桿件之內力

$$S_{AD} = S_{CD} = -\frac{\sqrt{2}}{2}X = -\frac{\sqrt{2}EA\Delta}{2(1+\sqrt{2})L}$$

第十三章
節點變位與桿件側位移

>>>>>>>>>

　　力法（force method）是以力作為基本未知量，再藉由結構變形的一致性來求解未知力。相對的，位移法（displacement method）是以變位作為基本未知量，並將欲求的力以變位來表示，再藉由力的平衡條件解出未知的變位，進而可求得欲求的力。本章將說明撓曲結構節點變位與桿件側位移之關係，以作為學習位移法的基礎。

　　結構受外力作用後，將會造成節點的變位（包含轉角和線位移）及桿件的變形。若桿件之兩端點發生垂直於桿軸的相對線位移時，則稱此相對線位移為**該桿件的側位移**。若將桿件之側位移除以該桿件的長度，所得之值稱為**該桿件的旋轉角（或轉角）**。

　　在分析撓曲結構之節點變位及桿件側位移時，應有以下兩點基本假設：

(1)忽略由各桿件軸向力所引起的軸向變形，亦即受力後桿件既不伸長也不縮短。

(2)桿件僅有極微小的彎曲變形，亦即桿件變形後節點的轉角及桿件的旋轉角皆很微小。

　　綜合以上兩個基本假設可得知，當桿件發生彎曲變形後，桿件兩端點之間的距離應保持不變（即桿長保持不變）。

13-1　節點變位連線圖的繪製

　　圖 13-1(a)所示的撓曲結構，在外力 P 的作用下，由於桿件不考慮軸向變形，因此 B 點的實際變形位置（B'點）應由弧長 $\overset{\frown}{BB'}$ 定出，圖 13-1(b)所示即為實際變形圖。

　　此外，在桿件僅有極微小彎曲變形的假設條件下，B' 點的位置可視為由垂直於桿軸的節點線位移 $\overline{BB'}$ 來定出，由此所形成的模擬變形圖如圖 13-1(c)所示，在圖 13-1(c)中，$\overline{BB'}$ 即為 AB 桿件的側位移。實際上，在 AB 桿件產生變形後，B' 點必存在極微小的轉角 θ_B。

　　為了能清楚看出桿件的側位移及旋轉角，可將模擬變形圖中各節點的最後變形位置以直線相連，以便得出**節點變位連線圖**（如圖 13-1(d)所示），在節點變位連線圖中，可;迅速判斷出桿件的側位移 Δ（$=\overline{BB'}$）及桿件旋轉角 R（$=\dfrac{\Delta}{l}$）。

　　由於節點變位連線圖不考慮各節點的轉動約束，因此在圖 13-1(d)中，支承 A 僅保持 $\Delta_{AV} = \Delta_{AH} = 0$。另外，在圖 13-1(d)中可看出，桿件側位移 Δ 必垂直於 AB 桿件。

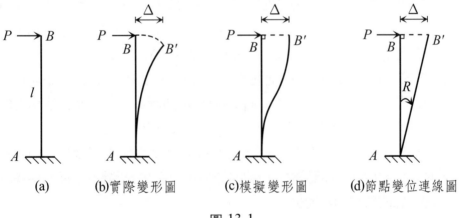

(a)　　(b)實際變形圖　　(c)模擬變形圖　　(d)節點變位連線圖

圖 13-1

13-2 未知的獨立節點變位

13-2-1 節點的定義

詳見 11-5-1 節之說明，撓曲結構之節點一般多為剛性節點，而其他所謂非剛性節點，則泛指由非剛性接續（如鉸接續、輥接續、導向接續等）所形成的節點。

13-2-2 未知的獨立節點變位

在平面撓曲結構中，節點的變位可分為轉角（θ）及線位移（Δ）兩種，其中線位移又可分解成垂直方向的分量（Δ_V）及水平方向的分量（Δ_H），因此每一剛性節點上均視為有三個位移分量，即 θ、Δ_V 及 Δ_H。

若某一節點發生變位，而其他節點上的變位可由該節點的變位來表示時，則該節點的變位稱為獨立變位（independent displacement），而其他節點的變位稱為從屬變位（dependent displacement），此即變位的相依性。

在位移法中，做為基本未知量的變位係指未知的獨立節點變位，而非指已知的節點變位或從屬的節點變位，因此在應用位移法分析靜不定撓曲結構時，應先確認未知的獨立節點變位。

由幾何變形條件可知，結構中各節點線位移之間往往具有相依性，因此，假若各節點之線位移均可由一共同未知量來表示時，則可說此結構僅具有一個未知的獨立節點線位移。

一般來說，當結構不具對稱性或反對稱性時，各節點轉角之間恆為相互獨立的（因為在對稱結構中，凡處於對稱位置的節點轉角必兩兩等值而反向，故為相依；在反對稱結構中，凡處於對稱位置的節點轉角必兩兩相等，故亦為相依）。

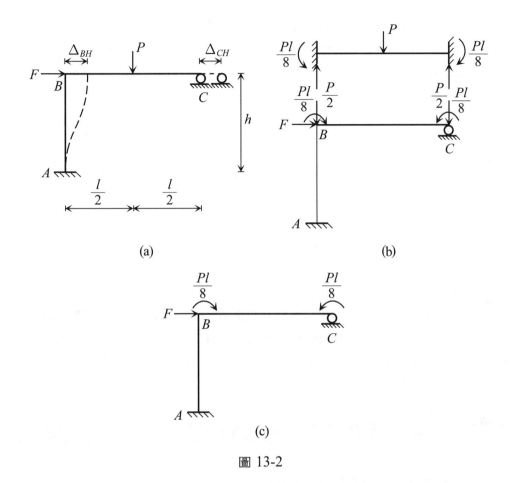

(a)

(b)

(c)

圖 13-2

　　現以圖 13-2(a)所示的剛架結構為例，來說明如何確認未知的獨立節點變位。此剛架結構具有 A、B、C 三個節點，因此共有 9 個位移分量（每一節點具有 3 個位移分量），但在桿件不伸長不縮短的假設條件下，其中 5 個已知的位移分量分別為：$\theta_A = \Delta_{AV} = \Delta_{AH} = \Delta_{BV} = \Delta_{CV} = 0$，而 4 個未知的位移分量分別為：$\theta_B$、$\Delta_{BH}$、$\theta_C$ 及 Δ_{CH}，在這 4 個未知的位移分量中，θ_B 與 θ_C 恆為獨立，而 $\Delta_{BH} = \Delta_{CH} = \Delta$（表 Δ_{BH} 與 Δ_{CH} 互為相依，因而僅有 1 個為獨立），因此圖 13-2(a)所示的剛架結構所具有之未知獨立節點變位共有 3 個，即 θ_B、θ_C 和 Δ。

對於作用在剛架上的載重 P 及 F 而言，由固端反力（見表 11-2）所得出之等值節點載重示於圖 13-2(b)中。由於不作用在未知獨立節點變位方向上的力將不會影響節點的變位及桿件的側位移，因此在實際分析時，僅需考慮和未知獨立節點變位（ θ_B、θ_C、Δ ）相對應的等值節點載重即可，如圖 13-2(c)所示。

討論 1

　　在圖 13-2(a)所示的剛架結構中，由於 $\Delta_{BH} = \Delta_{CH}$，所以若視 Δ_{BH} 為獨立變位時，Δ_{CH} 則為其從屬變位；反之，若視 Δ_{CH} 為獨立變位時，Δ_{BH} 則為其從屬變位，因此可令 $\Delta_{BH} = \Delta_{CH} = \Delta$ 來表示未知的獨立節點變位。由桿件側位移的觀念可知，AB 桿件具有側位移 Δ（即 Δ_{BH} ）而 BC 桿件不具任何側位移。

討論 2

　　未知的獨立節點變位在位移法中又稱為**自由度**（degree of freedon）**或動不定度**（degree of kinematic indeterminacy）。當結構靜不定度數大於動不定度數時，理論上宜採用位移法解題；反之，當結構靜不定度數小於動不定度數時，理論上宜採用力法解題。

13-2-3　剛架結構未知的獨立節點變位數目之判定

　　對於剛架結構未知的獨立節點變位數目之判定方法，現說明如下：

一、未知的獨立節點轉角數目之判定

　　未知的獨立節點轉角一般又稱為**節點的旋轉自由度**。

　　現以圖 13-3 所示之剛性節點、鉸節點及彈性節點為例，來說明未知的獨立節點轉角數目之判定。

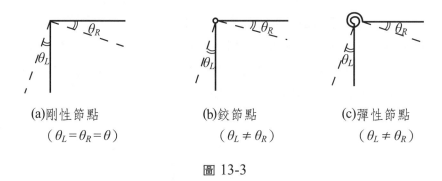

(a)剛性節點　　　　　(b)鉸節點　　　　　(c)彈性節點
$(\theta_L = \theta_R = \theta)$　　　　$(\theta_L \neq \theta_R)$　　　　$(\theta_L \neq \theta_R)$

圖 13-3

　　當剛性節點產生旋轉時，連接於剛性節點之各桿端均會產生同一角度之轉動，因此對剛性節點而言，未知的獨立轉角僅有一個。

　　對於圖 13-3(a)所示的剛性節點而言，由於 $\theta_L = \theta_R = \theta$，因此節點上僅有一個未知的獨立轉角（即 θ）；對於圖 13-3(b)所示的鉸節點或圖 13-3(c)所示的彈性節點而言，由於 $\theta_L \neq \theta_R$，因此節點上具有兩個未知的獨立轉角（即 θ_L 及 θ_R）。

二、未知的獨立節點線位移數目之判定

　　未知的獨立節點線位移一般又稱為**節點的位移自由度**。故未知的獨立節點變位應包含節點的旋轉自由度及節點的位移自由度。

　　對於較複雜的剛架結構，可用以下的方法來判定未知的獨立節點線位移之數目：

　　將剛架的所有剛性節點（包括固定支承）均改為鉸節點，成為一鉸接系統，對於此鉸接系統而言：

⑴若此鉸接系統為一穩定的鉸接系統，則原剛架上所有節點均無線位移產生。

⑵若此鉸接系統為一不穩定或危形鉸接系統，則需加設適當的內、外約

束，使其成為一穩定的鉸接系統，而成為穩定的鉸接系統所需加設最少的內、外約束之數目，即為原剛架之未知的獨立節點線位移數目。

於圖 13-4(a)所示的剛架結構，其相應的鉸接系統需加設兩根連桿（如圖 13-4(b)中之虛線）或加設兩個輥支承（如圖 13-4(c)所示）才能成為一穩定的鉸接系統，故知原剛架之未知的獨立節點線位移數目為 2。

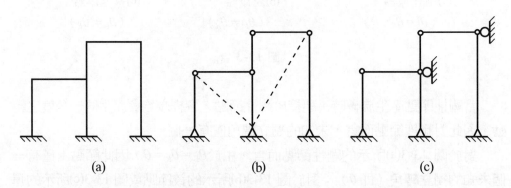

(a)   (b)   (c)

圖 13-4   〔參考自黃志平等編著「結構力學」圖 10-10，
人民交通出版社（中國），1998。〕

關於鉸接系統之穩定性，可由以下之原則來加以判別：

「**由兩個不移動的鉸節點（或鉸支承）所分別延伸出的兩根桿件之交點亦為一不移動的鉸節點，凡由此方式發展而成的鉸接系統必為一穩定的鉸接系統。另外，適當的加入外約束亦可使不穩定的鉸接系統變成穩定的鉸接系統。**」

另外需特別注意的是，應用上述方法來判定剛架結構未知的獨立節點線位移數目時，桿件的邊界端（係指不與剛架內部節點相連接的桿端）必須為固定支承端或鉸支承端或與桿軸垂直的輥支承端，否則此方法會得出錯誤之結果，現以圖 13-5(a)所示的剛架結構（d 端為沿 cd 桿軸方向，而非垂直 cd 桿軸方向的輥支承）來說明之。

將原剛架（如圖 13-5(a)所示）改為鉸接系統（如圖 13-5(b)所示）後，需在支承 d 處增加一水平外約束並加設一根連根（如圖 13-5(c)所示），才能成為穩定的鉸接系統，由此可判斷出原剛架之未知的獨立節點線位移數目為 2。但實

際上，由原剛架的模擬變形圖（如圖 13-5(d)所示）可知，實際的未知獨立節點線位移數目應為 1，並非為 2，因此可知，當 d 端的輥支承不與 cd 桿軸垂直時，由上述方法所求得之答案是錯誤的。

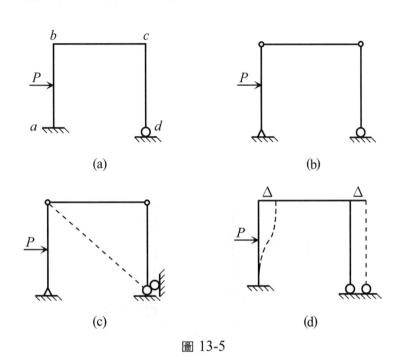

圖 13-5

例題 13-1

於下圖所示剛架，試判別其未知的獨立節點變位。

解

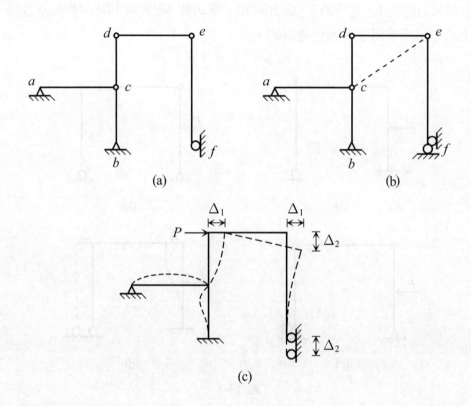

(a)

(b)

(c)

a端為鉸支承端，b端為固定端，f端為與ef桿軸垂直的輥支承端，因此原剛架可形成一鉸接系統，如圖(a)所示。若在此鉸接系統中加入一沿ef桿軸的輥支承及一根ce連桿時（如圖(b)所示），可得知：

(1)a點及b點均為不移動的鉸支承，所以c點為一不移動的鉸節點。

(2)c點為不動的鉸節點，f點視同不移動的鉸支承，因此e點亦為一不移動的鉸節點。

(3)c點及e點均為不移動的鉸接點，所以d點亦為一不移動的鉸節點。

因此圖(b)所示的鉸接系統成為一穩定的鉸接系統，所以未知的獨立節點線位移之數目為2。

圖(c)所示為可能的模擬變形圖，其中Δ_1與Δ_2即為未知的獨立節點線位移。此

剛架的未知獨立節點變位有：θ_a、θ_c、θ_d、θ_e、θ_f、Δ_1及Δ_2。

13-3　桿件側位移之判定

桿件之側位移係指在桿件兩端點處垂直於該桿軸的相對線位移。由於在傾角變位法中需計算桿件的旋轉角 $R\,(=\dfrac{\Delta}{l})$，因此對於桿件側位移 Δ 的判定，需做進一步的瞭解。

13-3-1　梁結構桿件側位移之判定

梁結構一般均無桿件側位移產生，但在下列四種情況下會有桿件側位移產生：

⑴在彈性支承處

在圖 13-6(a)中，彈性支承視為一節點（即節點 B），其線位移 Δ_B 必垂直於原桿軸，因此 Δ_B 可視為 AB 桿件之側位移。

⑵在 I 值變化處

在圖 13-6(b)中，I 值變化處視為一節點（即節點 C），其線位移 Δ_C 垂直於原桿軸，因此 Δ_C 可視為 AC 桿件之側位移，亦可視為 CB 桿件之側位移。

⑶在鉸接續處

在圖 13-6(c)中，鉸接續視為一節點（即節點 C），其線位移 Δ_C 垂直於原桿軸，因此 Δ_C 可視為 AC 桿之側位移，亦可視為 CB 桿件之側位移。

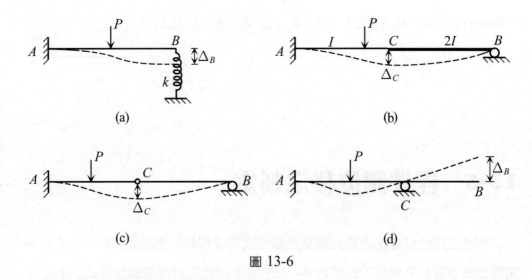

圖 13-6

(4)在自由端處

在圖 13-6(d)中，自由端處視為一節點（即節點 B），在彎曲變形極微小且不計軸向變形的情況下，其線位移 Δ_B 可視為垂直於原桿軸，因此 Δ_B 可視為 BC 桿件之側位移。

13-3-2 剛架結構桿件側位移之判定

受到外力作用時，一般剛架結構桿端多有側位移產生，但在桿件不考慮軸向變形的假設條件下，以下幾種情況將無桿件側位移產生：

(1)由兩個不移動節點（所謂不移動節點可為固定支承或鉸支承或為不產生移動的非支承節點）所分別延伸出的兩根桿件之交點亦為一不移動節點，凡由此方式發展而成的剛架結構將無桿件側位移產生。在圖 13-7(a)所示的剛架中，A 點及 C 點均為不移動的節點，因而由此發展出的 B 點亦為一不移動的節點，故全剛架將無桿件側位移產生。

(2)在會產生桿件側位移的位置和方向上設有適當的約束時，將可防止桿件側位移的產生。如圖 13-7(b)所示之剛架將無桿件側位移產生。

(3)對於對稱剛架而言，一般均無桿件側位移產生，但在以下兩種情況，則有可能產生桿件側位移：

①桿件之移動方向係平行於對稱軸時。

②有溫度變化或桿件製造誤差時。

　　在圖 13-7(c)中，桿件之移動方向係平行於對稱軸，因此 *AB* 桿件及 *EF* 桿件均有側位移產生。另外，在圖 13-7(d)中，若 *BC* 桿件因溫度升高而增長時，*AB* 桿件及 *CD* 桿件均有側位移產生。

(4)對於反對稱剛架而言，除各節點均為不移動之節點外，一般而言都會有桿件側位移產生。在圖 13-7(e)中，各節點均為不移動節點，因此全剛架將無桿件側位移產生。

　　無論任何側位移，只要加設適當的約束均可防止。

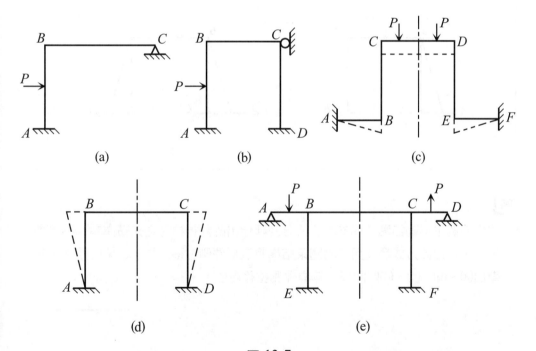

圖 13-7

討論

對於「⌐」型對稱剛架或反對稱剛架而言，在一般情況下，「⌐」型對稱剛架
可能具有桿件側位移，而「⌐」型反對稱剛架則多不具桿件側位移。

例題 13-2

如下圖所示，試判別各剛架是否會有桿件側位移產生？

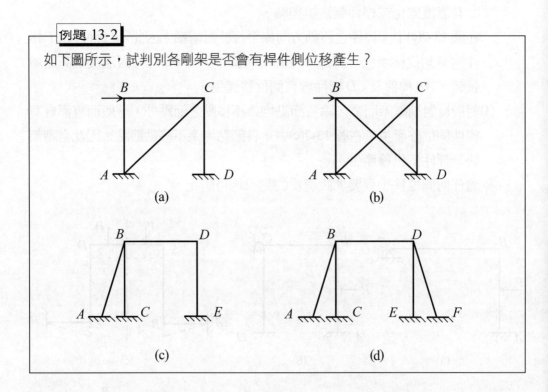

(a)　　　　(b)

(c)　　　　(d)

解

「由兩個不移動節點（或支承）所分別延伸出的兩根桿件之交點亦為一不移動
節點，凡由此方式發展而成的剛架結構將無桿件側位移產生」。據此觀念可判
斷出(a)、(b)、(c)、(d)四剛架均無桿件側位移產生。

13-4　桿件旋轉角 R

　　基於受力後各桿件僅產生微小彎曲變形，且不計桿件軸向變形的基本假設，撓曲結構各節點的轉角 θ 將視為極微小，而桿件之側位移 Δ 將視為垂直於原桿軸。

　　當桿件產生側位移 Δ 時，在傾角變位法中，相應的桿端彎矩方程式將出現桿件旋轉角 $R = \dfrac{\Delta}{l}$ 的未知量，因此本節將對正交剛架與非正交剛架中桿件旋轉角 R 的判定方式做一說明。（本節所述之桿件旋轉角係為桿件之絕對旋轉角）

13-4-1　正交剛架桿件旋轉角 R 之判定

　　現以圖 13-8(a)所示的正交剛架來說明桿件旋轉角 R 的判定方式。在圖 13-8(b)中，虛線所示即為剛架受外力 P 作用後所繪出之模擬變形圖，在圖中，$\theta_A = \Delta_{AV} = \Delta_{AH} = \theta_D = \Delta_{DV} = \Delta_{DH} = 0$，且 AB 桿件的側位移及 CD 桿件的側位移均為 Δ（即 $\overline{BB'} = \overline{CC'} = \Delta$）。另外，由於 A、B、C、D 各節點均為剛性節點，因此桿件產生變形後，各節點仍應保持其剛性。

　　為了能清楚判別出剛架中各桿件的旋轉角，可將模擬變形圖上各節點的變形最後位置以直線相連得出節點變位連線圖（如圖 13-8(c)所示），在節點變位連線圖中即可清楚地看出各桿件的旋角 R：

$$桿件旋轉角\ R_{AB} = R_{BA} = \frac{AB\ 桿件之側位移}{AB\ 桿件之長度} = \frac{\Delta}{l_{AB}} \quad (\curvearrowright)$$

$$桿件旋轉角\ R_{BC} = R_{CB} = \frac{BC\ 桿件之側位移}{BC\ 桿件之長度} = 0$$

$$桿件旋轉角\ R_{CD} = R_{DC} = \frac{CD\ 桿件之側位移}{CD\ 桿件之長度} = \frac{\Delta}{l_{CD}} \quad (\curvearrowright)$$

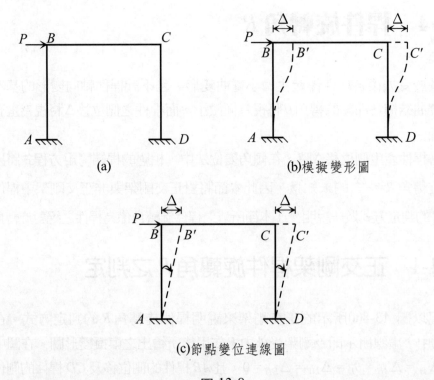

(c)節點變位連線圖

圖 13-8

討論 1

在節點變位連線圖中可清楚地判定出各桿件的側位移Δ及相應的桿件旋轉角 R，其中 R 取順時針為正，逆時針為負；而使 R 為順時針轉向的Δ為正，使 R 為逆時針轉向的Δ為負。

討論 2

於圖 13-8(a)所示的正交剛架中，當桿件產生彈性變形後，B 點及 C 點必有極微小的轉角存在，因此剛架的未知獨立節點變位計有：θ_B、θ_C 及 Δ。

討論 3

結構的實際變形圖，可按各節點的真實變位及彎矩圖來繪出。

例題 13-3

試繪下列各正交剛架之模擬變形圖及變位連線圖，並決定未知的獨立節點變位。

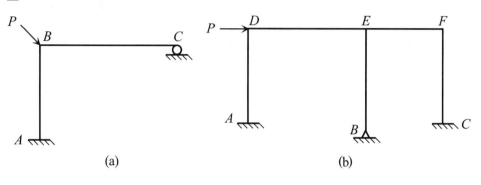

(a)　　　　　　　　　　　　　(b)

解

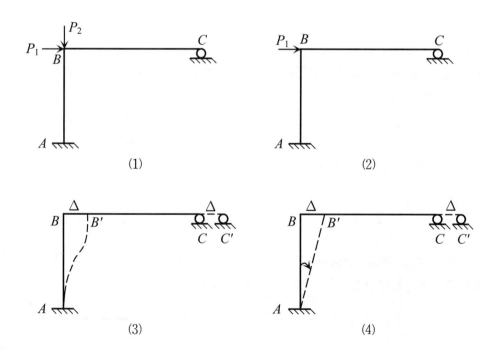

(1)　　　　　　　　　　　　　(2)

(3)　　　　　　　　　　　　　(4)

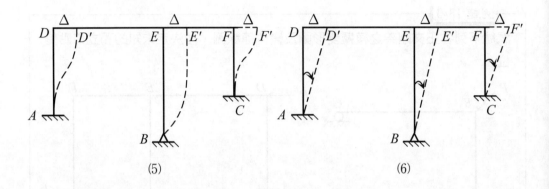

(5)　　　　　　　　　　　　　　(6)

(1)對於圖(a)的剛架，依圖(1)所示，可將外力 P 沿桿軸方向分解成 P_1 及 P_2，在不計桿件軸向變形的情況下，P_2 可忽略不計，如圖(2)所示，此時模擬變形圖如圖(3)所示，而節點變位連線圖如圖(4)所示。由圖(4)可看出，AB 桿件有側位移 Δ，但 BC 桿件無側位移，因此

$$R_{AB} = R_{BA} = \frac{\Delta}{l_{AB}} \quad (\curvearrowright)$$

$$R_{BC} = R_{CB} = 0$$

未知獨立節點變位計有：θ_B、θ_C 及 Δ。

(2)圖(b)的剛架結構，其模擬變形圖如圖(5)所示，由於 A 點及 C 點為固定支承，所以 $\theta_A = \theta_C = 0$；B 點為鉸支承，所以 $\theta_B \neq 0$。

節點變位連線圖如圖(6)所示，在各桿件不伸長不縮短的情況下，AD 桿件、BE 桿件、CF 桿件之側位移均為 Δ，而 DE 桿件、EF 桿件均無側位移，因此

$$R_{AD} = R_{DA} = \frac{\Delta}{l_{AD}} \quad (\curvearrowright)$$

$$R_{BE} = R_{EB} = \frac{\Delta}{l_{BE}} \quad (\curvearrowright)$$

$$R_{CF} = R_{FC} = \frac{\Delta}{l_{CF}} \quad (\curvearrowright)$$

$$R_{DE} = R_{ED} = Rl_{EF} = Rl_{FE} = 0$$

未知獨立節點變位計有：θ_B、θ_D、θ_E、θ_F、Δ。

13-4-2　非正交剛架桿件旋轉角 R 之判定

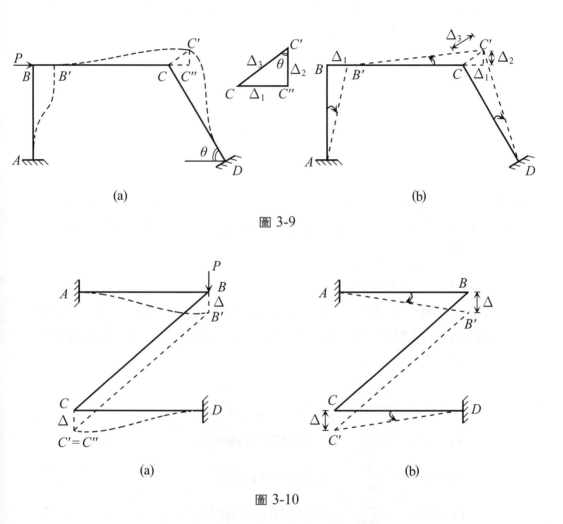

圖 3-9

圖 3-10

　　現分別以圖 3-9(a)及圖 3-10(a)所示的非正交剛架為例，來說明非正交剛架變形後桿件旋轉角 R 之判定方法。

　　圖 3-9(a)所示之剛架，受外力 P 作用後將產生彈性變形。由於 A 點及 D 點均為固定支承，所以 $\theta_A = \Delta_{AV} = \Delta_{AH} = \theta_D = \Delta_{DV} = \Delta_{DH} = 0$，而 B 點的線位移 $\overline{BB'}$

（設為 Δ_1）將垂直於 AB 桿件。為求 C 點的最後變形位置 C' 點，需假想剛架在 C 點暫時分開，若僅計 B 點移動之影響時，BC 桿件將產生平移，此時端點 C 將平移至 C'' 點，且 $CC'' = BB' = \Delta_1$。實際上，C 點亦為 CD 桿件之端點，其位移將受 CD 桿長之限制，因此 C 點的最終位置應在 C' 點。現將決定 C' 點的方法敘述如下：

由於 C 點為 BC 桿件與 CD 桿件之交點，因此以 B' 點為圓心，以 $\overline{B'C''}$ 長為半徑劃弧線；再以 D 點為圓心，以 $\overline{CD}$ 長為半徑劃弧線，則此二弧線之交點即為 C 點的最終位置 C' 點，但是剛架變形與原有尺寸相比極為微小，因此可用切線來代替弧線，換言之，在 C'' 點處做垂直於 $\overline{B'C''}$ 之直線（代替弧線），另在 C 點處做垂直於 $\overline{CD}$ 之直線（代替弧線），則二線之交點即為 C 點之最終位置 C' 點。此時 BC 桿件之側位移即為 $\overline{C'C''}$（設為 Δ_2），而 CD 桿件之側位移即為 $\overline{CC'}$（設為 Δ_3），其中，Δ_1、Δ_2 及 Δ_3 三者之關係，可用正弦定律來表示：

$$\frac{\Delta_1}{\sin\theta} = \frac{\Delta_2}{\sin(90° - \theta)} = \frac{\Delta_3}{\sin 90°}$$

或　　$\Delta_1 = \Delta_2 \tan\theta = \Delta_3 \sin\theta$

在圖 3-9(a)中，虛線所示即為此剛架的模擬變形圖。在圖 3-9(b)中，虛線所示即為此剛架的節點變位連線圖。現將各桿件之側位移與旋轉角整理如下：

AB 桿件之側位移 $= BB' = \Delta_1$

BC 桿件之側位移 $= C'C'' = \Delta_2 = \Delta_1 \cot\theta$

CD 桿件之側位移 $= CC' = \Delta_3 = \Delta_1 \cos\theta$

$R_{AB} = R_{BA} = +\dfrac{\Delta_1}{l_{AB}}$　　　（正表順時針轉向）

$R_{BC} = R_{CB} = -\dfrac{\Delta_2}{l_{BC}}$　　　（負表逆時針轉向）

$R_{CD} = R_{DC} = +\dfrac{\Delta_3}{l_{CD}}$　　　（正表順時針轉向）

在圖 3-10(a)所示的剛架中，A 點及 D 點均為固定點，而 B 點的線位移 $\overline{BB'}$（設為 Δ）將垂直於 AB 桿件。為求 C 點的最後變形位置 C' 點，需假想剛架在 C 點暫時分開，若只計 B 點移動之影響，則 BC 桿件將產生平移，而端點 C 將平移至 C'' 點（由 B、B'、C 三點做平行四邊形，即可得出 C'' 點），此時 $CC'' =$

$BB' = \Delta$。實際上，C 點亦為 CD 桿件之端點，其位移亦將受 CD 桿長之限制。現在在 C'' 點處做垂直於 $\overline{B'C''}$ 之直線，另在 C 點處做垂直於 $\overline{CD}$ 之直線，則二線之交點即為 C 點之最終位置 C' 點（與 C'' 點重合）。此時剛架之模擬變形圖如圖 13-10(a)中之虛線所示，而節點變位連線圖如圖 13-10(b)中之虛線所示，其中：

$$AB \text{ 桿件之側位移} = BB' = \Delta$$

BC 桿件之側位移 $= 0$　　　（由於 BC 桿件在兩端點處無垂直於桿軸的相對線位移）

$$CD \text{ 桿件之側位移} = CC' = \Delta$$

而　　　$R_{AB} = R_{BA} = +\dfrac{\Delta}{l_{AB}}$　　（正表順時針轉向）

$$R_{BC} = R_{CB} = 0$$

$$R_{CD} = R_{DC} = -\dfrac{\Delta}{l_{CD}}$$　　（負表逆時針轉向）

（討論）

應用上述各變位關係的推導原則，可立刻繪出圖 13-11(a)及圖 13-11(c)所示剛架的模擬變形圖。

(1)對於圖 13-11(a)所示剛架的模擬變形圖而言，有著以下的對應關係：

①AB 桿件之側位移 $= BB' = \Delta_1$，其中 $\overline{BB'} \perp \overline{AB}$

②$CC'' = BB' = \Delta_1$，且 $\overline{CC''} /\!/ \overline{BB'}$

③BC 桿件之側位移 $= C'C'' = \Delta_2$，其中 $\overline{C'C''} \perp \overline{BC}$

④CD 桿件之側位移 $= CC' = \Delta_3$，其中 $\overline{CC'} \perp \overline{CD}$

⑤由圖 13-11(b)可知 Δ_1、Δ_2 及 Δ_3 之間的關係為：

$$\frac{\Delta_1}{\sin\theta_2} = \frac{\Delta_2}{\sin(\theta_1 + \theta_2)} = \frac{\Delta_3}{\sin\theta_1}$$

(2)圖 13-11(c)所示剛架的模擬變形圖可由圖 13-11(a)所示剛架的模擬變形圖擴展而得（推導原則相同），因此有著以下的對應關係：

① AD 桿件之側位移 $= DD' = \Delta_1$，其中 $\overline{DD'} \perp \overline{AD}$

②$EE'' = DD' = \Delta_1$，且 $\overline{EE''} /\!/ \overline{DD'}$

③DE 桿件之側位移 $= \overline{E'E''} = \Delta_2$，其中 $\overline{E'E''} \perp \overline{DE}$

④BE 桿件之側位移 $= \overline{EE'} = \Delta_3$，其中 $\overline{EE'} \perp \overline{BE}$

⑤$\overline{FF''} = \overline{EE'} = \Delta_3$，且 $\overline{FF''} /\!/ \overline{EE'}$

⑥EF 桿件之側位移 $= \overline{F'F''} = \Delta_4$，其中 $\overline{F'F''} \perp \overline{EF}$

⑦CF 桿件之側位移 $= \overline{FF'} = \Delta_5$，其中 $\overline{FF'} \perp \overline{CF}$

⑧Δ_1、Δ_2、Δ_3、Δ_4、Δ_5 之間的關係示於圖 13-11(d)中。

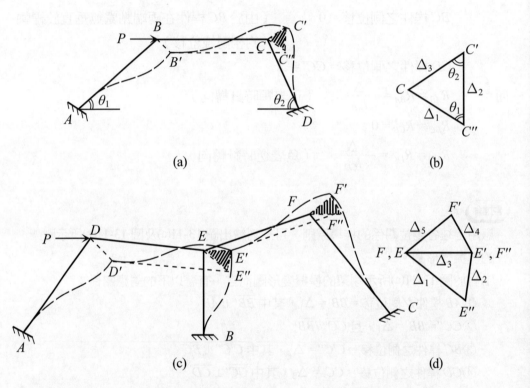

(a) (b) (c) (d)

圖 13-11 〔參考自謝元裕著「Elementary Theory of Structure」圖 7-13，
Prentice Hall, Inc., 1988.〕

例題 13-4

試求下圖所示剛架各桿件之旋轉角。

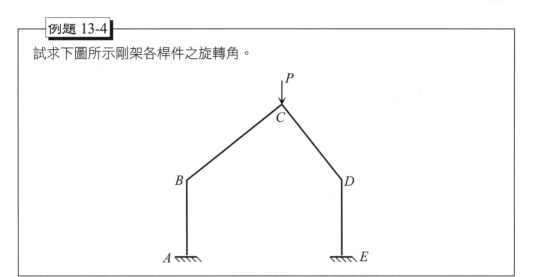

解

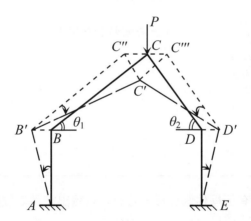

設 B 點的線位移，$BB' = \Delta_1$（垂直於 AB 桿件），D 點的線位移 $DD' = \Delta_2$（垂直於 DE 桿件）。在求 C 點的最後變形位置 C' 點時，需假設剛架在 C 點處暫時分開，若只考慮 B 點移動的影響時，BC 桿件將產生平移，而端點 C 將移至 C'' 點（由 B、B'、C 三點做平行四邊形即可得出 C'' 點），此時 $CC'' = BB' = \Delta_1$。同理，若僅考慮 D 點移動的影響時，CD 桿件將產生平移，而端點 C 將移至 C''' 點（由 C、D、D' 三點做平行四邊形即可得出 C''' 點），此時 $CC''' = DD' = \Delta_2$。

實際上，C 點為 BC 桿件及 CD 桿件之交點，因此 C 點的最後變形位置將受 BC 桿長及 CD 桿長的限制。現在，在 C'' 點處做垂直於 $\overline{B'C''}$ 之直線；另外，在 C''' 點處做垂直於 $\overline{C'''D'}$ 之直線，則二線之交點即為 C 點之最後變形位置 C' 點，節點變位連線圖示於上圖中，其中

AB 桿件的側位移 $= BB' = \Delta_1$

BC 桿件的側位移 $= C'C'' = \Delta_{BC}$

CD 桿件的側位移 $= C'C''' = \Delta_{CD}$

DE 桿件的側位移 $= DD' = \Delta_2$

而

$$\Delta_{BC} = \frac{\Delta_1 + \Delta_2}{\sin(\theta_1 + \theta_2)} \sin(90° - \theta_2)$$

$$\Delta_{CD} = \frac{\Delta_1 + \Delta_2}{\sin(\theta_1 + \theta_2)} \sin(90° - \theta_1)$$

又

$$R_{AB} = R_{BA} = -\frac{\Delta_1}{l_{AB}}\qquad （負表逆時針轉向）$$

$$R_{BC} = R_{CB} = +\frac{\Delta_{BC}}{l_{BC}}\qquad （正表順時針轉向）$$

$$R_{CD} = R_{DC} = -\frac{\Delta_{CD}}{l_{CD}}$$

$$R_{DE} = R_{ED} = +\frac{\Delta_2}{l_{DE}}$$

例題 13-5

判別下列對稱剛架有否桿件側位移，若有則請繪出節點變位連線圖。

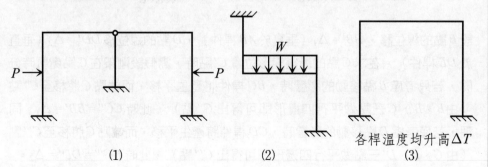

各桿溫度均升高 ΔT

(1)　　　　　　　(2)　　　　　　　(3)

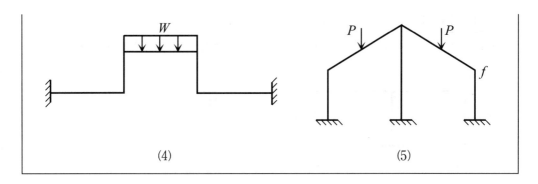

(4)   (5)

 解

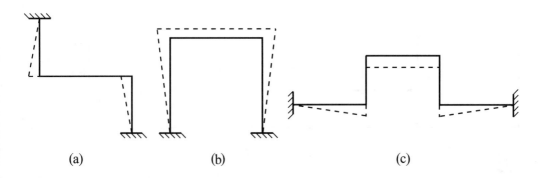

(a)   (b)   (c)

⑴圖⑴之剛架：無桿件側位移。

⑵圖⑵之剛架：有桿件側位移（屬 " ⌐ " 型點對稱剛架）。

⑶圖⑶之剛架：有桿件側位移（具有溫度變化效應）。

⑷圖⑷之剛架：有桿件側位移（桿件移動方向平行於對稱軸）。

⑸圖⑸之剛架：無桿件側位移。

至於具有桿件側位移之剛架節點變位連線圖，分別示於圖(a)、(b)、(c)中。

例題 13-6

判別下列反對稱剛架有否桿件側位移，若有則請繪出節點變位連線圖。

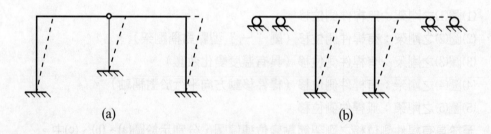

(1)

(2)

(3)

(4)

解

(a)

(b)

(1)圖(1)之剛架：有桿件側位移。

(2)圖(2)之剛架：有桿件側位移。

(3)圖(3)之剛架：無桿件側位移（各節點均為不移動節點）。

(4)圖(4)之剛架：無桿件側位移（屬 "⌐" 型之反對稱剛架）。

至於具有桿件側位移之剛架節點變位連線圖，分別示於圖(a)及圖(b)中。

13-5 相對桿件旋轉角

13-4 節所述之桿件旋轉角係指桿件之絕對旋轉角。在傾角變位法或彎矩分配法中,對於有桿件側位移之結構,可直接以桿件之絕對旋轉角來進行計算,但是由於各桿件的側位移之間存有某些比值關係,因此若能採用桿件的相對旋轉角來進行計算,則可簡化計算之過程。

當各桿件的絕對旋轉角求出後,依據各桿件側位移之間的比值關係,即可直接定出各桿件的相對旋轉角,除此之外,本節將介紹如何應用較簡便的投影法與比值法來定出剛架結構各桿件之相對旋轉角。

13-5-1 投影法

投影法係利用剛架受力後,各支承點之間距離不改變的關係,來求得各桿件之相對旋轉角,因此本方法不適於分析具有可移動支承(如輥支承、導向支承等)的剛架。符號規定向上向右為正,向下向左為負。投影路徑由左而右且持續不斷。

現以圖 13-12(a)所示的單跨剛架為例,來說明如何應用投影法求出桿件的相對旋轉角。在圖 13-12(a)所示的剛架中,支承 A(固定支承)與支承 D(鉸支承)均為不可移動的支承,在節點變位連線圖中,AB 桿件的側位移為 Δ_{AB}($= BB'$),BC 桿件的側位移為 Δ_{BC}($= C'C''$),CD 桿件的側位移為 Δ_{CD}($= CC' = \Delta_{AB} \sin\theta$)。

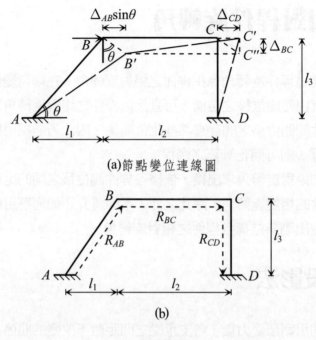

(a)節點變位連線圖

(b)

圖 13-12

(1)垂直投影關係式

由於剛架變形前後，A、D 兩支承間的水平距離不改變，因此可知

$$l_{AB}\cos\theta + l_{BC} = l_{AB}\cos\theta + \Delta_{AB}\sin\theta + l_{BC} - \Delta_{CD} \qquad (13\text{-}1)$$

將（13-1）式化簡後得到

$$\Delta_{AB}\sin\theta - \Delta_{CD} = 0$$

或

$$\frac{\Delta_{AB}}{l_{AB}}(l_{AB}\sin\theta) - \frac{\Delta_{CD}}{l_{CD}}(l_{CD}) = 0$$

$$(R_{AB})(l_{AB}\sin\theta) - (R_{CD})(l_{CD}) = 0$$

$$(R_{AB})(l_3) - (R_{CD})(l_3) = 0$$

上式亦可寫成

$$(R_{AB})(l_3) + (R_{BC})(0) - (R_{CD})(l_3) = 0 \tag{13-2}$$

由（13-2）式可看出，將各桿件的旋轉角 R 分別乘以該桿件在垂直方向的投影長後，其總和應等於零。

(2)水平投影關係式

同理，基於剛架變形前後，A、D 兩支承間的垂直距離不改變，因而得知

$$(R_{AB})(l_1) + (R_{BC})(l_2) - (R_{CD})(0) = 0 \tag{13-3}$$

由（13-3）式可看出，將各桿件的旋轉角 R 分別乘以該桿件在水平方向的投影長後，其總和應等於零。

由圖 13-12(b)中，即可明確看出（13-2）式及（13-3）式中之關係。

由（13-2）式可知

$$R_{AB} = R_{CD}$$

另由（13-3）式可知

$$R_{BC} = -\frac{l_1}{l_2} R_{AB}$$

由此各桿件之相對旋轉角可以下式來表示

$$R_{AB} : R_{BC} : R_{CD} = 1 : -\frac{l_1}{l_2} : 1$$

討論

綜合上述結果，以圖 13-13 所示的單跨剛架結構為例，可列出投影法的垂直投影與水平投影之基本通式如下：（投影路徑由左至右持續不斷，符號向上向右為正，向下向左為負）

$$+\uparrow \ \ \Sigma R_Y = 0 \ ; \ (R_1)(e) + (R_2)(f) - (R_3)(g) - (R_4)(h) = 0$$

$$\xrightarrow{+} \ \ \Sigma R_X = 0 \ ; \ (R_1)(a) + (R_2)(b) + (R_3)(c) + (R_4)(d) = 0$$

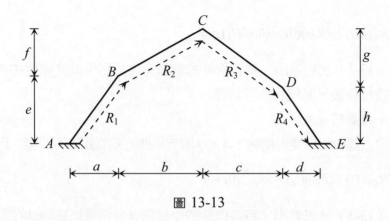

圖 13-13

13-5-2 比值法

此方法係利用三角形比例關係，由節點變位連線圖中求得各桿件之相對旋轉角。

現仍取圖 13-12(a)所示之剛架為例，由節點變位連線圖可知：

$$\Delta_{CD} = \Delta_{AB}\sin\theta = \frac{l_3}{\sqrt{l_1{}^2 + l_3{}^2}}$$

$$\Delta_{BC} = \Delta_{AB}\cos\theta = \frac{l_1}{\sqrt{l_1{}^2 + l_3{}^2}}$$

若桿件旋轉角 R 取順時針為正，則

$$R_{AB} : R_{BC} : R_{CD} = \frac{\Delta_{AB}}{l_{AB}} : \frac{-\Delta_{BC}}{l_{BC}} : \frac{\Delta_{CD}}{l_{CD}}$$

$$= \frac{\Delta_{AB}}{\sqrt{l_1{}^2 + l_3{}^2}} : \frac{-l_1\Delta_{AB}}{l_2\sqrt{l_1{}^2 + l_3{}^2}} : \frac{l_3\Delta_{AB}}{l_3\sqrt{l_1{}^2 + l_3{}^2}}$$

$$= 1 : \frac{-l_1}{l_2} : 1$$

例題 13-7

試決定下列剛架結構各桿件相對旋轉角的比值。

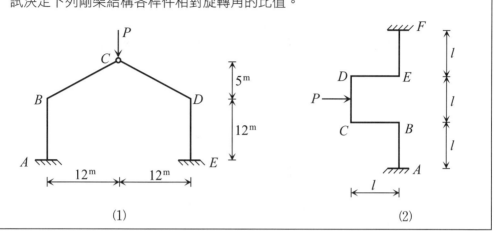

(1)

(2)

解

圖(1)及圖(2)所示之剛架均為有桿件側位移之對稱剛架。

(1)圖(1)所示之對稱剛架可用投影法分析各桿件之相對旋轉角。

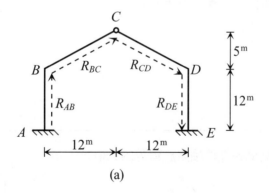

(a)

由圖(a)可知：

水平投影

$\xrightarrow{+}\ $; $(R_{AB})(0^{\mathrm{m}}) + (R_{BC})(12^{\mathrm{m}}) + (R_{CD})(12^{\mathrm{m}}) + (R_{DE})(0^{\mathrm{m}}) = 0$ 　　　(1)

垂直投影

$+\uparrow\ $; $(R_{AB})(12^{\mathrm{m}}) + (R_{BC})(5^{\mathrm{m}}) - (R_{CD})(5^{\mathrm{m}}) - (R_{DE})(12^{\mathrm{m}}) = 0$ 　　　(2)

由於剛架為對稱結構，因此 $R_{AB} = -R_{DE}$ ； $R_{BC} = -R_{CD}$

所以由(1)式及(2)式可得

$$R_{AB} : R_{BC} : R_{CD} : R_{DE} = 1 : -2.4 : 2.4 : -1$$

(2)圖(2)所示的對稱剛架，應用各桿件的絕對旋轉角來定出各桿件的相對旋轉角

較為方便。

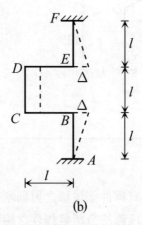

(b)

由節點變位連線圖（如圖(b)所示）可知：

$$R_{BC} = R_{CD} = R_{DE} = 0$$

$$R_{AB} : R_{EF} = \frac{\Delta}{l} : \frac{-\Delta}{l} = 1 : -1$$

例題 13-8

試決定下列剛架結構各桿件相對旋轉角的比值。

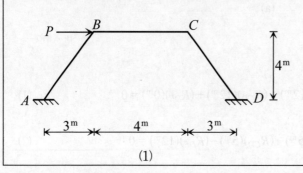

(1)

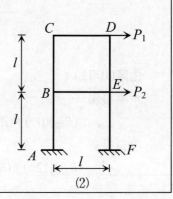

(2)

解

圖(1)及圖(2)所示之剛架均為有桿件側位移之反對稱剛架。

(1)在圖(1)所示之反對稱剛架中，A點及D點均為不移動支承，因此可用投影法
分析各桿件之相對旋轉角。

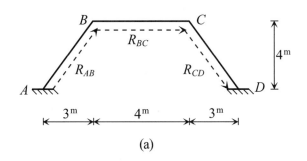

(a)

由圖(a)可知

水平投影

$$\xrightarrow{\pm}\ ;\ (R_{AB})(3^m)+(R_{BC})(4^m)+(R_{CD})(3^m)=0 \tag{1}$$

垂直投影

$$+\uparrow\ ;\ (R_{AB})(4^m)+(R_{BC})(0^m)-(R_{CD})(4^m)=0 \tag{2}$$

由(1)式及(2)式可得

$$R_{AB}:R_{BC}:R_{CD}=2:-3:2$$

(2)圖(2)所示的反對稱剛架可由各桿件的絕對旋轉角直接定出桿件的相對旋轉角
比值。由節點變位連線圖（如圖(b)所示）可知，此剛架具有兩個獨立側位移
（即Δ_1和Δ_2）。

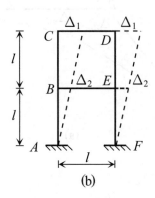

(b)

$$R_{AB} = R_{EF} = \frac{\Delta_2}{l} \qquad (2)$$

$$R_{BC} = R_{DE} = \frac{\Delta_1 - \Delta_2}{l} \qquad (2)$$

$$R_{BE} = R_{CD} = 0$$

故，在具有兩個獨立側位移的情況下：

$$R_{AB} : R_{EF} = \frac{\Delta_2}{l} : \frac{\Delta_2}{l} = 1 : 1$$

$$R_{BC} : R_{DE} = \frac{\Delta_1 - \Delta_2}{l} : \frac{\Delta_1 - \Delta_2}{l} = 1 : 1$$

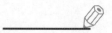

例題 13-9

試決定下圖所示剛架結構各桿件相對旋轉角之比值。

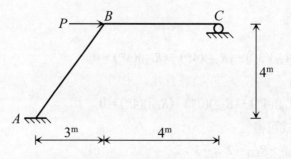

解

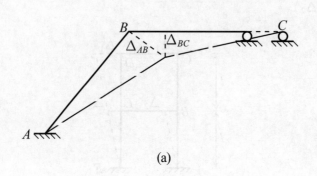

(a)

此剛架具有輥支承，故宜採比值法來分析。由節點變位連線圖（如圖(a)所示）可知

$$\Delta_{BC} = \frac{3}{5}\Delta_{AB}$$

故

$$R_{AB} : R_{BC} = \frac{\Delta_{AB}}{l_{AB}} : \frac{-\Delta_{BC}}{l_{BC}}$$

（負號表示逆時針轉向）

$$= \frac{\Delta_{AB}}{5} : \frac{-\frac{3}{5}\Delta_{AB}}{4}$$

$$= 4 : -3$$

第十四章
位移法──傾角變位法

當結構受到廣義載重（指一般載重、支承移動、製造誤差、溫度變化等）作用時，節點或將產生變位（包含節點之轉角或線位移）。位移法（displacement method）即是以未知的獨立節點變位做為基本未知量，並將每一桿件的**桿端彎矩**（end moment）以此基本未知量來表示，再藉由力的平衡關係建立與基本未知量數目相同的方程式，以解得所有未知的獨立節點變位，進而得出各桿端內力及支承反力。此處所謂桿端彎矩係指撓曲結構受到外力作用後，桿件將產生相應的內力，其中在桿件兩端的彎矩稱為桿端彎矩。

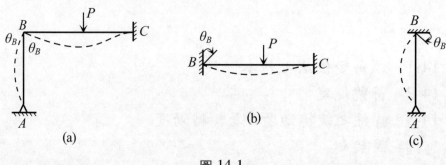

圖 14-1

現在藉由圖 14-1 所示剛架的受力及變形情形，對位移法的基本思路做一闡述：

圖 14-1(a)所示的剛架，在載重 P 作用下將產生彈性變形（如虛線所示），由於 B 點為一剛性節點，因此 AB 桿件及 BC 桿件在 B 端均產生相同的轉角 θ_B。因為 B 點是剛性節點，於是 BC 桿件在載重 P 作用下可視同兩端均為固定支承，但在支承 B 處有轉角 θ_B 存在的單跨靜不定梁（如圖 14-1(b)所示），顯然的，如果轉角 θ_B 能求出，則 BC 桿件之內力就可由力法算出。同理，AB 桿件可視同 B 端為含有轉角 θ_B 的固定支承而 A 端為簡支承的單跨靜不定梁（如圖 14-1(c)所示），如果 θ_B 為已知，則 AB 桿件的內力同樣可計算得到。由此可見，在分析圖 14-1(a)所示的剛架時，轉角 θ_B 即為基本未知量，當 θ_B 求得後，則各桿端的內力及支承反力即可求出，這就是位移法的基本思路。

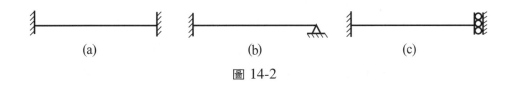

圖 14-2

用位移法分析靜不定撓曲結構時，通常將每根桿件視為一單跨靜不定梁。圖 14-2 所示為三種在分析時常用的等斷面單跨靜不定梁：

(1)兩端均為固定支承之梁（如圖 14-2(a)所示）

　　指兩端與固定支承或剛性節點相連之桿件。剛性節點對桿件的作用與固定支承對桿件的作用相同。

(2)一端為固定支承一端為鉸支承或輥支承之梁（如圖 14-2(b)所示）

　　指一端與固定支承或剛性節點相連，而另一端與鉸支承（或輥支承）或鉸接續相連之桿件，其中鉸支承（或輥支承）或鉸接續端之彎矩為零。

(3)一端為固定支承一端為導向支承之梁（如圖 14-2(c)所示）

　　指一端與固定支承或剛性節點相連，而另一端與導向支承或導向接續相連之桿件，其中導向支承或導向接續端之剪力為零。

在位移法中，未知的獨立節點變位又稱為自由度或動不定度，包含了節點的旋轉自由度和桿件的側位移自由度（或稱節點的位移自由度），二者均為獨立的未知量。

傾角變位法（method of slope deflection）是將各桿端彎矩以對應的未知獨立節點變位來表示，再藉由力的平衡關係來解出這些未知的獨立節點變位，從而得到所有桿端彎矩。由此可知，傾角變位法是以未知的獨立節點變位做為基本未知量，故屬於位移法的範疇，因此在應用傾角變位法來分析靜不定撓曲結構時，應先決定出各節點上未知的獨立節點變位。

位移法也可用來分析靜定撓曲結構，因為在靜定撓曲結構中同樣是存在未知的獨立節點變位，而這些未知獨立節點變位同樣可作為位移法中的基本未知量。換言之，位移法僅與節點之變位數目有關而與靜不定度數無關。

除了未知獨立節點變位可做為位移法中的基本未知量外，其實任何斷面中的未知獨立變位均可作為位移法中的基本未知量，雖然這樣會增加未知量數目，但可求得更多斷面中的內力，而更有助於內力圖的繪製。基於簡化分析過程，本章僅考慮以節點上的未知獨立變位做為傾角變位法中的基本未知量。

14-1　傾角變位法之基本假設

傾角變位法分析撓曲結構時之基本假設如下：

(1)結構為線性及彈性。

(2)所有桿件均為直桿件，且為等斷面，而 EI 為常數。

(3)忽略軸向力所引起的軸向變形，且桿件僅有極微小的彎曲變形（即變形後桿長保持不變）。

14-2　符號規定

在傾角變位法中，關於符號的規定說明如下：

(a)位移法符號系統　　　　　　　　　(b)Timoshenko's 符號系統

圖 14-3

(1)對桿端彎矩而言

　　一律取順時針為正，逆時針為負（節點上的彎矩則反之），如圖 14-3(a)所示。但在繪製彎矩圖時仍應採用Timoshenko's符號系統，如圖 14-3(b)所示（詳見第三章之符號規定）。

(2)對桿件變形而言

　①節點轉角 θ 取順時針轉向為正，逆時針轉向為負。

　②桿件旋轉角 R 亦取順時針轉向為正，逆時針轉向為負。當 R 為正時，則對應的桿件側位移 Δ 定義為正；R 為負時，則對應的桿件側位移 Δ 定義為負。

(3)對固端彎矩而言

　　一律取順時針為正，逆時針為負。

14-3 桿件之旋轉勁度 K 及旋轉勁度因數 k

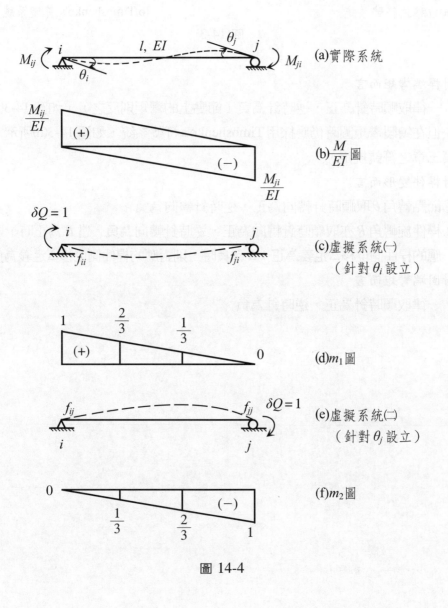

圖 14-4

對於圖 14-4(a)所示的撓曲桿件，可由單位虛載重法導出桿端轉角 (θ_i, θ_j)

與桿端彎矩 (M_{ij}, M_{ji}) 間之關係。圖 14-4(c)所示為針對求解 θ_i 而設立的虛擬系統，圖 14-4(e)所示為針對求解 θ_j 而設立的虛擬系統。

現在，由單位虛載重法可得知

$$\theta_i = \int m_1 \frac{M}{EI} dx = \frac{1}{EI}\left[\left(\frac{M_{ij}l}{2}\right)\left(\frac{2}{3}\right) - \left(\frac{M_{ji}l}{2}\right)\left(\frac{1}{3}\right)\right] = \frac{M_{ij}l}{3EI} - \frac{M_{ji}l}{6EI}$$

$$\theta_j = \int m_2 \frac{M}{EI} dx = \frac{1}{EI}\left[\left(\frac{M_{ij}l}{2}\right)\left(-\frac{1}{3}\right) - \left(\frac{M_{ji}l}{2}\right)\left(-\frac{2}{3}\right)\right] = -\frac{M_{ij}l}{6EI} + \frac{M_{ji}l}{3EI}$$

上兩式可寫成矩陣的形式

$$\begin{Bmatrix} \theta_i \\ \theta_j \end{Bmatrix} = \begin{bmatrix} \dfrac{l}{3EI} & -\dfrac{l}{6EI} \\ -\dfrac{l}{6EI} & \dfrac{l}{3EI} \end{bmatrix} \begin{Bmatrix} M_{ij} \\ M_{ji} \end{Bmatrix}$$

$$= \begin{bmatrix} f_{ii} & f_{ij} \\ f_{ji} & f_{jj} \end{bmatrix} \begin{Bmatrix} M_{ij} \\ M_{ji} \end{Bmatrix} \tag{14-1}$$

或　　　$\{\theta\} = \{F\}\{M\}$

（14-1）式即為考慮彎曲效應時撓曲桿件的**柔度方程式**，其中 $[F]$ 為桿件的柔度矩陣。

由於桿件的勁度矩陣 $[K] = [F]^{-1}$，因此若將（14-1）式等號兩邊各乘以 $[F]^{-1}$，則可得

$$[F]^{-1}\{\theta\} = [F]^{-1}[F]\{M\}$$

$$[K]\{\theta\} = \{M\}$$

或　　　$\{M\} = [K]\{\theta\}$

亦即　　　$\begin{Bmatrix} M_{ij} \\ M_{ji} \end{Bmatrix} = \begin{bmatrix} \dfrac{4EI}{l} & \dfrac{2EI}{l} \\ \dfrac{2EI}{l} & \dfrac{4EI}{l} \end{bmatrix} \begin{Bmatrix} \theta_i \\ \theta_j \end{Bmatrix}$ $\qquad$ (14-2)

（14-2）式即為考慮彎曲效應時撓曲桿件的**勁度方程式**。

若使桿件某一端（稱為近端）產生一單位轉角，而他端（稱為遠端）保持為固定端時，則在近端所需施加的彎矩大小稱為**此桿端的旋轉勁度**（rotational stiffness）。

依此定義，若令 $\theta_i = 1$，$\theta_j = 0$ 時，則可由（14-2）式得出桿件在 i 端的旋轉勁度：

$$K_{ij} = M_{ij} = \frac{4EI}{l}$$

當桿件為均質材料的均勻桿件時，桿件兩端的旋轉勁度應相同，即

$$K_{ij} = K_{ji} = \frac{4EI}{l} = K \tag{14-3}$$

在（14-3）式中，K 可稱為該桿件之旋轉勁度。

若材料為均質，則桿件的彈性係數 E 將為定值，為方便計，可取

$$k = \frac{K}{4E} = \frac{I}{l} \tag{14-4}$$

在（14-4）式中，k 即稱為**桿件之旋轉勁度因數**（rotational stiffness factor）。

（討論 1）

桿件的旋轉勁度可看成是桿件對桿端形成旋轉角的抵抗能力，因此桿件的旋轉勁度愈大，表示此桿件要在桿端產生轉角則愈困難。

（討論 2）

一般來說，桿件的施力端稱為近端，而他端稱為遠端。

14-4 傾角變位法桿端彎矩方程式之建立

傾角變位法之基礎在於桿端彎矩方程式之建立，因此本節將說明如何應用疊加觀念來建立桿端彎矩方程式。

對於一根兩端與固定支承或剛性節點相連的直線撓曲桿件 ij 而言，若僅考慮彎曲效應而不計軸向及剪切變形時，造成桿端彎矩 M_{ij} 及 M_{ji} 的原因不外乎有以下四種：

(1) j 端固定，由 i 端的轉角 θ_i 所產生的彎矩。

(2) i 端固定，由 j 端的轉角 θ_j 所產生的彎矩。

(3) 由桿端相對位移 Δ 所產生的彎矩。

(4) 由桿件上的載重所產生的彎矩。

在這四項中，前三項表示由桿端變位所產生的彎矩，第四項表示由桿件上的載重所產生的彎矩。

若將以上四種原因所造成的桿端彎矩相疊加（代數和），即可導出桿端彎矩 M_{ij} 及 M_{ji} 的方程式。

上述原理可由圖 14-5 來表示，其中桿件兩端的彎矩可分別由表 11-2 及表 11-3 查得。經由疊加即可得出傾角變位法桿端彎矩方程式如下：

$$M_{ij} = \frac{4EI}{l}\theta_i + \frac{2EI}{l}\theta_j - \frac{6EI}{l^2}\Delta + FM_{ij} \tag{14-5}$$

$$M_{ji} = \frac{2EI}{l}\theta_i + \frac{4EI}{l}\theta_j - \frac{6EI}{l^2}\Delta + FM_{ji} \tag{14-6}$$

若設 $k = \dfrac{I}{l}$ 表桿件的旋轉勁度因數；$R = \dfrac{\Delta}{l}$ 表桿件之旋轉角，則（14-5）及（14-6）式可簡化為

$$M_{ij} = 2Ek(2\theta_i + \theta_j - 3R) + FM_{ij} \tag{14-7}$$

$$M_{ji} = 2Ek(\theta_i + 2\theta_j - 3R) + FM_{ji} \tag{14-8}$$

（14-5）式及（14-6）式（或（14-7）式及（14-8）式）即為傾角變位法桿端彎矩方程式，其中基本未知量為未知獨立節點變位 θ_i、θ_j 及 Δ，因此只要解得這些未知獨立節點變位，即可得出各桿件之桿端彎矩值，繼而再由力的平衡關係可求出各支承反力及繪出內力圖和彈性變形圖。

有關未知獨立節點變位 θ 及 Δ 的求解可依據以下的原則：

1. 若結構僅有 θ 而無 Δ 時

應建立與 θ 自由度相對應的節點彎矩平衡方程式以解出 θ：

$\Sigma M_{jt} = 0$ 　（節點彎矩平衡方程式）

上式表示，在 θ 所對應的節點自由體上，所有彎矩之和應為零。

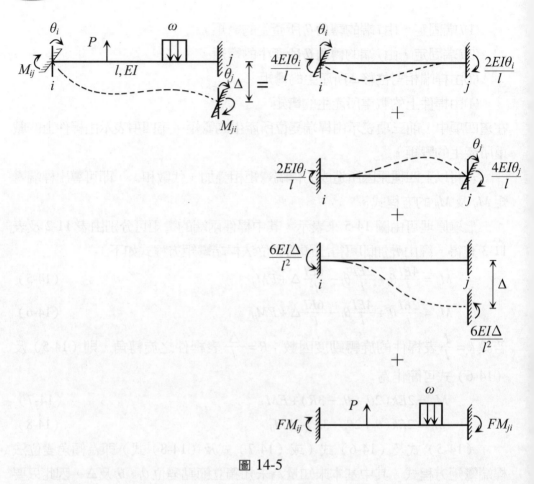

圖 14-5

2.若結構同時有 θ 及 Δ 時

(1)對正交剛架而言，應建立與 θ 自由度相對應的節點彎矩平衡方程式以及
與 Δ 自由度相對應的剪力平衡方程式以解出 θ 及 Δ：

  $\Sigma M_{jt} = 0$　（節點彎矩平衡方程式）

  $\Sigma F_{\Delta} = 0$　（剪力平衡方程式）

其中剪力平衡方程式表示，於所取的自由體中（須涵蓋 Δ），在 Δ 方向
上的合力應為零。

(2)對具有斜交桿件的非正交剛架而言，應建立與 θ 自由度相對應的節點彎矩平衡方程式以及與 Δ 自由度相對應的彎矩平衡方程式以解出 θ 及 Δ：

$\sum M_{jt} = 0$　（節點彎矩平衡方程式）

$\sum M_0 = 0$　（彎矩平衡方程式）

在彎矩平衡方程式中，下標「0」表示所取自由體的力矩中心（可以是桿件延長線所形成的交點）。但有一點應注意，所取的彎矩平衡方程式不得與節點彎矩平衡方程式互為相依。

在應用（14-5）式至（14-8）式求解各桿端彎矩時，$2Ek$ 可採用各桿件的相對比值，而 R 可採用相對桿件旋轉角（見 13-5 節），以增加解題速度。但結構具有彈簧構件時，原則上不能使用相對的 $2Ek$ 值與 R 值，而須使用實際的 $2Ek$ 值與 R 值。

（討論）

（14-5）式及（14-6）式亦可寫成矩陣的形式

$$\begin{Bmatrix} M_{ij} \\ M_{ji} \end{Bmatrix} = \begin{bmatrix} \dfrac{4EI}{l} & \dfrac{2EI}{l} \\ \dfrac{2EI}{l} & \dfrac{4EI}{l} \end{bmatrix} \begin{Bmatrix} \theta_i - R \\ \theta_j - R \end{Bmatrix} + \begin{Bmatrix} FM_{ij} \\ FM_{ji} \end{Bmatrix} \tag{14-9}$$

或　　$\{M\} = [K]\{Y\} + \{FM\}$

在上式中，$[K]$ 即為考慮彎曲效應時桿件的勁度矩陣，$\{Y\}$ 表節點變位向量，$\{FM\}$ 表固端彎矩向量，$\{M\}$ 表與節點變位相對應的節點彎矩向量。由（14-9）式可看出，傾角變位法的矩陣式即為勁度法之基礎。

14-5　修正的桿端彎矩方程式

當桿件一端的彎矩或剪力為零，或是桿件呈對稱或反對稱變形時，若能適

當地將桿端彎矩方程式加以修正，則在分析過程中可減少未知獨立節點變位的計算數目，以達簡化之目的。以下將分四種情況來加以討論：

　　(1)桿件一端之彎矩為零時的修正桿端彎矩方程式。

　　(2)桿件之變形呈對稱時的修正桿端彎矩方程式。

　　(3)桿件之變形呈反對稱時的修正桿端彎矩方程式。

　　(4)桿件一端之剪力為零時的修正桿端彎矩方程式。

14-5-1　桿件一端之彎矩為零時的修正桿端彎矩方程式

　　若桿件的一端是與鉸接續連接（或為外側簡支端），當此鉸接續（或外側簡支端）處無外加彎矩作用時，則此桿端的彎矩值將為零。

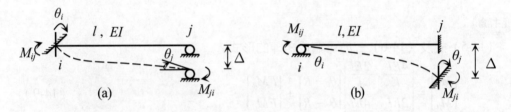

圖 14-6

　　在圖 14-6(a)所示的桿件中，若 j 端的彎矩 $M_{ji}=0$ 時，由（14-8）式可知

$$\theta_j = \frac{1}{2}\left(-\theta_i + 3R - \frac{1}{2Ek}FM_{ji}\right)$$

將上式之 θ_j 代回（14-7）式，可得：

$$M_{ij} = 2Ek(1.5\theta_i - 1.5R) + FM_{ij} - \frac{1}{2}FM_{ji}$$

$$= 2Ek(1.5\theta_i - 1.5R) + HM_{ij}$$

在上式中，FM_{ij} 及 FM_{ji} 分別表示桿件在 i 端及 j 端的固端彎矩（可由表 11-2 及表 11-3 查得），而 $HM_{ij} = FM_{ij} - \frac{1}{2}FM_{ji}$ 表示修正的固端彎矩（可由表 11-4 及表 11-5 查得）。

　　整理上述結果可得到桿件在 j 端之彎矩 $M_{ji}=0$ 時的修正桿端彎矩方程式：

$$M_{ij} = 2Ek(1.5\theta_i - 1.5R) + HM_{ij} \tag{14-10}$$

$$M_{ji} = 0 \tag{14-11}$$

另外，若桿件在 j 端之彎矩 $M_{ji} = M$（M 為一已知值且不為零）時，（14-10）式及（14-11）式可改寫為：（規定 M 順時針為正，逆時針為負）

$$M_{ij} = 2Ek(1.5\theta_i - 1.5R) + HM_{ij} \tag{14-12}$$

$$M_{ji} = M \tag{14-13}$$

由（14-10）式至（14-13）式可明顯看出，未知獨立節點轉角 θ_j 已不存在於各方程式中。由此可知，若桿件某一端的彎矩為零或為一已知值時，該桿端的未知獨立節點轉角將不存在於修正的桿端彎矩方程式中，因此在分析過程中減少了未知獨立節點變位的計算數目，因而達到簡化的效果。

同理，在圖 14-6(b)所示的桿件中，亦可導出當桿件在 i 端之彎矩 $M_{ij} = 0$ 或 $M_{ij} = M$ 時的修正桿端彎矩方程式：

當 $M_{ij} = 0$ 時，修正的桿端彎矩方程式為

$$M_{ij} = 0 \tag{14-14}$$

$$M_{ji} = 2Ek(1.5\theta_j - 1.5R) + HM_{ji} \tag{14-15}$$

其中 $HM_{ji} = FM_{ji} - \dfrac{1}{2}FM_{ij}$ 表修正的固端彎矩（可由表 11-4 及表 11-5 查得）

當 $M_{ij} = M$ 時（M 取順時針為正，逆時針為負），修正的桿端彎矩方程式為

$$M_{ij} = M \tag{14-16}$$

$$M_{ji} = 2Ek(1.5\theta_j - 1.5R) + HM_{ji} \tag{14-17}$$

討論

若令桿件 ij 的固端彎矩 $FM_{ij} = -FM_{ji}$，則 $HM_{ij} = FM_{ij} - \dfrac{1}{2}FM_{ji} = \dfrac{3}{2}FM_{ij}$，此時（14-10）式可改寫為

$$M_{ij} = 2Ek(1.5\theta_i - 1.5R) + \frac{3}{2}FM_{ij}$$

$$= 3Ek(\theta_i - R) + \frac{3}{2}FM_{ij}$$

$$= \left(\frac{3}{4}\right)4Ek\theta_i - \left(\frac{1}{2}\right)6EkR + \left(\frac{3}{2}\right)FM_{ij} \tag{14-18}$$

比較上式與（14-7）式可知，當桿件一端的彎矩為零時（即桿件之一端與鉸接續連接或為外側簡支端時），有以下的結論：

(1)桿件的旋轉勁度修正值為 $\frac{3}{4}$。

(2)由桿端側位移造成的桿端彎矩修正值為 $\frac{1}{2}$。

(3)固端彎矩修正值為 $\frac{3}{2}$。

14-5-2　桿件之變形呈對稱時的修正桿端彎矩方程式

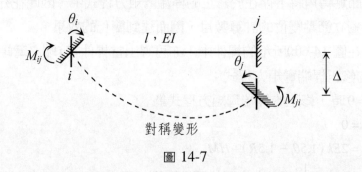

圖 14-7

　　圖 14-7 所示為一具有對稱變形的桿件，若將對稱條件 $\theta_j = -\theta_i$，$M_{ji} = -M_{ij}$ 代入（14-7）式及（14-8）式中，則可得出桿件之變形呈對稱時的修正桿端彎矩方程式：

$$M_{ij} = 2Ek(\theta_i - 3R) + FM_{ij} \tag{14-19}$$

$$M_{ji} = -M_{ij} \tag{14-20}$$

在（14-19）式及（14-20）式中，未知獨立節點轉角 θ_j 已不存在於方程式中（因為 $\theta_j = -\theta_i$），而固端彎矩 FM_{ij} 可由表 11-2 及表 11-3 中查得。

討論

由（14-19）式可知：

$$M_{ij} = 2Ek\theta_i - 6EkR + FM_{ij}$$

$$= \left(\frac{1}{2}\right)4Ek\theta_i - 6EkR + FM_{ij} \tag{14-21}$$

比較上式與（14-7）式可知，當桿件之變形呈對稱時，桿件的旋轉勁度修正值為 $\dfrac{1}{2}$。

14-5-3　桿件之變形呈反對稱時的修正桿端彎矩方程式

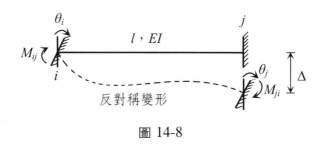

圖 14-8

圖 14-8 所示為一具有反對稱變形的桿件，若將反對稱條件 $\theta_j = \theta_i$，$M_{ji} = M_{ij}$ 代入（14-7）式及（14-8）式中，則可得出桿件之變形呈反對稱時的修正桿端彎矩方程式：

$$M_{ij} = 2Ek(3\theta_i - 3R) + FM_{ij} \tag{14-22}$$

$$M_{ji} = M_{ij} \tag{14-23}$$

在（14-22）式及（14-23）式中，未知獨立節點轉角 θ_j 已不存在於方程式中（因為 $\theta_j = \theta_i$），而固端彎矩 FM_{ij} 可由表 11-2 及表 11-3 中查得。

討論

由（14-22）式可知：

$$M_{ij} = 6Ek\theta_i - 6EkR + FM_{ij}$$

$$= \left(\frac{3}{2}\right)4Ek\theta_i - 6EkR + FM_{ij} \tag{14-24}$$

比較上式與（14-7）式可知，當桿件之變形呈反對稱時，桿件的旋轉勁度修正值為 $\dfrac{3}{2}$。

14-5-4　桿件一端之剪力為零時的修正桿端彎矩方程式

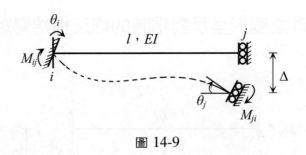

圖 14-9

對於兩端與固定支承或與剛性節點相連接的桿件 ij 而言，j 端的剪力可由 $\Sigma M_i = 0$ 得到

$$V_{ji} = \frac{6EI}{l^2}\theta_i + \frac{6EI}{l^2}\theta_j - \frac{12EI}{l^2}R + \frac{m_{ij}+m_{ji}}{l} + \frac{M_i^0}{l} \qquad (14\text{-}25)$$

在上式中，m_{ij} 及 m_{ji} 分表桿件在 i 端及 j 端之彎矩，而 M_i^0 表示桿件上之載重對 i 點之力矩和（順時針為正）。

在分析圖 14-9 所示的桿件時，由於 j 端為導向支承，$V_{ji} = 0$，因此由（14-25）式可知：

$$\Delta = \frac{l}{2}(\theta_i + \theta_j) + \frac{l^2}{12EI}(m_{ij} + m_{ji} + M_i^0)$$

現將上式代入（14-7）式及（14-8）式中可得

$$M_{ij} = 2Ek(0.5\theta_i - 0.5\theta_j) + HM'_{ij} \qquad (14\text{-}26)$$

$$M_{ji} = 2Ek(-0.5\theta_i + 0.5\theta_j) + HM'_{ji} \qquad (14\text{-}27)$$

（14-26）式及（14-27）式即為桿件一端之剪力為零時的修正桿端彎矩方程式，在式中 $HM'_{ij} = \dfrac{1}{2}(m_{ij} - m_{ji} - M_i^0)$，$HM'_{ji} = \dfrac{1}{2}(m_{ji} - m_{ij} - M_i^0)$ 均表修正的固端彎矩，可由表 14-1 中查得。

另外，在（14-26）式及（14-27）式中，未知獨立節點線位移 Δ 已不存在於方程式中。

表 14-1　由桿件上的載重或桿端節點變位所造成之固端反力（桿件一端為固定端，另一端為導向支承端之情況）

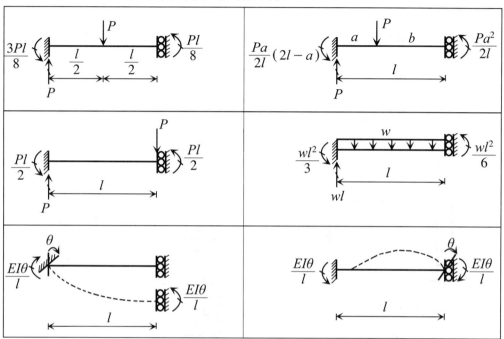

討論 1

比較（14-26）式、（14-27）式與（14-7）式、（14-8）式可知，當桿件一端之剪力為零時，桿件的旋轉勁度修正值為 $\frac{1}{4}$。

討論 2

符合桿件一端之剪力為零的桿件有以下兩種：

(1)桿件的一端與導向支承或導向接續相連時，若該端無外加剪力作用，則該端的剪力為零。

(2)桿件為具有相對側位移的剪力靜定桿件（請見 14-6 節的說明）。這類桿件無論其桿端是與固定支承或是與剛性節點相連接，一律視為一端與固定支承連接，而另一端（具有相對側位移之端）與導向支承連接之單跨靜不定梁（如圖 14-2(c)所示）。

14-6　剛架結構具有剪力靜定桿件時之考量

現以圖 14-10(a)所示的剛架結構為例，來說明剪力靜定桿件之判定方法。

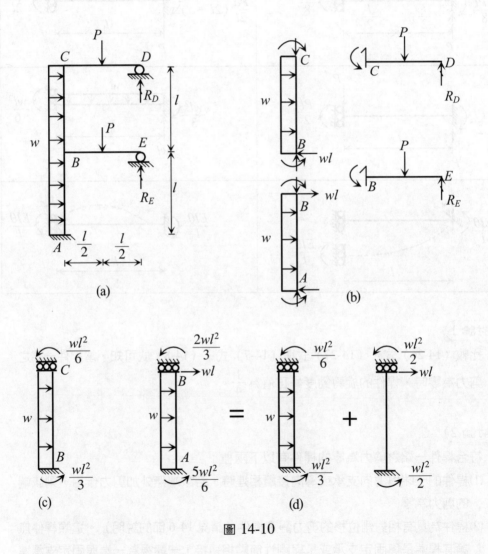

圖 14-10

在圖 14-10(a)所示的剛架中，*CD* 桿件與 *BE* 桿件均無側位移，而 *AB* 桿件與

BC 桿件則有側位移（分別令為 Δ_{BH} 及 Δ_{CH}），因此剛架之未知獨立節點變位共計有 6 個：θ_B、θ_C、θ_D、θ_E、$\Delta_{BH}(=\Delta_{EH})$、$\Delta_{CH}(=\Delta_{DH})$。

由各桿件的自由體（如圖 14-10(b)所示）可看出，支承反力 R_D 將不影響 BC 桿件的剪力分佈，而支承反力 R_E 將不影響 AB 桿件的剪力分佈，因此，當支承反力 R_D 與 BC 桿件平行，而支承反力 R_E 與 AB 桿件平行時，則稱 BC 桿件與 AB 桿件均為剪力靜定桿件。

在圖 14-10(b)中，由 BC 桿件的自由體可知，BC 桿件在 C 端之剪力 $V_{CB}=0$，在 B 端之剪力 $V_{BC}=wl$，因而 BC 桿件的受力及變形將與圖 14-10(c)所示的單跨靜不定梁相同，此時 BC 桿件的修正固端彎矩可由表 14-1 查得：

$$HM'_{BC}=-\frac{wl^2}{3} \quad （負號表逆時針方向） \tag{14-28}$$

$$HM'_{CB}=-\frac{wl^2}{6} \tag{14-29}$$

另外，在圖 14-10(b)中，由 AB 桿件的自由體可知，AB 桿件在 B 端的剪力 $V_{BA}=wl$，因而 AB 桿件的受力與變形將與圖 14-10(d)所示的單跨靜不定梁相同，因此 AB 桿件的修正固端彎矩亦可由表 14-1 查得：

$$HM'_{AB}=-\frac{wl^2}{3}-\frac{wl^2}{2}=-\frac{5}{6}wl^2 \tag{14-30}$$

$$HM'_{BA}=-\frac{wl^2}{6}-\frac{wl^2}{2}=-\frac{2}{3}wl^2 \tag{14-31}$$

現在將各桿件的桿端彎矩方程式建立如下：

(1)CD 桿件與 BE 桿件可視為一端與固定支承連接，另一端與輥支承連接之桿件（即桿件一端之彎矩為零），因此可用（14-10）式、（14-11）式和表 11-4 來建立修正的桿端彎矩方程式：

$$M_{CD}=2Ek(1.5\theta_C)+HM_{CD}$$
$$=3Ek\theta_C-\frac{3}{16}Pl$$

$$M_{DC}=0$$

$$M_{BE}=2Ek(1.5\theta_B)+HM_{BE}$$
$$=3Ek\theta_B-\frac{3}{16}Pl$$

$$M_{EB}=0$$

(2)BC桿件與AB桿件可視為一端與固定支承連接，另一端與導向支承連接
之桿件（即桿件一端之剪力為零），因此可用（14-26）式至（14-31）
式來建立修正的桿端彎矩方程式：

$$M_{BC} = 2Ek(0.5\theta_B - 0.5\theta_C) + HM'_{BC}$$
$$= Ek\theta_B - Ek\theta_C - \frac{wl^2}{3}$$
$$M_{CB} = 2Ek(-0.5\theta_B + 0.5\theta_C) + HM'_{CB}$$
$$= -Ek\theta_B + Ek\theta_C - \frac{wl^2}{6}$$
$$M_{AB} = 2Ek(0.5\theta_A - 0.5\theta_B) + HM'_{AB}$$
$$= -Ek\theta_B - \frac{5}{6}wl^2 \qquad (\theta_A = 0)$$
$$M_{BA} = 2Ek(-0.5\theta_A + 0.5\theta_B) + HM'_{BA}$$
$$= Ek\theta_B - \frac{2}{3}wl^2 \qquad (\theta_A = 0)$$

綜合上述之說明，可清楚的瞭解到，圖 14-10(a)所示的剛架原來共有 6 個
未知獨立節點變位（θ_B、θ_C、θ_D、θ_E、Δ_{BH}、Δ_{CH}），但適當的應用修正的桿端
彎矩方程式後，在分析過程中僅需計算 2 個未知獨立節點變位（θ_B, θ_C），因此
分析過程可大為簡化。

（討論）

有側位移的桿件可區分為剪力靜定桿件及剪力靜不定桿件，但唯有剪力靜定桿
件符合桿件一端之剪力為零的條件。

例題 14-1

於下圖所示剛架，試說明桿端彎矩方程式之選用及未知獨立節點變位之判定。

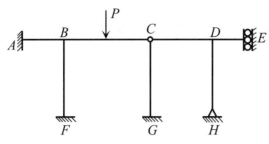

解

在不計軸向變形的情況下，由於 A 點，F 點，G 點，H 點（含 θ_H）均為不移動節點，所以 B 點（含 θ_B），C 點（含 θ_{CB}、θ_{CG}、θ_{CD}）、D 點（含 θ_D）亦為不移動節點，但 E 點（含 Δ_{EV}）為可移動節點。因此未知獨立節點變位共計有：θ_B、θ_{CB}、θ_{CG}、θ_{CD}、θ_D、θ_H 及 Δ_{EV} 等 7 個。

(1)桿件兩端為固定支承或剛性節點，宜用（14-7）式及（14-8）式來建立桿端彎矩方程式者：AB 桿件、BF 桿件。（含 θ_B）

(2)桿件一端為固定支承或剛性節點，另一端為鉸接續或為外側簡支端，宜用（14-10）式及（14-11）式來建立桿端彎矩方程式者：BC 桿件、CG 桿件、CD 桿件、DH 桿件。（含 θ_B、θ_D）

(3)桿件一端為剛性節點，另一端為導向支承，宜用（14-26）式及（14-27）式來建立桿端彎矩方程式者：DE 桿件。（含 θ_D）

由上可知，經適當選用修正的桿端彎矩方程式後，在分析過程中僅需計算 θ_B 及 θ_D 兩個未知獨立節點變位。

討論

由上述分析可知，若不選用修正的桿端彎矩方程式（14-10）式、（14-11）式、（14-26）式及（14-27）式，而直接應用（14-7）式及（14-8）式來分析全剛架時，所需計算的未知獨立節點變位共計有 7 個：θ_B、θ_{CB}、θ_{CG}、θ_{CD}、θ_D、θ_H 及 Δ_{EV}。

例題 14-2

於下圖所示剛架，試說明桿端彎矩方程式之選用及未知數節點變位之判定。

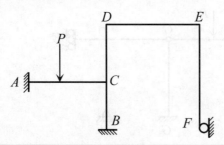

解

在不計軸向變形的情況下，由於 A 點、B 點均為不移動節點，所以 C 點（含 θ_C）亦為不移動節點，因此 AC 桿件及 BC 桿件均無側位移。DE 桿件（剪力靜定）、CD 桿件、EF 桿件均有側位移產生，其中 $\Delta_{DH}=\Delta_{EH}$、$\Delta_{EV}=\Delta_{FV}$，故未知獨立節點變位共計有：θ_C、θ_D、θ_E、θ_F、$\Delta_{DH}(=\Delta_{EH})$、$\Delta_{EV}(=\Delta_{FV})$ 等 6 個。

(1)桿件兩端為固定支承或剛性節點，宜用（14-7）式及（14-8）式來建立桿端彎矩方程式者：AC 桿件、BC 桿件、CD 桿件。（含 θ_C、θ_D、Δ_{DH}）

(2)剪力靜定桿件，宜用（14-26）式及（14-27）式來建立桿端彎矩方程式者：DE 桿件。（含 θ_D、θ_E）

(3)桿件一端為剛性節點，另一端為外側簡支端，宜用（14-10）式及（14-11）式來建立桿端彎矩方程式者：EF 桿件。（含 θ_E、$\Delta_{EH}=\Delta_{DH}$）

由上可知，經適當選用修正的桿彎矩方程式後，在分析過程中僅需計算 θ_C、θ_D、θ_E 及 Δ_{DH} 等 4 個未知獨立節點變位。

14-7　實質對稱結構與實質反對稱結構

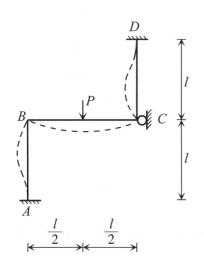

圖 14-11　實質對稱剛架

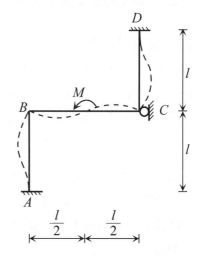

圖 14-12　實質反對稱剛架

　　如同對稱結構及反對稱結構，實質對稱的結構及實質反對稱的結構在分析時，亦可適當地採用取全做半法或取半分析法，以加速計算過程。

14-7-1　實質對稱結構

　　若結構之幾何構架不對稱，但在對應點處之固端彎矩為對稱（即大小相等，方向相反），且實質對稱之桿件在相互對應點處具有相同的勁度分配時，則此結構稱為**實質對稱結構**。圖 14-11 所示之剛架，由於：

(1)在對應點處之固端彎矩為對稱

$$-FM_{BC} = FM_{CB} = \frac{Pl}{8}$$

(2)實質對稱之桿件在相互對應點處具有相同的勁度分配

$$2Ek_{BA} : 2Ek_{BC} = 2Ek_{CD} : 2Ek_{CB}$$

因此該剛架為一實質對稱之剛架，因而 $\theta_B = -\theta_C$，且 $M_{AB} = -M_{DC}$；$M_{BA} =$

$-M_{CD}$；$M_{BC} = -M_{CB}$。

14-7-2　實質反對稱結構

若結構之幾何構架不對稱，但在對應點處之固端彎矩為反對稱（即大小相等，方向相同），且實質反對稱之桿件在相互對應點處具有相同的勁度分配時，則此結構稱為**實質反對稱結構**。圖 14-12 所示之剛架，由於：

(1)在對應點處之固端彎矩為反對稱

$$FM_{BC} = FM_{CB} = -\frac{M}{4}$$

(2)實質反對稱之桿件在相互對應點處具有相同的勁度分配

$$2Ek_{BA} : 2Ek_{BC} = 2Ek_{CD} : 2Ek_{CB}$$

因此該剛架為一實質反對稱之剛架，因而 $\theta_B = \theta_C$，且 $M_{AB} = M_{DC}$；$M_{BA} = M_{CD}$；$M_{BC} = M_{CB}$。

14-8　傾角變位法之解題步驟

傾角變位法最適宜分析具有已知節點變位之連續梁或剛架的桿端彎矩，或是求解有側位移之剛架的桿端彎矩及節點變位。其一般解題步驟如下：

(1)定出待求的桿端彎矩。

(2)順次寫出各桿件之桿端彎矩方程式（或是修正的桿端彎矩方程式），並定出待解的未知獨立節點變位（θ, Δ）。

(3)建立與 θ 自由度對應的節點彎矩平衡方程式（$\Sigma M_{jt} = 0$）以及與 Δ 自由度對應的剪力平衡方程式（$\Sigma F_\Delta = 0$）或彎矩平衡方程式（$\Sigma M_o = 0$）。

再將列在第(2)步之桿端彎矩方程式代入第(3)步所列之各平衡方程式中，

　　聯立解出各未知的獨立節點變位 θ 及 Δ。

(4)將解出之未知獨立節點變位 θ 及 Δ 代回列在第(2)步之各桿端彎矩方程式中，得出各桿端彎矩值。

(5)應用力的平衡關係求出各桿端剪力及軸向力，在全部桿件的桿端內力求得後，即可繪出各內力圖。

(6)計算各節點實際變位。

(7)依據各節點變位、彎矩圖及約束條件繪出結構之彈性變形曲線。

討論 1

　　採用傾角變位法分析靜不定撓曲結構時，桿端彎矩一律取順時針為正，逆時針為負（節點上的彎矩則反之），如圖 14-3(a)所示，但在繪彎矩圖時，仍採第三章之符號規定（即 Timoshenko's 符號系統，如圖 14-3(b)所示），亦即能使桿件產生凹面向上之變形的彎矩為正，反之為負。

討論 2

　　為簡化計算過程，各桿件之 $2Ek$ 及 R 均可採用相對值，但對具有彈簧之結構而言，由於彈簧力為彈簧彈力係數乘以該點之實際變位，因此在分析時 $2Ek$ 及 R 不宜使用相對值，而須使用實際的 $2Ek$ 值及 R 值。

討論 3

　　廣義載重包含一般的狹義載重、支承移動、溫度變化、製造誤差等，因此支承移動（包含支承旋轉及平移）是屬於廣義載重。對於支承旋轉而言，在靜不定結構中，僅有固定支承與導向支承發生旋轉時，桿件才會產生內力，而鉸支承或輥支承發生旋轉，則桿件不會產生內力。支承移動量為一已知值，由支承移動量所產生之固端彎矩可由表 11-3 及表 11-5 查得。一般而言，支承移動問題可以使用相對值求解。

討論 4

　　支承移動後，若桿件之側位移均為已知量，則結構將不具桿件之側位移自由

度；反之，若桿件之側位移存有未知量，則結構仍具有桿件之側位移自由度。

討論 5

彈性變形曲線係依彎矩圖的形式來撓曲，亦即正彎矩區所對應的桿件變形為凹面向上；負彎矩區所對應的桿件變形為凹面向下，而彎矩為零處則表彈性變形曲線上的反曲點（以鉸接續來表示）。

討論 6

對稱結構或反對稱結構可適當地採用取全做半法或取半分析法，並配合修正的桿端彎矩方程式，來簡化分析過程。

討論 7

位移法亦可分析靜定結構，但手算過程較冗繁，故無此必要。但矩陣位移法之通用計算程序，不論是應用在靜定或靜不定結構之分析均是十分快捷。

14-9 傾角變位法分析無桿件側位移之撓曲結構

本節針對僅具有節點旋轉自由度之撓曲結構進行分析解說。以下是範例及說明。

例題 14-3

試繪下圖所示連續梁之剪力圖及彎矩圖。EI為常數。

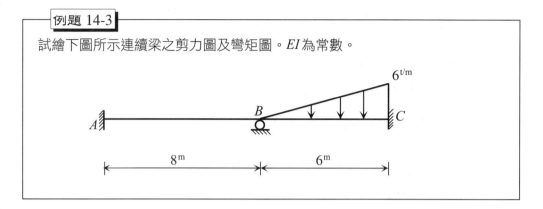

解

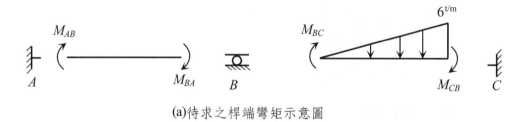

(a)待求之桿端彎矩示意圖

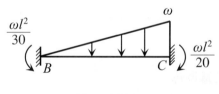

(b)固端彎矩

1. 待求之桿端彎矩

　　由圖(a)可知，待求之桿端彎矩有 M_{AB}、M_{BA}、M_{BC} 及 M_{CB}。

2. 建立桿端彎矩方程式

　　(1)各桿件之相對 $2Ek$ 值

$$2Ek_{AB} : 2Ek_{BC} = \frac{2EI}{8} : \frac{2EI}{6} = 3 : 4 = 2Ek_{BA} : 2Ek_{CB}$$

　　(2)各桿件之固端彎矩值及桿端彎矩方程式

AB 桿件：A 端為固定支承，B 端為剛性節點

由表 11-2 得：

$$FM_{AB} = FM_{BA} = 0^{\text{t-m}}$$

由（14-7）式及（14-8）式得：

$$M_{AB} = 2Ek_{AB}(2\theta_A + \theta_B - 3R) + FM_{AB}$$

$$= 3(\theta_B) \tag{1}$$

$$M_{BA} = 2Ek_{BA}(\theta_A + 2\theta_B - 3R) + FM_{BA}$$

$$= 3(2\theta_B) \tag{2}$$

BC 桿件：B 端為剛性節點，C 端為固定支承

由表 11-2 得：（見圖(b)）

$$FM_{BC} = -\frac{\omega l^2}{30} = -\frac{(6)(6)^2}{30} = -7.2^{\text{t-m}}$$

$$FM_{CB} = \frac{\omega l^2}{20} = \frac{(6)(6)^2}{20} = 10.8^{\text{t-m}}$$

由（14-7）式及（14-8）式得：

$$M_{BC} = 2Ek_{BC}(2\theta_B + \theta_C - 3R) + FM_{BC}$$

$$= 4(2\theta_B) - 7.2 \tag{3}$$

$$M_{CB} = 2Ek_{CB}(\theta_B + 2\theta_C - 3R) + FM_{CB}$$

$$= 4(\theta_B) + 10.8 \tag{4}$$

故知待解的未知量為 θ_B

3.求解 θ_B

(c)B 點彎矩示意圖（彎矩以逆時針為正）

建立 B 點彎矩平衡方程式：（見圖(c)）

$$\Sigma M_B = M_{BA} + M_{BC} = 0 \tag{5}$$

將(2)式及(3)式代入(5)式中解得

$\theta_B = 0.514$（由相對 $2Ek$ 求得，故非實際值）

4.各桿端彎矩值

將求得之 θ_B 代入(1)～(4)式，得出各桿端彎矩值：

$M_{AB} = 1.54^{\text{t-m}}$（ ↻ ）

$M_{BA} = 3.09^{\text{t-m}}$（ ↻ ）

$M_{BC} = -3.09^{\text{t-m}}$（ ↺ ）

$M_{CB} = 12.86^{\text{t-m}}$（ ↻ ）

5.繪剪力圖及彎矩圖

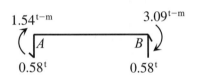

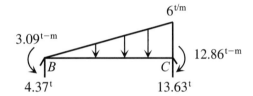

(d)桿端剪力及彎矩

當各桿端彎矩求得後，取各桿件為自由體，如圖(d)所示，經由靜力平衡條件即可得出各桿端剪力。將各桿件之剪力圖及彎矩圖繪出後，即得出全結構之剪力圖（如圖(e)所示）及彎矩圖（如圖(f)所示）。

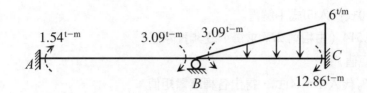

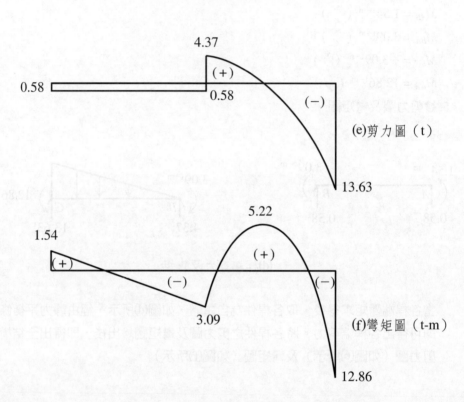

(e)剪力圖（t）

(f)彎矩圖（t-m）

討論 1

能使桿件產生凹面向上之變形的彎矩是為正彎矩，反之為負彎矩，因此各位讀者可否體認出桿端彎矩的數值及指向均與彎矩圖的座標值有關？

討論 2

對於一均質桿件而言，由於 E、I 值不變，因此必

$$2Ek_{ij} = 2Ek_{ji}$$

例題 14-4

有一由 AE、BE、CE、DE 四支桿件組成之剛架結構系統（如下圖所示），受 $10\,\text{kips}$ 之垂直載重作用，假設不考慮軸向變形，各桿件之剛度標示於桿件上，請算出各桿件末端承受之彎矩。

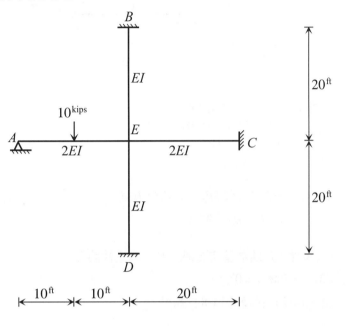

解

原剛架只有旋轉自由度，而無桿件側位移自由度。

1. 待求之桿端彎矩

　A 點為外側簡支端，$M_{AE} = 0\,\text{k-ft}$ 為一已知值，故待求的桿端彎矩有 M_{EA}、M_{BE}、M_{EB}、M_{CE}、M_{EC}、M_{DE} 及 M_{ED}。

2. 建立桿端彎矩方程式

　⑴各桿件之相對 $2Ek$ 值

$$2Ek_{AE} : 2Ek_{BE} : 2Ek_{CE} : 2Ek_{DE} = \frac{2(2EI)}{20} : \frac{2EI}{20} : \frac{2(2EI)}{20} : \frac{2EI}{20}$$

$$= 2 : 1 : 2 : 1$$

(2)各桿件之固端彎矩值及桿端彎矩方程式

AE 桿件：A 端為鉸支承，$M_{AE} = 0$ k-ft，E 端為剛性節點

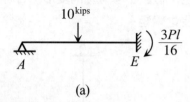

(a)

由表 11-4 得：（見圖(a)）

$$HM_{EA} = \frac{3Pl}{16} = \frac{(3)(10)(20)}{16} = 37.5^{\text{k-ft}}$$

由（14-15）式得：

$$
\begin{aligned}
M_{EA} &= 2Ek_{EA}(1.5\theta_E - 1.5R) + HM_{EA} \\
&= 2(1.5\theta_E) + 37.5
\end{aligned}
\tag{1}
$$

BE 桿件：B 端為固定支承，E 端為剛性節點

$$FM_{BE} = FM_{EB} = 0^{\text{k-ft}}$$

由（14-7）式及（14-8）式得：

$$
\begin{aligned}
M_{BE} &= 2Ek_{BE}(2\theta_B + \theta_E - 3R) + FM_{BE} \\
&= 1(\theta_E)
\end{aligned}
\tag{2}
$$

$$
\begin{aligned}
M_{EB} &= 2Ek_{EB}(\theta_B + 2\theta_E - 3R) + FM_{EB} \\
&= 1(2\theta_E)
\end{aligned}
\tag{3}
$$

CE 桿件：C 端為固定支承，E 端為剛性節點

$$FM_{CE} = FM_{EC} = 0^{\text{k-ft}}$$

由（14-7）式及（14-8）式得：

$$
\begin{aligned}
M_{CE} &= 2Ek_{CE}(2\theta_C + \theta_E - 3R) + FM_{CE} \\
&= 2(\theta_E)
\end{aligned}
\tag{4}
$$

$$
\begin{aligned}
M_{EC} &= 2Ek_{EC}(\theta_C + 2\theta_E - 3R) + FM_{EC} \\
&= 2(2\theta_E)
\end{aligned}
\tag{5}
$$

DE 桿件：D 端為固定支承，E 端為剛性節點

$FM_{DE} = FM_{ED} = 0^{\text{k-ft}}$

由（14-7）式及（14-8）式得：

$$M_{DE} = 2Ek_{DE}(2\theta_D + \theta_E - 3R) + FM_{DE}$$
$$= 1(\theta_E) \tag{6}$$

$$M_{ED} = 2Ek_{ED}(\theta_D + 2\theta_E - 3R) + FM_{ED}$$
$$= 1(2\theta_E) \tag{7}$$

　　故知待解的未知量為 θ_E

3.求解 θ_E

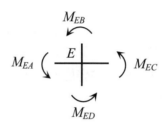

(b)E 點彎矩示意圖（彎矩以逆時針為正）

建立 E 點彎矩平衡方程式：（見圖(b)）

$$\Sigma M_E = M_{EA} + M_{EB} + M_{EC} + M_{ED} = 0 \tag{8}$$

將(1)式、(3)式、(5)式及(7)式代入(8)式中解得

$\theta_E = -3.41$（⤴）（相對值，非實際值）

4.各桿端彎矩值

　　將得出之 θ_E 代入(1)～(7)式後，整理各桿端彎矩值如下：

$M_{AE} = 0^{\text{k-ft}}$

$M_{EA} = 27.27^{\text{k-ft}}$（⤵）

$M_{BE} = M_{DE} = -3.41^{\text{k-ft}}$（⤴）

$M_{EB} = M_{CE} = M_{ED} = -6.82^{\text{k-ft}}$（⤴）

$M_{EC} = -13.64^{\text{k-ft}}$（⤴）

例題 14-5

試用傾角變位法分析下圖所示之剛架，並繪軸力圖、剪力圖、彎矩圖及彈性變形曲線。

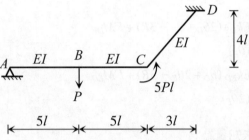

解

由節點的定義可知，原結構具有 A、C、D 三個節點以及 AC、CD 兩根桿件。由於 A 點及 D 點均為不移動節點，故 C 點亦為一不移動之節點。

繪製彈性變形曲線需依據實際的節點變位，因此採用不修正的桿端彎矩方程式及實際的 $2Ek$ 值較為適當。

1. 待求之桿端彎矩

   由於採用不修正的桿端彎矩方程式，所以待求之桿端彎矩有 M_{AC}、M_{CA}、M_{CD} 及 M_{DC}。

2. 建立桿端彎矩方程式

   AC 桿件：

   由表 11-2 得：

   $$-FM_{AC} = FM_{CA} = \frac{P(10l)}{8} = \frac{5}{4}Pl$$

   由（14-7）式及（14-8）式得：

   $$M_{AC} = \frac{2EI}{l}(2\theta_A + \theta_C - 3R_{AC}) + FM_{AC}$$

   $$= \frac{2EI}{10l}(2\theta_A + \theta_C) - \frac{5}{4}Pl \tag{1}$$

   $$M_{CA} = \frac{2EI}{l}(\theta_A + 2\theta_C - 3R_{CA}) + FM_{CA}$$

   $$= \frac{2EI}{10l}(\theta_A + 2\theta_C) + \frac{5}{4}Pl \tag{2}$$

CD 桿件：

由（14-7）式及（14-8）式得：

$$M_{CD} = \frac{2EI}{5l}(2\theta_C) \tag{3}$$

$$M_{DC} = \frac{2EI}{5l}(\theta_C) \tag{4}$$

故知待解的未知量為 θ_A 及 θ_C

3.求解 θ_A 及 θ_C

(a)A 點彎矩示意圖　　　　　(b)C 點彎矩示意圖
（彎矩以逆時針為正）　　　（彎矩以逆時針為正）

建立 A 點彎矩平衡方程式：（見圖(a)）

$$\Sigma M_A = M_{AC} = 0$$

即 $\dfrac{2EI}{10l}(2\theta_A + \theta_C) - \dfrac{5}{4}Pl = 0$ \hfill (5)

建立 C 點彎矩平衡方程式：（見圖(b)）

$$\Sigma M_C = M_{CA} + M_{CD} + 5Pl = 0$$

即 $\dfrac{2EI}{10l}(\theta_A + 2\theta_C) + \dfrac{5}{4}Pl + \dfrac{2EI}{5l}(2\theta_C) + 5Pl = 0$ \hfill (6)

聯立解(5)式及(6)式得

$$\theta_A = \frac{25Pl^2}{4EI} \quad (\text{↻}) \quad （實際值）$$

$$\theta_C = -\frac{25Pl^2}{4EI} \quad (\text{↺}) \quad （實際值）$$

4.各桿端彎矩值

將求得之 θ_A 及 θ_C 代入(1)～(4)式，可得出各桿端彎矩值：

$M_{AC} = 0$；$M_{CA} = 0$；$M_{CD} = -5Pl$（↺）；$M_{DC} = -2.5Pl$（↺）

5.繪各內力圖及彈性變形曲線

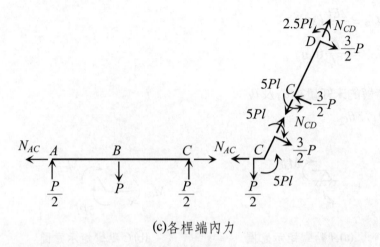

(c)各桿端內力

當各桿端彎矩值求得後，取各桿件為自由體，由靜力平衡方程式可求得各桿端
剪力值，如圖(c)所示。再取 C 點為自由體，由

$$\xrightarrow{+} \Sigma F_x = 0 ; \quad -N_{AC} + \frac{3}{5}N_{CD} + \frac{4}{5}(\frac{3}{2}P) = 0 \tag{7}$$

$$+\uparrow \Sigma F_y = 0 ; \quad -\frac{P}{2} - \frac{3}{5}(\frac{3}{2}P) + \frac{4}{5}N_{CD} = 0 \tag{8}$$

聯立解(7)式及(8)式得，$N_{AC} = 2.25P$；$N_{CD} = 1.75P$

由各桿端內力及載重即可繪出軸力圖（如圖(d)所示）、剪力圖（如圖(e)所示）
及彎矩圖（如圖(f)）所示。最後，根據彎矩圖可繪出彈性變形曲線（如圖(g)所
示）。

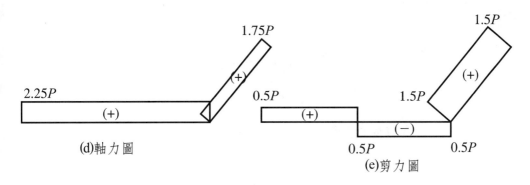

(d)軸力圖　　　　　　　　　　　(e)剪力圖

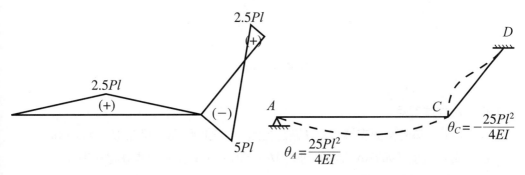

(f)彎矩圖　　　　　　　　(g)彈性變形曲線

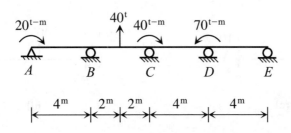

例題 14-6

於下圖所示連續梁，EI 為定值，試利用傾角變位法分析之，並繪彎矩圖。

解

$$20^{t-m} \quad \overset{\curvearrowleft}{\underset{A}{\triangle}} \leftarrow M_{AB} = 20^{t-m}$$

(a)A點自由體（節點上之彎矩以逆時針為正）

$$M_{ED} = 0^{t-m} \overset{\curvearrowright}{\underset{E}{\triangle}}$$

(b)B點自由體

1. 待求之桿端彎矩

   A點及E均為外側簡支端，由A點自由體（如圖(a)所示）可知$M_{AB} = 20$ t-m；
   由E點自由體（如圖(b)所示）可知$M_{ED} = 0$ t-m，故待求之桿端彎矩有M_{BA}、
   M_{BC}、M_{CB}、M_{CD}、M_{DC}及M_{DE}。

2. 建立桿端彎矩方程式

   (1)各桿件之相對$2Ek$值

   $$2Ek_{AB} : 2Ek_{BC} : 2Ek_{CD} : 2Ek_{DE} = \frac{2EI}{4} : \frac{2EI}{4} : \frac{2EI}{4} : \frac{2EI}{4}$$

   $$= 1 : 1 : 1 : 1$$

   (2)各桿件之固端彎矩值及桿端彎矩方程式

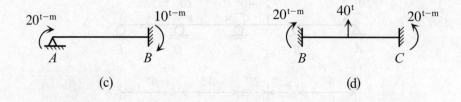

   (c)   (d)

   AB桿件：A端為鉸支承，$M_{AB} = 20$ t-m，B端為剛性節點

   由表11-4得：（見圖(c)）

$$HM_{BA} = \frac{M}{2} = \frac{20}{2} = 10^{t-m}$$

由（14-17）式得

$$M_{BA} = 2Ek_{BA}(1.5\theta_B - 1.5R) + HM_{BA}$$
$$= 1(1.5\theta_B) + 10 \tag{1}$$

BC 桿件：B 端及 C 端均為剛性節點

由表 11-2 得：（見圖(d)）

$$FM_{BC} = -FM_{CB} = \frac{Pl}{8} = \frac{(40)(4)}{8} = 20^{t-m}$$

由（14-7）式及（14-8）式得：

$$M_{BC} = 2Ek_{BC}(2\theta_B + \theta_C - 3R) + FM_{BC}$$
$$= 1(2\theta_B + \theta_C) + 20 \tag{2}$$
$$M_{CB} = 2Ek_{CB}(\theta_B + 2\theta_C - 3R) + FM_{CB}$$
$$= 1(\theta_B + 2\theta_C) - 20 \tag{3}$$

CD 桿件：C 端及 D 端均為剛性節點

$$FM_{CD} = FM_{DC} = 0^{t-m}$$

由（14-7）式及（14-8）式得：

$$M_{CD} = 2Ek_{CD}(2\theta_C + \theta_D - 3R) + FM_{CD}$$
$$= 1(2\theta_C + \theta_D) \tag{4}$$
$$M_{DC} = 2Ek_{DC}(\theta_C + 2\theta_D - 3R) + FM_{DC}$$
$$= 1(\theta_C + 2\theta_D) \tag{5}$$

DE 桿件：D 端為剛性節點，E 端為輥支承，$M_{ED} = 0^{t-m}$

$$HM_{DE} = 0^{t-m}$$

由（14-10）式得：

$$M_{DE} = 2Ek_{DE}(1.5\theta_D - 1.5R) + HM_{DE}$$
$$= 1(1.5\theta_D) \tag{6}$$

故知待解的未知量為 θ_B、θ_C 及 θ_D

3. 求解 θ_B、θ_C 及 θ_D

(e) B 點彎矩示意圖　　(f) C 點彎矩示意圖　　(g) D 點彎矩示意圖

建立 B 點彎矩平衡方程式：（見圖(e)）

$$\Sigma M_B = M_{BA} + M_{BC} = 0$$

即 $(1.5\theta_B + 10) + (2\theta_B + \theta_C + 20) = 0$ \hfill (7)

建立 C 點彎矩平衡方程式：（見圖(f)）

$$\Sigma M_C = M_{CB} + M_{CD} - 40 = 0$$

即 $(\theta_B + 2\theta_C - 20) + (2\theta_C + \theta_D) - 40 = 0$ \hfill (8)

建立 D 點彎矩平衡方程式：（見圖(g)）

$$\Sigma M_D = M_{DC} + M_{DE} + 70 = 0$$

即 $(\theta_C + 2\theta_D) + (1.5\theta_D) + 70 = 0$ \hfill (9)

聯立解(7)式、(8)式及(9)式得

　　$\theta_B = -15.952$（↴）；$\theta_C = 25.833$（↷）；$\theta_D = -27.381$（↴）

（均為相對值，非實際值）

4. 各桿端彎矩值

將求得之 θ_B、θ_C 及 θ_D 代入(1)～(6)式後，整理得各桿端彎矩值如下：

$M_{AB} = 20^{\text{t-m}}$（↷）

$M_{BA} = -13.9^{\text{t-m}}$（↴）

$M_{BC} = 13.9^{\text{t-m}}$（↷）

$M_{CB} = 15.7^{\text{t-m}}$（↷）

$M_{CD} = 24.3^{\text{t-m}}$（↷）

$M_{DC} = -28.9^{\text{t-m}}$（ $\curvearrowright$ ）

$M_{DE} = -41.1^{\text{t-m}}$（ $\curvearrowright$ ）

$M_{ED} = 0^{\text{t-m}}$

5.繪彎矩圖

　當各桿件之桿端彎矩求得後，依各桿端彎矩之數值及指向，並應用第三章第 3-4 節所述的組合法，即可輕易繪出彎矩圖，如圖(h)所示，在圖中：

$$-40.9 = \frac{(13.9 - 15.7)}{2} - \frac{Pl}{4} = \frac{(13.9 - 15.7)}{2} - \frac{(40)(4)}{4}$$

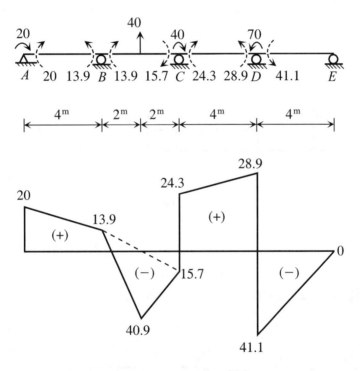

(h)彎矩圖（t-m）（組合法）

例題 14-7

於下圖所示之連續梁，試求各桿端彎矩值及 θ_B、θ_C、θ_D 及 Δ_D。EI 為常數。

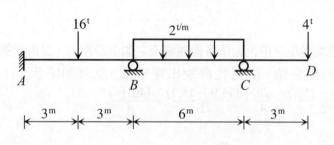

解

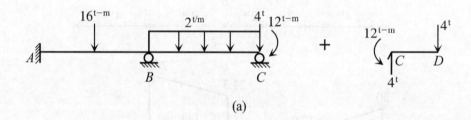

(a)

CD 段為一外伸梁，是一靜定桿件，C 端之內力可直接由靜力平衡方程式求得（如圖(a)所示，$M_{CD} = -12$ t-m），而 ABC 段之各桿端彎矩則可由傾角變位法求得。圖(b)所示為 ABC 段待求之桿端彎矩示意圖。

(b)待求之桿端彎矩示意圖

1. 待求之桿端彎矩

在圖(b)中，由於 C 端為外側簡支端，其上有 12 t-m 之力矩作用，因此由 C 點上的彎矩平衡可得 $M_{CB} = 12$ t-m，故原結構待求之桿端彎矩為 M_{AB}、M_{BA} 及 M_{BC}。

2. 建立桿端彎矩方程式

(1)各桿件之相對 $2Ek$ 值（欲求各節點變位時，亦可直接採用絕對 $2Ek$ 值）

$$2Ek_{AB} : 2Ek_{BC} = \frac{2EI}{6} : \frac{2EI}{6} = 1 : 1 = 2Ek_{BA} : 2Ek_{CB}$$

(2)各桿件之固端彎矩值及桿端彎矩方程式

AB 桿件：A 端為固定支承，B 端為剛性節點

由表 11-2 得：

$$-FM_{AB} = FM_{BA} = \frac{Pl}{8} = \frac{(16)(6)}{8} = 12^{\text{t-m}}$$

由（14-7）式及（14-8）式得：

$$M_{AB} = 2Ek_{AB}(2\theta_A + \theta_B - 3R) + FM_{AB}$$
$$= \theta_B - 12 \tag{1}$$

$$M_{BA} = 2Ek_{BA}(\theta_A + 2\theta_B - 3R) + FM_{BA}$$
$$= 2\theta_B + 12 \tag{2}$$

BC 桿件：B 端為剛性節點，C 端之彎矩為一已知值 $M_{CB} = 12^{\text{t-m}}$

由表 11-4 得：

修正的 $HM_{BC} = -\dfrac{\omega l^2}{8} + \dfrac{M}{2} = -\dfrac{(2)(6)^2}{8} + \dfrac{12}{2} = -3^{\text{t-m}}$

由（14-12）式得：

$$M_{BC} = 2Ek_{BC}(1.5\theta_B - 1.5R) + HM_{BC}$$
$$= 1.5\theta_B - 3 \tag{3}$$

故知待解的未知量為 θ_B

3.求解 θ_B

$$M_{BA} \curvearrowleft \quad \underset{B}{\triangle} \quad \curvearrowright M_{BC}$$

(c)B點彎矩示意圖（彎矩以逆時針為正）

建立 B 點彎矩平衡方程式：（見圖(b)）

$$\Sigma M_B = M_{BA} + M_{BC} = 0 \qquad\qquad (4)$$

將(2)式及(3)式代入(4)式中解得

$\theta_B = -2.57^{\text{t-m}}$ （為相對值，非實際值）

4.各桿端彎矩值

將求得之 θ_B 代入(1)～(3)式後，各桿端彎矩整理如下：

$M_{AB} = -14.57^{\text{t-m}}$（ ↷ ）

$M_{BA} = +6.86^{\text{t-m}}$（ ↶ ）

$M_{BC} = -6.86^{\text{t-m}}$（ ↷ ）

$M_{CB} = +12^{\text{t-m}}$（ ↶ ）

$M_{CD} = -12^{\text{t-m}}$（ ↷ ）

$M_{DC} = 0^{\text{t-m}}$（自由端）

5.求 θ_B，θ_C，θ_D 及 Δ_D

(1)求 θ_B

由於 $2Ek$ 之絕對值為 $\dfrac{2EI}{6}$，相對值為 1，因此

實際之 $\theta_B = \dfrac{6}{2EI}$（相對之 θ_B）

$$= \frac{6}{2EI}(-2.57)$$

$$= -\frac{7.71}{EI}^{\text{t-m}^2}（ ↷ ）$$

(2)求 θ_C

由公式（14-7）知：（不可用修正公式、相對 $2Ek$ 值及固端彎矩值）

$$M_{BC} = 2Ek_{BC}(2\theta_B + \theta_C - 3R) + FM_{BC} \qquad （由表 11-2 得 FM_{BC} = -\frac{\omega l^2}{12}）$$

$$= \frac{2EI}{6}(2(-\frac{7.71}{EI}) + \theta_C - 0) + \frac{(2)(6)^2}{12}$$

$$= -6.86^{\text{t-m}}$$

由上式可解得 $\theta_C = \dfrac{12.86}{EI}{}^{\text{t-m}^2}$（$\curvearrowright$）

(3)求 θ_D 及 Δ_D

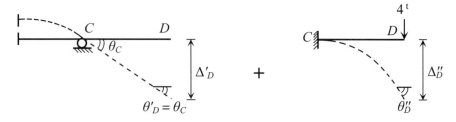

(d)由其他桿件上之載重所造成　　　　(e)由 D 點上之載重 4^{t} 所造成
　　CD 桿件之變形　　　　　　　　　　CD 桿件之變形

CD 桿件為一外伸梁，其變形可視為僅由其他桿件上之載重所造成的變形（見圖(d)）與僅由 D 點上之載重 4^{t} 所造成的變形（見圖(e)）相疊加而成的。由此可知：

$\theta_D = \theta'_D + \theta''_D$ 　（$\theta'_D = \theta_C$，θ''_D 可由表 11-1 查得）

$$= \theta_C + \frac{Pl^2}{2EI}$$

$$= \frac{12.86}{EI} + \frac{4(3)^2}{2EI}$$

$$= \frac{30.86}{EI}{}^{\text{t-m}^2} \quad (\curvearrowright)$$

$\Delta_D = \Delta'_D + \Delta''_D$ 　（Δ''_D 可由表 11-1 查得）

$$= (\theta_C \times l_{CD}) + \frac{Pl^3}{3EI}$$

$$= \left(\frac{12.86}{EI} \times 3\right) + \frac{(4)(3)^3}{3EI}$$

$$= \frac{74.55}{EI}{}^{\text{t-m}^3} \quad (\downarrow)$$

例題 14-8

試以傾角變位法分析下圖所示之剛架，並繪彎矩圖。EI為常數。

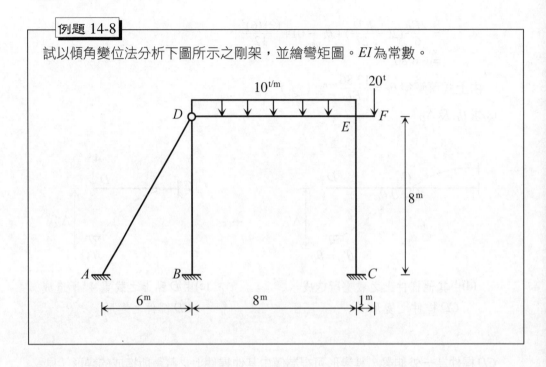

解

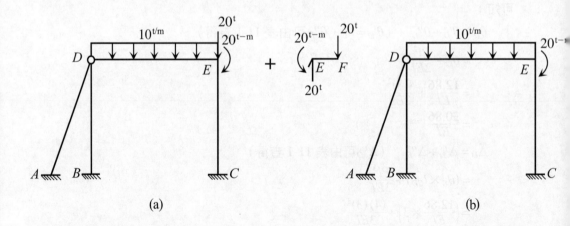

(a)   (b)

EF段為一外伸梁，是一靜定桿件，E端之內力可直接由靜力平衡方程式求得
（如圖(a)所示，$M_{EF} = -20^{t-m}$），而$ABCDE$部份之各桿端彎矩則可由傾角變位
法求得。

在 $ABCDE$ 部份中，A 點及 B 點為不移動節點，所以 D 點為一不移動節點，又 D 點及 C 點為不移動節，故 E 點亦為一不移動節點，因而可知 $ABCDE$ 部份中無桿件側位移自由度。

另外，當僅考慮桿件彎曲變形時，在 $ABCDE$ 部份中可不計 20^t 所引起的效應，因此受力情形如圖(b)所示。

1. 待求之桿端彎矩

　在圖(b)中，D 點為一鉸接續，因此 $M_{DA} = M_{DB} = M_{DE} = 0^{t-m}$，故待求之桿端彎矩為 M_{AD}，M_{BD}，M_{ED}，M_{EC} 及 M_{CE}。

2. 建立桿端彎矩方程式

　(1)各桿件之相對 $2Ek$ 值

$$2Ek_{AD} : 2Ek_{BD} : 2Ek_{DE} : 2Ek_{CE} = \frac{2EI}{10} : \frac{2EI}{8} : \frac{2EI}{8} : \frac{2EI}{8}$$
$$= 4 : 5 : 5 : 5$$

　(2)各桿件之固端彎矩值及桿端彎矩方程式

　　AD 桿件：A 端為固定支承，D 端為鉸節點，$M_{DA} = 0^{t-m}$

　　$HM_{AD} = HM_{DA} = 0^{t-m}$

　　由（14-10）式得：

$$M_{AD} = 2Ek_{AD}(1.5\theta_A - 1.5R) + HM_{AD}$$
$$= 0 \tag{1}$$

　　BD 桿件：B 端為固定支承，D 端為鉸節點，$M_{DB} = 0^{t-m}$

　　$HM_{BD} = HM_{DB} = 0^{t-m}$

　　由（14-10）式得：

$$M_{BD} = 2Ek_{BD}(1.5\theta_B - 1.5R) + HM_{BD}$$
$$= 0 \tag{2}$$

　　DE 桿件：E 端為剛性節點，D 端為鉸接續，$M_{DE} = 0^{t-m}$

　　由表 11-4 得：

$$HM_{ED} = \frac{\omega l^2}{8} = \frac{(10)(8)^2}{8} = 80^{t-m}$$

　　由（14-15）式得：

$$M_{ED} = 2Ek_{ED}(1.5\theta_E - 1.5R) + HM_{ED}$$

$$= 7.5\theta_E + 80 \tag{3}$$

CE 桿件：C 端為固定支承，E 端為剛性節點

$$FM_{CE} = FM_{EC} = 0^{\text{t-m}}$$

由（14-7）式及（14-8）式得：

$$M_{EC} = 2Ek_{EC}(2\theta_E + \theta_C - 3R) + FM_{EC}$$

$$= 10\theta_E \tag{4}$$

$$M_{CE} = 2Ek_{CE}(\theta_E + 2\theta_C - 3R) + FM_{CE}$$

$$= 5\theta_E \tag{5}$$

故知待解的未知量為 θ_E

3. 求解 θ_E

(c) E 點彎矩示意圖（彎矩以逆時針為正）

建立 E 點彎矩平衡方程式：（見圖(c)）

$$\Sigma M_E = M_{ED} + M_{EC} - 20 = 0 \tag{6}$$

將(3)式及(4)式代入(6)式中解得

$$\theta_E = -3.43^{\text{t-m}} \quad （為相對值，非實際值）$$

4. 各桿端彎矩值

將求得之 θ_E 代入(1)～(5)式後，各桿端彎矩整理如下：

$$M_{AD} = M_{BD} = M_{DA} = M_{DB} = M_{DE} = M_{FE} = 0^{\text{t-m}}$$

$$M_{ED} = 54.28^{\text{t-m}} \quad （\curvearrowright）$$

$$M_{EC} = -34.3^{\text{t-m}} \quad （\curvearrowleft）$$

$M_{CE} = -17.15^{\text{t-m}}$（↺）

$M_{EF} = -20^{\text{t-m}}$（↺）

5.繪彎矩圖

當各桿端彎矩求得後，各桿件可依組合法（見第三章 3-4 節）繪出彎矩圖，如圖(d)所示，在圖中：$52.9 = \dfrac{(0-54.2)}{2} + \dfrac{\omega l^2}{8} = \dfrac{(0-54.2)}{2} + \dfrac{(10)(8)^2}{8}$

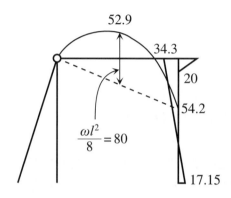

(d)彎矩圖（t-m）（組合法）

討論

D 點為鉸接續，因此不能傳遞彎矩，對於與其相連接的桿件而言，若桿件上無載重且無桿端變位發生時（亦即沒有會使桿件產生彎矩的因素存在時），這些與其相連接之桿件（如 AD 桿件及 BD 桿件）將無彎矩產生。

例題 14-9

試以傾角變位法分析下圖所示對稱梁結構之桿端彎矩。EI 為常數。

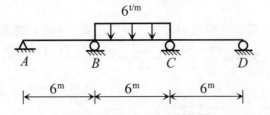

解

此為對稱結構，可採用取全做半法或取半分析法來進行分析。

解法(一)取全做半法（分析半邊結構，但結構不必沿對稱軸切開）

1. 待求之桿端彎矩

現取對稱軸左半邊之結構來進行分析，由對稱性可知，$M_{AB} = -M_{DC} = 0^{t-m}$
（外側簡支端）；$M_{BA} = -M_{CD}$；$M_{BC} = -M_{CB}$，因此待求之桿端彎矩為 M_{BA}
及 M_{BC}。

2. 建立桿端彎矩方程式

(1)各桿件之相對 $2Ek$ 值

$$2Ek_{AB} : 2Ek_{BC} = \frac{2EI}{6} : \frac{2EI}{6} = 1 : 1$$

(2)各桿件之固端彎矩及桿端彎矩方程式

AB 桿件：B 端為剛性節點，A 端為鉸支承，$M_{AB} = 0^{t-m}$

$HM_{AB} = HM_{BA} = 0^{t-m}$

由（14-15）式得：

$$
\begin{aligned}
M_{BA} &= 2Ek_{BA}(1.5\theta_B - 1.5R) + HM_{BA} \\
&= 1.5\theta_B
\end{aligned}
\tag{1}
$$

BC 桿件：具對稱變形（$\theta_B = -\theta_C$）

由表 11-2 得：

$$-FM_{BC} = FM_{CB} = \frac{\omega l^2}{12} = \frac{(6)(6)^2}{12} = 18^{t-m}$$

由（14-19）式得：

$$M_{BC} = 2Ek_{BC}(\theta_B - 3R) + FM_{BC}$$

$$= \theta_B - 18 \tag{2}$$

故知待解的未知量為 θ_B

3.求解 θ_B

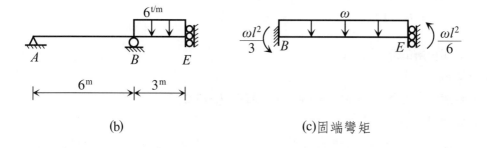

(a) B 點彎矩示意圖（彎矩以逆時針為正）

建立 B 點彎矩平衡方程式：（見圖(a)）

$$\Sigma M_B = M_{BA} + M_{BC} = 0 \tag{3}$$

將(1)式及(2)式代入(3)式中解得

　　$\theta_B = 7.2^{t\text{-}m}$　　（為相對值，非實際值）

4.各桿端彎矩值

將求得之 θ_B 代入(1)式及(2)式後，各桿端彎矩整理如下：

$M_{BA} = -M_{CD} = 10.8^{t\text{-}m}$（ ↻ ）

$M_{BC} = -M_{CB} = -10.8^{t\text{-}m}$（ ↺ ）

$M_{AB} = -M_{DC} = 0^{t\text{-}m}$

解法㈡取半分析法（結構沿對稱軸切開，取半邊結構進行分析）

(b)

(c)固端彎矩

1. 待求之桿端彎矩

設 E 點為對稱中點，依據對稱結構之對稱中點特性（$F_x \neq 0$，$F_y = 0$，$M \neq 0$，$\Delta_x = 0$，$\Delta_y \neq 0$，$\theta = 0$），可知 E 點處可模擬成一導向支承，如圖(b)所示。當 ABE 梁完成分析後，原結構由對稱性可知，$M_{AB} = -M_{DC}$；$M_{BA} = -M_{CD}$；$M_{BC} = -M_{CB}$，因此在原結構中待求之桿端彎矩為 M_{BA} 及 M_{BC}，其中 M_{BC} 即為圖(b)所示結構中之 M_{BE}。

2. 建立桿端彎矩方程式

(1)各桿件之相對 $2Ek$ 值

$$2Ek_{AB} : 2Ek_{BE} = \frac{2EI}{6} : \frac{2EI}{3} = 1 : 2$$

(2)各桿件之固端彎矩及桿端彎矩方程式

AB 桿件：B 端為剛性節點，A 端為鉸支承，$M_{AB} = 0^{\text{t-m}}$

$$HM_{AB} = HM_{BA} = 0^{\text{t-m}}$$

由（14-15）式得：

$$M_{BA} = 2Ek_{BA}(1.5\theta_B - 1.5R) + HM_{BA}$$
$$= 1.5\theta_B \tag{1}$$

BE 桿件：B 端為剛性節點，E 端為導向支承

由表 14-1 得：（見圖(c)）

$$HM'_{BE} = -\frac{\omega l^2}{3} = -\frac{(6)(3)^2}{3} = -18^{\text{t-m}}$$

由（14-26）式得

$$M_{BE} = 2Ek_{BE}(0.5\theta_B - 0.5\theta_E) + HM'_{ij}$$
$$= \theta_B - 18 \tag{2}$$

故知待解的未知量為 θ_B

3. 求解 θ_B

同解法(一)，取 $\Sigma M_B = M_{BA} + M_{BE} = 0$，解得 $\theta_B = 7.2^{\text{t-m}}$

4. 各桿端彎矩值

答案與解法(一)相同。唯需明白的是，圖(b)所示結構中之 M_{BE} 即為原結構中之 M_{BC}。

討論

在圖(b)所示之結構中，E 端為導向支承，因此 BE 桿件具有側位移自由度，若 BE 桿件能適當的應用公式（14-26）及（14-27），則 BE 桿件在計算過程中可簡化除去側位移之效應。

例題 14-10

於下圖所示對稱剛架，各桿件之相對勁度示於圖中，試繪彎矩圖。

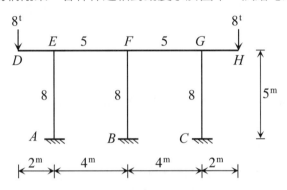

解

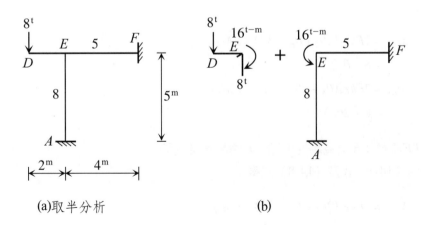

(a)取半分析   (b)

原結構為無桿件側位移之偶數跨對稱剛架，可採取半分析法進行計算。

1. 待求之桿端彎矩

　對於 BF 桿件而言，$\theta_B = 0$，$R_{BF} = 0$，且由於對稱之故，因而 $\theta_F = 0$，由（14-7）式及（14-8）式可知

$$M_{BF} = 2Ek_{BF}(2\theta_B + \theta_F - 3R_{BF}) + FM_{BF} = 0^{\text{t-m}}$$

$$M_{FB} = 2Ek_{FB}(\theta_B + 2\theta_F - 3R_{FB}) + FM_{FB} = 0^{\text{t-m}} \quad (R_{FB} = R_{BF} = 0)$$

F 點為結構之對稱中點，依據對稱結構之對稱中點特性（$F_x \neq 0$，$F_y = 0$，$M \neq 0$；$\Delta_x = 0$，$\Delta_y \neq 0$，$\theta = 0$）以及約束特性（在不考慮桿件軸向變形的情況下，BF 桿件將對 F 點提供 $\Delta_y = 0$ 之約束），可知 F 點處可模擬成一固定支承，如圖(a)所示。

DE 桿件為一靜定桿件，由靜力平衡條件可知 $M_{ED} = 16^{\text{t-m}}$，如圖(b)所示，因此取對稱軸左半邊結構來進行分析時，僅需分析 AEF 部分。原結構中待求之桿端彎矩為 $M_{AE}(=-M_{CG})$、$M_{EA}(=-M_{GC})$、$M_{EF}(=-M_{GF})$ 及 $M_{FE}(=-M_{FG})$。

2. 建立桿端彎矩方程式

　(1)各桿件之相對 $2Ek$ 值

$$2Ek_{AE} : 2Ek_{EF} = 8 : 5 \quad （題目已知）$$

　(2)各件件之固端彎矩值及桿端彎矩方程式

$$FM_{AE} = FM_{EA} = FM_{EF} = FM_{FE} = 0^{\text{t-m}}$$

　AE 桿件：A 端為固定支承，B 端為剛性節點

　由（14-7）式及（14-8）式得：

$$M_{AE} = 2Ek_{AE}(2\theta_A + \theta_E - 3R) + FM_{AE}$$
$$= 8(\theta_E) \tag{1}$$

$$M_{EA} = 2Ek_{EA}(\theta_A + 2\theta_E - 3R) + FM_{EA}$$
$$= 8(2\theta_E) \tag{2}$$

　EF 桿件：E 端為剛性節點，F 端為固定支承

　由（14-7）式及（14-8）式得：

$$M_{EF} = 2Ek_{EF}(2\theta_E + \theta_F - 3R) + FM_{EF}$$
$$= 5(2\theta_E) \tag{3}$$

$$M_{FE} = 2Ek_{FE}(\theta_E + 2\theta_F - 3R) + FM_{FE}$$
$$= 5 \ (\theta_E) \tag{4}$$

故知待解之未知量為 θ_E

3.求解 θ_E

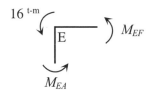

(c) E 點彎矩示意圖（彎矩以逆時針為正）

建立 E 點彎矩平衡方程式：（見圖(c)）

$$\Sigma M_E = M_{EA} + M_{EF} + 16 = 0 \tag{5}$$

將(2)式及(3)式代入(5)式中解得

$$\theta_E = -0.615 \quad （相對值，非實際值）$$

4.各桿端彎矩值

將求得之 θ_E 代入(1)～(4)後，可整理得出各桿端彎矩值：

$$M_{DE} = -M_{HG} = 0^{t-m}$$
$$M_{ED} = -M_{GH} = 16^{t-m}$$
$$M_{AE} = -M_{CG} = -4.92^{t-m}$$
$$M_{EA} = -M_{GC} = -9.84^{t-m}$$
$$M_{EF} = -M_{GF} = -6.15^{t-m}$$
$$M_{FE} = -M_{FG} = -3.08^{t-m}$$
$$M_{BF} = -M_{FB} = 0^{t-m}$$

桿端彎矩示意圖，如圖(d)所示。

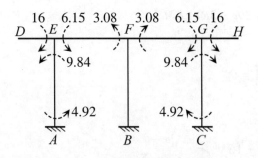

(d)桿端彎矩示意圖

5.繪彎矩圖

　　依據各桿端彎矩值，即可迅速繪出彎矩圖，如圖(e)所示。桿件變形圖，如圖(f)所示。

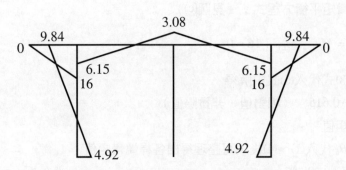

(e)彎矩圖（t-m）

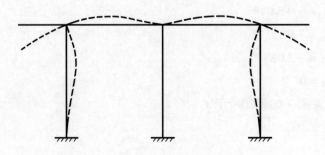

(f)彈性變形曲線

討論

原結構由於對稱之故,所以 BF 桿件之桿端彎矩為零,由平衡關係可知 BF 桿件之桿端剪力亦為零,故 BF 桿件僅有軸向力,因而不產生彈性變形。

例題 14-11

於下圖所示剛架,試求各桿端彎矩。EI 為常數。

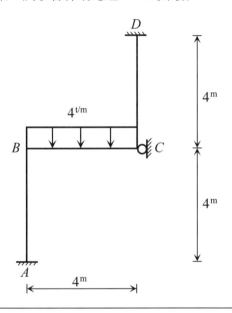

解

1. 待求之桿端彎矩

原結構之幾何構架為非對稱,但對應點之固端彎矩呈對稱,且實質對稱之桿件在相互對應點處具有相同之勁度分配,亦即

$$-FM_{BC} = FM_{CB} = \frac{\omega l^2}{12} = \frac{(4)(4)^2}{12} = 5.33^{\text{t-m}}$$

$$2Ek_{AB} : 2Ek_{BC} = 2Ek_{DC} : 2Ek_{CB} = \frac{2EI}{4} : \frac{2EI}{4} = 1 : 1$$

故知原結為一無桿件側位移之實質對稱結構,因此可採用取全做半法來進行

分析。待求之桿端彎矩為 $M_{AB}(=-M_{DC})$、$M_{BA}(=-M_{CD})$，及 $M_{BC}(=-M_{CB})$。

2. 建立桿端彎矩方程式

AB 桿件：A 端為固定支承，B 端為剛性節點

由（14-7）式及（14-8）式得

$$M_{AB} = 2Ek_{AB}(2\theta_A + \theta_B - 3R) + FM_{AB}$$
$$= 1(\theta_B) \tag{1}$$
$$M_{BA} = 2Ek_{BA}(\theta_A + 2\theta_B - 3R) + FM_{BA}$$
$$= 1(2\theta_B) \tag{2}$$

BC 桿件：具對稱變形（$\theta_B = -\theta_C$）

由（14-19）式得：

$$M_{BC} = 2Ek_{BC}(\theta_B - 3R) + FM_{BC}$$
$$= 1(\theta_B) - 5.33 \tag{3}$$

故知待解的未知量為 θ_B

3. 求解 θ_B

建立 B 點彎矩平衡方程式

$$\Sigma M_B = M_{BA} + M_{BC} = 0 \tag{4}$$

將(2)式及(3)式代入(4)式中解得

$\theta_B = 1.78^{t-m}$（相對值，非絕對值）

4. 各桿端彎矩值

將求得之 θ_B 代入(1)～(3)式後，各桿端彎矩整理如下：

$M_{AB} = -M_{DC} = 1.78^{t-m}$

$M_{BA} = -M_{CD} = 3.56^{t-m}$

$M_{BC} = -M_{CB} = -3.56^{t-m}$

例題 14-12

試以傾角變位法分析下圖所示反對稱梁結構之桿端彎矩。EI 為常數。

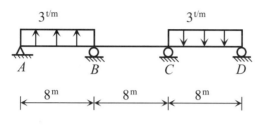

解

如同對稱結構，可採用取全做半法或取半分析法來進行分析。

解法(一)取全做半法（分析半邊結構，但結構不必沿對稱軸切開）

1. 待求之桿端彎矩

   現取對稱軸左半邊之結構來進行分析，由反對稱性可知，$M_{AB} = M_{DC} = 0^{\text{t-m}}$
   （外側簡支端）；$M_{BA} = M_{CD}$；$M_{BC} = M_{CB}$，因此待求之桿端彎矩為 M_{BA} 及
   M_{BC}。

2. 建立桿端彎矩方程式

   (1)各桿件之相對 $2Ek$ 值

   $$2Ek_{AB} : 2Ek_{BC} = \frac{2EI}{8} : \frac{2EI}{8} = 1 : 1$$

   (2)各桿件之固端彎矩及桿端彎矩方程式

   AB 桿件：B 端為剛性節點，A 端為鉸支承，$M_{AB} = 0^{\text{t-m}}$

   由表 11-4 得：

   $$HM_{BA} = -\frac{\omega l^2}{8} = -\frac{(3)(8)^2}{8} = -24^{\text{t-m}}$$

   由（14-15）式得：

   $$\begin{aligned} M_{BA} &= 2Ek_{BA}(1.5\theta_B - 1.5R) + HM_{BA} \\ &= 1.5\theta_B - 24 \end{aligned} \tag{1}$$

   BC 桿件：具反對稱變形（$\theta_B = \theta_C$）

$$FM_{BC} = 0^{t-m}$$

由（14-22）式得：

$$M_{BC} = 2Ek_{BC}(3\theta_B - 3R) + FM_{BC}$$
$$= 3\theta_B \tag{2}$$

故知待解的未知量為 θ_B

3. 求解 θ_B

$$M_{BA} \, \underset{\overline{B}}{\big\downarrow} \, M_{BC}$$

(a)B 點彎矩示意圖（彎矩以逆時針為正）

建立 B 點彎矩平衡方程式：（見圖(a)）

$$\Sigma M_B = M_{BA} + M_{BC} = 0 \tag{3}$$

將(1)式及(2)式代入(3)式中解得

$$\theta_B = 5.33^{t-m}（為相對值，非實際值）$$

4. 各桿端彎矩值

將求得之 θ_B 代入(1)式及(2)式後，各桿端彎矩整理如下：

$$M_{AB} = M_{DC} = 0^{t-m}$$
$$M_{BA} = M_{CD} = -16^{t-m} \ (\,\curvearrowright\,)$$
$$M_{BC} = M_{CB} = 16^{t-m} \ (\,\curvearrowleft\,)$$

解法㈡取半分析法（結構沿對稱軸切開，取半邊結構進行分析）

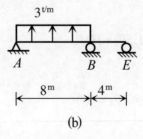

(b)

1. 待求之桿端彎矩

　設 E 點為對稱中點，依據反對稱結構之對稱中點特性（$F_x = 0$，$F_y \neq 0$，$M = 0$；$\Delta_x \neq 0$，$\Delta_y = 0$，$\theta \neq 0$），可知 E 點處可模擬成一輥支承，如圖(b)所示。當 ABE 梁完成分析後，原結構由反對稱性可知，$M_{AB} = M_{DC} = 0^{t-m}$（外側簡支端）；$M_{BA} = M_{CD}$；$M_{BC} = M_{CB}$，因此在原結構中待求之桿端彎矩為 M_{BA} 及 M_{BC}，其中 M_{BC} 即為圖(b)所示結構中之 M_{BE}。

2. 建立桿端彎矩方程式

　(1)各桿件之相對 $2Ek$ 值

$$2Ek_{AB} : 2Ek_{BE} = \frac{2EI}{8} : \frac{2EI}{4} = 1 : 2$$

　(2)各桿件之固端彎矩及桿端彎矩方程式

　　AB 桿件：B 端為剛性節點，A 端為鉸支承，$M_{AB} = 0^{t-m}$

　　由表 11-4 得：

$$HM_{BA} = -\frac{\omega l^2}{8} = -\frac{(3)(8)^2}{8} = -24^{t-m}$$

　　由（14-15）式得：

$$\begin{aligned} M_{BA} &= 2Ek_{BA}(1.5\theta_B - 1.5R) + HM_{BA} \\ &= 1.5\theta_B - 24 \end{aligned} \tag{1}$$

　　BE 桿件：B 端為剛性節點，E 端為輥支承，$M_{EB} = 0^{t-m}$

　　$HM_{BE} = 0^{t-m}$

　　由（14-10）式得：

$$\begin{aligned} M_{BE} &= 2Ek_{BE}(1.5\theta_B - 1.5R) + HM_{BE} \\ &= 3\theta_B \end{aligned} \tag{2}$$

　　故知待解的未知量為 θ_B

3. 求解 θ_B

　同解法㈠，取 $\Sigma M_B = M_{BA} + M_{BC} = 0$，解得 $\theta_B = 5.33^{t-m}$

4. 各桿端彎矩值

　答案與解法㈠相同。

例題 14-13

下圖所示為一連續梁，$EI = 8 \times 10^4$ t-m^2，若 B 點下陷 3 公分，試繪剪力圖及彎矩圖。

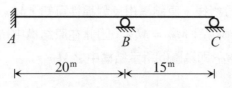

解

連續梁支承有下陷時，桿件將產生內力，這種內力一般稱為**二次應力**。

在原結構中僅有支承下陷效應而無載重作用，因此 AB 桿件及 BC 桿件之固端彎矩均視為由支承下陷量所造成，見圖(a)及圖(b)。由於支承下陷量為已知值，故不視為未知的獨立節點變位，因此原結構僅存在節點之旋轉自由度而無桿件之側位移自由度。

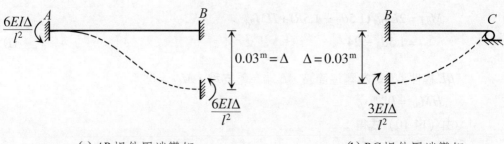

(a)AB 桿件固端彎矩 　　　　　　　(b)BC 桿件固端彎矩

1. 待求之桿端彎矩

　 C 端為外側簡支端，$M_{CB} = 0$ t-m，故待求之桿端彎矩有 M_{AB}、M_{BA} 及 M_{BC}。

2. 建立桿端彎矩方程式

　(1)各桿件之相對 $2Ek$ 值

　　 $2Ek_{AB} : 2Ek_{BC} = \dfrac{2EI}{20} : \dfrac{2EI}{15} = 3 : 4$

　(2)各桿件之固端彎矩值及桿端彎矩方程式

　　 AB 桿件：A 端為固定支承，B 端為剛性節點

由表 11-3 得：（見圖(a)）

$$FM_{AB} = FM_{BA} = -\frac{6EI\varDelta}{l^2} = -\frac{(6)(8 \times 10^4)(0.03)}{(20)^2} = -36^{\text{t-m}}$$

由（14-7）式及（14-8）式得：

$$M_{AB} = 2Ek_{AB}(2\theta_A + \theta_B - 3R) + FM_{AB}$$
$$= 3\theta_B - 36 \tag{1}$$

$$M_{BA} = 2Ek_{BA}(\theta_A + 2\theta_B - 3R) + FM_{BA}$$
$$= 6\theta_B - 36 \tag{2}$$

BC 桿件：B 端為剛性節點，C 端為輥支承，$M_{CB} = 0^{\text{t-m}}$

由表 11-5 得：（見圖(b)）

$$HM_{BC} = \frac{3EI\varDelta}{l^2} = \frac{(3)(8 \times 10^4)(0.03)}{(15)^2} = 32^{\text{t-m}}$$

由（14-10）式得：

$$M_{BC} = 2Ek_{BC}(1.5\theta_B - 1.5R) + HM_{BC}$$
$$= 6\theta_B + 32 \tag{3}$$

故知待解的未知量為 θ_B

3.求解 θ_B

建立 B 點彎矩平衡方程式：

$$\Sigma M_B = M_{BA} + M_{BC} = 0 \tag{4}$$

將(2)式及(3)式代入(4)式中解得

　　$\theta_B = 0.333^{\text{t-m}}$　　（為相對值，非實際值）

4.各桿端彎矩值

將所得之 θ_B 代入(1)～(3)式後，各桿端彎矩整理如下：

$M_{AB} = -35^{\text{t-m}}$（↻）；$M_{BA} = -34^{\text{t-m}}$（↻）；

$M_{BC} = 34^{\text{t-m}}$（↺）；$M_{CB} = 0^{\text{t-m}}$

5.繪剪力圖及彎矩圖

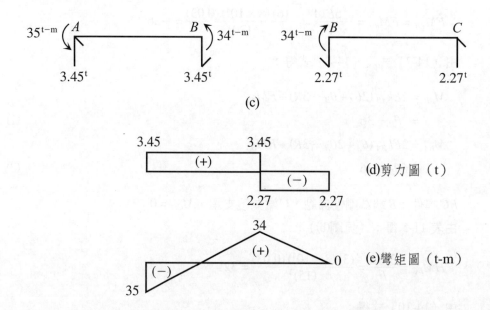

(c)

(d)剪力圖（t）

(e)彎矩圖（t-m）

桿端彎矩求得後，由靜力平衡條件可得出各桿端剪力（如圖(c)所示），進而可繪出剪力圖（如圖(d)所示）及彎矩圖（如圖(e)所示）。

討論 1

在建立桿端彎矩方程式時，若支承移動效應（包含支承旋轉與平移）不是反應在固端彎矩 FM 中，則各桿件之 $2Ek$ 值及 R 值均應採用實際值，而不能採用相對值。以本題為例，若支承下陷量 0.03 m 不是反應在固端彎矩 FM 時，則

$$FM_{AB} = FM_{BA} = HM_{BC} = 0^{t-m} \quad （桿件上無載重作用）$$

此時 $R_{AB} = R_{BA} = \dfrac{0.03}{20}$ （ ↻ ）；$R_{BC} = -\dfrac{0.03}{15}$ （ ↺ ），如圖(f)所示。

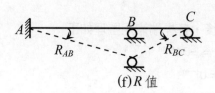

(f)R 值

換言之，⑴式、⑵式及⑶式可改寫為：$(k=\dfrac{I}{l}；R=\dfrac{\Delta}{l})$

$$M_{AB} = \frac{2EI}{l}(2\theta_A + \theta_B - 3R) + FM_{AB}$$
$$= \frac{(2)(8\times10^4)}{20}(0+\theta_B - 3(\frac{0.03}{20})) + 0$$
$$= 8000\theta_B - 36$$

$$M_{BA} = \frac{2EI}{l}(\theta_A + 2\theta_B - 3R) + FM_{BA}$$
$$= \frac{(2)(8\times10^4)}{20}(0+2\theta_B - 3(\frac{0.03}{20})) + 0$$
$$= 16000\theta_B - 36$$

$$M_{BC} = \frac{2EI}{l}(1.5\theta_B - 1.5R) + HM_{BC}$$
$$= \frac{(2)(8\times10^4)}{15}(1.5\theta_B + 1.5(\frac{0.03}{15})) + 0$$
$$= 16000\theta_B + 32$$

同理，取 $\Sigma M_B = M_{BA} + M_{BC} = 0$，可解出相同的桿端彎矩值。

【討論 2】

若支承移動後，各桿件之側位移量均為已知值，則謂此結構僅具有節點之旋轉自由度，而無桿件之側位移自由度。

例題 14-14

下圖之連續梁，支承 B 下陷 0.04 m，支承 C 下陷 0.02 m，若 $E = 200$ Gpa，$I = 75\times10^{-6}$ m⁴，試求各端點之彎矩，並繪圖表示之。

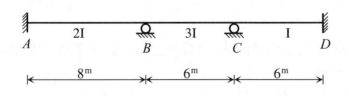

解

支承變位係指相對變位，而非絕對變位。圖(a)所示為支承沉陷所引起的節點變位連線圖。由於各支承的相對沉陷量均為已知值，故原結構無桿件側位移自由度。

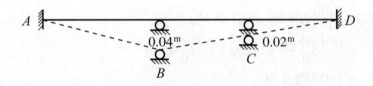

(a)節點變位連線圖

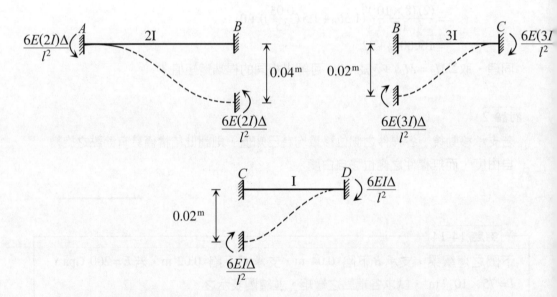

(b)各桿件由支承沉陷所造成之固端彎矩（見表 11-3）

在考慮支承相對沉陷量的情況下，各桿件之固端彎矩示意圖，如圖(b)所示。

1. 待求之桿端彎矩

待求之桿端彎矩有 M_{AB}、M_{BA}、M_{BC}、M_{CB}、M_{CD} 及 M_{DC}。

2.建立桿端彎矩方程式

(1)各桿件之相對 $2Ek$ 值

$$2Ek_{AB} : 2Ek_{BC} : 2Ek_{CD} = \frac{2E(2I)}{8} : \frac{2E(3I)}{6} : \frac{2EI}{6} = 3 : 6 : 2$$

(2)各桿件之固端彎矩值及桿端彎矩方程式

AB 桿件：A 端為固定支承，B 端為剛性節點

由圖(b)知

$$FM_{AB} = FM_{BA} = -\frac{6E(2I)\Delta}{l^2} = -\frac{6(200 \times 10^6)(2 \times 75 \times 10^{-6})(0.04)}{(8)^2} = -112.5$$

kN-m

由（14-7）式及（14-8）式得：

$$M_{AB} = 2Ek_{AB}(2\theta_A + \theta_B - 3R) + FM_{AB}$$
$$= 3(\theta_B) - 112.5 \tag{1}$$
$$M_{BA} = 2Ek_{BA}(\theta_A + 2\theta_B - 3R) + FM_{BA}$$
$$= 3(2\theta_B) - 112.5 \tag{2}$$

BC 桿件：B 端及 C 端均為剛性節點

由圖(b)知

$$FM_{BC} = FM_{CB} = \frac{6E(3I)\Delta}{l^2} = \frac{6(200 \times 10^6)(3 \times 75 \times 10^{-6})(0.02)}{(6)^2} = 150^{\text{kN-m}}$$

由（14-7）式及（14-8）式得：

$$M_{BC} = 2Ek_{BC}(2\theta_B + \theta_C - 3R) + FM_{BC}$$
$$= 6(2\theta_B + \theta_C) + 150 \tag{3}$$
$$M_{CB} = 2Ek_{CB}(\theta_B + 2\theta_C - 3R) + FM_{CB}$$
$$= 6(\theta_B + 2\theta_C) + 150 \tag{4}$$

CD 桿件：C 端為剛性節點，D 端為固定支承

由圖(b)知

$$FM_{CD} = FM_{DC} = \frac{6EI\Delta}{l^2} = \frac{6(200 \times 10^6)(75 \times 10^{-6})(0.02)}{(6)^2} = 50^{\text{kN-m}}$$

由（14-7）式及（14-8）式得：

$$M_{CD} = 2Ek_{CD}(2\theta_C + \theta_D - 3R) + FM_{CD}$$

$$= 2(2\theta_C) + 50 \tag{5}$$

$$M_{DC} = 2Ek_{DC}(\theta_C + 2\theta_D - 3R) + FM_{DC}$$

$$= 2(\theta_C) + 50 \tag{6}$$

故知待解的未知量為 θ_B 及 θ_C

3. 求解 θ_B 及 θ_C

建立 B 點彎矩平衡方程式

$$\Sigma M_B = M_{BA} + M_{BC} = 0$$

即　$18\theta_B + 6\theta_C + 37.5 = 0 \tag{7}$

建立 C 點彎矩平衡方程式

$$\Sigma M_C = M_{CB} + M_{CD} = 0$$

即　$6\theta_B + 16\theta_C + 200 = 0 \tag{8}$

聯立解(7)式及(8)式得

$$\theta_B = 2.381^{kN-m} \; (\curvearrowright) \; （相對值）$$

$$\theta_C = -13.393^{kN-m} \; (\curvearrowleft) \; （相對值）$$

4. 各桿端彎矩值

將求得之 θ_B 及 θ_C 代入(1)～(6)式後，得

$$M_{AB} = -105.36^{kN-m} \; (\curvearrowleft)$$

$$M_{BA} = -98.21^{kN-m} \; (\curvearrowleft)$$

$$M_{BC} = 98.21^{kN-m} \; (\curvearrowright)$$

$$M_{CB} = 3.57^{kN-m} \; (\curvearrowright)$$

$$M_{CD} = -3.57^{kN-m} \; (\curvearrowleft)$$

$$M_{DC} = 23.21^{kN-m} \; (\curvearrowright)$$

5. 繪彎矩圖

各桿端彎矩示於圖(c)中，依據桿端彎矩之數值及指向即可繪出彎矩圖，如圖(d)所示。

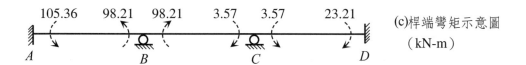

(c)桿端彎矩示意圖
（kN-m）

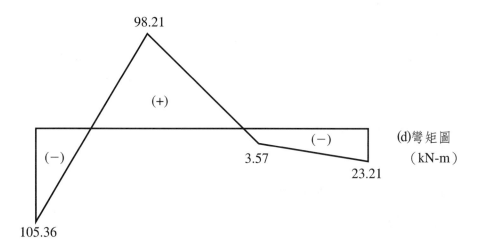

(d)彎矩圖
（kN-m）

例題 14-15

在下圖所示剛架中，已知固定端 D 出現轉角 $\theta_D = 0.016\text{rad}$。若各桿彎曲剛度 $EI =$ 常數，試以傾角變位法求桿端彎矩，並繪彎矩圖。

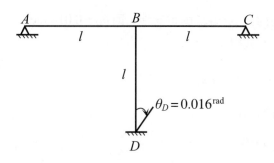

解

原結構僅具有旋轉自由度而無桿件之側位移自由度。

本題若是不將支承旋轉（$\theta_D = 0.016$ rad）反應在固端彎矩 FM 中，則各桿件應採用實際的 $2Ek\left(= \dfrac{2EI}{l}\right)$ 值。

1. 待求之桿端彎矩

   A 端及 C 端均為外側簡支端，故 $M_{AB} = M_{CB} = 0$，因此待求之桿件彎矩為 M_{BA}、M_{BC}、M_{BD} 及 M_{DB}。

2. 建立桿端彎矩方程式

   AB 桿件：A 端為鉸支承，$M_{AB} = 0$，B 端為剛性節點

   由（14-15）式得：

   $$\begin{aligned} M_{BA} &= \frac{2EI}{l}(1.5\theta_B - 1.5R) + HM_{BA} \\ &= \frac{3EI}{l}\theta_B \end{aligned} \tag{1}$$

   BC 桿件：B 端為剛性節點，C 端為鉸支承，$M_{CB} = 0$

   由（14-10）式得：

   $$\begin{aligned} M_{BC} &= \frac{2EI}{l}(1.5\theta_B - 1.5R) + HM_{BC} \\ &= \frac{3EI}{l}\theta_B \end{aligned} \tag{2}$$

   BD 桿件：B 端為剛性節點，D 端為固定支承，而 $\theta_D = 0.016$ rad

   由（14-7）式及（14-8）式得：

   $$\begin{aligned} M_{BD} &= \frac{2EI}{l}(2\theta_B + \theta_D - 3R) + FM_{BD} \\ &= \frac{2EI}{l}(2\theta_B + (0.016)) \\ &= \frac{4EI}{l}\theta_B + 0.032\frac{EI}{l} \end{aligned} \tag{3}$$

   $$\begin{aligned} M_{DB} &= \frac{2EI}{l}(\theta_B + 2\theta_D - 3R) + FM_{DB} \\ &= \frac{2EI}{l}(\theta_B + 2(0.016)) \end{aligned}$$

$$= \frac{2EI}{l}\theta_B + 0.064\frac{EI}{l} \qquad (4)$$

故知待解的未知量為 θ_B

3. 求解 θ_B

建立 B 點彎矩平衡方程式：

$$\Sigma M_B = M_{BA} + M_{BC} + M_{BD} = 0 \qquad (5)$$

將(1)～(3)式代入(5)式中解得

$$\theta_B = -0.0032^{\text{rad}} \qquad （實際值）$$

4. 各桿端彎矩值

將所得之 θ_B 代入(1)～(4)式後，各桿端彎矩整理如下：

$$M_{AB} = M_{CB} = 0$$

$$M_{BA} = -\frac{0.0096EI}{l}$$

$$M_{BC} = -\frac{0.0096EI}{l}$$

$$M_{BD} = \frac{0.0192EI}{l}$$

$$M_{DB} = \frac{0.0576EI}{l}$$

5. 繪彎矩圖

為了容易繪彎矩圖，可先繪出桿端彎矩示意圖，如圖(a)所示，再依據桿端彎矩的指向，即可輕鬆繪出彎矩圖，如圖(b)所示。

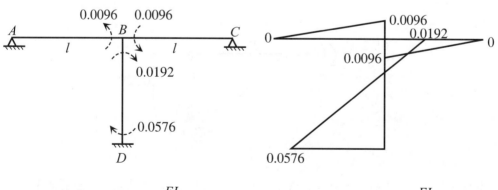

(a)桿端彎矩示意圖（$\times \frac{EI}{l}$）　　　　(b)彎矩圖（$\times \frac{EI}{l}$）

討論

　　本題當然可將支承旋轉效應反應在固端彎矩 FM 中（查表 11-3），此時可以用相對值來求解問題，讀者可自行練習。

例題 14-16

下圖所示連續梁，在載重作用下，支承 A 順時針旋轉 0.001 rad，支承 B 向下沉陷 0.32 in，試用傾角變位法分析各桿端彎矩。

$E = 30 \times 10^3$ ksi，$I = 600$ in^4

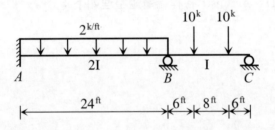

解

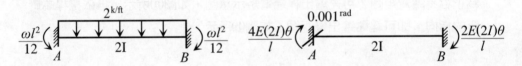

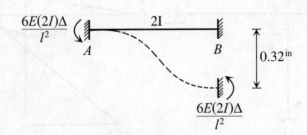

(a) AB 桿件分別由載重、支承旋轉及支承沉陷所造成之固端彎矩（分別見表 11-2 及表 11-3）

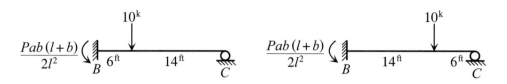

(b)BC桿件分別由載重及支承沉陷所造成之固端彎矩
（分別見表 11-4 及表 11-5）

形成 AB 桿件固端彎矩的效應有載重、支承旋轉及支承沉陷，如圖(a)所示（分別見表 11-2 及表 11-3）；形成 BC 桿件固端彎矩的效應有載重及支承沉陷，如圖(b)所示（分別見表 11-4 及表 11-5）。

由於支承下陷量為已知值，不視為未知的獨立節點變位，故原結構無桿件側位移自由度。

1. 待求之桿端彎矩

　　C 端為外側簡支端，$M_{CB} = 0^{k-ft}$ 為已知值，故待求之桿端彎矩有 M_{AB}、M_{BA} 及 M_{BC}。

2. 建立桿端彎矩方程式

　　(1)各桿件之相對 $2Ek$ 值

$$2Ek_{AB} : 2Ek_{BC} = \frac{2E(2I)}{24} : \frac{2E(I)}{20} = 5 : 3$$

　　(2)各桿件之固端彎矩值及桿端彎矩方程式

　　　AB 桿件：A 端為固定支承，B 端為剛性節點

　　　由圖(a)知：

$$FM_{AB} = -\frac{\omega l^2}{12} + \frac{4EI\theta_A}{l} - \frac{6EI\Delta}{l^2}$$

$$= -\frac{(2)(24)^2}{12} + \frac{4(30 \times 10^3)(2 \times 600)(0.001)}{(24)(144)} - \frac{6(30 \times 10^3)(2 \times 600)(0.32)}{(24)^2(1728)}$$

$$= -123.8^{k-ft}$$

$$FM_{BA} = \frac{\omega l^2}{12} + \frac{2EI\theta_A}{l} - \frac{6EI\Delta}{l^2}$$

$$= 47.5^{k-ft}$$

由（14-7）式及（14-8）式得：

$$M_{AB} = 2Ek_{AB}(2\theta_A + \theta_B - 3R) + FM_{AB}$$

$$= 5(\theta_B) - 123.8 \tag{1}$$

$$M_{BA} = 2Ek_{BA}(\theta_A + 2\theta_B - 3R) + FM_{BA}$$

$$= 5(2\theta_B) + 47.5 \tag{2}$$

BC桿件：B端為剛性節點，C端為輥支承，$M_{CB} = 0^{k-ft}$

由圖(b)知：

$$HM_{BC} = -\frac{Pab(l+b)}{2l^2} - \frac{Pab(l+b)}{2l^2} + \frac{3EI\Delta}{l^2}$$

$$= -\frac{(10)(6)(14)(20+14)}{2(20)^2} - \frac{(10)(14)(6)(20+6)}{2(20)^2} + \frac{3(30 \times 10^3)(600)(0.32)}{(20)^2(1728)}$$

$$= -38^{k-ft}$$

由（14-10）式得

$$M_{BC} = 2Ek_{BC}(1.5\theta_B - 1.5R) + HM_{BC}$$

$$= 3(1.5\theta_B) - 38 \tag{3}$$

故知待解的未知量為 θ_B

3.求解 θ_B

　　建立 B 點彎矩平衡方程式

$$\Sigma M_B = M_{BA} + M_{BC} = 0 \tag{4}$$

將(2)式及(3)式代入(4)式中解得

$$\theta_B = -0.6552^{k-ft} \quad （相對值，非實際值）$$

4.各桿端彎矩值

將求得之 θ_B 代入(1)～(3)式後，各桿端彎矩值整理如下：

$M_{AB} = -127.1^{\text{k-ft}}$（↶）

$M_{BA} = 40.9^{\text{k-ft}}$（↷）

$M_{BC} = -40.9^{\text{k-ft}}$（↶）

$M_{CB} = 0^{\text{k-ft}}$（↷）

討論

讀者可自行練習將支承移動效應（含支承旋轉及下沉）不是反應在固端彎矩中，而應用實際的 $2Ek$ 值及 R 值來做計算。

例題 14-17

於下圖所示之連續梁，斷面為矩形，寬 10 公分，高 5 公分，$E = 2 \times 10^6$ kg/cm^2，膨脹係數 $\alpha = 12 \times 10^{-5}/℃$。若梁頂部溫度 60℃，底部 20℃，試分析由溫差所產生的彎矩圖。

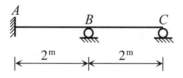

解

斷面之 $I = \dfrac{bh^3}{12} = \dfrac{(10)(5)^3}{12} = 104.17^{\text{cm}^4}$

$EI = (2 \times 10^6)(104.17) = 208340000^{\text{kg·cm}^2} = 20.834^{\text{t-m}^2}$

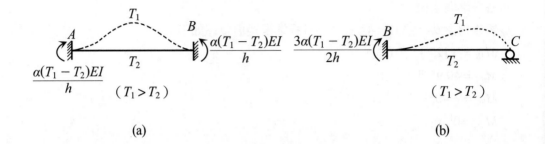

(a)　　　　　　　　　　　　　　　　　　　　　(b)

原結構僅有節點之旋轉自由度而無桿件之側位移自由度。

1. 待求之桿端彎矩

　　C 端為外側簡支端，$M_{CB} = 0^{\text{t-m}}$，故待求之桿端彎矩有 M_{AB}、M_{BA} 及 M_{BC}。

2. 建立桿端彎矩方程式

　　(1)各桿件之相對 $2Ek$ 值

$$2Ek_{AB} : 2Ek_{BC} = \frac{2EI}{2} : \frac{2EI}{2} = 1 : 1$$

　　(2)各桿件之固端彎矩值及桿端彎矩方程式

　　　　AB 桿件：A 端為固定支承，B 端為剛性節點

　　　　固端彎矩 FM 可由圖(a)所示之公式（適用於桿件上之溫度呈線性變化者）求得，即

$$FM_{AB} = -FM_{BA} = \frac{\alpha(T_1 - T_2)EI}{h} = \frac{(12 \times 10^{-5})(60 - 20)(20.834)}{0.05} = 2^{\text{t-m}}$$

由（14-7）式及（14-8）式得：

$$M_{AB} = 2Ek_{AB}(2\theta_A + \theta_B - 3R) + FM_{AB}$$
$$= \theta_B + 2 \tag{1}$$
$$M_{BA} = 2Ek_{BA}(\theta_A + 2\theta_B - 3R) + FM_{BA}$$
$$= 2\theta_B - 2 \tag{2}$$

　　　　BC 桿件：B 端為剛性節點，C 端為輥支承，$M_{CB} = 0\,\text{t-m}$。修正的固端彎矩
　　　　HM 可由圖(b)所示之公式（適用於桿件上之溫度呈線性變化者）求得，即

$$HM_{BC} = \frac{3\alpha(T_1 - T_2)EI}{2h} = \frac{(3)(12 \times 10^{-5})(60 - 20)(20.834)}{2(0.05)} = 3^{\text{t-m}}$$

由（14-10）式得

$$M_{BC} = 2Ek_{BC}(1.5\theta_B - 1.5R) + HM_{BC}$$
$$= 1.5\theta_B + 3 \tag{3}$$

故知待解的未知量為 θ_B

3. 求解 θ_B

建立 B 點平衡方程式：

$$\Sigma M_B = M_{BA} + M_{BC} = 0 \tag{4}$$

將(2)式及(3)式代入(4)式解得

$$\theta_B = -0.2857^{t-m}（為相對值，非實際值）$$

4. 各桿端彎矩值

將所得之 θ_B 代入(1)～(3)式後，各桿端彎矩整理如下：

$$M_{AB} = 1.71^{t-m}（\curvearrowright）$$

$$M_{BA} = -2.57^{t-m}（\curvearrowleft）$$

$$M_{BC} = 2.57^{t-m}（\curvearrowright）$$

$$M_{CB} = 0^{t-m}$$

3. 繪彎矩圖

依據各桿端彎矩的指向及數字（如圖(c)所示），可迅速繪出彎矩圖，如圖(d)所示。

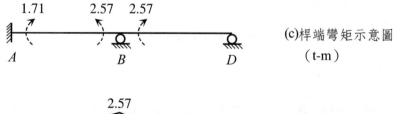

(c)桿端彎矩示意圖
　（t-m）

(d)彎矩圖（t-m）

14-10　傾角變位法分析有桿件側位移之撓曲結構

本節將說明如何應用傾角變位法分析具有桿件側位移之撓曲結構。

對於無斜交桿件之正交剛架而言，應建立以下兩類方程式，以便聯立解出未知的獨立節點變位 θ 與 Δ（或 R）：

(1)建立與 θ 自由度對應的節點彎矩平衡方程式

$$\Sigma M_{jt} = 0 \tag{14-32}$$

(2)建立與 Δ 自由度對應的剪力平衡方程式

$$\Sigma F_{\Delta} = 0 \tag{14-33}$$

（14-33）式表示，於所取的自由體中（該自由体應涵蓋欲求解之 Δ），在 Δ 方向上的合力應為零。

對於有斜交桿件的非正交剛架而言，應建立以下兩類方程式，以便聯立解出未知的獨立節點變位 θ 與 Δ（或 R）：

(1)建立與 θ 自由度對應的節點彎矩平衡方程式（同（14-32）式）

$$\Sigma M_{jt} = 0$$

(2)建立與 Δ 自由度對應的彎矩平衡方程式

$$\Sigma M_0 = 0 \tag{14-34}$$

在（14-34）中，下標「0」表示所取自由體（該自由體應涵蓋欲求解之 Δ）的力矩中心，而此力矩中心是桿件或是桿件沿長線所形成的交點。

此外，有一點是需要注意的，也就是所取的方程式 $\Sigma M_0 = 0$ 不得與方程式 $\Sigma M_{jt} = 0$ 互為相依方程式。

例題 14-18

於下圖所示梁結構中，求 C 點之變位 Δ_C 及轉角 θ_C。EI 為常數。

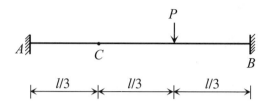

解

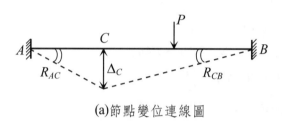

(a)節點變位連線圖

為求 C 點位移 Δ_C 及轉角 θ_C，可將 C 點當做一節點，由節點變位連線圖（如圖(a) 所示）可知

$$R_{AC} = R_{CA} = \frac{\Delta_C}{l_{AC}} = \frac{3\Delta_C}{l}$$

$$R_{CB} = R_{BC} = -\frac{\Delta_C}{l_{CB}} = -\frac{3\Delta_C}{2l}$$

1. 待求之桿端彎矩

　若將 C 點視為一節點，則待求之桿端彎矩為 M_{AC}、M_{CA}、M_{CB} 及 M_{BC}。

2. 建立桿端彎矩方程式

　(1)各桿件之相對 $2Ek$ 值

$$2Ek_{AC} : 2Ek_{CB} = \frac{2EI}{(l/3)} : \frac{2EI}{(2l/3)} = 2 : 1$$

　(2)各桿件之相對 R 值

$$R_{AC} : R_{CB} = \frac{3\Delta_C}{l} : -\frac{3\Delta_C}{2l} = 2R : -R$$

(3)各桿件之固端彎矩值及桿端彎矩方程式

AC桿件：A端為固定支承，C端為剛性節點

由（14-7）式及（14-8）式得：

$$M_{AC} = 2Ek_{AC}(2\theta_A + \theta_C - 3R_{AC}) + FM_{AC}$$
$$= 2(\theta_C - 3(2R)) \tag{1}$$

$$M_{CA} = 2Ek_{CA}(\theta_A + 2\theta_C - 3R_{CA}) + FM_{CA}$$
$$= 2(2\theta_C - 3(2R)) \tag{2}$$

CB桿件：C端為剛性節點，B端為固定支承

$$-FM_{CB} = FM_{BC} = \frac{Pl}{8} = \frac{P(2l/3)}{8} = \frac{Pl}{12}$$

由（14-7）式及（14-8）式得：

$$M_{CB} = 2Ek_{CB}(2\theta_C + \theta_B - 3R_{CB}) + FM_{CB}$$
$$= 1(2\theta_C - 3(-R)) - \frac{Pl}{12} \tag{3}$$

$$M_{BC} = 2Ek_{BC}(\theta_C + 2\theta_B - 3R_{BC}) + FM_{BC}$$
$$= 1(\theta_C - 3(-R)) + \frac{Pl}{12} \tag{4}$$

故知待求解的未知量為 θ_C 及 R

3.求解 θ_C 及 R

(1)建立 C 點彎矩平衡方程式

$$\Sigma M_C = M_{CA} + M_{CB} = 0，得$$

$$6\theta_C - 9R - \frac{Pl}{12} = 0 \tag{5}$$

(2)建立與 R 對應的剪力平衡方程式

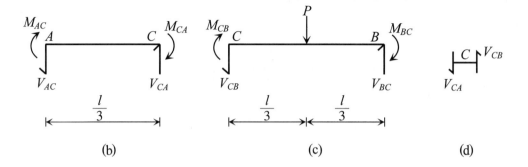

(b)　　　　　　　　　　　(c)　　　　　　　　　(d)

由 AC 桿件自由體（見圖(b)），得 $V_{CA} = \dfrac{3(M_{AC} + M_{CA})}{l} = \dfrac{18\theta_C - 72R}{l}$

由 CB 桿件自由體（見圖(c)），得 $V_{CB} = \dfrac{3M_{CB} + 3M_{BC} - Pl}{2l} = \dfrac{9\theta_C + 18R - Pl}{2l}$

再取 C 點為自由體（涵蓋欲求之 Δ_C），如圖(d)所示，由

$+\uparrow \Sigma F_\Delta = \Sigma F_y = V_{CB} - V_{CA} = 0$

得 $-27\theta_C + 162R - Pl = 0$ 　　　　　　　　　　　　　　(6)

聯立解(5)式及(6)式得

$\theta_C = 0.03086Pl$（相對值）

$R = 0.01132Pl$（相對值）

4.求實際 θ_C 及 Δ_C

$\theta_C = （相對 \theta_C）(\dfrac{(2l/3)}{2EI}) = 0.0103\,\dfrac{Pl^2}{EI}$ （ ⟲ ）

$\Delta_C = （相對 R \times \dfrac{2}{3}l）(\dfrac{(2l/3)}{2EI}) = 2.51 \times 10^{-3}\,\dfrac{Pl^3}{EI}$ （↓）

例題 14-19

試求下圖所示梁結構之剪力圖及彎矩圖，EI 為常數。

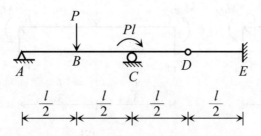

解

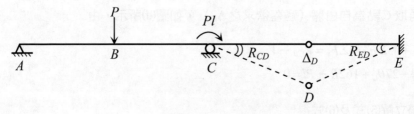

(a)節點變位連線圖

由節點之定義可知，原結構具有 4 個節點（即 A，C，D，E），由於 D 點為鉸接續無法抵抗彎矩，因此會引起 CD 桿件及 DE 桿件產生側位移，節點變位連線圖，如圖(a)所示。

1. 待求之桿端彎矩

　A 端為外側簡支端，$M_{AC} = 0$；D 點為鉸接續，$M_{DC} = M_{DE} = 0$，故待求之桿端彎矩有 M_{CA}、M_{CD} 及 M_{ED}。

2. 建立桿件彎矩方程式

　⑴各桿件之相對 $2Ek$ 值

$$2Ek_{AC} : 2Ek_{CD} : 2Ek_{DE} = \frac{2EI}{l} : \frac{2EI}{l/2} : \frac{2EI}{l/2} = 1 : 2 : 2$$

(2)各桿件之相對 R 值

$$R_{AC} : R_{CD} : R_{DE} = 0 : \frac{\Delta_D}{(l/2)} : -\frac{\Delta_D}{(l/2)} = 0 : R : -R \text{（順時針為正，逆時針為負）}$$

(3)各桿件之固端彎矩值及桿端彎矩方程式

AC 桿件：A 端為鉸支承，$M_{AC} = 0$，B 端為剛性節點

由表 11-4 得

$$HM_{CA} = \frac{3Pl}{16}$$

由（14-15）式得：

$$M_{CA} = 2Ek_{CA}(1.5\theta_C - 1.5R_{CA}) + HM_{CA}$$
$$= 1(1.5\theta_C) + \frac{3Pl}{16} \tag{1}$$

CD 桿件：C 端為剛性節點，D 端為鉸接續，$M_{DC} = 0$

由（14-10）式得：

$$M_{CD} = 2Ek_{CD}(1.5\theta_C - 1.5R_{CD}) + HM_{CD}$$
$$= 2(1.5\theta_C - 1.5R) \tag{2}$$

DE 桿件：D 端為鉸接續，$M_{DE} = 0$，E 端為固定支承

由（14-15）式得：

$$M_{ED} = 2Ek_{ED}(1.5\theta_E - 1.5R_{ED}) + HM_{ED}$$
$$= 2(1.5R) \tag{3}$$

故知待解的未知量為 θ_C 及 R

3.求解 θ_C 及 R

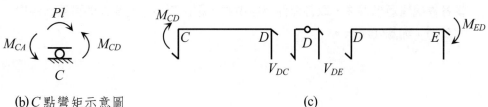

(b) C 點彎矩示意圖　　　　　　　　　　　(c)

(1)建立 C 點彎矩平衡方程式：（見圖(b)）

$$\Sigma M_C = M_{CA} + M_{CD} - Pl = 0$$

即 $4.5\theta_C - 3R - \dfrac{13}{16}Pl = 0$ \hfill (4)

(2)建立與 R 對應的剪力平衡方程式：（見圖(c)）

由 CD 桿件自由體，取 $\Sigma M_C = 0$，得

$$V_{DC} = \frac{M_{CD}}{l/2} = \frac{2}{l}(3\theta_C - 3R)$$

由 DE 桿件自由體，取 $\Sigma M_E = 0$，得

$$V_{DE} = \frac{M_{ED}}{(l/2)} = \frac{2}{l}(3R)$$

再由 D 點自由體（涵蓋 Δ_D）建立剪力平衡方程式

$$\Sigma F_\Delta = \Sigma F_y = V_{DC} - V_{DE} = 0$$

即 $3\theta_C - 6R = 0$ \hfill (5)

聯立解(4)式及(5)式得

$\theta_C = 0.2708Pl$ 　（相對值）

$R = 0.1354Pl$ 　（相對值）

4. 各桿端彎矩值

將求得之 θ_C 及 R 代入(1)～(3)式後，整理得各桿端彎矩值為：

$M_{AC} = M_{DC} = M_{DE} = 0$

$M_{CA} = 0.59Pl$ （ ⤵ ）

$M_{CD} = 0.41Pl$ （ ⤵ ）

$M_{ED} = 0.41Pl$ （ ⤵ ）

5. 繪剪力圖及彎矩圖

當各桿端彎矩求得後，取各桿件為自由體，經由靜力平衡條件即可得出各桿端剪力，如圖(d)所示。

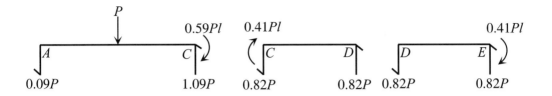

(d)桿端剪力及彎矩

將各桿件之剪力圖及彎矩圖繪出後，即可得出全結構之剪力圖（如圖(e)所示）及彎矩圖（如圖(f)所示）。

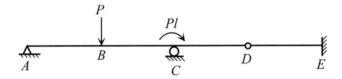

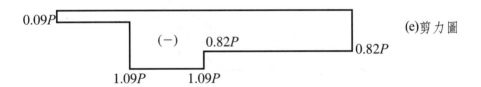

(e)剪力圖

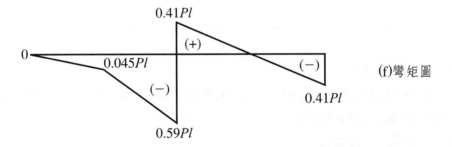

(f)彎矩圖

例題 14-20

試利用傾角變位法分析下圖所示剛架，以求各構件之桿端彎矩。

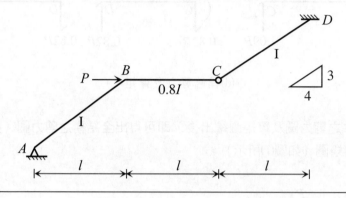

解

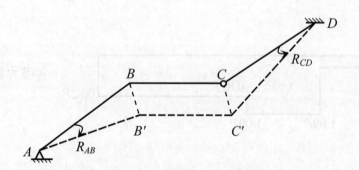

(a)節點變位連線圖

1. 待求之桿端彎矩

A 點為外側簡支承，$M_{AB}=0$；C 點為鉸節點，$M_{CB}=M_{CD}=0$，故待求之桿端彎矩有 M_{BA}、M_{BC} 及 M_{DC}。

2. 建立桿端彎矩方程式

(1)各桿件之相對 $2Ek$ 值

$$2Ek_{AB} : 2Ek_{BC} : 2Ek_{CD} = \frac{2E(I)}{\left(\frac{5}{4}l\right)} : \frac{2E(0.8I)}{l} : \frac{2E(I)}{\left(\frac{5}{4}l\right)} = 1 : 1 : 1$$

(2)各桿件之相對 R 值

在圖(a)中，$BB'CC'$ 係平行四邊形，故可令 $BB'=CC'=\Delta$，因此

$$R_{AB}:R_{BC}:R_{CD} = \frac{\Delta}{\left(\frac{5}{4}l\right)}:0:\frac{-\Delta}{\left(\frac{5}{4}l\right)} = R:0:-R$$

(3)各桿件之固端彎矩值及桿端彎矩方程式

AB 桿件：A 端為外側簡支端，$M_{AB}=0$，B 端為剛性節點

由（14-15）式得：

$$M_{BA} = 2Ek_{BA}(1.5\theta_B - 1.5R_{BA}) + HM_{BA}$$
$$= 1.5\theta_B - 1.5R \tag{1}$$

BC 桿件：B 端為剛性節點，C 端為鉸接續，$M_{CB}=0$

由（14-10）式得：

$$M_{BC} = 2Ek_{BC}(1.5\theta_B - 1.5R_{BC}) + HM_{BC}$$
$$= 1.5\theta_B \tag{2}$$

CD 桿件：C 端為鉸接續，$M_{CD}=0$，D 端為固定支承

由（14-15）式得：

$$M_{DC} = 2Ek_{DC}(1.5\theta_D - 1.5R_{DC}) + HM_{DC}$$
$$= 1.5R \tag{3}$$

故知待求解的未知量為 θ_B 及 R

3.求解 θ_B 及 R

(1)建立 B 點彎矩平衡方程式

取 B 點為自由體，由

$$\Sigma M_B = M_{BA} + M_{BC} = 0 \text{，得}$$
$$3\theta_B - 1.5R = 0 \tag{4}$$

(2)建立與 R 對應的彎矩平衡方程式

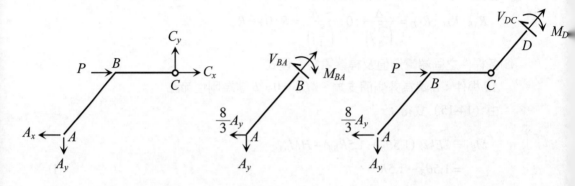

(b) ABC 自由體   (c) AB 自由體   (d) $ABCD$ 自由體

取 ABC 段為自由體，如圖(b)所示，由

$$\Sigma M_C = 0 ， 得 A_x = \frac{8}{3}A_y$$

再取 AB 段為自由體，如圖(c)所示，由

$$\Sigma M_B = 0 ， 得 -A_y l - 1.5\theta_B + 1.5R = 0 \tag{5}$$

再取 $ABCD$ 段為自由體，如圖(d)所示，由

$$\Sigma M_D = 0 ， 得 -A_y l + \frac{3}{4}Pl - 1.5R = 0 \tag{6}$$

聯立解(4)～(6)式，得

$$\theta_B = \frac{Pl}{6} （ ） （相對值）$$

$$R = \frac{Pl}{3} （ ） （相對值）$$

4.各桿端彎矩值

將求得之 θ_B 及 R 代入(1)～(3)式後，各桿端彎矩值整理如下：

$$M_{AB} = 0$$

$$M_{BA} = -\frac{Pl}{4} （ ）$$

$$M_{BC} = \frac{Pl}{4} （ ）$$

$$M_{CB} = 0$$

$M_{CD} = 0$

$M_{DC} = \dfrac{Pl}{2}$ （ ↻ ）

例題 14-21

於下圖所示連續梁 ABC 中，斷面之彎曲剛度為 EI，C 點為可以承受彎矩之導向支承，求梁之剪力圖及彎矩圖。

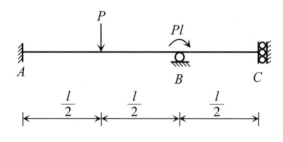

解

C 端為導向支承，故 BC 桿件具有側位移自由度 Δ_C，但若 BC 桿件採用修正的桿端彎矩方程式（14-26）及（14-27）式，則計算過程將不計入 Δ_C。

1. 待求之桿端彎矩

　有 M_{AB}、M_{BA}、M_{BC} 及 M_{CB}

2. 建立桿端彎矩方程式

　⑴各桿件之相對 $2Ek$ 值

　　$2Ek_{AB} : 2Ek_{BC} = \dfrac{2EI}{l} : \dfrac{2EI}{(l/2)} = 1 : 2$

　⑵各桿件之固端彎矩值及桿端彎矩方程式

　　AB 桿件：A 端為固定支承，B 端為剛性節點

　　由表 11-2 得：

　　　$-FM_{AB} = FM_{BA} = \dfrac{Pl}{8}$

　　由（14-7）式及（14-8）式得：

$$M_{AB} = 2Ek_{AB}(2\theta_A + \theta_B - 3R) + FM_{AB}$$
$$= 1(\theta_B) - \frac{Pl}{8} \tag{1}$$

$$M_{BA} = 2Ek_{BA}(\theta_A + 2\theta_B - 3R) + FM_{BA}$$
$$= 1(2\theta_B) + \frac{Pl}{8} \tag{2}$$

BC 桿件：B 端為剛性節點，C 端為導向支承，$V_{CB} = 0$
由（14-26）式及（14-27）式得：

$$M_{BC} = 2Ek_{BC}(0.5\theta_B - 0.5\theta_C) + HM'_{BC} \qquad (\theta_C = 0)$$
$$= 2(0.5\theta_B) \tag{3}$$

$$M_{CB} = 2Ek_{CB}(-0.5\theta_B + 0.5\theta_C) + HM'_{CB}$$
$$= 2(-0.5\theta_B) \tag{4}$$

故知待解的未知量為 θ_B

3.求解 θ_B

(a)B 點彎矩示意圖

建立 B 點彎矩平衡方程式：（見圖(a)）

$$\Sigma M_B = M_{BA} + M_{BC} - Pl = 0$$

即　$3\theta_B - \frac{7}{8}Pl = 0 \tag{5}$

由(5)式解得 $\theta_B = \frac{7}{24}Pl$　（相對值）

4.各桿端彎矩值

將求得之 θ_B 代入(1)～(4)式得

$$M_{AB} = \frac{Pl}{6} \ (\curvearrowright)$$

$$M_{BA} = \frac{17}{24} Pl \ (\ \curvearrowright\ )$$

$$M_{BC} = \frac{7}{24} Pl \ (\ \curvearrowright\ )$$

$$M_{CB} = -\frac{7}{24} Pl \ (\ \curvearrowleft\ )$$

5.繪剪力圖及彎矩圖

　　當各桿端彎矩求得後，取各桿件為自由體，經由靜力平衡條件即可得出各桿端剪力，如圖(b)所示。將各桿件之剪力圖及彎矩圖繪出後，即可得出全結構之剪力圖（如圖(c)所示）及彎矩圖（如圖(d)所示）。

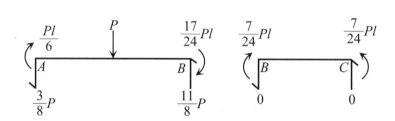

(b)桿端剪力及彎矩

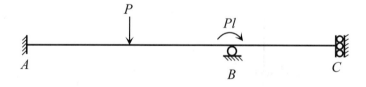

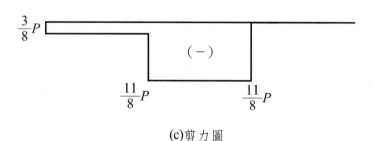

(c)剪力圖

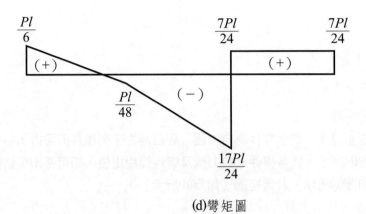

(d)彎矩圖

例題 14-22

於下圖所示剛架中，試以傾角變位法求各桿端彎矩、B 點水平位移 Δ_{BH} 及轉角 θ_B。EI 為常數。

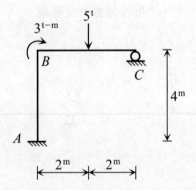

解

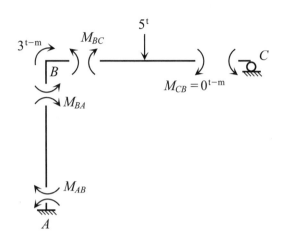 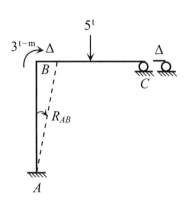

(a)待求之桿端彎矩示意圖　　　　　　(b)節點變位連線圖

解法㈠一般解法

1. 待求之桿端彎矩

　由圖(a)可知，待求之桿端彎矩有 M_{AB}、M_{BA} 及 M_{BC}。

2. 建立桿端彎矩方程式

　(1)各桿件之相對 $2Ek$ 值

$$2Ek_{AB} : 2Ek_{BC} = \frac{2EI}{4} : \frac{2EI}{4} = 1 : 1$$

　(2)各桿件 R 值

　　僅 AB 桿件有側位移，由節點變位連線圖（見圖(b)）可知

$$R_{AB} = R_{BA} = \frac{\Delta}{l_{AB}} = \frac{\Delta}{4} = R \quad （順時針為正）$$

　(3)各桿件之固端彎矩值及桿端彎矩方程式

　　AB 桿件：A 端為固定支承，B 端為剛性節點

　　由（14-7）式及（14-8）式得：

$$M_{AB} = 2Ek_{AB}(2\theta_A + \theta_B - 3R_{AB}) + FM_{AB}$$
$$= \theta_B - 3R \tag{1}$$

$$M_{BA} = 2Ek_{BA}(\theta_A + 2\theta_B - 3R_{BA}) + FM_{BA}$$
$$= 2\theta_B - 3R \qquad (2)$$

BC 桿件：B 端為剛性節點，C 端為輥支承，$M_{CB} = 0^{\text{t-m}}$

由表 11-4 得：

$$HM_{BC} = -\frac{3Pl}{16} = -\frac{3(5)(4)}{16} = -3.75^{\text{t-m}}$$

由（14-10）式得：

$$M_{BC} = 2Ek_{BC}(1.5\theta_B - 1.5R_{BC}) + HM_{BC}$$
$$= 1.5\theta_B - 3.75 \qquad (3)$$

故知待解的未知量為 θ_B 及 R

3.求解 θ_B 及 R

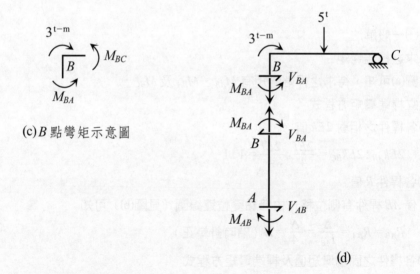

(c)B 點彎矩示意圖

(d)

(1)建立 B 點彎矩平衡方程式：（見圖(c)）

$$\Sigma M_B = M_{BA} + M_{BC} - 3 = 0$$

即　$3.5\theta_B - 3R - 6.75 = 0 \qquad (4)$

(2)建立與 R 對應的剪力平衡方程式：（見圖(d)）

由 AB 桿件自由體，取 $\Sigma M_A = 0$，得

$$V_{BA} = \frac{M_{AB} + M_{BA}}{4}$$

再由 BC 桿件自由體（涵蓋欲求之 Δ）建立剪力平衡方程式

$$\Sigma F_\Delta = \Sigma F_x = V_{BA} = \frac{M_{AB} + M_{BA}}{4} = 0$$

即　$0.75\theta_B - 1.5R = 0$ \hfill (5)

聯立解(4)式及(5)式，得

$$\theta_B = 3.375 \;(\curvearrowright)\;;\; R = 1.6875\;(\curvearrowright)\;（相對值）$$

4.各桿端彎矩值

將求得之 θ_B 及 R 代入(1)～(3)式後，各桿端彎矩整理如下：

$M_{AB} = -1.69^{\text{t-m}}\;(\curvearrowleft)$

$M_{BA} = 1.69^{\text{t-m}}\;(\curvearrowright)$

$M_{BC} = 1.31^{\text{t-m}}\;(\curvearrowright)$

$M_{CB} = 0^{\text{t-m}}$

5.求實際 θ_B 及 Δ_{BH}

$$\theta_B = （相對\,\theta_B）\left(\frac{4}{2EI}\right) = (3.375)\left(\frac{4}{2EI}\right) = \frac{6.75}{EI}\text{rad}\;(\curvearrowright)$$

$$\Delta_{BH} = （相對\,R \times l）\left(\frac{4}{2EI}\right) = (1.6875 \times 4)\left(\frac{4}{2EI}\right) = \frac{13.5}{EI}\text{m}\;(\rightarrow)$$

解法㈡視 AB 桿件為剪力靜定桿件

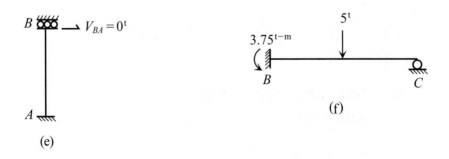

(e)

(f)

有側位移的桿件可區分為剪力靜定桿件與剪力靜不定桿件（參閱 14-6 節）。由於支承反力 R_C 平行於 AB 桿件，因而不影響 AB 桿件的剪力分佈，致使 V_{BA} 維持為一已知的固定值（$V_{BA} = 0^t$），此時 AB 桿件可視為一剪力靜定桿件，如圖(e)所示。分析時，由（14-26）式及（14-27）式可知，剪力靜定桿件將不計側位移自由度。

1. 待求之桿端彎矩

由圖(a)可知，待求之桿端彎矩有 M_{AB}、M_{BA} 及 M_{BC}。

2. 建立桿端彎矩方程式

　(1)各桿件之相對 $2Ek$ 值

$$2Ek_{AB} : 2Ek_{BC} = \frac{2EI}{4} : \frac{2EI}{4} = 1 : 1$$

　(2)各桿件 R 值

由圖(b)知，$R_{AB} = R_{BA} = \dfrac{\Delta}{4} = R$（順時針為正）

　(3)各桿件之固端彎矩值及桿端彎矩方程式

AB 桿件：剪力靜定桿件。A 端為固定支承，B 端視同導向接續

由（14-26）式及（14-27）式得：

$$\begin{aligned} M_{AB} &= 2Ek_{AB}(0.5\theta_A - 0.5\theta_B) + HM'_{AB} \\ &= -0.5\theta_B \end{aligned} \tag{6}$$

$$\begin{aligned} M_{BA} &= 2Ek_{BA}(-0.5\theta_A + 0.5\theta_B) + HM'_{BA} \\ &= 0.5\theta_B \end{aligned} \tag{7}$$

BC 桿件：B 端為剛性節點，C 端為輥支承，$M_{CB} = 0^{t-m}$

由表 11-4 得：

$$HM_{BC} = -\frac{3Pl}{16} = -\frac{3(5)(4)}{16} = -3.75^{t-m}（見圖(f)）$$

由（14-10）式得：

$$\begin{aligned} M_{BC} &= 2Ek_{BC}(1.5\theta_B - 1.5R_{BC}) + HM_{BC} \\ &= 1.5\theta_B - 3.75 \end{aligned} \tag{8}$$

故知待解的未知量為 θ_B

3. 求解 θ_B

建立 B 點彎矩平衡方程式：（見圖(c)）

$$\Sigma M_B = M_{BA} + M_{BC} - 3 = 0$$

即 $2\theta_B - 6.75 = 0$ 　　　　　　　　　　　　　　　　　　　(9)

解(9)式可得 $\theta_B = 3.375^{\text{t-m}}$（↻）（相對值）

4. 各桿端彎矩值

將求得之 θ_B 代入(6)～(8)式後，各桿端彎矩值與解法㈠所得者完全相同

5. 求實際 θ_B 及 Δ_{BH}

$$\theta_B = （相對 \theta_B）\left(\frac{4}{2EI}\right) = (3.375)\left(\frac{4}{2EI}\right) = \frac{6.75}{EI}_{\text{rad}}（↻）$$

又由（14-7）式得：

$$M_{AB} = \frac{2EI}{l}(2\theta_A + \theta_B - 3(\frac{\Delta_{BH}}{l})) + FM_{AB}$$

即　$-1.69 = \frac{2EI}{4}(0 + \frac{6.75}{EI} - 3(\frac{\Delta_{BH}}{4})) + 0$

解上式得

$$\Delta_{BH} = \frac{13.5}{EI}\text{ m }（\rightarrow）$$

討論

比較兩種解法，顯然解法㈡較為便捷。

例題 14-23

於下圖所示剛架，試求各桿端彎矩值。

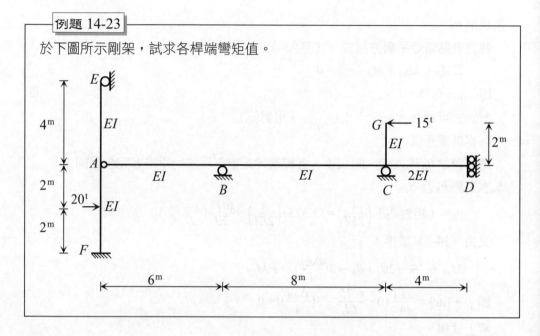

解

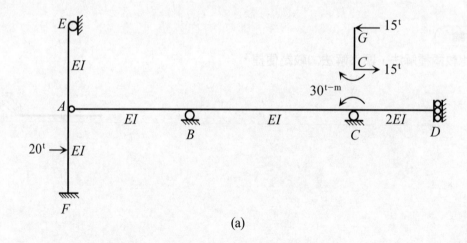

(a)

CG 段為一外伸梁，是一靜定桿件，*C* 端之內力可直接由靜力平衡方程式求得
（如圖(a)所示），而 *ABCDEF* 部份則可由傾角變位法來進行分析。由於 *D* 端為
導向支承，因此 *CD* 桿件具有側位移自由度 Δ_D，但若 *CD* 桿件在分析時採用修

正的桿端彎矩方程式（14-26）及（14-27）式，則可不計 Δ_D，此時 $ABCDEF$ 部份僅有節點之旋轉自由度，而無桿件之側位移自由度。

1. 待求之桿端彎矩

由於 $M_{EA} = M_{AB} = 0^{\text{t-m}}$，故待求之桿端彎矩有 M_{FA}、M_{AF}、M_{AE}、M_{BA}、M_{BC}、M_{CB}、M_{CD} 及 M_{DC}。

2. 建立桿端彎矩方程式

⑴各桿件之相對 $2Ek$ 值

$$2Ek_{FA} : 2Ek_{AE} : 2Ek_{AB} : 2Ek_{BC} : 2Ek_{CD} = \frac{2EI}{4} : \frac{2EI}{4} : \frac{2EI}{6} : \frac{2EI}{8} : \frac{2(2EI)}{4}$$
$$= 6 : 6 : 4 : 3 : 12$$

⑵各桿件之固端彎矩值及桿端彎矩方程式

FA 桿件：F 端為固定支承，A 端為剛性節點

由表 11-2 得：

$$-FM_{FA} = FM_{AF} = \frac{Pl}{8} = \frac{(20)(4)}{8} = 10^{\text{t-m}}$$

由（14-7）式及（14-8）式得：

$$M_{FA} = 2Ek_{FA}(2\theta_F + \theta_A - 3R) + FM_{FA} = 6(\theta_A) - 10 \tag{1}$$

$$M_{AF} = 2Ek_{AF}(\theta_F + 2\theta_A - 3R) + FM_{AF} = 6(2\theta_A) + 10 \tag{2}$$

AE 桿件：A 端為剛性接續，E 端為鉸支承，$M_{EA} = 0^{\text{t-m}}$

由（14-10）式得：

$$M_{AE} = 2Ek_{AE}(1.5\theta_A - 1.5R) + HM_{AE} = 6(1.5\theta_A) \tag{3}$$

AB 桿件：A 端為鉸接續，$M_{AB} = 0^{\text{t-m}}$，B 端為剛性節點

由（14-15）式得：

$$M_{BA} = 2Ek_{BA}(1.5\theta_B - 1.5R) + HM_{BA} = 4(1.5\theta_B) \tag{4}$$

BC 桿件：B 端及 C 端均為剛性節點

由（14-7）式及（14-8）式得：

$$M_{BC} = 2Ek_{BC}(2\theta_B + \theta_C - 3R) + FM_{BC} = 3(2\theta_B + \theta_C) \tag{5}$$

$$M_{CB} = 2Ek_{CB}(\theta_B + 2\theta_C - 3R) + FM_{CB} = 3(\theta_B + 2\theta_C) \tag{6}$$

CD 桿件：C 端為剛性節點，D 端為導向支承

由（14-26）式及（14-27）式得：

$$M_{CD} = 2Ek_{CD}(0.5\theta_C - 0.5\theta_D) + HM'_{CD} \qquad (\theta_D = 0)$$
$$= 12(0.5\theta_C) \tag{7}$$

$$M_{DC} = 2Ek_{DC}(-0.5\theta_C + 0.5\theta_D) + HM'_{DC}$$
$$= 12(-0.5\theta_C) \tag{8}$$

故知待解的未知量為 θ_A、θ_B 及 θ_C

3. 求解 θ_A、θ_B 及 θ_C

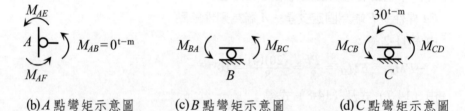

(b)A 點彎矩示意圖　　　(c)B 點彎矩示意圖　　　(d)C 點彎矩示意圖

(1)建立 A 點彎矩平衡方程式：（見圖(b)）

$$\Sigma M_A = M_{AF} + M_{AE} + M_{AB} = 0$$

即　$21\theta_A + 10 = 0$ \hfill (9)

(2)建立 B 點彎矩平衡方程式：（見圖(c)）

$$\Sigma M_B = M_{BA} + M_{BC} = 0$$

即　$12\theta_B + 3\theta_C = 0$ \hfill (10)

(3)建立 C 點彎矩平衡方程式：（見圖(d)）

$$\Sigma M_C = M_{CB} + M_{CD} + 30 = 0$$

即　$3\theta_B + 12\theta_C + 30 = 0$ \hfill (11)

聯立解(9)、(10)及(11)式可得

$\theta_A = -0.4762^{t-m}$　（相對值）

$\theta_B = 0.6667^{t-m}$　（相對值）

$\theta_C = -2.6667^{t-m}$　（相對值）

4.各桿端彎矩值

將求得之θ_A、θ_B及θ_C代入(1)～(8)式後，整理得：（見圖(e)）

$M_{EA} = M_{AB} = 0^{t-m}$；$M_{FA} = -12.86^{t-m}$（↺）；$M_{AF} = 4.29^{t-m}$（↻）

$M_{AE} = -4.29^{t-m}$（↺）；$M_{BA} = 4.0^{t-m}$（↻）；$M_{BC} = -4.0^{t-m}$（↺）

$M_{CB} = -14.0^{t-m}$（↺）；$M_{CD} = -16.0^{t-m}$（↺）；$M_{DC} = 16.0^{t-m}$（↻）

$M_{CG} = 30.0^{t-m}$（↺）；$M_{GC} = 0^{t-m}$

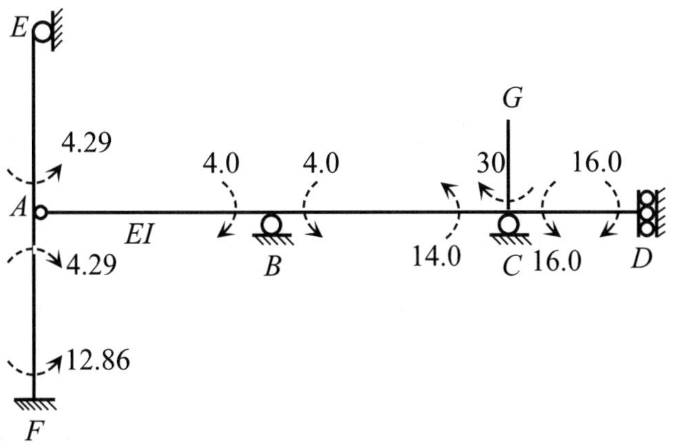

(e)桿端彎矩示意圖（t-m）

例題 14-24

於下圖所示剛架結構，EI 為常數，試繪彎矩圖。

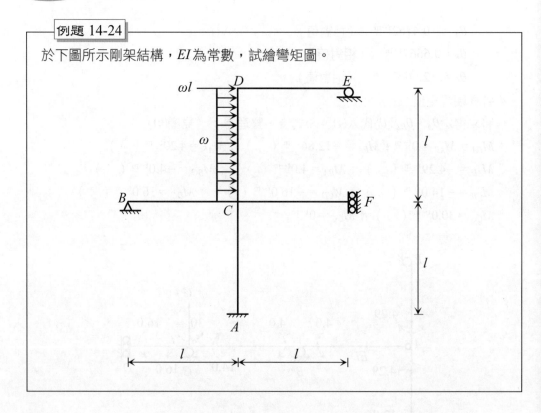

解

A 點、B 點均為不移動節點，所以 C 點亦為一不移動節點，因此原結構僅 CD 桿件及 CF 桿件會產生側位移。但是由於 CD 桿件為一剪力靜定桿件，而 CF 桿件在 F 端為導向支承，因此 CD 桿件及 CF 桿件在分析時若能採用修正的桿端彎矩方程式（14-26）及（14-27）式，則此二桿件可不計入桿件之側位移自由度。

1. 待求之桿端彎矩

　由於 $M_{BC} = M_{ED} = 0$，故待求之桿端彎矩有 M_{AC}、M_{CA}、M_{CB}、M_{CD}、M_{DC}、M_{DE}、M_{CF} 及 M_{FC}。

2. 建立桿端彎矩方程式

　(1)各桿件之相對 $2Ek$ 值

$$2Ek_{AC} : 2Ek_{BC} : 2Ek_{CF} : 2Ek_{CD} : 2Ek_{DE} = \frac{2EI}{l} : \frac{2EI}{l} : \frac{2EI}{l} : \frac{2EI}{l} : \frac{2EI}{l}$$

$$= 1 : 1 : 1 : 1 : 1$$

(2)各桿件之固端彎矩值及桿端彎矩方程式

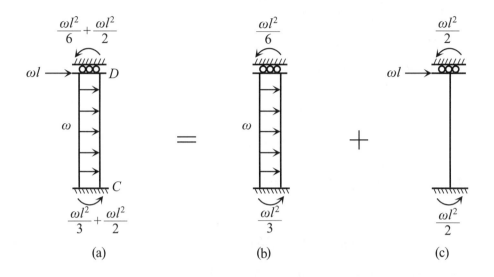

(a)　　　　　　　　(b)　　　　　　　　(c)

AC桿件：A端為固定支承，C端為剛性節點
由（14-7）式及（14-8）式得：

$$M_{AC} = 2Ek_{AC}(2\theta_A + \theta_C - 3R) + FM_{AC} = 1(\theta_c) \tag{1}$$

$$M_{CA} = 2Ek_{CA}(\theta_A + 2\theta_C - 3R) + FM_{CA} = 1(2\theta_c) \tag{2}$$

BC桿件：B端為鉸支承，$M_{BC} = 0$，C端為剛性節點
由（14-15）式得：

$$M_{CB} = 2Ek_{CB}(1.5\theta_C - 1.5R) + HM_{CB} = 1(1.5\theta_c) \tag{3}$$

CF桿件：C端為剛性節點，F端為導向支承
由（14-26）式及（14-27）式得：

$$M_{CF} = 2Ek_{CF}(0.5\theta_C - 0.5\theta_F) + HM'_{CF} = 1(0.5\theta_C) \tag{4}$$

$$M_{FC} = 2Ek_{FC}(-0.5\theta_C + 0.5\theta_F) + HM'_{FC} = 1(-0.5\theta_C) \tag{5}$$

CD桿件：剪力靜定桿件，C端為剛性節點，D端可視為導向支承。CD桿件之固端彎矩（見圖(a)）可視為圖(b)及圖(c)兩種情況之疊加。由表（14-1）

得：

$$HM'_{CD} = -(\frac{\omega l^2}{3} + \frac{\omega l^2}{2})$$

$$HM'_{DC} = -(\frac{\omega l^2}{6} + \frac{\omega l^2}{2})$$

由（14-26）式及（14-27）式得：

$$M_{CD} = 2Ek_{CD}(0.5\theta_C - 0.5\theta_D) + HM'_{CD} = 1(0.5\theta_c - 0.5\theta_D) - \frac{\omega l^2}{3} - \frac{\omega l^2}{2} \tag{6}$$

$$M_{DC} = 2Ek_{DC}(-0.5\theta_C + 0.5\theta_D) + HM'_{DC} = 1(-0.5\theta_c + 0.5\theta_D) - \frac{\omega l^2}{6} - \frac{\omega l^2}{2} \tag{7}$$

DE 桿件：D 端為剛性節點，E 端為輥支承 $M_{ED} = 0$

由（14-10）式得

$$M_{DE} = 2Ek_{DE}(1.5\theta_D - 1.5R) + HM_{DE} = 1(1.5\theta_D) \tag{8}$$

故知待解的未知量為 θ_C 及 θ_D

3. 求解 θ_C 及 θ_D

(d) C 點彎矩示意圖　　　　　(e) D 點彎矩示意圖

(1)建立 C 點彎矩平衡方程式：（見圖(d)）

$$\Sigma M_C = M_{CA} + M_{CB} + M_{CD} + M_{CF} = 0$$

即　　$4.5\theta_C - 0.5\theta_D - \frac{5\omega l^2}{6} = 0 \tag{9}$

(2)建立 D 點彎矩平衡方程式：（見圖(e)）

$$\Sigma M_D = M_{DC} + M_{DE} = 0$$

即 $-0.5\theta_C + 2\theta_D - \dfrac{2\omega l^2}{3} = 0$ ⑽

聯立解⑼式及⑽式可得

$$\theta_C = \frac{8}{35}\omega l^2 \text{（相對值）}$$

$$\theta_D = \frac{41}{105}\omega l^2 \text{（相對值）}$$

4.各桿端彎矩值

將求得之 θ_C 及 θ_D 代入⑴～⑻式後整理得：

$M_{BC} = M_{ED} = 0$; $M_{AC} = \dfrac{8}{35}\omega l^2$ （ ↷ ） ; $M_{CA} = \dfrac{16}{35}\omega l^2$ （ ↷ ）

$M_{CB} = \dfrac{12}{35}\omega l^2$ （ ↷ ） ; $M_{CF} = \dfrac{4}{35}\omega l^2$ （ ↷ ） ; $M_{FC} = -\dfrac{4}{35}\omega l^2$ （ ↶ ）

$M_{CD} = -\dfrac{32}{35}\omega l^2$ （ ↶ ） ; $M_{DC} = -\dfrac{41}{70}\omega l^2$ （ ↶ ） ; $M_{DE} = \dfrac{41}{70}\omega l^2$ （ ↷ ）

桿端彎矩示意圖，如圖(f)所示

5.繪彎矩圖

依各桿端彎矩之數值及指向，應用組合法即可迅速繪出彎矩圖，如圖(g)所示。

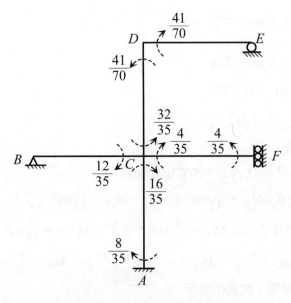

(f)桿端彎矩示意圖（×ωl²）

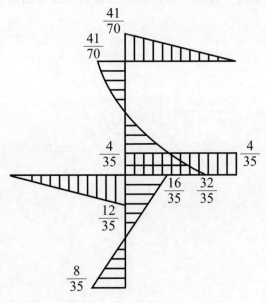

(g)彎矩圖（×ωl²）（組合法）

例題 14-25

於下圖所示剛架，試繪其彎矩圖，*EI* 為常數。

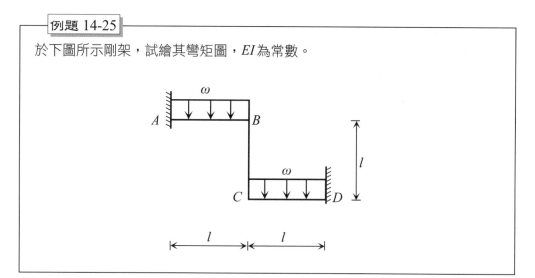

解

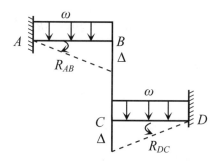

(a)節點變位連線圖

此為「﹄」型對稱剛架，具有桿件側位移自由度，節點變位連線圖如圖(a)所示。
分析時可採用取全做半法（即分析半邊結構，但結構不必沿對稱軸切開）。

1.待求之桿端彎矩

由對稱性可知，待求之桿端彎矩為 $M_{AB}(=-M_{DC})$、$M_{BA}(=-M_{CD})$ 及
$M_{BC}(=-M_{CB})$。

2.建立桿端彎矩之方程式

採取全做半法

(1)各桿件之相對 $2Ek$ 值

$$2Ek_{AB} : 2Ek_{BC} = \frac{2EI}{l} : \frac{2EI}{l} = 1 : 1$$

(2)各桿件之相對 R 值

由節點變位連線圖可知

$$R_{AB} : R_{BC} = \frac{\Delta}{l} : 0 = R : 0$$

(3)各桿件之固端彎矩值及桿端彎矩方程式

AB 桿件：A 端為固定支承，B 端為剛性節點

由表 11-2 得：

$$-FM_{AB} = FM_{BA} = \frac{\omega l^2}{12}$$

由（14-7）式及（14-8）式得：

$$M_{AB} = 2Ek_{AB}(2\theta_A + \theta_B - 3R_{AB}) + FM_{AB} = 1(\theta_B - 3R) - \frac{\omega l^2}{12} \tag{1}$$

$$M_{BA} = 2Ek_{BA}(\theta_A + 2\theta_B - 3R_{BA}) + FM_{BA} = 1(2\theta_B - 3R) + \frac{\omega l^2}{12} \tag{2}$$

BC 桿件：具對稱變形（$\theta_B = -\theta_C$）

由（14-19）式得：

$$M_{BC} = 2Ek_{BC}(\theta_B - 3R_{BC}) + FM_{BC} = 1(\theta_B) \tag{3}$$

故知待解的未知量為 θ_B 及 R

3.求解 θ_B 及 R

(1)建立 B 點彎矩平衡方程式

$$\Sigma M_B = M_{BA} + M_{BC} = 0$$

即　$3\theta_B - 3R + \frac{\omega l^2}{12} = 0 \tag{4}$

(2)建立與 R 對應的剪力平衡方程式

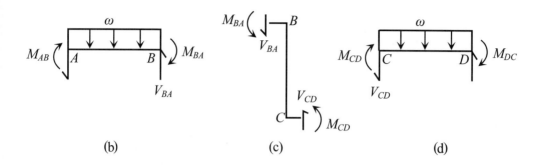

(b)　　　　　　　　　　(c)　　　　　　　　　　(d)

由 AB 桿件自由體（見圖(b)），取 $\Sigma M_A = 0$，得

$$V_{BA} = \frac{1}{l}(M_{AB} + M_{BA} + \frac{\omega l^2}{2})$$

由 CD 桿件自由體（見圖(d)），取 $\Sigma M_D = 0$，得

$$V_{CD} = \frac{1}{l}(M_{CD} + M_{DC} - \frac{\omega l^2}{2})$$

$$= -\frac{1}{l}(M_{BA} + M_{AB} + \frac{\omega l^2}{2}) \qquad (M_{CD} = -M_{BA}\ ;\ M_{DC} = -M_{AB})$$

再取 BC 桿件為自由體（涵蓋 Δ），如圖(c)所示，由

$$+\uparrow \Sigma F_\Delta = \Sigma F_y = -V_{BA} + V_{CD} = 0$$

即　$\dfrac{2}{l}(M_{AB} + M_{BA} + \dfrac{\omega l^2}{2}) = 0$

即　$3\theta_B - 6R + \dfrac{\omega l^2}{2} = 0$ 　　　　　　　　　(5)

聯立解(4)式及(5)式得

$$\theta_B = \frac{1}{9}\omega l^2 \quad （相對值）$$

$$R = \frac{5}{36}\omega l^2 \quad （相對值）$$

4.各桿端彎矩值

將求得之 θ_B 及 R 代入(1)～(3)式得：

$$M_{AB} = -M_{DC} = -\frac{7}{18}\omega l^2\ ;\ M_{BA} = -M_{CD} = -\frac{1}{9}\omega l^2\ ;$$

$$M_{BC} = -M_{CB} = \frac{1}{9}\omega l^2$$

桿端彎矩示意圖，如圖(e)所示

5.繪彎矩圖

彎矩圖，如圖(f)所示。

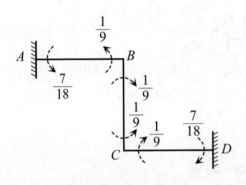

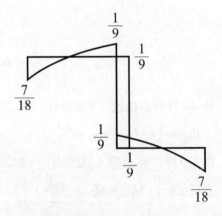

(e)桿端彎矩示意圖（×ωl^2）　　　　　　(f)彎矩圖（×ωl^2）

討論

原結構由對稱中點（設為 E 點）之特性：$F_x = 0$，$F_y = 0$，$M \neq 0$；$\Delta_x \neq 0$，$\Delta_y \neq 0$，$\theta = 0$，可知在 E 點處具有水平方向及垂直方向之線位移（如圖(g)所示），因此較不適宜取半分析法（否則 AB 桿件及 BE 桿件均有側位移產生）。

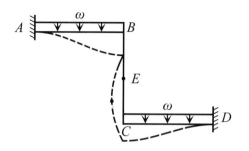

(g)彈性變形曲線

例題 14-26

於下圖所示剛架，試求各桿端彎矩，*EI*為常數。

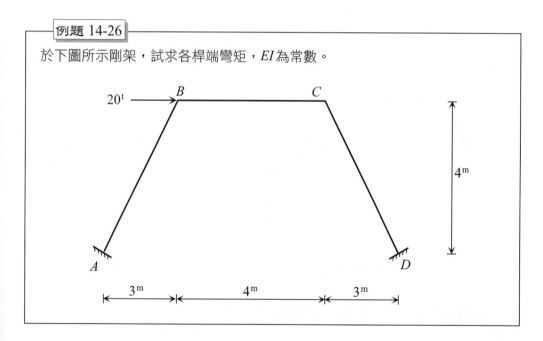

解

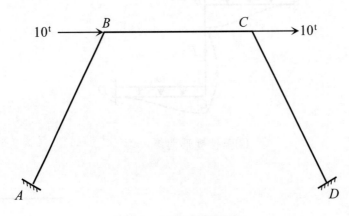

(a)反對稱剛架

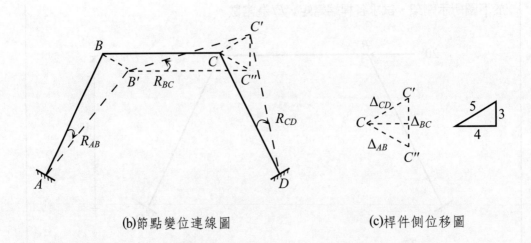

(b)節點變位連線圖　　　　　(c)桿件側位移圖

原結構可視為一反對稱剛架，如圖(a)所示。分析時可採用取全做半法或取半分析法。

解法㈠取全做半法（分析半邊結構，但結構不必沿對稱軸切開）

1. 待求之桿端彎矩

　由結構反對稱性可知，$M_{AB} = M_{DC}$；$M_{BA} = M_{CD}$；$M_{BC} = M_{CB}$，現取對稱軸左半邊之結構來進行分析，故待求之桿端彎矩為 M_{AB}、M_{BA} 及 M_{BC}。

2. 建立桿端彎矩方程式

(1)各桿件之相對 $2Ek$ 值

$$2Ek_{AB} : 2Ek_{BC} = \frac{2EI}{5} : \frac{2EI}{4} = 4 : 5$$

(2)各桿件之相對 R 值

由於原剛架幾何型式及材料均為對稱，因此由節點變位連線圖（見圖(b)）及桿件側位移圖（見圖(c)）可知

$$BB' = CC'' = \Delta_{AB}$$

$$CC' = \Delta_{CD} = \Delta_{AB}$$

$$C'C'' = \Delta_{BC} = \frac{6}{5}\Delta_{AB}$$

因而 $R_{AB} = \dfrac{\Delta_{AB}}{l_{AB}} = \dfrac{1}{5}\Delta_{AB}$（正表順時針）

$$R_{BC} = -\frac{\Delta_{BC}}{l_{BC}} = -\frac{\Delta_{BC}}{4} = -\frac{3}{10}\Delta_{AB} \text{（負表逆時針）}$$

故 $R_{AB} : R_{BC} = 2R : -3R$

(3)各桿件之固端彎矩值及桿端彎矩方程式

AB 桿件：A 端為固定支承，B 端為剛性節點

$$FM_{AB} = FM_{BA} = 0^{\text{t-m}}$$

由（14-7）式及（14-8）式得：

$$M_{AB} = 2Ek_{AB}(2\theta_A + \theta_B - 3R_{AB}) + FM_{AB}$$
$$= 4(\theta_B - 3(2R))$$
$$= 4\theta_B - 24R \tag{1}$$

$$M_{BA} = 2Ek_{BA}(\theta_A + 2\theta_B - 3R_{BA}) + FM_{BA}$$
$$= 4(2\theta_B - 3(2R))$$
$$= 8\theta_B - 24R \tag{2}$$

BC 桿件：具反對稱變形（$\theta_B = \theta_C$）

$$FM_{BC} = 0^{\text{t-m}}$$

由（14-22）式得：

$$M_{BC} = 2Ek_{BC}(3\theta_B - 3R_{BC}) + FM_{BC}$$
$$= 5(3\theta_B - 3(-3R))$$
$$= 15\theta_B + 45R \tag{3}$$

故知待解的未知量為 θ_B 及 R

3. 求解 θ_B 及 R

(1)建立 B 點彎矩平衡方程式

取 B 點為自由體，由

$+\circlearrowleft \Sigma M_B = M_{BA} + M_{BC} = 0$，得

$$23\theta_B + 21R = 0 \tag{4}$$

(2)建立與 R 對應的彎矩平衡方程式

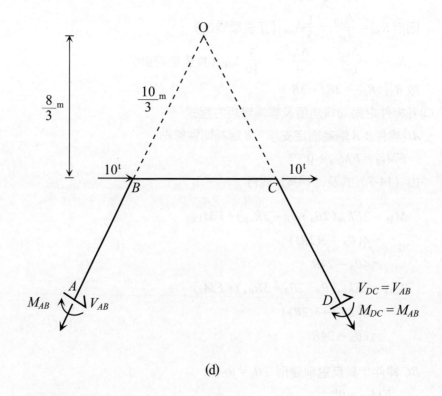

(d)

取 $ABCD$ 自由體，如圖(d)所示，由

$+\circlearrowleft \Sigma M_o = 0$，得

$$(V_{AB})(5+\frac{10}{3}) + (V_{DC})(5+\frac{10}{3}) + 2(10)(\frac{8}{3}) - M_{AB} - M_{DC}$$

$$= 2(V_{AB})(\frac{25}{3}) + (20)(\frac{8}{3}) - 2M_{AB} \qquad (因為 V_{DC} = V_{AB}；M_{DC} = M_{AB})$$

$$= 2(\frac{M_{AB} + M_{BA}}{5})(\frac{25}{3}) + (20)(\frac{8}{3}) - 2M_{AB}$$

$$= 32\theta_B - 112R + 53.333$$

$$= 0 \tag{5}$$

聯立解(4)式及(5)式，得

$\theta_B = -0.3448$（ ↻ ）（相對值）

$R = 0.3777$（ ↺ ）（相對值）

4.各桿端彎矩值

將求得之 θ_B 及 R 代入(1)～(3)式後，各桿端彎矩整理如下：

$M_{AB} = M_{DC} = -10.44^{\text{t-m}}$（ ↻ ）

$M_{BA} = M_{CD} = -11.82^{\text{t-m}}$（ ↻ ）

$M_{BC} = M_{CB} = 11.82^{\text{t-m}}$（ ↺ ）

討論

各桿件之相對 R 值亦可由投影法求得：

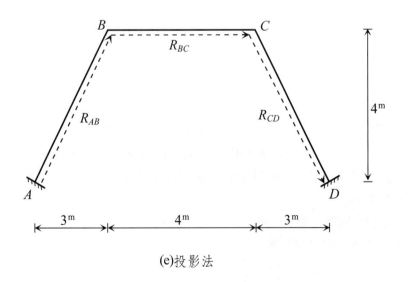

(e)投影法

在圖(e)中，取

$$+\uparrow\Sigma R_y = 0 \;;\; (R_{AB})(4) + (R_{BC})(0) - (R_{CD})(4) = 0 \tag{6}$$

$$\xrightarrow{\pm}\Sigma R_x = 0 \;;\; (R_{AB})(3) + (R_{BC})(4) + (R_{CD})(3) = 0 \tag{7}$$

若令 $R_{AB} = R$，則由(6)式及(7)式聯立解得

$$R_{BC} = -\frac{3}{2}R \;;\; R_{CD} = R$$

故 $R_{AB} : R_{BC} = 2R : -3R$

解法㈡取半分析法（結構沿對稱軸切開，取半邊結構進行分析）

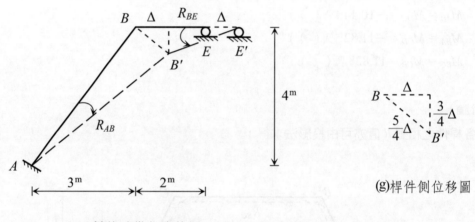

(f)節點變位連線圖

(g)桿件側位移圖

1. 待求之桿端彎矩

設 E 點為對稱中點，依據反對稱結構之對稱中點特性（$F_x = 0$，$F_y \neq 0$，$M = 0$；$\Delta_x \neq 0$，$\Delta_y = 0$，$\theta \neq 0$），可知 E 點處可模擬成一輥支承，如圖(f)所示。原結構待求之桿端彎矩為 M_{AB}、M_{BA} 及 M_{BC}，其中 M_{BC} 即為圖(f)所示結構中之 M_{BE}。

2. 建立桿端彎矩方程式

(1)各桿件之相對 $2Ek$ 值

$$2Ek_{AB} : 2Ek_{BE} = \frac{2EI}{5} : \frac{2EI}{2} = 2 : 5$$

(2)各桿件之相對 R 值

由於 E 點為可移動之輥支承，故不可採用投影法。由節點變位連線圖（見圖(f)）及桿件側位移圖（見圖(g)）可知

$$\Delta_{AB} = BB' = \frac{5}{4}\Delta$$

$$\Delta_{BE} = = \frac{3}{4}\Delta$$

因而 $R_{AB} = \dfrac{\Delta_{AB}}{l_{AB}} = \dfrac{1}{4}\Delta$　（正表順時針）

$\qquad R_{BE} = -\dfrac{\Delta_{BE}}{l_{BE}} = -\dfrac{3}{8}\Delta$　（負表逆時針）

故 $R_{AB} : R_{BE} = 2R : -3R$

(3)各桿件之固端彎矩值及桿端彎矩方程式

AB 桿件：A 端為固定支承，B 端為剛性節點

$$FM_{AB} = FM_{BA} = 0^{\text{t-m}}$$

由（14-7）式及（14-8）式得：

$$M_{AB} = 2Ek_{AB}(2\theta_A + \theta_B - 3R_{AB}) + FM_{AB} = 2\theta_B - 12R \tag{8}$$

$$M_{BA} = 2Ek_{BA}(\theta_A + 2\theta_B - 3R_{BA}) + FM_{BA} = 4\theta_B - 12R \tag{9}$$

BE 桿件：B 端為剛性節點，E 端為輥支承，$M_{EB} = 0^{\text{t-m}}$

$$HM_{BE} = 0^{\text{t-m}}$$

由（14-10）式得：

$$M_{BE} = 2Ek_{BE}(1.5\theta_B - 1.5R_{BE}) + HM_{BE} = 7.5\theta_B + 22.5R \tag{10}$$

故知待解的未知量為 θ_B 及 R

3.求解 θ_B 及 R

(1)建立 B 點彎矩平衡方程式

取 B 點為自由體，由

$\Sigma M_B = M_{BA} + M_{BE} = 0$，得

$$11.5\theta_B + 10.5R = 0 \tag{11}$$

(2)建立與 R 對應的彎矩平衡方程式

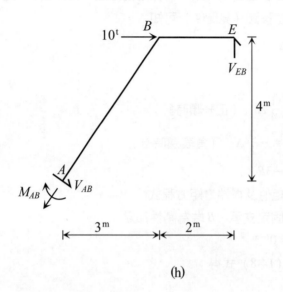

(h)

取 ABE 為自由體，如圖(h)所示，由

$+\circlearrowleft \Sigma M_A = 0$，得

$$(V_{EB})(5) - (10)(4) - M_{AB}$$
$$= (\frac{M_{BE} + M_{EB}}{2})(5) - (40) - M_{AB}$$
$$= 16.75\theta_B + 68.25R - 40$$
$$= 0 \qquad\qquad\qquad\text{(12)}$$

聯立解(11)式及(12)式，得

$\theta_B = -0.69$（ $\circlearrowleft$ ）（相對值）

$R = 0.755$（ $\circlearrowright$ ）（相對值）

4.各桿端彎矩值

將求得之 θ_B 及 R 代入(8)～(10)式後所得之結果與解法(一)完全相同。

例題 14-27

試以傾角變位法列出下圖所示結構物之求解聯立方程式（不需解聯立方程式），彈簧勁度為 k（kN/m）。

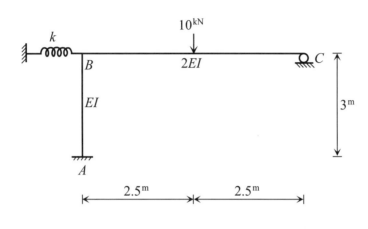

解

有彈簧構件時，不宜使用相對的 $2Ek$ 值及 R 值。設 AB 桿件之側位移為 Δ。

1. 待求之桿端彎矩

　　C 點為輥支承，$M_{CB} = 0^{kN\text{-}m}$，待求之桿端彎矩為 M_{AB}、M_{BA} 及 M_{BC}。

2. 建立桿端彎矩方程式

　　AB桿件：A 端為固定支承，B 端為剛性節點

　　由（14-7）式及（14-8）式得：

$$M_{AB} = 2Ek_{AB}(2\theta_A + \theta_B - 3R_{AB}) + FM_{AB}$$
$$= \frac{2EI}{3}\left(\theta_B - 3\left(\frac{\Delta}{3}\right)\right)$$
$$= \frac{2EI}{3}(\theta_B - \Delta) \tag{1}$$

$$M_{BA} = 2Ek_{BA}(\theta_A + 2\theta_B - 3R_{BA}) + FM_{AB}$$
$$= \frac{2EI}{3}\left(2\theta_B - 3\left(\frac{\Delta}{3}\right)\right)$$
$$= \frac{2EI}{3}(2\theta_B - \Delta) \tag{2}$$

BC 桿件：B 端為剛性節點，C 端為輥支承，$M_{CB}=0^{kN-m}$。由表 11-4 得

$$HM_{BC}=-\frac{3Pl}{16}=-\frac{3(16)(5)}{16}=-15^{kN-m}$$

由（14-10）式得：

$$
\begin{aligned}
M_{BC} &= 2ER_{BC}(1.5\theta_B-1.5R_{BC})+HM_{BC}\\
&=\frac{2(2EI)}{5}(1.5\theta_B)-15\\
&=\frac{4EI}{5}(1.5\theta_B)-15
\end{aligned}
\tag{3}
$$

故知待解的未知量為 θ_B 及 R

3. 求解 θ_B 及 Δ

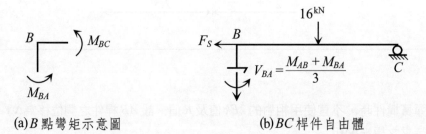

(a)B 點彎矩示意圖　　　　　　　　(b)BC 桿件自由體

(1)建立 B 點彎矩平衡方程式：（見圖(a)）

由於直線彈簧不提供抗彎勁度，因此

$$\Sigma M_B=M_{BA}+M_{BC}=0$$

即　$\frac{38}{15}EI\theta_B-\frac{2}{3}EI\Delta-15=0$ $\tag{4}$

(2)建立與 Δ 對應的剪力平衡方程式：（見圖(b)）

彈簧力 $F_s=k\Delta$，取 BC 桿件為自由體（涵蓋 Δ），由

$$\Sigma F_\Delta=\Sigma F_x=V_{BA}-F_s=0$$

即　$\frac{2}{3}EI\theta_B-(\frac{4}{9}EI+k)\Delta=0$ $\tag{5}$

聯立解(4)式及(5)式，可得出 θ_B 及 Δ，將求得之 θ_B 及 Δ 代入(1)~(3)式，即

可得出待求之桿端彎矩。

⟮討論⟯

將(4)式及(5)式改寫成矩陣形式，得：

$$\begin{bmatrix} \dfrac{38EI}{15} & -\dfrac{2EI}{3} \\[3mm] \dfrac{2EI}{3} & -\left(\dfrac{4EI}{9}+k\right) \end{bmatrix}\begin{Bmatrix} \theta_B \\[3mm] \Delta \end{Bmatrix}=\begin{Bmatrix} 15 \\[3mm] 0 \end{Bmatrix} \tag{6}$$

(6)式即為結構的勁度方程式，等號左邊表示結構勁度矩陣與節點位移向量的相乘，等號右邊表示節點載重向量。

⟮例題 14-28⟯

下圖所示為一連續梁，A 點順時針旋轉 0.002rad，試利用傾角變位法分析 C 點的垂直變位 Δ_{CV}，並繪彎矩圖。

$k_1 = 150$ t-m/rad，$k_2 = 1200$ t/m，$EI = 8 \times 10^2$ t-m^2

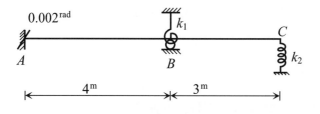

⟮解⟯

B 點有一抗彎彈簧（$k_1 = 150^{\,\text{t-m/rad}}$），因此在 B 點處有 AB 桿件、BC 桿件及抗彎彈簧共同抵抗 B 點之旋轉；C 點有一線性彈簧（$k_2 = 1200^{\,\text{t/m}}$），可抵抗 C 點之垂直位移。當支承 A 產生旋轉時，抗彎彈簧之內力為 $M_s = k_1\theta_B$，而線性彈簧之內為 $F_s = k_2\Delta_{CV}$。

由於 θ_B 及 Δ_{CV} 均為未知量，因此在分析時將不反應在桿件之固端彎矩中，所以 $2Ek$ 值及 R 值應用實際值而不用相對值。

由於支承 A 的旋轉量為一已知值（0.002^{rad}），故桿件之固端彎矩均係由此旋轉量所造成。

1. 待求之桿端彎矩

   C 點為線性彈簧支承，無法抵抗彎矩，因此 $M_{CB}=0^{\text{t-m}}$，故待求之桿端彎矩為 M_{AB}、M_{BA} 及 M_{BC}。

2. 建立桿端彎矩方程式

   AB 桿件：A 端為固定支承，B 端為剛性節點

   由表 11-3 得：

   $$FM_{AB} = \frac{4EI\theta_A}{l} = \frac{(4)(8\times10^2)(0.002)}{4} = 1.6^{\text{t-m}}$$

   $$FM_{BA} = \frac{2EI\theta_A}{l} = 0.8^{\text{t-m}}$$

   由（14-7）式及（14-8）式得：

   $$
   \begin{aligned}
   M_{AB} &= \frac{2EI}{l}\left(2\theta_A + \theta_B - 3(\frac{\Delta_{AB}}{l})\right) + FM_{AB} \qquad (R = \frac{\Delta}{l}) \\
   &= \frac{(2)(8\times10^2)}{4}(\theta_B) + 1.6 \\
   &= 400\,\theta_B + 1.6
   \end{aligned}
   \tag{1}
   $$

   $$
   \begin{aligned}
   M_{BA} &= \frac{2EI}{l}\left(\theta_A + 2\theta_B - 3(\frac{\Delta_{AB}}{l})\right) + FM_{BA} \\
   &= \frac{(2)(8\times10^2)}{4}(2\theta_B) + 0.8 \\
   &= 800\,\theta_B + 0.8
   \end{aligned}
   \tag{2}
   $$

   BC 桿件：B 端為剛性節點，C 端線性彈簧支承，$M_{CB}=0^{\text{t-m}}$

   由（14-10）式得：

   $$
   \begin{aligned}
   M_{BC} &= \frac{2EI}{l}\left(1.5\theta_B - 1.5(\frac{\Delta_{CV}}{l})\right) + HM_{BC} \\
   &= \frac{(2)(8\times10^2)}{3}\left(1.5\theta_B - 1.5(\frac{\Delta_{CV}}{3})\right) + 0 \\
   &= 800\,\theta_B - 266.67\Delta_{CV}
   \end{aligned}
   \tag{3}
   $$

   故知待解的未知量為 θ_B 及 Δ_{CV}

3. 求解 θ_B 及 Δ_{CV}

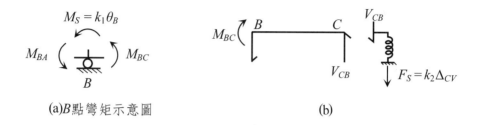

(a)B點彎矩示意圖 　　　　　　　　　　　　(b)

(1)建立 B 點彎矩平衡方程式：（見圖(a)）

$$\Sigma M_B = M_{BA} + M_{BC} + M_S = 0$$

即　$1750\theta_B - 266.67\Delta_{CV} + 0.8 = 0$ 　　　　　　　　　　(4)

(2)建立與 Δ_{CV} 對應的剪力平衡方程式：（見圖(b)）

$$\Sigma F_\Delta = \Sigma F_y = V_{CB} + F_S = 0$$

即　$\dfrac{M_{BC} + M_{CB}}{3} + (1200)\Delta_{CV} = 0$

$266.67\theta_B + 1111.11\Delta_{CV} = 0$ 　　　　　　　　　　(5)

聯立解(4)式及(5)式得

$\theta_B = -0.00042^{\text{rad}}$ （↻） 　（實際值）

$\Delta_{CV} = 0.0001^{\text{m}}$ （↑） 　（實際值）

4. 各桿端彎矩值

將求得之 θ_B 及 Δ_{CV} 代入(1)～(3)式後，各桿端彎矩整理如下：

$M_{AB} = 1.43^{\text{t-m}}$ （↻）

$M_{BA} = 0.46^{\text{t-m}}$ （↻）

$M_{BC} = -0.36^{\text{t-m}}$ （↺）

$M_{CB} = 0^{\text{t-m}}$

5. 繪彎矩圖

各桿端彎矩值求得後，可直接繪出彎矩圖，如圖(c)所示。

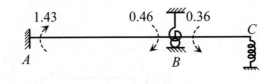

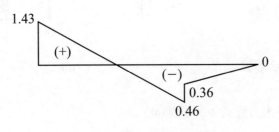

(c)彎矩圖（t-m）

討論

在彎矩圖中，B 點之彎矩跳躍值 $=0.46-0.36=0.1^{t-m}$ 係為抗彎彈簧所承受之彎矩值。

例題 14-29

在下圖所示剛架中，D 點下陷 0.1in 並順時針旋轉 0.002 弧度，試繪彎矩圖並求 θ_B、θ_C 及 Δ_{BH}。$EI=60,000$ k-ft^2

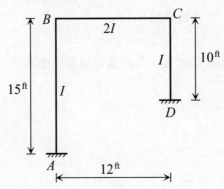

解

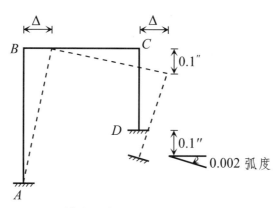

(a)節點變位連線圖

支承 D 的下陷及旋轉將引起各桿件產生側位移自由度。節點變位連線圖，如圖(a)所示，其中$\Delta_{CV} = \Delta_{DV} = 0.1^{in}$，$\theta_D = 0.002$弧度，並令$\Delta_{BH} = \Delta_{CH} = \Delta$，由此可知原結構具有節點旋轉自由度（$\theta_B$、$\theta_C$）及桿件側位移自由度（$\Delta$）。若各桿件採用相對的 $2Ek$ 值及 R 值，則支承移動量應反應在桿件的固端彎矩中，由表11-3 知：

$$FM_{BC} = FM_{CB} = -\frac{6E(2I)\Delta}{l^2} = -\frac{6(2 \times 60,000)(0.1/12)}{(12)^2} = -41.67^{k-ft}$$

$$FM_{CD} = \frac{2EI\theta_D}{l} = \frac{2(60,000)(0.002)}{10} = 24^{k-ft}$$

$$FM_{DC} = \frac{4EI\theta_D}{l} = 48^{k-ft}$$

1. 待求之桿端彎矩

　有M_{AB}、M_{BA}、M_{BC}、M_{CB}、M_{CD}及M_{DC}。

2. 建立桿端彎矩方程式

　(1)各桿件之相對 $2Ek$ 值

　　$2Ek_{AB} : 2Ek_{BC} : 2Ek_{CD} = \dfrac{2EI}{15} : \dfrac{2E(2I)}{12} : \dfrac{2EI}{10} = 2 : 5 : 3$

　(2)各桿件之相對R值

　　支承 D 的下陷量 0.1^{in}為已知值，不視為未知的獨立節點變位，因此 BC 桿件將無桿件側位移自由度，故

$$R_{AB} : R_{BC} : R_{CD} = \frac{\Delta}{15} : 0 : \frac{\Delta}{10} = 2R : 0 : 3R$$

(3)各桿件之桿端彎矩方程式

　　AB桿件：A端為固定支承，B端為剛性節點

　　由（14-7）式及（14-8）式得：

$$M_{AB} = 2Ek_{AB}(2\theta_A + \theta_B - 3R_{AB}) + FM_{AB}$$

$$= 2(\theta_B - 3(2R)) \tag{1}$$

$$M_{BA} = 2Ek_{BA}(\theta_A + 2\theta_B - 3R_{BA}) + FM_{BA}$$

$$= 2(2\theta_B - 3(2R)) \tag{2}$$

　　BC桿件：B端、C端均為剛性節點

　　由（14-7）式及（14-8）式得：

$$M_{BC} = 2Ek_{BC}(2\theta_B + \theta_C - 3R_{BC}) + FM_{BC}$$

$$= 5(2\theta_B + \theta_C) - 41.67 \tag{3}$$

$$M_{CB} = 2Ek_{CB}(\theta_B + 2\theta_C - 3R_{CB}) + FM_{CB}$$

$$= 5(\theta_B + 2\theta_C) - 41.67 \tag{4}$$

　　CD桿件：C端為剛性節點，D點為固定支承

　　由（14-7）式及（14-8）式得：

$$M_{CD} = 2Ek_{CD}(2\theta_C + \theta_D - 3R_{CD}) + FM_{CD}$$

$$= 3(2\theta_C - 3(3R)) + 24 \tag{5}$$

$$M_{DC} = 2Ek_{DC}(\theta_C + 2\theta_D - 3R_{DC}) + FM_{DC}$$

$$= 3(\theta_C - 3(3R)) + 48 \tag{6}$$

故知待解的未知量為 θ_B、θ_C 及 R

3.求解 θ_B、θ_C 及 R

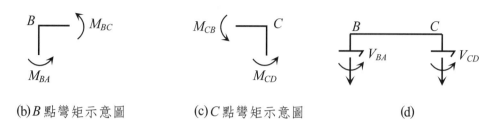

(b)B點彎矩示意圖　　(c)C點彎矩示意圖　　　　　(d)

(1)建立 B 點彎矩平衡方程式：（見圖(b)）

$$\Sigma M_B = M_{BA} + M_{BC} = 0$$

即　$14\theta_B + 5\theta_C - 12R - 41.67 = 0$ 　　　　　　　　　　(7)

(2)建立 C 點彎矩平衡方程式：（見圖(c)）

$$\Sigma M_C = M_{CB} + M_{CD} = 0$$

即　$5\theta_B + 16\theta_C - 27R - 17.67 = 0$ 　　　　　　　　　　(8)

(3)建立與 R 對應的剪力平衡方程式：（見圖(d)）

$$\Sigma F_\Delta = \Sigma F_x = V_{BA} + V_{CD} = 0$$

即　$\dfrac{M_{AB} + M_{BA}}{15} + \dfrac{M_{CD} + M_{DC}}{10} = 0$

$0.4\theta_B + 0.9\theta_C - 7R + 7.2 = 0$ 　　　　　　　　　　　(9)

聯立解(7)式、(8)式及(9)式，得

$\theta_B = 3.356$ 　（相對值）

$\theta_C = 2.70$ 　（相對值）

$R = 1.567$ 　（相對值）

4.各桿端彎矩值

將求得之 θ_B、θ_C 及 R 代入(1)～(6)式後，得

$M_{AB} = -12.09^{k-ft}$;（ ↻ ）

$M_{BA} = -5.38^{k-ft}$;（ ↻ ）

$$M_{BC} = 5.38^{\text{k-ft}}\ ;\ (\ \curvearrowright\ )$$

$$M_{CB} = 2.11^{\text{k-ft}}\ ;\ (\ \curvearrowright\ )$$

$$M_{CD} = -2.11^{\text{k-ft}}\ ;\ (\ \curvearrowleft\ )$$

$$M_{DC} = 13.79^{\text{k-ft}}\ ;\ (\ \curvearrowright\ )$$

桿端彎矩示意圖，如圖(e)所示。

5. 繪彎矩圖

依據各桿端彎矩的數值大小及指向（見圖(e)），即可迅速繪出彎矩圖，如圖(f)所示。

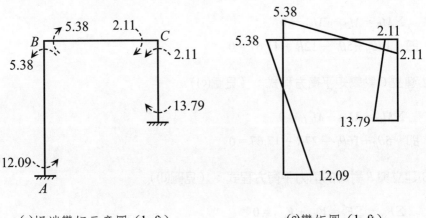

(e)桿端彎矩示意圖（k-ft）　　　　　(f)彎矩圖（k-ft）

6. 求實際 θ_B、θ_C 及 Δ_{BH}

由(1)式知，$\dfrac{2EI}{l_{AB}}(\theta_B) = 2$（相對之 θ_B）　　　　　$\left(k = \dfrac{I}{l}\right)$

故 $\theta_B = \dfrac{2l_{AB}}{2EI}$（相對之 θ_B）$= \dfrac{2(15)}{2(60,000)}(3.356) = 0.00084$　（ $\curvearrowright$ ）

由(6)式知，$\dfrac{2EI}{l_{DC}}(\theta_C) = 3$（相對之 θ_C）

故 $\theta_C = \dfrac{3l_{DC}}{2EI}$（相對之 θ_C）$= \dfrac{3(10)}{2(60,000)}(2.7) = 0.000675$　（ $\curvearrowright$ ）

由(1)式知，$\dfrac{2EI}{l_{AB}}(-3R_{AB}) = 2(-3(2 \times$ 相對之 $R)) = -12$（相對之 R）

故 $R_{AB} = \dfrac{-12l_{AB}}{-6EI}$（相對之 R）$= \dfrac{-12(15)}{-6(60,000)}(1.567) = 0.0007835$

而 $\Delta_{BH} = (R_{AB})(l_{AB}) = (0.0007835)(15) = 0.01175^{\text{ft}}$　　（→）

討論

支承移動後，若桿件側位移存有未知量 Δ，則謂結構仍具有桿件之側位移自由度。

例題 14-30

於下圖所示之剛架中，各桿件斷面 $A = 40 \times 40 \ \text{cm}^2$，$E = 2.1 \times 10^6 \ \text{kg/cm}^2$，若剛架外部溫度較內部溫度低 10℃，膨脹係數 $\alpha = 1 \times 10^{-5}/\text{℃}$，試利用傾角變位法分析該剛架由溫差所產生的彎矩圖。

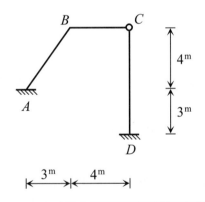

解

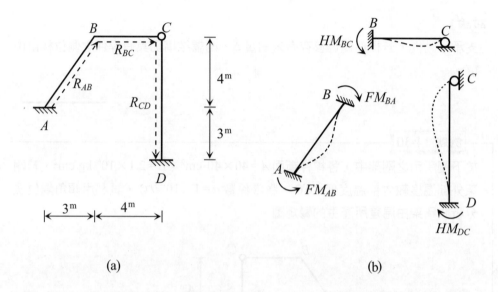

(a)　　　　　　　　　　　　　　　　(b)

桿件之內力及變形均是由溫差效應所造成，各桿件之固端彎矩示意圖如圖(b)所示。

$$I = \frac{bh^3}{12} = \frac{1}{12}(40)(40)^3 = 213333.33^{\text{cm}^4}$$

1. 待求之桿端彎矩

　　由於 C 點為鉸接續，$M_{CB} = M_{CD} = 0^{\text{t-m}}$，因此待求之桿端彎矩為 M_{AB}、M_{BA}、M_{BC} 及 M_{DC}。

2. 建立桿端彎矩方程式

　(1)各桿件之相對 $2Ek$ 值

$$2Ek_{AB} : 2Ek_{BC} : 2Ek_{CD} = \frac{2EI}{5} : \frac{2EI}{4} : \frac{2EI}{7} = 28 : 35 : 20$$

　(2)各桿件相對 R 值

　　原剛架無可移動支承，因此可用投影法求出各桿件之相對 R 值。在圖(a)中，由

$$+\uparrow \ \Sigma R_y = 0 \ ; \ (R_{AB})(4) + (R_{BC})(0) - (R_{CD})(7) = 0$$

$$\xrightarrow{+} \Sigma R_x = 0 \ ; \ (R_{AB})(3) + (R_{BC})(4) + (R_{CD})(0) = 0$$

若令 $R_{AB} = R$，則由上兩式可得 $R_{BC} = -\dfrac{3}{4}R$; $R_{CD} = \dfrac{4}{7}R$

(3)各桿件之固端彎矩值及桿端彎矩方程式

　　AB 桿件：A 端為固定支承，B 端為剛性節點

$$-FM_{AB} = FM_{BA} = \frac{\alpha(T_1 - T_2)EI}{h} = \frac{(1 \times 10^{-5})(10)(2.1 \times 10^6)(213333.33)}{40}(10)^{-5}$$

$$= 11.2^{\text{t-m}}$$

由（14-7）式及（14-8）式得：

$$M_{AB} = 2Ek_{AB}(2\theta_A + \theta_B - 3R_{AB}) + FM_{AB}$$

$$= 28(\theta_B - 3R) - 11.2 \tag{1}$$

$$M_{BA} = 2Ek_{BA}(\theta_A + 2\theta_B - 3R_{BA}) + FM_{BA}$$

$$= 28(2\theta_B - 3R) + 11.2 \tag{2}$$

　　BC 桿件：B 端為剛性節點，C 端為鉸接續，$M_{CB} = 0^{\text{t-m}}$

$$HM_{BC} = -\frac{3\alpha(T_1 - T_2)EI}{2h} = -16.8^{\text{t-m}}$$

由（14-10）式得

$$M_{BC} = 2Ek_{BC}(1.5\theta_B - 1.5R_{BC}) + HM_{BC}$$

$$= 35(1.5\theta_B - 1.5(-\frac{3}{4}R)) - 16.8 \tag{3}$$

　　CD 桿件：D 端為固定支承，C 端為鉸接續，$M_{CD} = 0^{\text{t-m}}$

$$HM_{DC} = \frac{3\alpha(T_1 - T_2)EI}{2h} = 16.8^{\text{t-m}}$$

由（14-15）式得

$$M_{DC} = 2Ek_{DC}(1.5\theta_D - 1.5R_{DC}) + HM_{DC}$$

$$= 20(-1.5(\frac{4}{7}R)) + 16.8 \tag{4}$$

　　故知待解的未知量為 θ_B 及 R

3.求解 θ_B 及 R

　(1)建立 B 點彎矩平衡方程式，取 B 點為自由體，由

$\Sigma M_B = M_{BA} + M_{BC} = 0$，得

即　$108.5\theta_B - 44.625R - 5.6 = 0$　　　　　　　　　　　　　　(5)

⑵建立與 R 對應的彎矩平衡方程式

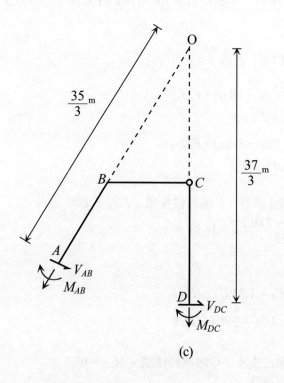

(c)

取 $ABCD$ 為自由體，如圖(c)所示，由

$+\circlearrowright \Sigma M_o = 0$，得

$$(V_{AB})(\frac{35}{3}) + (V_{DC})(\frac{37}{3}) - M_{AB} - M_{DC}$$

$$= (\frac{M_{AB} + M_{BA}}{5})(\frac{35}{3}) + (\frac{M_{CD} + M_{DC}}{7})(\frac{37}{3}) - M_{AB} - M_{DC}$$

$$= -168\theta_B + 321.06R - 24$$

$$= 0$$　　　　　　　　　　　　　　(6)

聯立解⑸式及⑹式得

$\theta_B = 0.1049$（ ↻ ）（相對值）

$R = 0.1297$（ ↻ ）（相對值）

4.各桿端彎矩值

將求得之 θ_B 及 R 代入(1)～(4)式後，各桿端彎矩值整理如下：

$M_{AB} = -19.15^{t-m}$（ ↺ ）

$M_{BA} = 6.18^{t-m}$（ ↻ ）

$M_{BC} = -6.18^{t-m}$（ ↺ ）

$M_{CB} = 0^{t-m}$

$M_{CD} = 0^{t-m}$

$M_{DC} = 14.58^{t-m}$（ ↻ ）

5.繪彎矩圖

彎矩如圖(d)所示。

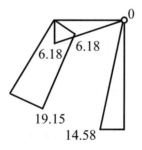

(d)彎矩圖（t-m）

例題 14-31

於下圖所示的梁結構中，*BC* 桿件的 *EI* 值為無限大，*B* 點為剛節點，試求在外力作用下，固定端 *A* 處的彎矩值。

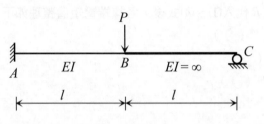

解

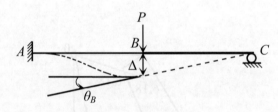

(a)彈性變形曲線

1. 待求之桿端彎矩

   由題意可知，待求之桿端彎矩為 M_{AB} 　　（M_{AB} ＝支承反力 M_A）

2. 建立桿端彎矩方程式

   若假設 *B* 點的垂直位移為 Δ，則由彈性變形曲線（見圖(a)）的連貫性可知

   $$\theta_B = -\frac{\Delta}{l} \quad \text{（負表逆時針）}$$

   由（14-7）式及（14-8）式得

   $$M_{AB} = \frac{2EI}{l}\left(2\theta_A + \theta_B - 3\frac{\Delta}{l}\right) + FM_{AB} \tag{1}$$

   $$M_{BA} = \frac{2EI}{l}\left(\theta_A + 2\theta_B - 3\frac{\Delta}{l}\right) + FM_{BA} \tag{2}$$

   現將 $\theta_A = 0$，$\theta_B = -\dfrac{\Delta}{l}$，$FM_{AB} = FM_{BA} = 0$　代入(1)式及(2)式則可得到

$$M_{AB} = -\frac{8EI\Delta}{l^2} \tag{3}$$

$$M_{BA} = -\frac{10EI\Delta}{l^2} \tag{4}$$

故知待解的未知量為 Δ

3.求解 Δ

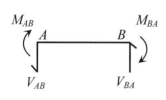

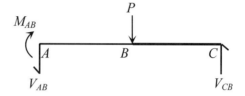

(b)AB 桿件自由體 　　　　　(c)ABC 自由體（涵蓋 Δ）

建立與 Δ 對應的剪力平衡方程式：

取 AB 桿件為自由體（見圖(b)），由 $\Sigma M_B = 0$，得

$$V_{AB} = \frac{M_{AB} + M_{BA}}{l} \tag{5}$$

再取 ABC 為自由體（見圖(c)），由 $\Sigma M_C = 0$，得

$$(V_{AB})(2l) + Pl - M_{AB} = 0 \tag{6}$$

將(3)式、(4)式及(5)式代入(6)式中解得

$$\Delta = \frac{Pl^3}{28EI}\ (\downarrow)\ \ \ \ （實際值）$$

4.桿端彎矩值

將得出之 Δ 代入(3)式中，得出 $M_{AB} = -\frac{2Pl}{7}$ （ $\curvearrowright$ ）

5. 求支承反力 M_A

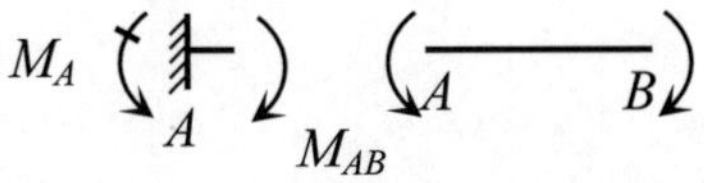

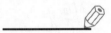

(d)

由圖(d)可知，支承反力 $M_A = M_{AB} = \frac{2Pl}{7}$（↻）

例題 14-32

下圖所示構架受一水平力 P 的作用，各桿件長度均為 l，桿件 AB 和 CD 之撓曲剛度為 EI，而桿件 BC 之撓曲剛度則為無限大，其軸向變形可忽略，A 點為固定支承，D 點為鉸支承，但受一撓曲彈簧之束制，其彈簧值為 S，試求

㈠ B 點之水平位移

㈡ A 點及 D 點之水平剪力

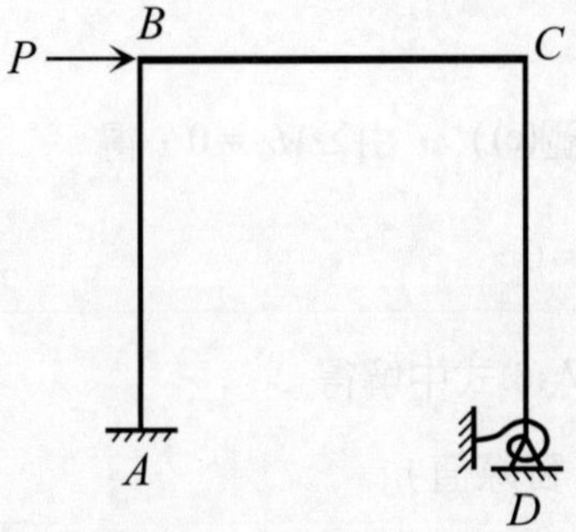

解

有彈簧構件之結構，宜用實際的 $2Ek$ 值及 R 值來進行分析，撓曲彈簧之內力為 $M_S = S\theta_D$。

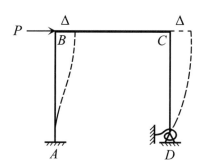

(a)彈性變形曲線

BC 桿件之撓曲剛度若為無限大，則表示當 BC 桿件受力後，B、C 兩點不會產生旋轉角，即 $\theta_B = \theta_C = 0$，彈性變形曲線如圖(a)所示，其中 $\Delta_{BH} = \Delta_{CH} = \Delta$。

1. 建立桿端彎矩方程式

由（14-7）式及（14-8）式得：

$$M_{AB} = \frac{2EI}{l}(2\theta_A + \theta_B - 3(\frac{\Delta}{l})) + FM_{AB}$$
$$= -\frac{6EI\Delta}{l^2} \tag{1}$$

$$M_{BA} = \frac{2EI}{l}(\theta_A + 2\theta_B - 3(\frac{\Delta}{l})) + FM_{BA}$$
$$= -\frac{6EI\Delta}{l^2} \tag{2}$$

$$M_{CD} = \frac{2EI}{l}(2\theta_C + \theta_D - 3(\frac{\Delta}{l})) + FM_{CD}$$
$$= \frac{2EI}{l}(\theta_D - 3(\frac{\Delta}{l})) \tag{3}$$

$$M_{DC} = \frac{2EI}{l}(\theta_C + 2\theta_D - 3(\frac{\Delta}{l})) + FM_{DC}$$
$$= \frac{2EI}{l}(2\theta_D - 3(\frac{\Delta}{l})) \tag{4}$$

故知待解的未知量為 θ_D 及 Δ

2. 求解 θ_D 及 Δ

(1)建立 D 點彎矩平衡方程式：

$$\Sigma M_D = M_{DC} + M_S = 0$$

即　$\dfrac{2EI}{l}\left(2\theta_D - 3\left(\dfrac{\Delta}{l}\right)\right) + S\theta_D = 0$　　　　　　　　　　(5)

(2)建立與 Δ 對應的剪力平衡方程式：

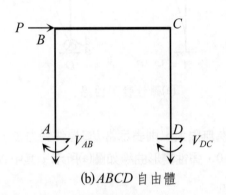

(b)$ABCD$ 自由體

由 $ABCD$ 自由體（見圖(b)），取

$$\Sigma F_\Delta = \Sigma F_X = V_{AB} + V_{DC} + P$$

$$= \frac{M_{AB} + M_{BA}}{l} + \frac{M_{CD} + M_{DC}}{l} + P$$

$$= 0$$

得　$\dfrac{6EI}{l^2}\theta_D - \dfrac{24EI}{l^3}\Delta + P = 0$　　　　　　　　　　(6)

聯立解(5)式及(6)式得

$$\theta_D = \frac{\dfrac{6EI}{l^2}}{\dfrac{4EI}{l} + S} \qquad （實際值）$$

$$\Delta = \frac{P}{\dfrac{24EI}{l^3}\left[1 - \dfrac{3EI/l}{2(S + 4EI/l)}\right]} = \Delta_{BH} \qquad （實際值）$$

3.求 V_{AB} 及 V_{DC}

將得出之 θ_D 及 Δ 代入(1)～(4)式後，

$$V_{AB} = \frac{M_{AB} + M_{BA}}{l} = -\frac{Sl + 4EI}{2Sl + 5EI}P \qquad （←）$$

$$V_{DC} = \frac{M_{CD} + M_{DC}}{l} = \frac{EISl + (EI)^2}{2EISl + 5(EI)^2}P \quad (\rightarrow)$$

14-11　綜合範例

為了讓讀者更能熟悉傾角變位法的計算過程，故增加以下的綜合範例供讀者參考。

例題 14-33

試求下圖所示剛架之各桿端彎矩值，EI 為常數。

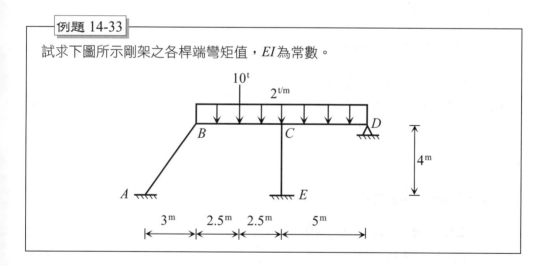

解

由於 D 點、E 點均為不移動節點，所以 C 點為一不移動節點，同理，A 點、C 點均為不移動節點，所以 B 點亦為一不移動節點，故各桿件均無側位移產生。

1. $M_{DC} = 0$ t-m，所以待求之桿端彎矩為 M_{AB}、M_{BA}、M_{BC}、M_{CB}、M_{CE}、M_{EC} 及 M_{CD}。

2.$2Ek_{AB} : 2Ek_{BC} : 2Ek_{CE} : 2Ek_{CD} = \dfrac{2EI}{5} : \dfrac{2EI}{5} : \dfrac{2EI}{4} : \dfrac{2EI}{5} = 1 : 1 : 1.25 : 1$

$-FM_{BC} = FM_{CB} = \dfrac{Pl}{8} + \dfrac{\omega l^2}{12} = \dfrac{(10)(5)}{8} + \dfrac{(2)(5)^2}{12} = 10.41^{\text{t-m}}$

$HM_{CD} = -\dfrac{\omega l^2}{8} = -\dfrac{(2)(5)^2}{8} = -6.25^{\text{t-m}}$

由（14-7）式及（14-8）式得

$$M_{AB} = 1(\theta_B) \tag{1}$$

$$M_{BA} = 1(2\theta_B) \tag{2}$$

$$M_{BC} = 1(2\theta_B + \theta_C) - 10.41 \tag{3}$$

$$M_{CB} = 1(\theta_B + 2\theta_C) + 10.41 \tag{4}$$

$$M_{CE} = 1.25(2\theta_C) \tag{5}$$

$$M_{EC} = 1.25(\theta_C) \tag{6}$$

由（14-10）式得

$$M_{CD} = 1(1.5\theta_C) - 6.25 \tag{7}$$

故知待解的未知量為 θ_B 及 θ_C

3.建立 B 點彎矩平衡方程式：

由　$\Sigma M_B = M_{BA} + M_{BC} = 0$

得　$4\theta_B + \theta_C - 10.41 = 0$ $\tag{8}$

建立 C 點彎矩平衡方程式：

由　$\Sigma M_C = M_{CB} + M_{CD} + M_{CE} = 0$

得　$\theta_B + 6\theta_C + 4.16 = 0$ $\tag{9}$

聯立解(8)式及(9)式得

$\theta_B = 2.90$（↻）　　（相對值）

$\theta_C = -1.18$（↻）　　（相對值）

4.將得出之 θ_B 及 θ_C 代入(1)～(7)式後，整理得

$M_{AB} = 2.9^{\text{t-m}}$（↻）　；$M_{BA} = 5.8^{\text{t-m}}$（↻）　；$M_{BC} = -5.8^{\text{t-m}}$（↻）

$M_{CB} = 10.95^{\text{t-m}}$ （ ↻ ） ; $M_{CE} = -2.95^{\text{t-m}}$ （ ↺ ） ; $M_{EC} = -1.48^{\text{t-m}}$ （ ↺ ）

$M_{CD} = -8.02^{\text{t-m}}$ （ ↺ ） ; $M_{DC} = 0^{\text{t-m}}$

例題 14-34

下圖所示為一剛架結構，A、D 兩支座分別下陷 2cm 及 8cm，設梁和柱的斷面慣性矩各為 40,000 cm⁴和 10,000 cm⁴，材料之$E = 2.0 \times 10^4$ kN/cm⁴，試以實際的 $2Ek$ 值計算各桿端彎矩。

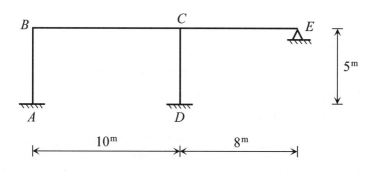

解

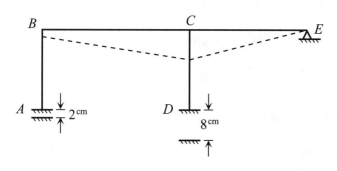

(a)節點變位連線圖

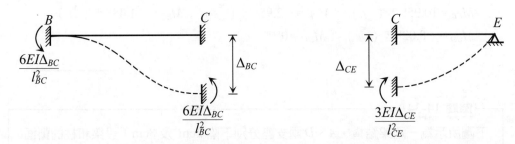

(b)各桿件由支承下陷所造成之固端彎矩

1. 待求之桿端彎矩為 M_{AB}、M_{BA}、M_{BC}、M_{CB}、M_{CD}、M_{DC} 及 M_{CE}。

2. 支承變位係指相對變位而非絕對變位。圖(a)所示為節點變位連線圖，由圖中可看出，桿件側位移 $\Delta_{AB} = \Delta_{CD} = 0$ cm，$\Delta_{BC} = 8$ cm $- 2$ cm $= 6$ cm，$\Delta_{CE} = 8$ cm。由於支座產生移動後，各桿件之側位移均為已知值，故結構僅有節點的旋轉自由度，而無桿件之側位移自由度。

由表 11-3 得（見圖(b)）

$$FM_{BC} = FM_{CB} = -\frac{6EI\Delta_{BC}}{l_{BC}^2} = -\frac{6(2.0 \times 10^4)(40000)(0.06)}{10^2 \times 100^2} = -288^{kN-m}$$

由表 11-5 得（見圖(b)）

$$HM_{CE} = \frac{3EI\Delta_{CE}}{l_{CE}^2} = \frac{3(2.0 \times 10^4)(40000)(0.08)}{8^2 \times 100^2} = 300^{kN-m}$$

$$\text{而 } 2Ek_{AB} = 2Ek_{CD} = \frac{2(2.0 \times 10^4)(10000)}{5 \times 100^2} = 8,000^{kN-m}$$

$$2Ek_{BC} = \frac{2(2.0 \times 10^4)(40000)}{10 \times 100^2} = 16,000^{kN-m}$$

$$2Ek_{CE} = \frac{2(2.0 \times 10^4)(40000)}{8 \times 100^2} = 20,000^{kN-m}$$

由（14-7）式及（14-8）式得

$$M_{AB} = 8,000(\theta_B) \tag{1}$$

$$M_{BA} = 8,000(2\theta_B) \tag{2}$$

$$M_{BC} = 16,000(2\theta_B + \theta_C) - 288 \tag{3}$$

$$M_{CB} = 16,000(\theta_B + 2\theta_C) - 288 \tag{4}$$

$$M_{CD} = 8,000(2\theta_C) \tag{5}$$

$$M_{DC} = 8,000(\theta_C) \tag{6}$$

由（14-10）式得

$$M_{CE} = 20,000(1.5\theta_C) + 300 \tag{7}$$

3. 建立 B 點彎矩平衡方程式：

由　$\Sigma M_B = M_{BA} + M_{BC} = 0$

得　$48,000\theta_B + 16,000\theta_C - 288 = 0$ \hfill (8)

建立 C 點彎矩平衡方程式：

由　$\Sigma M_C = M_{CB} + M_{CD} + M_{CE} = 0$

得　$16,000\theta_B + 78,000\theta_C + 12 = 0$ \hfill (9)

聯立解(8)式及(9)式得

$\theta_B = 0.0065$（ ↻ ）　（實際值）

$\theta_C = -0.0015$（ ↺ ）　（實際值）

4. 將得出之 θ_B 及 θ_C 代入(1)~(7)式後，整理得

$M_{AB} = 52^{kN-m}$（ ↻ ）；$M_{BA} = 104^{kN-m}$（ ↻ ）；$M_{BC} = -104^{kN-m}$（ ↺ ）

$M_{CB} = -232^{kN-m}$（ ↺ ）；$M_{CD} = -24^{kN-m}$（ ↺ ）；$M_{DC} = -12^{kN-m}$（ ↺ ）

$M_{CE} = 255^{kN-m}$（ ↻ ）；$M_{EC} = 0^{kN-m}$

例題 14-35

試繪下圖所示剛架之彎矩圖。EI 為常數。

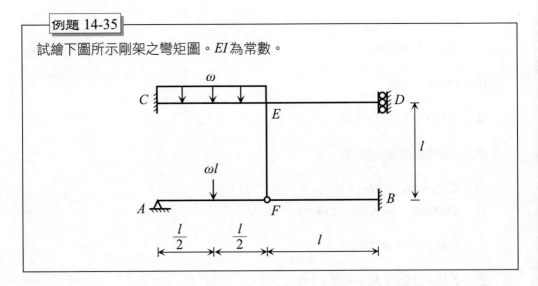

解

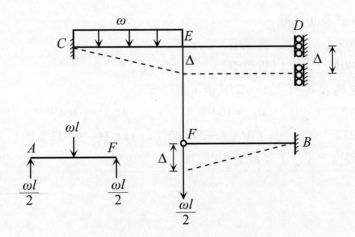

(a) $CEDBF$ 部份之節點變位連線圖

1. 由於 AF 桿件之桿端彎矩 $M_{AF} = M_{FA} = 0$ 為已知值，故僅需分析 $CEDBF$ 部份（節點變位連線圖，如圖(a)所示）。在 $CEDBF$ 部份中，$M_{FB} = M_{FE} = 0$，因此待求之桿端彎矩為 M_{CE}、M_{EC}、M_{ED}、M_{DE}、M_{EF} 及 M_{BF}。

2.$2Ek_{CE} : 2Ek_{ED} : 2Ek_{EF} : 2Ek_{FB} = 1 : 1 : 1 : 1$

由於ED桿件及EF桿件無桿端相對側位移（桿件側位移係指兩桿端之相對側位移），因此

$$R_{CE} : R_{ED} : R_{EF} : R_{FB} = \frac{\Delta}{l} : 0 : 0 : -\frac{\Delta}{l} = R : 0 : 0 : -R$$

而$-FM_{CE} = FM_{EC} = \dfrac{\omega l^2}{12}$

由（14-7）式及（14-8）式得

$$M_{CE} = 1(\theta_E - 3R) - \frac{\omega l^2}{12} \tag{1}$$

$$M_{EC} = 1(2\theta_E - 3R) + \frac{\omega l^2}{12} \tag{2}$$

由（14-26）式及（14-27）式得

$$M_{ED} = 1(0.5\theta_E) \tag{3}$$

$$M_{DE} = 1(-0.5\theta_E) \tag{4}$$

由（14-10）式得

$$M_{EF} = 1(1.5\theta_E) \tag{5}$$

由（14-15）式得

$$M_{BF} = 1(-1.5(-R)) \tag{6}$$

故知待解的未知量為θ_E及R

3.建立E點彎矩平衡方程式：

由　$\Sigma M_E = M_{EC} + M_{ED} + M_{EF} = 0$

得　$4\theta_E - 3R + \dfrac{\omega l^2}{12} = 0$ \hfill (7)

建立與R對應的剪力平衡方程式：

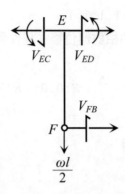

(b)EF 自由體

由EF自由體（涵蓋Δ），如圖(b)所示，取

$$\Sigma F_\Delta = \Sigma F_y$$

$$= -V_{EC} + V_{ED} + V_{FB} - \frac{\omega l}{12}$$

$$= -\frac{M_{CE} + M_{EC} + \omega l^2/2}{l} + \frac{M_{ED} + M_{DE}}{l} + \frac{M_{FB} + M_{BF}}{l} - \frac{\omega l}{12} = 0$$

得　$-6\theta_E + 15R - 2\omega l^2 = 0$ （8）

聯立解(7)式及(8)式，得

$$\theta_E = \frac{38}{336}\omega l^2 \quad（相對值）$$

$$R = \frac{10}{56}\omega l^2 \quad（相對值）$$

4.將 θ_E 及 R 代入(1)～(6)式後，整理得各桿端彎矩為

$$M_{CE} = -\frac{85}{168}\omega l^2 \;（\text{↶}）\;;\; M_{EC} = -\frac{19}{84}\omega l^2 \;（\text{↶}）\;;\; M_{ED} = \frac{19}{336}\omega l^2 \;（\text{↷}）$$

$$M_{DE} = -\frac{19}{336}\omega l^2 \;（\text{↶}）\;;\; M_{EF} = \frac{57}{336}\omega l^2 \;（\text{↷}）\;;\; M_{BF} = \frac{15}{56}\omega l^2 \;（\text{↷}）$$

$$M_{AF} = M_{FA} = M_{FE} = M_{FB} = 0$$

5. 依據桿端彎矩之數值及指向（見圖(c)），並配合組合法，即可迅速繪出彎矩圖，如圖(d)所示。

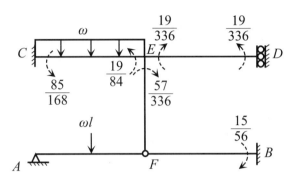

(c)桿端彎矩示意圖（$\times \omega l^2$）

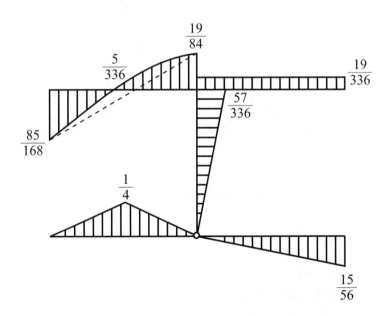

(d)彎矩圖（$\times \omega l^2$）（組合法）

例題 14-36

設有如圖之構架，B 點為剛接，C 點為輥支承，各桿斷面尺寸如圖中數據，試解此剛架，並繪彎矩圖，剪力圖及彈性變形曲線，請用傾角變位法解之。

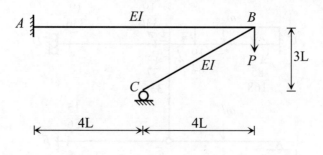

解

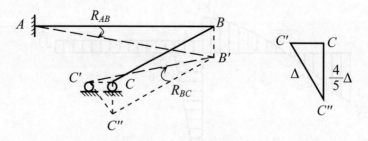

(a)節點變位連線圖

1. 待求之桿端彎矩為 M_{AB}、M_{BA} 及 M_{BC}。

2. $2Ek_{AB} : 2Ek_{BC} = \dfrac{2EI}{8L} : \dfrac{2EI}{5L} = 5 : 8$

由圖(a)所示之節點變位連線圖可知

$$\Delta_{AB} = BB' = CC'' = \frac{4}{5}\Delta \ ; \ \Delta_{BC} = C'C'' = \Delta$$

$$R_{AB} : R_{BC} = \frac{\Delta_{AB}}{L_{AB}} : \frac{\Delta_{BC}}{L_{BC}} = \frac{\frac{4}{5}\Delta}{8L} : \frac{\Delta}{5L} = R : 2R$$

由（14-7）式及（14-8）式得

$$M_{AB} = 5(\theta_B - 3R) \tag{1}$$

$$M_{BA} = 5(2\theta_B - 3R) \tag{2}$$

由（14-10）式得

$$M_{BC} = 8(1.5\theta_B - 1.5(2R)) \tag{3}$$

故知待解的未知量為 θ_B 及 R

3.建立 B 點彎矩平衡方程式：

由 $\Sigma M_B = M_{BA} + M_{BC} = 0$

得 $22\theta_B - 39R = 0 \tag{4}$

建立與 R 對應的彎矩平衡方程式：

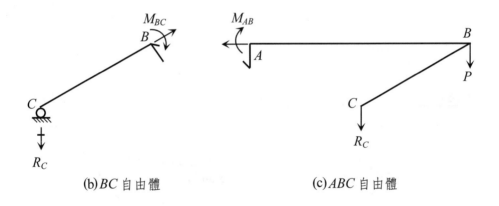

(b)BC 自由體　　　　　　　(c)ABC 自由體

取 BC 自由體（如圖(b)所示），由 $\Sigma M_B = 0$，解得支承反力 $R_C = \dfrac{M_{BC}}{4L}$

再取 ABC 自由體（如圖(c)所示），由 $\Sigma M_A = 0$，得

$$M_{AB} + (P)(8L) + (R_C)(4L) = 0$$

即 $17\theta_B - 39R + 8PL = 0 \tag{5}$

聯立解(4)式及(5)式可得

$\theta_B = 1.6\,PL$ （相對值）

$R = 0.9025\ PL$　（相對值）

4.將得出之 θ_B 及 R 代入(1)～(3)後，整理得

　　$M_{AB} = -5.54\ PL$（ ↱ ）；$M_{BA} = 2.5\ PL$（ ↰ ）

　　$M_{BC} = -2.5\ PL$（ ↱ ）；$M_{CB} = 0$

5.現分取 AB 桿件（見圖(d)）及 BC 桿件（見圖(e)）為自由體，由力的平衡可求

　　得各桿端剪力：

$$V_{AB} = V_{BA} = \frac{M_{AB} + M_{BA}}{8L} = 0.38\ P \ ; \ V_{BC} = V_{CB} = \frac{4}{5}R_C = \frac{4}{5}\left(\frac{M_{BC}}{4L}\right) = 0.5\ P$$

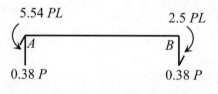

5.54 PL　　2.5 PL

A　　　　　B

0.38 P　　　0.38 P

(d)AB 桿件自由體

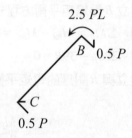

2.5 PL

B　0.5 P

C

0.5 P

(e)BC 桿件自由體

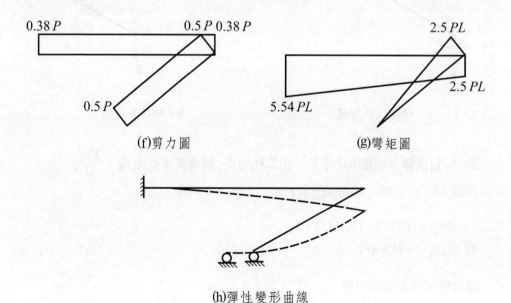

0.38 P　　　0.5 P　0.38 P

0.5 P

(f)剪力圖

2.5 PL

2.5 PL

5.54 PL

(g)彎矩圖

(h)彈性變形曲線

剪力圖如圖(f)所示，彎矩圖如圖(g) 所示，彈性變形曲線如圖(h)所示。

例題 14-37

下圖所示為一非正交剛架，試求固端支承的彎矩，並繪彎矩圖。

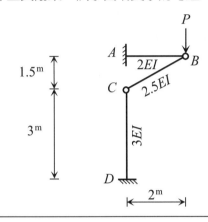

解

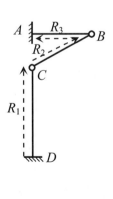

(a)投影法

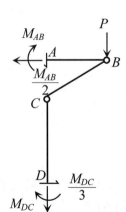

(b)$ABCD$ 自由體

1. 待求之桿端彎矩為 M_{AB} 及 M_{DC}。

2. $2Ek_{AB} : 2Ek_{CD} = \dfrac{2(2EI)}{2} : \dfrac{2(3EI)}{3} = 1 : 1$

現由投影法求解相對 R 值：

由圖(a)，取

$$+\uparrow\ \Sigma R_y = 0\ ;\ (R_1)(3) + (R_2)(1.5) + (R_3)(0) = 0 \tag{1}$$

$$\xrightarrow{\ \pm\ }\Sigma R_X = 0\ ;\ (R_1)(0) + (R_2)(2) - (R_3)(2) = 0 \tag{2}$$

若令 $R_3 = R$，則由(1)式及(2)式可得

$R_3 : R_1 = R_{AB} : R_{CD} = 2R : -R$

由（14-10）式得

$$M_{AB} = 1(-1.5(2R)) \tag{3}$$

由（14-15）式得

$$M_{DC} = 1(-1.5(-R)) \tag{4}$$

故知待解的未知量為 R

3. 建立與 R 對應的彎矩平衡方程式

由 $ABCD$ 自由體（見圖(b)），取

$$+\curvearrowright \Sigma M_A = -M_{AB} - M_{DC} + \frac{M_{DC}}{3}(4.5) - (P)(2) = 0$$

得　$3.75R - 2P = 0$ \hfill (5)

由(5)式解得

$R = 0.533\,P$

4. 將得出之 R 代入(3)式及(4)，得支承反力

$M_A = M_{AB} = -1.6\,P^{\mathrm{m}}$ （ ↻ ）

$M_D = M_{DC} = 0.8\,P^{\mathrm{m}}$ （ ↺ ）

5.彎矩圖如圖(c)所示

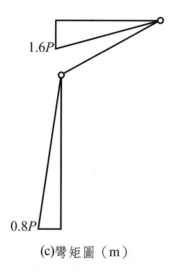

1.6P

0.8P

(c)彎矩圖（m）

例題 14-38

下圖所示為一剛架結構，試以傾角變位法求各桿端彎矩。

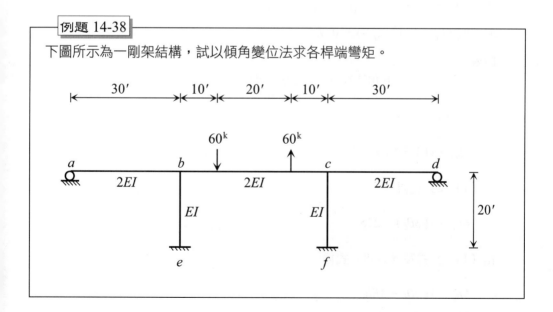

解

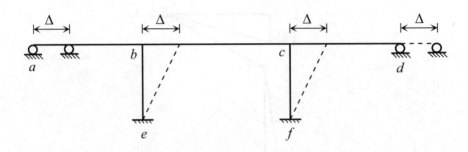

(a)節點變位連線圖

原結構為一具有桿件側位移之反對稱剛架，節點變位連線圖如圖(a)所示。可採用取全做半法來進行分析。

1. 待求之桿端彎矩為 $M_{ba}(=M_{cd})$、$M_{bc}(=M_{cb})$、$M_{be}(=M_{cf})$、$M_{eb}(=M_{fc})$。

2. $2Ek_{ab} : 2Ek_{bc} : 2Ek_{be} = \dfrac{2(2EI)}{30} : \dfrac{2(2EI)}{40} : \dfrac{2EI}{20} = 4 : 3 : 3$

$R_{ab} : R_{bc} : R_{be} = 0 : 0 : \dfrac{\Delta}{20} = 0 : 0 : R$

由表 11-2

$FM_{bc} = \Sigma \dfrac{Pab^2}{l^2} = -\dfrac{(60)(10)(30)^2}{40^2} + \dfrac{(60)(30)(10)^2}{40^2} = -225^{k-ft}$

由（14-15）式得

$$M_{ba} = 4(1.5\theta_b) \tag{1}$$

由（14-22）式得

$$M_{bc} = 3(3\theta_b) - 225 \tag{2}$$

由（14-7）式及（14-8）式得

$$M_{be} = 3(2\theta_b - 3R) \tag{3}$$

$$M_{eb} = 3(\theta_b - 3R) \tag{4}$$

故知待解的未知量為 θ_b 及 R

3. 建立 b 點彎矩平衡方程式：

　由　$\Sigma M_b = M_{ba} + M_{bc} + M_{be} = 0$

　得　$21\theta_b - 9R - 225 = 0$　　　　　　　　　　　　　　　　(5)

　建立與 R 對應的剪力平衡方程式：

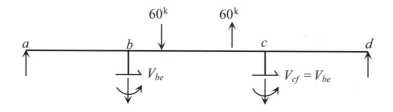

(b) $abcd$ 自由體

由 $abcd$ 自由體（見圖(b)），取

$$\overset{+}{\longrightarrow} \Sigma F_\Delta = \Sigma F_X = V_{be} + V_{cf}$$

$$= 2(\frac{M_{be} + M_{eb}}{20})$$

$$= 0$$

得 $9\theta_b - 18R = 0$　　　　　　　　　　　　　　　　　　　(6)

聯立解(5)式及(6)式得

$\theta_b = 13.64^{\text{k-ft}}$　　（相對值）

$R = 6.82^{\text{k-ft}}$　　（相對值）

4. 將得出之 θ_b 及 R 代入(1)～(4)後，整理得

　$M_{ab} = M_{dc} = 0^{\text{k-ft}}$; $M_{ba} = M_{cd} = 81.82^{\text{k-ft}}$; $M_{be} = M_{cf} = 20.46^{\text{k-ft}}$

　$M_{eb} = M_{fc} = -20.46^{\text{k-ft}}$; $M_{bc} = M_{cb} = -102.27^{\text{k-ft}}$

例題 14-39

下圖所示為一連續梁，*EI*為常數，試求各桿端彎矩值。

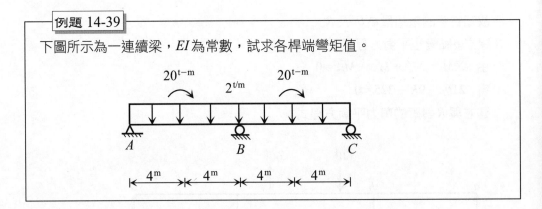

解

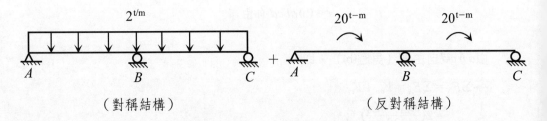

（對稱結構）　　　　　　　　　　　（反對稱結構）

(a)對稱結構與反對稱結構之疊加

(b)取半分析　　　　　　　　　　(c)取半分析

原結構為一偏對稱之結構，在分析時可化為對稱結構與反對稱結構之疊加（如圖(a)所示）。若採用取半分析法進行分析，則依據對稱中點之特性及約束條件，可將對稱結構簡化為圖(b)所示之結構，而將反對稱結構簡化為圖(c)所示之結構。

㈠對稱結構之取半分析

在圖(b)中，$HM_{BA} = \dfrac{\omega l^2}{8} = \dfrac{(2)(8)^2}{8} = 16^{t-m}$

由（14-15）式得

$M_{BA} = 16^{t-m}$

故知在對稱結構中：

$M_{AB} = -M_{CB} = 0^{t-m}$; $M_{BA} = -M_{BC} = 16^{t-m}$

㈡反對稱結構之取半分析

在圖(c)中，$M_{BA} = 0^{t-m}$（AB為簡支梁）

故知在反對稱結構中：

$M_{AB} = M_{BA} = M_{BC} = M_{CB} = 0^{t-m}$

由於原結構之桿端彎矩值等於對稱結構之桿端彎矩值與反對稱結構之桿端彎
矩值的疊加，故

$M_{AB} = 0 + 0 = 0^{t-m}$

$M_{BA} = 16 + 0 = 16^{t-m}$ （ ↻ ）

$M_{BC} = -16 + 0 = -16^{t-m}$ （ ↺ ）

$M_{CB} = 0 + 0 = 0^{t-m}$

例題 14-40

試求下圖所示剛架之各桿端彎矩值。EI為常數，但DE桿件之$EA = \dfrac{3EI}{l^2}$。

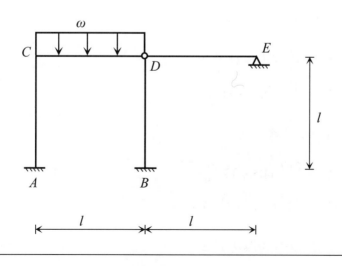

解

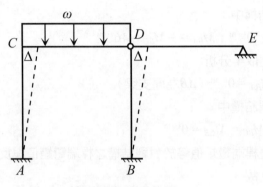

(a)節點變位連線圖

一般撓曲桿件若無特別說明，則桿件之 EA 值視為無窮大（亦即假定桿件不會產生軸向變形），若桿件之 EA 值不為無窮大，則該桿件受軸力作用後，會產生軸向變形，此時必須採用實際的 $2Ek$ 值及 R 值來進行分析（如同具有彈簧構件之結構）。圖(a)所示為節點變位連線圖。

1. 由於 $M_{DC} = M_{DB} = M_{DE} = M_{ED} = 0$，因此待求之桿端彎矩為 M_{AC}、M_{CA}、M_{CD} 及 M_{BD}。

2. $HM_{CD} = -\dfrac{\omega l^2}{8}$

   由（14-7）式及（14-8）式得

$$M_{AC} = \frac{2EI}{l}(\theta_C - 3(\frac{\Delta}{l})) \tag{1}$$

$$M_{CA} = \frac{2EI}{l}(2\theta_C - 3(\frac{\Delta}{l})) \tag{2}$$

   由（14-10）式得

$$M_{CD} = \frac{2EI}{l}(1.5\theta_C) - \frac{\omega l^2}{8} \tag{3}$$

$$M_{BD} = \frac{2EI}{l}(-1.5(\frac{\Delta}{l})) \tag{4}$$

故知待解的未知量為 θ_C 及 Δ

3. 建立 C 點彎矩平衡方程式：

由 $\Sigma M_C = M_{CA} + M_{CD} = 0$

得 $\dfrac{2EI}{l}\left(3.5\theta_C - 3\left(\dfrac{\Delta}{l}\right)\right) - \dfrac{\omega l^2}{8} = 0$　　　　　(5)

建立與 Δ 對應之剪力平衡方程式：

$$C \xrightarrow{\qquad \omega \qquad} D \quad \longleftarrow N = \dfrac{EA}{l}\Delta = \dfrac{3EI}{l^3}\Delta$$

$$V_{CA} \qquad V_{DB}$$

(b) CD 自由體

取 CD 為自由體（涵蓋 Δ），如圖(b)所示，由

$\Sigma F_\Delta = \Sigma F_X$

$\quad = V_{CA} + V_{DB} - N$

$\quad = \dfrac{M_{AC} + M_{CA}}{l} + \dfrac{M_{DB} + M_{BD}}{l} - \dfrac{3EI}{l^3}\Delta$

$\quad = 0$

得 $\dfrac{2EI}{l}\left(3\theta_C - 9\left(\dfrac{\Delta}{l}\right)\right) = 0$　　　　　(6)

聯立解(5)式及(6)式得

$\theta_C = \dfrac{\omega l^3}{40EI}$（ ↻ ）（實際值）

$\Delta = \dfrac{\omega l^4}{120EI}$（ → ）（實際值）

4. 將得出之 θ_C 及 Δ 代入(1)～(4)後，整理得各桿端彎矩值為

$M_{AC} = 0$

$M_{CA} = \dfrac{1}{20}\omega l^2$（ ↻ ）

$M_{CD} = -\dfrac{1}{20}\omega l^2$（ ↺ ）

$M_{BD} = -\dfrac{1}{40}\omega l^2$（ ↺ ）

$M_{DC} = M_{DB} = M_{DE} = M_{ED} = 0$

例題 14-41

於下圖所示連續梁 ABC 中，梁之斷面彎曲剛度為 EI，B 點為彈簧支承，彈簧常數為 K_o，請繪出下圖兩種情況之斷面彎矩圖。

(1) $K_o = \dfrac{4EI}{125}$ kN/m

(2) K_o 為無限大。

圖中需標示數值。

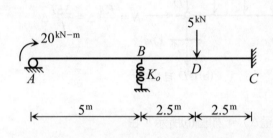

解

(一) 當 $K_o = \dfrac{4EI}{125}$ kN/m 時

　B 點有垂直位移 Δ。由於結構具有彈簧構件，因此在分析時須採用實際的 $2Ek$ 值及 R 值。

　1. 由 A 點自由體可知，$M_{AB} = 20^{kN-m}$，故待求之桿端彎矩為 M_{BA}、M_{BC} 及 M_{CB}。（依節點之定義，D 點不為節點）

　2. $HM_{BA} = \dfrac{M}{2} = 10^{kN-m}$　（表 11-4）

　　$-FM_{BC} = FM_{CB} = \dfrac{Pl}{8} = 3.125^{kN-m}$

　由（14-17）式得

$$M_{BA} = \frac{2EI}{5}\left(1.5\theta_B - 1.5\left(\frac{\Delta}{5}\right)\right) + 10 \tag{1}$$

　由（14-7）式及（14-8）式得

$$M_{BC} = \frac{2EI}{5}\left(2\theta_B + 3\left(\frac{\Delta}{5}\right)\right) - 3.125 \tag{2}$$

$$M_{CB} = \frac{2EI}{5}\left(\theta_B + 3\left(\frac{\Delta}{5}\right)\right) + 3.125 \tag{3}$$

故待解的未知量為 θ_B 及 Δ

3. 建立 B 點彎矩平衡方程式：

由 $\Sigma M_B = M_{BA} + M_{BC} = 0$

得 $3.5\theta_B + 0.3\Delta = -\dfrac{17.1875}{EI}$ (4)

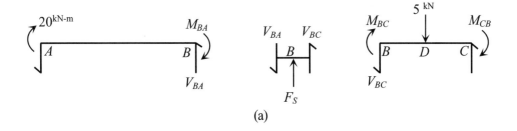

(a)

建立與 Δ 對應的剪力平衡方程式：

在圖(a)中，取 B 點為自由體，由

$$+\uparrow \Sigma F_\Delta = \Sigma F_y$$
$$= -V_{BA} + F_S + V_{BC}$$
$$= -\frac{20 + M_{BA}}{5} + K_O\Delta + \frac{M_{BC} + M_{CB} - (5)(2.5)}{5}$$
$$= 0$$

得　$1.5\theta_B + 1.9\Delta = \dfrac{106.25}{EI}$ (5)

聯立解(4)式及(5)式，得

$\theta_B = -\dfrac{10.41}{EI}$（↶）（實際值）

$\Delta = \dfrac{64.14}{EI}$（↓）（實際值）

4. 將得出之 θ_B 及 Δ 代入(1)～(3)式後，整理得出

$M_{AB} = 20^{kN-m}$（↷）　；$M_{BA} = -3.94^{kN-m}$（↶）

$M_{BC} = 3.94^{kN-m}$（↷）　；$M_{CB} = 14.35^{kN-m}$（↷）

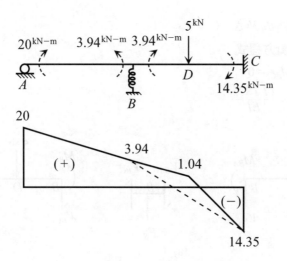

(b)彎矩圖（kN-m）（組合法）

5.彎矩圖如圖(b)所示。其中，D 點之彎矩可由組合法求得：

$$M_D = \frac{3.94 - 14.35}{2} + \frac{Pl}{4} \quad (P = 5 \text{ kN} \cdot l = 5 \text{ m})$$
$$= 1.04^{\text{kN-m}}$$

㈡當 K_o 為無限大時

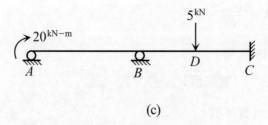

(c)

1.當 K_o 為無限大時，彈簧支承可視同輥支承，如圖(c)所示，此時各桿件無側位移自由度。由於結構中無彈性構件效應，因此可採用相對 $2Ek$ 值來進行分析。待求之桿端彎矩為 M_{BA}、M_{BC} 及 M_{CB}。

2.$2Ek_{AB} : 2Ek_{BC} = 1 : 1$

由（14-17）式得

$$M_{BA} = 1(1.5\theta_B) + 10 \tag{6}$$

由（14-7）式及（14-8）式得

$$M_{BC} = 1(2\theta_B) - 3.125 \tag{7}$$

$$M_{CB} = 1(\theta_B) + 3.125 \tag{8}$$

故待解的未知量為 θ_B

3. 取 $\Sigma M_B = M_{BA} + M_{BC} = 0$

得 $\theta_B = -1.964$ 　（相對值）

4. 將得出之 θ_B 代入(6)～(8)式後，整理得

$M_{AB} = 20^{kN-m}$ （↻）；$M_{BA} = 7.05^{kN-m}$ （↻）

$M_{BC} = -7.05^{kN-m}$ （↺）；$M_{CB} = 1.16^{kN-m}$ （↻）

5. 彎矩圖如圖(d)所示，其中 M_D 可由組合法得出。

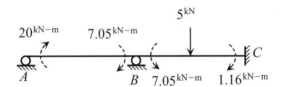

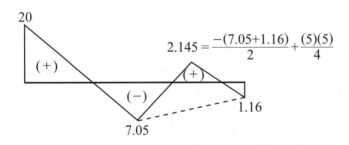

(d)彎矩圖（kN-m）（組合法）

例題 14-42

試求下圖所示連續梁的支承反力及結構勁度方程式，並繪彎矩圖，假設各梁 EI 值及各彈簧常數 K 均為定值，其中 $K = \dfrac{3EI}{l^3}$。

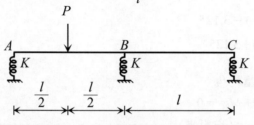

解

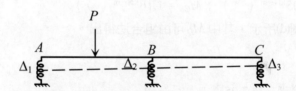

(a)節點變位連線圖（設 $\Delta_1 > \Delta_2 > \Delta_3$）

此梁在垂直載重 P 作用下，為一平面平行力系，屬於不穩定平衡結構。

節點變位連線圖，如圖(a)所示（假設 $\Delta_1 > \Delta_2 > \Delta_3$），由於桿件側位移係指相對位移，因此 $\Delta_{AB} = (\Delta_1 - \Delta_2)$，$\Delta_{BC} = (\Delta_2 - \Delta_3)$。

1. 由於 A 端及 C 端中之彎矩 $M_{AB} = M_{CB} = 0$，因此待求之桿端彎矩為 M_{BA} 及 M_{BC}。對於具有彈簧構件之結構而言，宜採用實際之 $2Ek$ 值及 R 值，其中

$$R_{AB} = -\frac{\Delta_{AB}}{l_{AB}} = -\frac{(\Delta_1 - \Delta_2)}{l} \qquad （負表逆時針）$$

$$R_{BC} = -\frac{\Delta_{BC}}{l_{BC}} = -\frac{(\Delta_2 - \Delta_3)}{l}$$

2. $HM_{BA} = \dfrac{3}{16} Pl$ （表 11-4）

由（14-15）式得

$$M_{BA} = \frac{2EI}{l} \left(1.5\theta_B - 1.5 \left(-\frac{\Delta_1 - \Delta_2}{l} \right) \right) + \frac{3}{16} Pl \qquad (1)$$

由（14-10）式得

$$M_{BC} = \frac{2EI}{l}\left(1.5\theta_B - 1.5\left(-\frac{\Delta_2 - \Delta_3}{l}\right)\right) \tag{2}$$

故知待解的未知量為 θ_B、Δ_1、Δ_2及 Δ_3

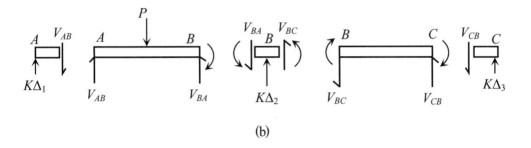

(b)

3.建立與 θ_B 對應的 B 點彎矩平衡方程式：

由　$\Sigma M_B = M_{BA} + M_{BC} = 0$

得　$\dfrac{6EI}{l}\theta_B + \dfrac{3EI}{l^2}\Delta_1 - \dfrac{3EI}{l^2}\Delta_3 + \dfrac{3}{16}Pl = 0$ $\tag{3}$

建立與 Δ_1 對應的剪力平衡方程式：

在圖(b)中，取 A 點為自由體（涵蓋 Δ_1），由

$$\begin{aligned}
\Sigma F_\Delta &= \Sigma F_y \\
&= K\Delta_1 - V_{AB} \\
&= K\Delta_1 - \left(\frac{-(M_{AB} + M_{BA}) + Pl/2}{l}\right) \\
&= 0
\end{aligned}$$

得　$\dfrac{3EI}{l^2}\theta_B + \dfrac{6EI}{l^3}\Delta_1 - \dfrac{3EI}{l^3}\Delta_2 - \dfrac{5}{16}P = 0$ $\tag{4}$

建立與 Δ_2 對應的剪力平衡方程式：

在圖(b)中，取 B 點為自由體（涵蓋 Δ_2），由

$$\Sigma F_\Delta = \Sigma F_y$$

$$= K\Delta_2 - V_{BA} + V_{BC}$$

$$= K\Delta_2 - \frac{M_{AB} + M_{BA} + Pl/2}{l} + \frac{M_{BC} + M_{CB}}{l}$$

$$= 0$$

得 $\quad -\dfrac{3EI}{l^3}\Delta_1 + \dfrac{9EI}{l^3}\Delta_2 - \dfrac{3EI}{l^3}\Delta_3 - \dfrac{11}{16}P = 0$ （5）

建立與 Δ_3 對應的剪力平衡方程式：

在圖(b)中，取 C 點為自由體（涵蓋 Δ_3），由

$$\Sigma F_\Delta = \Sigma F_y$$

$$= K\Delta_3 - V_{CB}$$

$$= K\Delta_3 - \frac{M_{BC} + M_{CB}}{l}$$

$$= 0$$

得 $\quad -\dfrac{3EI}{l^2}\theta_B - \dfrac{3EI}{l^3}\Delta_2 + \dfrac{6EI}{l^3}\Delta_3 = 0$ （6）

聯立解(3)～(6)式，得

$$\theta_B = -\frac{0.115}{EI}Pl^2 \ (\ \curvearrowright\ ) \ ; \ \Delta_1 = \frac{0.18}{EI}Pl^3 \ (\downarrow)$$

$$\Delta_2 = \frac{0.14}{EI}Pl^3 \ (\downarrow) \ ; \ \Delta_3 = \frac{0.013}{EI}Pl^3 \ (\downarrow)$$

4. 將所得出之 θ_B、Δ_1、Δ_2 及 Δ_3 代入(1)式及(2)式後，整理得

$$M_{AB} = 0 \ ; \ M_{BA} = -0.039\,Pl \ ; \ M_{BC} = 0.039\,Pl \ ; \ M_{CB} = 0$$

5. 而各支承反力計算如下：

$$R_A = K\Delta_1 = 0.54P \ (\uparrow)$$

$$R_B = K\Delta_2 = 0.42P \ (\uparrow)$$

$$R_C = K\Delta_3 = 0.039P \ (\uparrow)$$

彎矩圖如圖(c)所示，在圖中，$0.27\,Pl = \dfrac{0 + 0.039Pl}{2} + \dfrac{Pl}{4}$

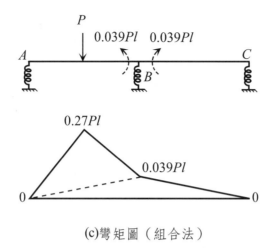

(c)彎矩圖（組合法）

6.將(3)～(6)式改寫為矩陣形式，得

$$
\begin{bmatrix}
\dfrac{6EI}{l} & \dfrac{3EI}{l^2} & 0 & \dfrac{-3EI}{l^2} \\[2mm]
\dfrac{3EI}{l^2} & \dfrac{6EI}{l^3} & \dfrac{-3EI}{l^3} & 0 \\[2mm]
0 & \dfrac{-3EI}{l^3} & \dfrac{9EI}{l^3} & \dfrac{-3EI}{l^3} \\[2mm]
\dfrac{-3EI}{l^2} & 0 & \dfrac{-3EI}{l^3} & \dfrac{6EI}{l^3}
\end{bmatrix}
\begin{Bmatrix}
\theta_B \\[2mm] \Delta_1 \\[2mm] \Delta_2 \\[2mm] \Delta_3
\end{Bmatrix}
=
\begin{Bmatrix}
-\dfrac{3Pl}{16} \\[2mm] \dfrac{5P}{16} \\[2mm] \dfrac{11P}{16} \\[2mm] 0
\end{Bmatrix}
\tag{7}
$$

(7)式即為結構之勁度方程式，等號左邊表示結構勁度矩陣與節點位移向量的
相乘，等號右邊表示節點載重向量。在(7)式中，節點位移向量為未知值，可
藉由矩陣的運算求得。

例題 14-43

分析下圖所示結構，並繪彎矩圖。假設梁的 EI 為定值，且彈簧的勁性 $K = \dfrac{EI}{l^3}$。

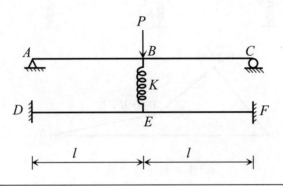

解

對稱結構可採取全做半法進行分析。

1. 設 B 點及 E 點的下陷量分別為 Δ_1 及 Δ_2，由結構的對稱性可知，$\theta_B = \theta_E = 0$，
   而待求之桿端彎矩為 $M_{BA}\,(=-M_{BC})$、$M_{DE}\,(=-M_{FE})$ 及 $M_{ED}\,(=-M_{EF})$。

2. 由於具有彈簧構件，因此須用實際的 $2Ek$ 值及 R 值來進行分析。

   $HM_{BA} = FM_{DE} = FM_{ED} = 0$

   由（14-15）式得

   $$M_{BA} = \frac{2EI}{l}\left(-1.5\left(\frac{\Delta_1}{l}\right)\right) = -\frac{3EI}{l^2}\Delta_1 \tag{1}$$

   由（14-7）式及（14-8）式得

   $$M_{DE} = \frac{2EI}{l}\left(-3\left(\frac{\Delta_2}{l}\right)\right) = -\frac{6EI}{l^2}\Delta_2 \tag{2}$$

   $$M_{ED} = \frac{2EI}{l}\left(-3\left(\frac{\Delta_2}{l}\right)\right) = -\frac{6EI}{l^2}\Delta_2 \tag{3}$$

   故知待解的未知量為 Δ_1 及 Δ_2

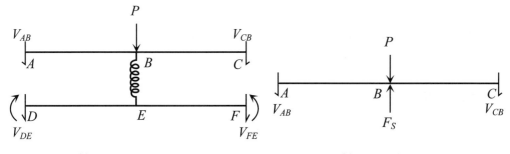

(a)$ABCDEF$ 自由體　　　　　　　　(b)ABC 自由體

3. 取 $ABCDEF$ 為自由體，如圖(a)所示，由

$$+ \uparrow \Sigma F_\Delta = \Sigma F_y$$
$$= -V_{AB} - V_{CB} - V_{DE} - V_{FE} - P$$
$$= -2V_{AB} - 2V_{DE} - P$$
$$= -\frac{2M_{BA}}{l} - \frac{2(M_{DE} + M_{ED})}{l} - P$$
$$= 0$$

得　$6EI\Delta_1 + 24EI\Delta_2 - Pl^3 = 0$ 　　　　　　　　　　　　　　(4)

再取 ABC 為自由體，如圖(b)所示，其中彈簧力 F_s 為

$$F_s = K\,(\Delta_1 - \Delta_2) = \frac{EI}{l^3}\,(\Delta_1 - \Delta_2)$$

由　$+ \uparrow \Sigma F_\Delta = \Sigma F_y$
$$= -V_{AB} - V_{CB} - P + F_S$$
$$= -2V_{AB} - P + F_S$$
$$= -\frac{2M_{BA}}{l} - P + F_S$$
$$= 0$$

得　$7EI\Delta_1 - EI\Delta_2 - Pl^3 = 0$ 　　　　　　　　　　　　　　(5)

聯立解(4)式及(5)式得

$$\Delta_1 = \frac{25Pl^3}{174EI}\ (\downarrow)\ \ \ （實際值）$$
$$\Delta_2 = \frac{Pl^3}{174EI}\ (\downarrow)\ \ \ （實際值）$$

4.將得出之 Δ_1 及 Δ_2 代入(1)～(3)式後，整理得

$$M_{BA} = -M_{BC} = -\frac{75}{174}Pl \ ; \ M_{DE} = -M_{FE} = -\frac{6}{174}Pl$$

$$M_{ED} = -M_{EF} = -\frac{6}{174}Pl$$

5.彎矩圖如圖(c)所示

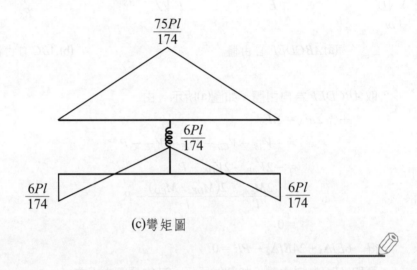

(c)彎矩圖

例題 14-44

試求下圖所示剛架之各桿端彎矩。彈簧係數 $K = 100$ t/m。$EI = 84$ t-m^2。

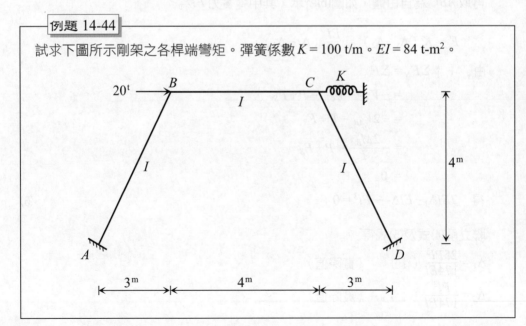

解

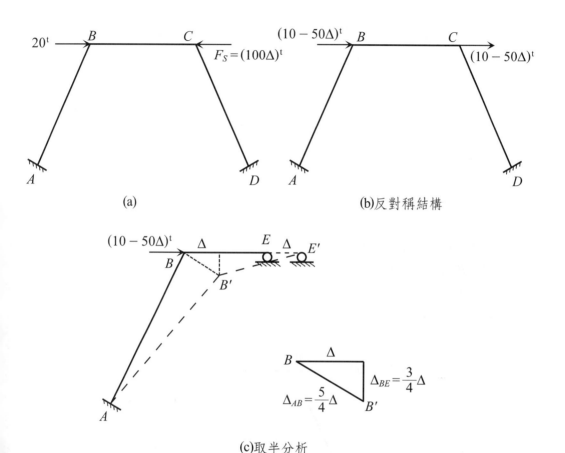

(a)

(b)反對稱結構

(c)取半分析

若彈簧變形量為 Δ，則彈簧力 $F_S = K\Delta = (100\Delta)^t$，如圖(a)所示。

由於圖(a)所示之剛架可化為圖(b)所示之反對稱剛架，因此可採用取半分析法來進行分析，所取的半邊結構如圖(c)所示，其中 E 點為對稱中點，依據反對稱結構之對稱中點特性，可知 E 點能以輥支承來模擬。

1. 待求之桿端彎矩為 M_{AB}、M_{BA} 及 M_{BE}。

2. 由於具有彈簧構件，因此須用實際的 $2Ek$ 值及 R 值來計算，由圖(c)可知

$$R_{AB} = +\frac{\Delta_{AB}}{l_{AB}} = +\frac{\frac{5}{4}\Delta}{5} = \frac{\Delta}{4} \qquad （正表順時針）$$

$$R_{BE} = -\frac{\Delta_{BE}}{l_{BE}} = -\frac{\frac{3}{4}\Delta}{2} = -\frac{3}{8}\Delta \quad （負表逆時針）$$

$$FM_{AB} = FM_{BA} = HM_{BE} = 0^{t-m}$$

由（14-7）式及（14-8）式得

$$M_{AB} = \frac{2(84)}{5}(\theta_B - 3(\frac{\Delta}{4})) = 33.6\theta_B - 25.2\Delta \tag{1}$$

$$M_{BA} = \frac{2(84)}{5}(2\theta_B - 3(\frac{\Delta}{4})) = 67.2\theta_B - 25.2\Delta \tag{2}$$

由（14-10）式得

$$M_{BE} = \frac{2(84)}{2}(1.5\theta_B - 1.5(-\frac{3}{8}\Delta)) = 126\theta_B + 47.25\Delta \tag{3}$$

故知待解的未知量為 θ_B 及 Δ

3. 建立 B 點彎矩平衡方程式：

由　$\Sigma M_B = M_{BA} + M_{BE} = 0$

得　$193.2\theta_B + 22.05\Delta = 0$ \hfill (4)

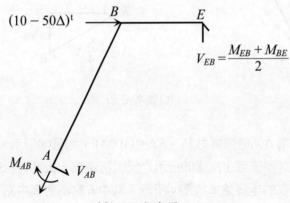

(d) ABE 自由體

建立與 Δ 對應的彎矩平衡方程式：

取 ABE 為自由體，如圖(d)所示，由

$+\,\circlearrowleft\, \Sigma M_A = (V_{EB})(5) - M_{AB} - (10 - 50\Delta)(4) = 0$

得 $281.4\theta_B + 343.325\Delta - 40 = 0$ (5)

聯立解(4)式及(5)式得

$\theta_B = -0.0147$ （↷）　　（實際值）

$\Delta = 0.1285$ （→）　　（實際值）

4.將得出之 θ_B 及 Δ 代入(1)～(3)式後，整理得

$M_{AB} = M_{DC} = -3.73^{\text{t-m}}$; $M_{BA} = M_{CD} = -4.22^{\text{t-m}}$

$M_{BC} = M_{CB} = 4.22^{\text{t-m}}$

例題 14-45

在下圖所示剛架中，A 點順時針旋轉 $0.002\,\text{rad}$，試繪彎矩圖。$EI = 8 \times 10^4\,\text{t-m}^2$。

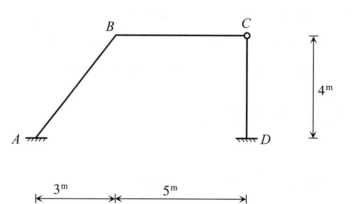

解

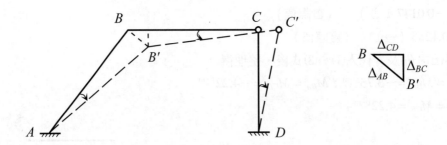

(a)節點變位連線圖

1. 待求之桿端彎矩為 M_{AB}、M_{BA}、M_{BC}及 M_{DC}。

2. 支承 A 順時針旋轉 0.002 rad，將引起各桿件產生側位移自由度。

節點變位連線圖如圖(a)所示，若令 $\Delta_{CD} = \Delta$，則 $\Delta_{AB} = \dfrac{5}{4}\Delta$，$\Delta_{BC} = -\dfrac{3}{4}\Delta$。若

各桿件採用相對的 $2Ek$ 值及 R 值，則支承旋轉量應反應在桿件的固端彎矩中，由表 11-3 知

$$FM_{AB} = \frac{4EI\theta}{l} = \frac{4(8\times10^4)(0.002)}{5} = 128^{\text{t-m}}$$

$$FM_{BA} = \frac{2EI\theta}{l} = 64^{\text{t-m}}$$

$$2Ek_{AB} : 2Ek_{BC} : 2Ek_{CD} = \frac{2EI}{5} : \frac{2EI}{5} : \frac{2EI}{4} = 4 : 4 : 5$$

$$R_{AB} : R_{BC} : R_{CD} = \frac{\frac{5}{4}\Delta}{5} : -\frac{\frac{3}{4}\Delta}{5} : \frac{\Delta}{4} = 5R : -3R : 5R$$

由（14-7）式及（14-8）式得

$$M_{AB} = 4(\theta_B - 3(5R)) + 128 = 4\theta_B - 60R + 128 \tag{1}$$

$$M_{BA} = 4(2\theta_B - 3(5R)) + 64 = 8\theta_B - 60R + 64 \tag{2}$$

由（14-10）式得

$$M_{BC} = 4(1.5\theta_B - 1.5(-3R)) = 6\theta_B + 18R \tag{3}$$

由（14-15）式得

$$M_{DC} = 5(-1.5(5R)) = -37.5R \tag{4}$$

故知待解未知量為 θ_B 及 R

3.建立 B 點彎矩平衡方程式

由 $\Sigma M_B = M_{BA} + M_{BC} = 0$，得

$$14\theta_B - 42R + 64 = 0 \tag{5}$$

建立與 R 對應之彎矩平衡方程式

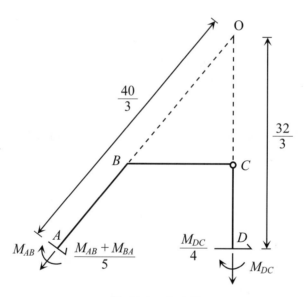

(b)$ABCD$ 自由體

取 $ABCD$ 為自由體（如圖(b)所示），由 $+\,\circlearrowleft\ \Sigma M_0 = 0$

即　$(\dfrac{M_{AB} + M_{BA}}{5})(\dfrac{40}{3}) + (\dfrac{M_{DC}}{4})(\dfrac{32}{3}) - M_{AB} - M_{DC} = 0$

得　$28\theta_B - 322.5R + 384 = 0 \tag{6}$

聯立解(5)式及(6)式，得

$\theta_B = -1.3512$（↶）　（相對值）

$R = 1.0734$　（相對值）

4.將得出之 θ_B 及 R 代入(1)～(4)式後，整理得

$M_{AB} = 58.2^{\text{t-m}}$（↷）；$M_{BA} = -11.2^{\text{t-m}}$（↶）；$M_{BC} = 11.2^{\text{t-m}}$（↷）

$M_{CB} = M_{CD} = 0^{\text{t-m}}$；$M_{DC} = -40.3^{\text{t-m}}$（↶）

5.圖(c)所示為桿端彎矩示意圖，依據各桿端彎矩即可迅速繪出彎矩圖（如圖(d)所示）。

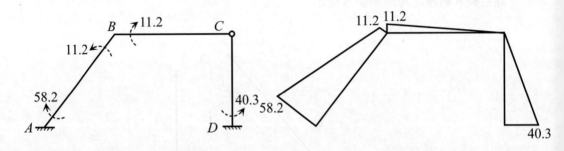

(c)桿端彎矩示意圖（t-m）　　　　　　　(d)彎矩圖（t-m）

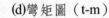

第十五章

彎矩分配法

　　前面幾章所談到的力法及位移法，其共同的特點都是要建立並求解基本方程式。彎矩分配法（moment distribution method）是一種以位移法為基礎的漸近解法，可直接計算桿端彎矩而不必求解聯立方程式。

　　彎矩分配法的原理是先「鎖住」所有具有旋轉自由度的剛性節點，求得在載重作用下各桿件的固端彎矩（變號後即轉換成等值節點彎矩），然後每次放鬆一個被「鎖住」的節點（稱為「解鎖」），而其他具有旋轉自由度的剛性節點仍處在「鎖住」或「再鎖住」（指先前「解鎖」而又再次「鎖住」）之狀態，如此即可使該節點產生一定的轉角增量。在此同時，作用在該節點上的力矩也已完成了**分配**（distribution）和**傳遞**（carry-over）。依此原則，逐次輪換放鬆所有具有旋轉自由度的節點，直到各節點的轉角收斂於真實的大小為止。由此分析原理可知，由彎矩分配法求解桿端彎矩是屬於一種以位移法為基礎，結合「鎖住」及「解鎖」觀念的漸近解法。

　　在彎矩分配法中，有關節點之總旋轉勁度、分配係數（distribution factor D.F.）、分配彎矩（distribution moment D.M.）、傳遞係數（carry-over factor C.O.F）及傳遞彎矩（carry-over moment C.O.M）等重要名稱將分別在以下各節中予以說明，以做為彎矩分配法的分析基礎。至於在彎矩分配法中，各項符號的規定和假設條件均與傾角變位法相同。

15-1 節點的總旋轉勁度 ΣK_i 及總旋轉勁度因數 Σk_i

15-1-1 桿件之旋轉勁度 K 及旋轉勁度因數 k

使結構體產生單位變位所需施加的力，稱為結構的**勁度**（stiffness），基本上，勁度可分為抗拉或抗壓勁度、旋轉勁度（即抗彎勁度）、扭轉勁度（即抗扭勁度）等，而本章所指的勁度係指與桿件撓曲有關的桿件旋轉勁度。

有關桿件旋轉勁度 K 及桿件旋轉勁度因數 k，在 14-3 節已述及，而有關修正的桿件旋轉勁度在 14-5 節也有所說明，現將有關的桿件旋轉勁度及桿件旋轉勁度因數整理在表 15-1 中。

表 15-1　桿件的旋轉勁度及旋轉勁度因數對照表

	桿件之旋轉勁度	桿件之旋轉勁度因數
遠端為固定端之桿件	$\dfrac{4EI}{l} = K$	$\dfrac{I}{l} = k$
遠端為簡支端之桿件	$\dfrac{3EI}{l} = \dfrac{3}{4}K$	$\dfrac{3I}{4l} = \dfrac{3}{4}k$
對稱變形之桿件	$\dfrac{2EI}{l} = \dfrac{1}{2}K$	$\dfrac{I}{2l} = \dfrac{1}{2}k$
反對稱變形之桿件	$\dfrac{6EI}{l} = \dfrac{3}{2}K$	$\dfrac{3I}{2l} = \dfrac{3}{2}k$
遠端為導向支承端之桿件	$\dfrac{EI}{l} = \dfrac{1}{4}K$	$\dfrac{I}{4l} = \dfrac{1}{4}k$

(討論)

　桿件的旋轉勁度可看成是桿件對桿端形成旋轉角的抵抗能力，因此桿件的旋轉
勁度愈大，表示此桿件要在桿端產生轉角則愈困難。

15-1-2　節點的總旋轉勁度 ΣK_i 及總旋轉勁度因數 Σk_i

　　若數根桿件均剛接於某一節點 i 時，則節點 i 之總旋轉勁度 ΣK_i 為所有剛接
於 i 點上的桿件其旋轉勁度之總和，換言之，ΣK_i 表示為使節點 i 產生單位轉角
所需之彎矩大小。同理，節點 i 之總旋轉勁度因數 Σk_i 為所有剛接於 i 點上的桿
件其旋轉勁度因數之總和。

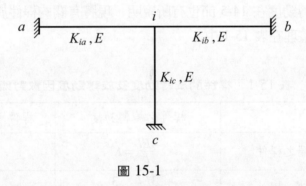

圖 15-1

　　以圖 15-1 所示的剛架為例，在此剛架中，ia 桿件、ib 桿件、ic 桿件均剛
接於 i 點（旋轉勁度分別為 K_{ia}、K_{ib}、K_{ic}），因此

(1)節點 i 之總旋轉勁度為

$$\Sigma K_i = K_{ia} + K_{ib} + K_{ic}$$

(2)節點 i 之總旋轉勁度因數為

$$\Sigma k_i = k_{ia} + k_{ib} + k_{ic}$$
$$= \frac{K_{ia}}{4E} + \frac{K_{ib}}{4E} + \frac{K_{ic}}{4E}$$

例題 15-1

下圖所示為一剛架結構，在外加力矩 M 的作用下，各桿件的假想變形如虛線所示，若各桿件 EI 為定值，試求節點 i 之總旋轉勁度 ΣK_i 及總旋轉勁度因數 Σk_i

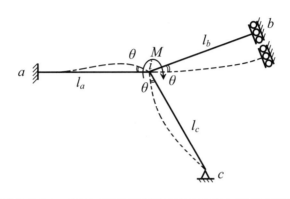

解

桿件的施力端一般稱為近端，而他端稱為遠端。

(1) ia 桿件的遠端（即 a 端）為固定端，所以

$$K_{ia} = \frac{4EI}{l_a} \;;\; k_{ia} = \frac{I}{l_a}$$

(2) ib 桿件的遠端（即 b 端）為導向支承端，所以

$$K_{ib} = \frac{EI}{l_b} \;;\; k_{ib} = \frac{I}{4l_b}$$

(3) ic 桿件的遠端（即 c 端）為外側簡支端，所以

$$K_{ic} = \frac{3EI}{l_c} \;;\; k_{ic} = \frac{3I}{4l_c}$$

因此

$$\Sigma K_i = K_{ia} + K_{ib} + K_{ic}$$
$$= \frac{4EI}{l_a} + \frac{EI}{l_b} + \frac{3EI}{l_c}$$
$$\Sigma k_i = k_{ia} + k_{ib} + k_{ic}$$
$$= \frac{I}{l_a} + \frac{I}{4l_b} + \frac{3I}{4l_c}$$

15-2　分配係數、分配彎矩、傳遞係數及傳遞彎矩

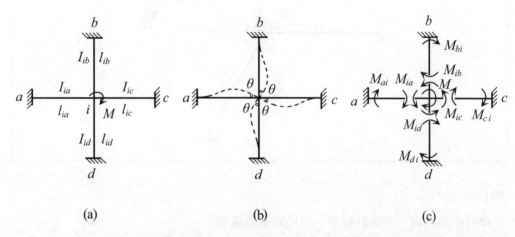

(a)　　　　　　　　(b)　　　　　　　　(c)

圖 15-2　〔參考自謝元裕著「Elementary Theory of Structure」
圖 8-2，Prentice Hall Inc., 1988.〕

現以實例來說明分配係數、分配彎矩、傳遞係數及傳遞彎矩之意義。

在圖 15-2(a)所示的剛架中，各桿件均剛接於 i 點，而每一桿件之 EI 均為定值，且各桿件之遠端皆設為固定端，當外力矩 M 作用於節點 i 時，由於節點 i 為一剛性節點，因此連接於節點 i 之各桿端皆會產生同一轉角 θ，如圖 15-2(b) 所示。

由於外力矩 M 將由 ia、ib、ic、id 4 根桿件依照勁度比例來共同承擔，因此剛接於 i 點上之 4 根桿件在 i 端都將各別提供一彎矩（如圖 15-2(c)中所示的 M_{ia}、M_{ib}、M_{ic}、M_{id}）以平衡外力矩 M，亦即

$$M = M_{ia} + M_{ib} + M_{ic} + M_{id}$$
$$= (K_{ia} + K_{ib} + K_{ic} + K_{id})\,\theta$$
$$= (\Sigma K_i)\,\theta$$

$$= 4E(k_{ia} + k_{ib} + k_{ic} + k_{id})\theta$$

$$= 4E(\Sigma k_i)\theta \tag{15-1}$$

由上式，可將各桿件在 i 端之彎矩寫成如下之形式

$$M_{ij} = K_{ij}\theta \qquad j = a, b, c, d$$

$$= \left(\frac{K_{ij}}{\Sigma K_i}\right)M$$

$$= \left(\frac{k_{ij}}{\Sigma k_i}\right)M \qquad （各桿件之 E 值均相同）$$

$$= (DF_{ij})M \tag{15-2}$$

在（15-2）式中，DF_{ij} 稱為桿件 ij 之**分配係數**，等於 ij 桿件之旋轉勁度因數 k_{ij} 除以節點 i 之總旋轉勁度因數 Σk_i。由此定義可知，旋轉勁度愈大之桿件，其 DF 值亦愈大，而

$$\Sigma DF_{ij} = DF_{ia} + DF_{ib} + DF_{ic} + DF_{id}$$

$$= 1 \tag{15-3}$$

此外，由（15-2）式可看出，各桿端彎矩 M_{ij} 的大小係按對應的分配係數 DF_{ij} 來分配，因此 M_{ij} 又稱之為**分配彎矩**，以 DM_{ij} 來表示，亦即

$$M_{ij} = (DF_{ij})M$$

$$= DM_{ij} \qquad j = a, b, c, d \tag{15-4}$$

由（15-4）式可知，DF 值愈大之桿件（亦即旋轉勁度愈大之桿件）從外力矩 M 所分配到的彎矩也愈大，而

$$\Sigma DM_{ij} = DM_{ia} + DM_{ib} + DM_{ic} + DM_{id}$$

$$= M \tag{15-5}$$

當外力矩 M 分配到各桿端的同時，在各桿件遠端相應產生的桿端彎矩 M_{ji}（$j = a, b, c, d$）可由傾角變位法求得：

當桿件 j 端（即遠端）為固定端時，令 $\theta_j = 0$，$R = 0$，以及 $FM_{ij} = FM_{ji} = 0$，由（14-7）式及（14-8）式可得：

$$M_{ij} = 2Ek(2\theta_i + \theta_j - 3R) + FM_{ij}$$
$$= 4Ek\theta_i$$
$$M_{ji} = 2Ek(\theta_i + 2\theta_j - 3R) + FM_{ji}$$
$$= 2Ek\theta_i$$

比較上兩式可知，桿件在遠端相應產生的桿端彎矩 $M_{ji} = \dfrac{1}{2}M_{ij}$，$j = a, b, c, d$，這表示，當桿件在 i 端之分配彎矩 M_{ij} 感應至遠端（即 j 端）時，在遠端相應產生之彎矩 M_{ji} 恰為 M_{ij} 之半，此時 M_{ji} 稱之為**傳遞彎矩**，以 COM 表示之，亦即

$$COM = M_{ji} = \frac{1}{2}M_{ij} = \frac{1}{2}DM_{ij} \tag{15-6}$$

而比率 $\dfrac{1}{2}$ 稱為**傳遞係數**，以 COF 表示之，換言之

$$COF = \frac{M_{ji}}{M_{ij}} = \frac{1}{2} \tag{15-7}$$

現將以上的分析過程歸納如下：

若各桿件的近端（即施力端）均剛接於某一節點 i，而遠端皆設為固定端時，則有：

(1)當外力矩作用於節點 i 時，依據各桿件的分配係數，可將此外力矩分配至各桿件的近端（即 i 端），形成分配彎矩。

(2)將桿件近端的分配彎矩乘以該桿件的傳遞係數，即可得到桿件遠端的傳遞彎矩。

(3)在各桿端的分配彎矩或傳遞彎矩，其向號均與外力矩一致。

討論 1

外力矩 M 可以是直接加載在節點上的力矩，也可以是由載重造成的等值節點彎矩。

討論 2

當各桿件 E 值不同時，必須採用 K 值來計算分配係數，由（15-2）式可知

$$DF_{ij} = \frac{K_{ij}}{\Sigma K_i} \qquad\qquad (15\text{-}8)$$

討論 3

若令 i 端表桿件之近端，j 端表桿件之遠端，當遠端呈現不同的約束條件時，傳遞係數則有不同的改變：

(1)遠端為剛性節點或為固定端時

由（15-7）式可知，$COF = \dfrac{1}{2}$

(2)遠端為鉸接續或為外側簡支時

可令 $R = 0$，$HM_{ij} = 0$，由（14-10）式及（14-11）式知

$$M_{ij} = 3Ek\theta_i$$
$$M_{ji} = 0$$

所以　$COF = \dfrac{M_{ji}}{M_{ij}} = 0 \qquad\qquad (15\text{-}9)$

(3)桿件變形為對稱時（即對稱桿件）

此時近端將不往遠端傳遞彎矩，（否則會改變原有桿端彎矩之對稱性），因此

$$COF = 0 \qquad\qquad (15\text{-}10)$$

(4)桿件變形為反對稱時（即反對稱桿件）

同理，近端將不往遠端傳遞彎矩，因此

$$COF = 0 \qquad\qquad (15\text{-}11)$$

(5)遠端為導向接續或為導向支承時

可令 $\theta_j = 0$，$HM'_{ij} = HM'_{ji} = 0$，由（14-26）式及（14-27）式知

$$M_{ij} = Ek\theta_i$$
$$M_{ji} = -Ek\theta_i$$

所以　$COF = \dfrac{M_{ji}}{M_{ij}} = -1$ (15-12)

現將有關的傳遞係數併入表 15-1 中，重新整理後得出相關的表 15-2。

表 15-2

	K值（$= \dfrac{4EI}{l}$）	k值（$= \dfrac{I}{l}$）	COF值
遠端為固定端之桿件	K	k	$\dfrac{1}{2}$
遠端為簡支端之桿件	$\dfrac{3}{4}K$	$\dfrac{3}{4}k$	0
對稱變形之桿件	$\dfrac{1}{2}K$	$\dfrac{1}{2}k$	0
反對稱變形之桿件	$\dfrac{3}{2}K$	$\dfrac{3}{2}k$	0
遠端為導向支承端之桿件	$\dfrac{1}{4}K$	$\dfrac{1}{4}k$	-1

例題 15-2

於下圖所示的剛架，EI為常數，外力矩 $M = 1000$ N-m（↶）作用於節點 i，且 $DF_{ia} = 0.1$，$DF_{ib} = 0.4$，$DF_{ic} = 0.5$，試求各桿件之分配彎矩及傳遞彎矩。

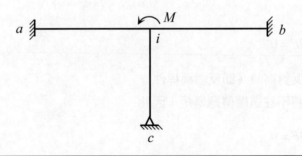

解

$$a \; \frac{M_{ai}}{COF = \frac{1}{2}} \; M_{ia} \; \underset{i}{\overset{M}{\underset{M_{ic}}{\bigcirc}}} M_{ib} \; \frac{M_{bi}}{COF = \frac{1}{2}} \; b$$

$$COF = 0 \quad M_{ci}$$

$$c$$

依符號規定，順時針彎矩為正，逆時針彎矩為負

(1)分配彎矩（DM）

$$DM_{ia} = M_{ia} = (DF_{ia})(M) = (0.1)(-1000^{\text{N-m}}) = -100^{\text{N-m}}$$

$$DM_{ib} = M_{ib} = (DF_{ib})(M) = (0.4)(-1000^{\text{N-m}}) = -400^{\text{N-m}}$$

$$DM_{ic} = M_{ic} = (DF_{ic})(M) = (0.5)(-1000^{\text{N-m}}) = -500^{\text{N-m}}$$

(2)傳遞彎矩（COM）

$$COF_{ia} = COF_{ib} = \frac{1}{2} \; , \; COF_{ic} = 0 \; , \; 因此$$

$$COM_{ai} = M_{ai} = (COF_{ia})(M_{ia}) = \left(\frac{1}{2}\right)(-100^{\text{N-m}}) = -50^{\text{N-m}}$$

$$COM_{bi} = M_{bi} = (COF_{ib})(M_{ib}) = \left(\frac{1}{2}\right)(-400^{\text{N-m}}) = -200^{\text{N-m}}$$

$$COM_{ci} = M_{ci} = (COF_{ic})(M_{ic}) = (0)(-500^{\text{N-m}}) = 0^{\text{N-m}}$$

討論

$$\Sigma DF = DF_{ia} + DF_{ib} + DF_{ic} = 1$$

$$M = M_{ia} + M_{ib} + M_{ic} = DM_{ia} + DM_{ib} + DM_{ic}$$

15-3　無桿件側位移時之彎矩分配法

此處所謂無桿件側位移，係指結構僅具有節點旋轉自由度而無桿件側位移自由度之情況。

一、僅有一個節點旋轉自由度時之彎矩分配法

其分析原理是將具有旋轉自由度的節點「鎖住」，得出在載重作用下各桿件的固端反力，然後再將該節點予以「解鎖」（即放鬆），此時作用在桿件上的載重已轉換成作用在該節點上的等值節點載重（由固端反力變號而得，視為作用在節點上的外加載重，詳見 11-5 節），其中等值節點彎矩（又稱為解鎖彎矩）為一個不平衡的彎矩，將引起該節點的旋轉，此時無論是等值節點彎矩或是外加於該節點上的彎矩均將依據各桿件的勁度完成分配和傳遞，而該節點亦已旋轉到平衡位置，換言之，各節點上的力已達平衡，而桿件也達最終變形。完成上述分析步驟後，將各桿端相應的固端彎矩、分配彎矩及傳遞彎矩相疊加，即得出各桿件之桿端彎矩。

現以圖 15-3(a)所示的剛架結構為例，說明當結構僅具有一個節點旋轉自由度時之分析步驟及原理：

(1)將具有旋轉自由度的節點 B「鎖住」，並求出在載重作用下各桿件之固端反力（示於圖 15-3(b)中）。由於固端彎矩即為抵抗桿端旋轉之彎矩，因此固端彎矩可視為「鎖住」節點之彎矩（或稱**鎖住彎矩** locking moment L. M.），而反向的固端彎矩即可視為將節點「解鎖」之彎矩（或稱**解鎖彎矩** unlocking moment U. M.）。由（11-21）式可知，交於 B 點之各桿端的固端彎矩和，即為 B 點之鎖住彎矩，即

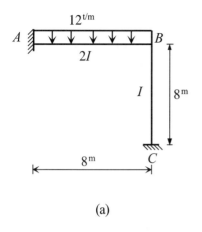

(a)

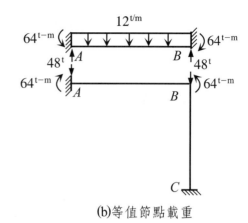

(b)等值節點載重

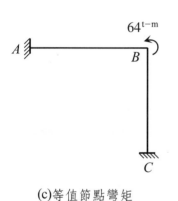

(c)等值節點彎矩

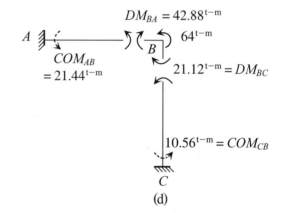

(d)

圖 15-3

B 點的鎖住彎矩 $LM = \Sigma FM_B$　（即交於 B 點之各桿端的固端彎矩和）

$$= FM_{BA} + FM_{BC}$$

$$= 64^{t-m} + 0^{t-m}$$

$$= 64^{t-m} \quad （正號表示順時針）$$

由此可知，所謂「鎖住」B 點，即是在 B 點上加一順時針而大小為 64 t-m 之彎矩。

(2)將節點 B「解鎖」，使其旋轉到平衡位置

　　圖 15-3(b)所示即為桿件之固端反力及作用在剛架上的等值節點載重，由
於作用在支承 A 上的等值節點載重 48 t 及 64 t-m 不影響桿件的內力，因
此可忽略不計，另外，在不考慮桿件軸向變形的情況下，作用在 B 點上
的等值節點力 48 t，將不使各桿件產生彎曲效應，因此亦將忽略不計，
故圖 15-3(b)所示的等值節點載重系統，可由圖 15-3(c)所示與旋轉自由度
θ_B 對應的等值節點彎矩 64 t-m 來代替（換言之，**在進行分析時，僅需
考慮與節點旋轉自由度（即未知的獨立節點轉角）對應的等值節點彎矩
即可**）。由（11-21）式可知，圖 15-3(c)所示的等值節點彎矩即為解除
B 點束制，使 B 點恢復旋轉的解鎖彎矩，亦即

$$B點的等值節點彎矩 = -（B點的鎖住彎矩 LM）$$
$$= B點的解鎖彎矩 UM$$
$$= -64^{t\text{-}m} \qquad （負號表示逆時針）$$

解鎖後，B 點將旋轉到平衡位置。

(3)依各桿件之分配係數，將等值節點彎矩分配於相應之各桿端，因而得出
各分配彎矩，再依各桿件之傳遞係數得出各桿件在遠端之傳遞彎矩。此
外，由於 A 點及 C 點均為固定支承端，不具旋轉自由度，因此在分析過
程中不需「鎖住」及「解鎖」，換言之，在分析過程中，A 點及 C 點不
需考慮力的分配和傳遞，因而可不計 k 值、DF 值與 COF 值。

　　B 點由於受到等值節點彎矩 64 t-m（ㄅ）之作用而產生旋轉，因此相連
於 B 點之各桿端將會依分配係數而得到分配彎矩，如圖 15-3(d)所示，其
中：

$$k_{BA} = \frac{2I}{8}$$

$$k_{BC} = \frac{I}{8}$$

$$DF_{BA} = \frac{k_{BA}}{\Sigma k_B} = \frac{\left(\dfrac{2I}{8}\right)}{\left(\dfrac{2I}{8}\right) + \left(\dfrac{I}{8}\right)} = 0.67$$

$$DF_{BC} = \frac{k_{BC}}{\Sigma k_B} = \frac{\left(\dfrac{I}{8}\right)}{\left(\dfrac{2I}{8}\right) + \left(\dfrac{I}{8}\right)} = 0.33$$

$$DM_{BA} = (DF_{BA})(M) = (0.67)(-64^{t-m}) = -42.88^{t-m} \ (\circlearrowright)$$

$$DM_{BC} = (DF_{BC})(M) = (0.33)(-64^{t-m}) = -21.12^{t-m} \ (\circlearrowright)$$

在此同時，各桿件之遠端也將產生傳遞彎矩，如圖 15-3(d)所示，亦即

$$COM_{AB} = (COF_{BA})(DM_{BA}) = \left(\frac{1}{2}\right)(-42.88^{t-m}) = -21.44^{t-m} \ (\circlearrowright)$$

$$COM_{CB} = (COF_{BC})(DM_{BC}) = \left(\frac{1}{2}\right)(-21.12^{t-m}) = -10.56^{t-m} \ (\circlearrowright)$$

(4)最後將各桿端相應之固端彎矩、分配彎矩及傳遞彎矩相疊加，即可得出
各桿件之桿端彎矩。（原載重或等效節點彎矩是外力，故不參與疊加）

$$M_{AB} = -64^{t-m} - 21.44^{t-m} = -85.44^{t-m} \ (\circlearrowright)$$

$$M_{BA} = 64^{t-m} - 42.88^{t-m} = +21.12^{t-m} \ (\circlearrowleft)$$

$$M_{BC} = 0^{t-m} - 21.12^{t-m} = -21.12^{t-m} \ (\circlearrowright)$$

$$M_{CB} = 0^{t-m} - 10.56^{t-m} = -10.56^{t-m} \ (\circlearrowright)$$

上述之分析步驟及原理可以圖 15-4 所示之流程來表示：

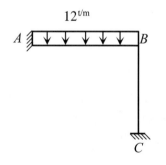

(a)流程(1)：剛架受原載重 12 t/m 之作用

圖 15-4　分析流程

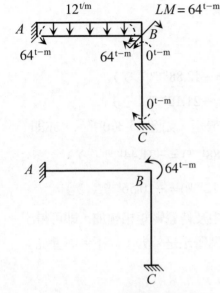

(b)流程(2)：將具有旋轉自由度的節點 B「鎖住」，並求出各桿件的固端彎矩（如虛線所示）由此可得出作用在 B 點上的鎖住彎矩 $LM = 64$ t-m（ ↻ ）

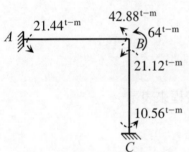

(c)流程(3)：將節點 B「解鎖」，等值節點彎矩＝解鎖彎矩 $UM = -$（鎖住彎矩 LM）$= -64$ t-m（ ↺ ）。此時原載重已轉化為等值節點彎矩，將使節點 B 旋轉至平衡位置

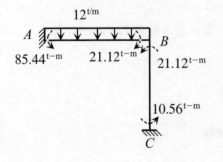

(d)流程(4)：依各桿件之分配係數，得出各分配彎矩 $DM_{BA} = -42.88$ t-m（ ↺ ），$DM_{BC} = -21.12$ t-m（ ↺ ）；再依各桿件的傳遞係數得出遠端之傳遞彎矩 $COM_{AB} = -21.44$ t-m（ ↺ ），$COM_{CB} = -10.56$ t-m（ ↺ ）

(e)流程(5)：將各桿端之固端彎矩、分配彎矩及傳遞彎矩相疊加，即可得出各桿件之桿端彎矩（如虛線所示）

圖 15-4 分析流程（續）

以上的分析過程及計算結果亦可以表格形式來表示：

節點	A	B		C
桿端	AB	BA	BC	CB
k	—	$\dfrac{2I}{8}$	$\dfrac{I}{8}$	—
DF	—	0.67	0.33	—
COF	— ←	$\dfrac{1}{2}$	$\dfrac{1}{2}$	→ —
FM	-64	64	0	0
DM		-42.88	-21.12	
COM	-21.44			-10.56
ΣM	-85.44	21.12	-21.12	-10.56

討論 1

在計算內力時，對於等值節點載重系統而言，僅需考慮與節點旋轉自由度（即未知的獨立節點轉角）相對應的等值節點彎矩即可。

討論 2

對於無旋轉自由度的節點（如固定支承，導向支承等）而言，無需考慮彎矩的分配和傳遞，因而可不計對應的 k 值、DF 值及 COF 值。換言之，凡是具有旋轉自由度的節點，均需進行彎矩的分配和傳遞。

討論 3

任何作用在桿件上的載重（或是溫度改變，支承移動…等外在因素）均可藉由「鎖住」及「解鎖」之過程將其轉換成作用在具有旋轉自由度之節點上的等值節點彎矩，而此等值節點彎矩與各桿端之分配彎矩、傳遞彎矩的向號一致。

　相較於等值節點彎矩，對於直接加載於具有旋轉自由度之節點上的外力矩

而言，則不需經過「鎖住」及「解鎖」的過程，而直接進行彎矩的分配及傳遞即可，亦即：

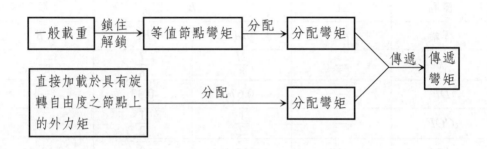

二、具有兩個或兩個以上節點旋轉自由度時之彎矩分配法

　　分析原理是將所有具有旋轉自由度之節點均予以「鎖住」，得出在載重作用下各桿件的固端彎矩，接著輪流「解鎖」每一個具有旋轉自由度之節點（即每次僅「解鎖」一個具有旋轉自由度之節點）。當某一具有旋轉自由度之節點「解鎖」後，該節點上的等值節點彎矩或外加力矩則進行分配和傳遞（由於遠端節點仍處在「鎖住」狀態，因此傳遞彎矩將成為遠端節點新增加的固端彎矩），此時該節點已開始旋轉。由於其他具有旋轉自由度之節點目前仍被「鎖住」，因此接下來是「解鎖」次一個仍是「鎖住」的節點，而在次一個節點進行彎矩分配和傳遞的同時，原先已產生旋轉的節點業已再次被「鎖住」。因此所有具有旋轉自由度之節點一個接著一個輪流鎖住、解鎖、分配和傳遞，週而復始直到彎矩不再分配（即小到可以忽略）為止，此時各節點上的力均已達平衡，而各桿件亦已達到最終的變形。最後將各桿端相應的固端彎矩、分配彎矩、傳遞彎矩相疊加，即可得出各桿件之桿端彎矩。

討論 1

　彎矩分配法每次僅「解鎖」一個具有旋轉自由度之節點，而其他節點均保持

「鎖住」或「再鎖住」（即先前「解鎖」但又再次「鎖住」）之狀態。對每一個具有旋轉自由度之節點而言，完成一次鎖住、解鎖、分配和傳遞就謂之完成彎矩分配一回合（one cycle）。

討論 2

(1)當桿件遠端之彎矩或剪力為已知值時，可採用修正的桿件旋轉勁度來簡化計算。

(2)對稱結構或反對稱結構可適當的採用取全做半法或取半分析法，並配合修正的桿件旋轉勁度，來簡化分析過程。

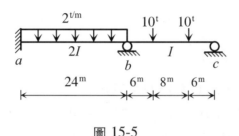

圖 15-5

現以圖 15-5 所示的連續梁結構為例，說明當結構具有兩個節點旋轉自由度時之分析步驟及原理。此連續梁由於節點 c 為外側簡支端，因此分析方法有以下兩種：

方法(一)：分析時 bc 桿件採用一般的固端彎矩、桿件旋轉勁度及傳遞係數

將所有具有旋轉自由度的節點輪流「鎖住」及「解鎖」，直到彎矩不再分配（即小到可以忽略）為止。其步驟如下：

(1)將具有旋轉自由度的節點 b 及節點 c「鎖住」，並求出在載重作用下各桿件的固端彎矩。由表 11-2 知

$$FM_{ab} = -FM_{ba} = -\frac{wl^2}{12} = -96^{\text{t-m}}$$

$$FM_{bc} = -FM_{cb} = -\alpha(1-\alpha)pl = -42^{\text{t-m}}$$

(2)將 b 點「解鎖」（亦可先將 c 點「解鎖」，方式均相同），而 c 點仍保

持「鎖住」之狀態，此時作用在 b 點上之等值節點彎矩為

b 點等值節點彎矩 $M_b = -\varSigma FM_b$

$$= -(FM_{ba} + FM_{bc})$$

$$= -(96^{\text{t-m}} - 42^{\text{t-m}})$$

$$= -54^{\text{t-m}} \,(\curvearrowleft)$$

依分配係數 DF_{ba} 及 DF_{bc}，將 b 點上之等值節點彎矩分配至 ba 桿端及 bc 桿端，以得出分配彎矩 DM_{ba1} 及 DM_{bc1}：（a 端為固定端，因此不計 k_{ab} 值、DF_{ab} 值、COF_{ab} 值）

$$k_{ba} = \frac{2I}{24} \,,\; k_{bc} = \frac{I}{20} \,,\; k_{cb} = \frac{I}{20}$$

$$DF_{ba} = \frac{k_{ba}}{k_{ba} + k_{bc}} = 0.625 \,,\; DF_{bc} = \frac{k_{bc}}{k_{ba} + k_{bc}} = 0.375$$

$$DF_{cb} = \frac{k_{cb}}{k_{cb}} = 1.0$$

$$DM_{ba1} = (DF_{ba})(M_b) = (0.625)(-54^{\text{t-m}}) = -33.75^{\text{t-m}}$$

$$DM_{bc1} = (DF_{bc})(M_b) = (0.375)(-54^{\text{t-m}}) = -20.25^{\text{t-m}}$$

由於 b 點「解鎖」時，a 點為固定端，而 c 點處在「鎖住」之固定狀態，因此 $COF_{ba} = COF_{bc} = \dfrac{1}{2}$，此時傳遞至 ab 桿端及 cb 桿端之傳遞彎矩 COM_{ab1} 及 COM_{cb1} 分別為

$$COM_{ab1} = (COF_{ba})(DM_{ba1}) = \left(\frac{1}{2}\right)(-33.75^{\text{t-m}}) = -16.88^{\text{t-m}}$$

$$COM_{cb1} = (COF_{bc})(DM_{bc1}) = \left(\frac{1}{2}\right)(-20.25^{\text{t-m}}) = -10.13^{\text{t-m}}$$

其中傳遞彎矩 COM_{cb1} 將成為 c 點上新增加的固端彎矩。

(3)將 c 點「解鎖」（b 點將「再鎖住」），此時作用在 c 點上的等值節點彎矩為

c 點等值節點彎矩 $M_c = -\varSigma FM_c$

$$= -(FM_{cb} + COM_{cb1})$$

$$= -(42^{\text{t-m}} - 10.13^{\text{t-m}})$$

$$= -31.87^{\text{t-m}} \,(\curvearrowleft)$$

$$DM_{cb1} = (DF_{cb})(M_c) = (1.0)(-31.87^{\text{t-m}}) = -31.87^{\text{t-m}}$$

由於 c 點「解鎖」時，b 點處在「鎖住」之固定狀態，因此 $COF_{cb} = \dfrac{1}{2}$，

而 $COM_{bc1} = (COF_{cb})(DM_{cb1}) = \left(\dfrac{1}{2}\right)(-31.87^{\text{t-m}}) = -15.94^{\text{t-m}}$，

其中傳遞彎矩 COM_{bc1} 將成為 b 點上新的固端彎矩。

(4) 再將 b 點「解鎖」（c 點將「再鎖住」），此時作用在 b 點上的等值節點彎矩為

$$\begin{aligned} b \text{點等值節點彎矩 } M_b &= -\Sigma FM_b \\ &= -(COM_{bc1}) \\ &= 15.94^{\text{t-m}} \ (\frown) \end{aligned}$$

$$DM_{ba2} = (DF_{ba})(M_b) = (0.625)(15.94^{\text{t-m}}) = 9.96^{\text{t-m}}$$

$$DM_{bc2} = (DF_{bc})(M_b) = (0.375)(15.94^{\text{t-m}}) = 5.98^{\text{t-m}}$$

$$COM_{ab2} = (COF_{ba})(DM_{ba2}) = \left(\dfrac{1}{2}\right)(9.96^{\text{t-m}}) = 4.98^{\text{t-m}}$$

$$COM_{cb2} = (COF_{bc})(DM_{bc2}) = \left(\dfrac{1}{2}\right)(5.98^{\text{t-m}}) = 2.99^{\text{t-m}}$$

其中傳遞彎矩 COM_{cb2} 將成為 c 點上新的固端彎矩

(5) 再將 c 點「解鎖」（b 點將「再鎖住」），此時作用在 c 點上的等值節點彎矩為

$$\begin{aligned} c \text{點等值節點彎矩 } M_c &= -\Sigma FM_c \\ &= -(COM_{cb2}) \\ &= -2.99^{\text{t-m}} \end{aligned}$$

$$DM_{cb2} = (DF_{cb})(M_c) = (1.0)(-2.99^{\text{t-m}}) = -2.99^{\text{t-m}}$$

$$COM_{bc2} = (COF_{cb})(DM_{cb2}) = \left(\dfrac{1}{2}\right)(-2.99^{\text{t-m}}) = -1.5^{\text{t-m}}$$

其中傳遞彎矩 COM_{bc2} 將成為 b 點上新的固端彎矩。

(6) 一直重覆上述步驟，直至彎矩不再分配（即小到可以忽略）為止，最後再將各桿端相應的固端彎矩、分配彎矩及傳遞彎矩相疊加，即可得出各桿端彎矩。

以上的分析過程及計算結果可以以下表格形式來表示：

節點	a	b		c
桿端	ab	ba	bc	cb
k	—	$\dfrac{2I}{24}$	$\dfrac{I}{20}$	$\dfrac{I}{20}$
DF	—	0.625	0.375	1.0
COF	—	$\xleftarrow{\quad}$ $\dfrac{1}{2}$	$\dfrac{1}{2}$ $\xrightarrow{\quad}$	$\dfrac{1}{2}$
FM	−96	96	−42	42
DM		−33.75	−20.25	
COM	−16.88			−10.13
DM				−31.87
COM			−15.94	
DM		9.96	5.98	
COM	4.98			2.99
DM				−2.99
COM			−1.5	
DM		0.94	0.56	
COM	0.47			0.28
DM				−0.28
COM			−0.14	
DM		0.09	0.06	
COM	0.05			0.03
DM				−0.03
COM			−0.015	
DM		0.009	0.006	
COM	0.0045			0.003

（續上表）

節點	a	b		c
桿端	ab	ba	bc	cb
DM				-0.003
COM			-0.0015	
DM		0.001	0.0006	
COM	0.0005			0.0003
DM				-0.0003
COM			-0.00015	
DM		0.0001	0.00006	
COM	0.00005			0.00003
DM				-0.00003
COM			-0.000015	
DM		0.00001	0.000006	
ΣM	-107.4	73.2	-73.2	0.0

　　重覆的鎖住、解鎖、分配及傳遞，直到COM小至可忽略不計為止（此時運算過程將停在DM步驟），而各桿端彎矩為：

$$M_{ab} = -107.4^{\text{t-m}} \ (\circlearrowright) \qquad M_{ba} = 73.2^{\text{t-m}} \ (\circlearrowleft)$$

$$M_{bc} = -73.2^{\text{t-m}} \ (\circlearrowright) \qquad M_{cb} = 0.0^{\text{t-m}}$$

　　方法㈡：分析時 bc 桿件採用修正的固端彎矩、修正的桿件旋轉勁度及修正的傳遞係數

　　c 點為外側簡支端，梁斷面的彎矩為零，因此 bc 桿件若採用修正的固端彎矩、修正的桿件旋轉勁度及修正的傳遞係數時，僅需將 b 點上的彎矩進行分配和傳遞，其步驟如下：

⑴對 ab 桿件而言，a 端與固定支承連接，b 端為剛性節點，因此由表 11-2 可得固端彎矩

$$FM_{ab} = -FM_{ba} = -\frac{wl^2}{12} = -96^{\text{t-m}}$$

對 bc 桿件而言，b 端為剛性節點，c 端與外側簡支承連接，因此可用修正的固端彎矩

$$HM_{bc} = FM_{bc} - \frac{1}{2}FM_{cb} = -\frac{3}{2}\alpha(1-\alpha)pl = -63^{\text{t-m}}$$

$$HM_{cb} = 0^{\text{t-m}}$$

(2)由於 c 端彎矩值已知為零，故僅需將 b 點上的彎矩進行分配和傳遞

$$k_{ba} = \frac{2I}{24} \text{ ,}$$

$$k_{bc} = \frac{3}{4}\left(\frac{I}{20}\right) \text{為修正的桿件旋轉勁度因數}$$

$$DF_{ba} = \frac{k_{ba}}{k_{ba}+k_{bc}} = 0.69 \text{ ,}$$

$$DF_{bc} = \frac{k_{bc}}{k_{ba}+k_{bc}} = 0.31$$

b 點等值節點彎矩 $M_b = -\Sigma FM_b$

$$= -(FM_{ba} + HM_{bc})$$

$$= -33^{\text{t-m}} \text{ （⌒）}$$

$$DM_{ba} = (DF_{ba})(M_b) = (0.69)(-33^{\text{t-m}}) = -22.77^{\text{t-m}}$$

$$DM_{bc} = (DF_{bc})(M_b) = (0.31)(-33^{\text{t-m}}) = -10.23^{\text{t-m}}$$

而

$$COF_{ba} = \frac{1}{2} \text{ ,}$$

$$COF_{bc} = 0 \qquad \text{（遠端為外側簡支時，COF修正為零）}$$

$$COM_{ab} = (COF_{ba})(DM_{ba}) = \left(\frac{1}{2}\right)(-22.77^{\text{ t-m}}) = -11.40^{\text{t-m}}$$

$$COM_{cb} = (COF_{bc})(DM_{bc}) = (0)(-10.23^{\text{ t-m}}) = 0^{\text{t-m}}$$

此時 b 點已完成彎矩的分配和傳遞，而所有節點變形已達平衡。

以上的分析過程及計算結果可以表格形式來表示：

節點	a	b		c
桿端	ab	ba	bc	cb
k	—	$\dfrac{2I}{24}$	$\dfrac{3}{4}\left(\dfrac{I}{20}\right)$	—
DF	—	0.69	0.31	—
COF	—	$\leftarrow$ $\dfrac{1}{2}$	0 $\rightarrow$	—
FM	-96	96	-63	0
DM		-22.77	-10.23	
COM	-11.40		0	0
ΣM	-107.4	73.2	-73.2	0.0

桿端彎矩：

$$M_{ab} = -107.4^{\text{t-m}} \ (\ \circlearrowright\ ) \qquad M_{ba} = 73.2^{\text{t-m}} \ (\ \circlearrowleft\ )$$

$$M_{bc} = -73.2^{\text{t-m}} \ (\ \circlearrowright\ ) \qquad M_{cb} = 0.0^{\text{t-m}}$$

討論 1

在採用修正固端彎矩及修正桿件旋轉勁度時，由於 c 端（外側簡支端）之彎矩已知為零，故可不計 cb 桿端之 k 值、DF 值及 COF 值。另外，由以上分析過程可知，方法（二）較為快捷，而方法（一）較為耗時。

討論 2

在方法（二）的整個分析過程中，僅 b 點上的彎矩需進行分配和傳遞，因此在列表計算時，c 點亦可不列入計算表格中。

討論 3

當各桿端彎矩求得後，依第三章 3-4 節所述的組合法來繪製彎矩圖較為迅速簡單。

例題 15-3

下圖所示為一連續梁結構，EI 為常數，試以彎矩分配法計算各桿端彎矩。

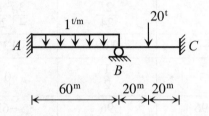

解

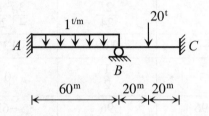

(a)   (b)

原結構僅具有節點旋轉自由度 θ_B 而無桿件側位移自由度。

A 端及 C 端均為固定端，無旋轉自由度，所以不考慮該節點上的彎矩分配和傳遞，故可不計對應的 k 值、DF 值及 COF 值

(1)建立基本資料

　　AB 桿件：A 端為固定支承，B 端為剛性節點

$$k_{BA} = \frac{I}{l} = \frac{I}{60} \; ; \; COF_{BA} = \frac{1}{2} \; ;$$

$$-FM_{AB} = FM_{BA} = \frac{wl^2}{12} = \frac{(1)(60)^2}{12} = 300^{\text{t-m}} \quad （見圖(a)）$$

　　BC 桿件：B 端為剛性節點，C 端為固定支承

$$k_{BC} = \frac{I}{l} = \frac{I}{40} \; ; \; COF_{BC} = \frac{1}{2} \; ;$$

$$-FM_{BC} = FM_{CB} = \frac{Pl}{8} = \frac{(20)(40)}{8} = 100^{\text{t-m}} \quad （見圖(b)）$$

若採用相對 k 值，則 $k_{BA} : k_{BC} = \frac{I}{60} : \frac{I}{40} = 2 : 3$

(2)彎矩分配和傳遞

節點	A	B		C
桿端	AB	BA	BC	CB
k	—	2	3	—
DF	—	$\dfrac{2}{5}$	$\dfrac{3}{5}$	—
COF	—	$\leftarrow$ $\dfrac{1}{2}$	$\dfrac{1}{2}$ $\rightarrow$	—
FM	-300	300	-100	100
DM		-80	-120	
COM	-40			-60
ΣM	-340	220	-220	40

由上表可得出各桿端彎矩分別為

$M_{AB} = -340^{\text{t-m}}$ （↻）　；$M_{BA} = 220^{\text{t-m}}$ （↺）

$M_{BC} = -220^{\text{t-m}}$ （↻）　；$M_{CB} = 40^{\text{t-m}}$ （↺）

各桿端彎矩示意圖，如圖(c)所示

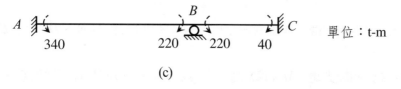

A　340　　　B　220　220　40　C　　　單位：t-m

(c)

例題 15-4

下圖所示為一剛架結構，試以彎矩分配法計算各桿端彎矩。

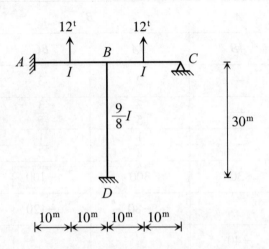

解

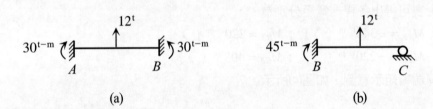

(a)　　　　　　　　　　　　　　　(b)

A端及D端均為固定端，無旋轉自由度，故可不計對應的k值、DF值及COF值。

由於C端為外側簡支端，M_{CB}值為零，因此在分析時，BC桿件可採用修正的k值及COF值（見表 15-2），和修正的固端彎矩值（見表 11-4）。

(1)建立基本資料

　　AB桿件：A端為固定支承，B端為剛性節點

$$k_{BA} = \frac{I}{l} = \frac{I}{20} \; ; \; COF_{BA} = \frac{1}{2}$$

$$FM_{AB} = -FM_{BA} = \frac{Pl}{8} = \frac{(12)(20)}{8} = 30^{t-m} \quad （見圖(a)）$$

BC 桿件：B 端為剛性節點，C 端為鉸支承

$$修正的 k_{BC} = \frac{3}{4}\left(\frac{I}{l}\right) = \frac{3}{4}\left(\frac{I}{20}\right) = \frac{3I}{80}\ ；修正的 COF_{BC} = 0\ ；$$

$$修正的 HM_{BC} = \frac{3Pl}{16} = \frac{3(12)(20)}{16} = 45^{\text{t-m}}\quad （見圖(b)）$$

當 BC 桿件採用修正的 k 值、COF 值及 HM 值時，由於 C 端為一外側簡支端，$M_{CB} = 0^{\text{t-m}}$ 為一已知值，故 C 點可不列入分析。

BD 桿件：B 端為剛性節點，D 端為固定支承

$$k_{BD} = \frac{\frac{9}{8}I}{30} = \frac{3I}{80}\ ；COF_{BD} = \frac{1}{2}$$

若採相對的 k 值，則 $k_{BA} : k_{BC} : k_{BD} = \frac{I}{20} : \frac{3I}{80} : \frac{3I}{80} = 4 : 3 : 3$

(2)彎矩分配和傳遞

節點	A	B			D
桿端	AB	BA	BC	BD	DB
k	—	4	3	3	—
DF	—	$\frac{4}{10}$	$\frac{3}{10}$	$\frac{3}{10}$	—
COF	— ←	$\frac{1}{2}$	0	$\frac{1}{2}$ →	—
FM	30	-30	45	0	0
DM		-6	-4.5	-4.5	
COM	-3				-2.25
ΣM	27	-36	40.5	-4.5	-2.25

各桿端彎矩值分別為

$$M_{AB} = 27^{\text{t-m}}\ （↻）\ ；M_{BA} = -36^{\text{t-m}}\ （↺）\ ；M_{BC} = 40.5^{\text{t-m}}\ （↻）$$

$$M_{CB} = 0^{\text{t-m}}\ ；M_{BD} = -4.5^{\text{t-m}}\ （↺）\ ；M_{DB} = -2.25^{\text{t-m}}\ （↺）$$

各桿端彎矩示意圖，如圖(c)所示

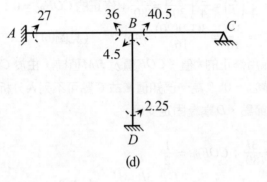

單位：t-m

(d)

例題 15-5

試用彎矩分配法分析下圖所示之剛架，並繪彎矩圖。EI 為常數。

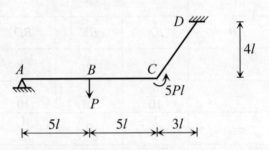

解

A 點及 D 點均為不移動節點，因此 C 點亦為一不移動節點（依據節點的定義，可知 B 點不視為一節點，因此原結構無桿件側位移自由度）。

(1)基本資料

　　AC 桿件：A 端為鉸支承，C 端為剛性節點

　　　　修正的 $k_{CA} = \dfrac{3}{4}\left(\dfrac{I}{10l}\right) = \dfrac{3I}{40l}$；修正的 $COF_{CA} = 0$

　　　　修正的 $HM_{CA} = \dfrac{3Pl}{16} = \dfrac{3P(10l)}{16} = 1.875\,Pl$

　　　　當採用修正的 k 值、COF 值及 HM 值時，由於 A 端為一外側簡支端，

　　　　$M_{AC} = 0$ 為一已知值，因此 A 點可不列入分析。

CD 桿件：C 端為剛性節點，D 端為固定端

$$k_{CD} = \frac{I}{5l} \; ; \; COF_{CD} = \frac{1}{2}$$

若採用相對 k 值，則 $k_{CA} : k_{CD} = \frac{3I}{40l} : \frac{I}{5l} = 3 : 8$

(2)彎矩分配和傳遞

外加力矩 $5Pl$ 為直接加載於具有旋轉自由度之節點上的外力矩（在分析表格中以「JM」來表示，並取順時針為正，逆時針為負），因此可直接進行彎矩的分配和傳遞。外力矩 $5Pl$ 屬外力，因此將不計入桿端彎矩中。由 15-3 節可知，本題的分析原則如下：

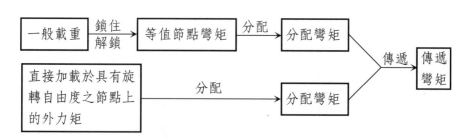

節點	C		D
桿端	CA	CD	DC
k	3	8	—
DF	$\frac{3}{11}$	$\frac{8}{11}$	—
COF	0	$\frac{1}{2}$ →	—
FM	$1.875Pl$	0	0
DM	$-0.506Pl$	$-1.369Pl$	
JM		$-5Pl$	
DM	$-1.35Pl$	$-3.65Pl$	
COM			$-2.5Pl$
ΣM	0	$-5.0Pl$	$-2.5Pl$

DM 累加後再進行傳遞

各桿端彎矩值分別為

$$M_{AC} = M_{CA} = 0 \; ; \; M_{CD} = -5.0Pl \; （ ぅ ） \; ; \; M_{DC} = -2.5Pl \; （ ぅ ）$$

桿端彎矩示意圖如圖(a)所示

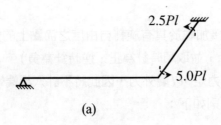

(a)

(3)繪彎矩圖

彎矩圖如圖(b)所示。

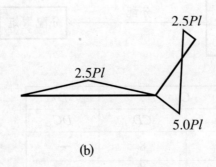

(b)

討論

　當各桿端彎矩求得後，可以應用第三章第3-4節所述的組合法直接繪出彎矩圖。

例題 15-6

在下圖所示之剛架中，EI為常數，試以彎矩分配法求各桿端彎矩，並繪剪力圖、彎矩圖及彈性變形曲線。EI為常數。

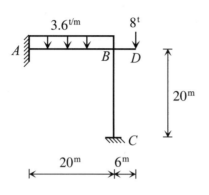

解

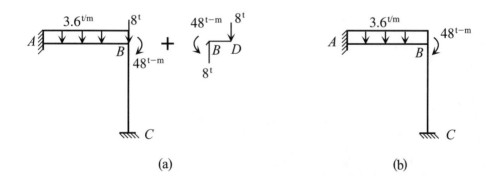

(a)　　　　　　　　　　　　　　(b)

BD段為一外伸梁，是一靜定桿件，B端之內力可直接由靜力平衡條件求得，如圖(a)所示，而ABC段則需由彎矩分配法進行分析。

在不考慮桿件軸向變形的情況下，在abc段中可不計8^{t}所引起的軸向效應，而力矩48^{t-m}可視為直接加載於具有旋轉自由度之節點上的外力矩，如圖(b)所示。

(1)建立基本資料

　　AB桿件：A端為固定端，B端為剛性節點

$$k_{BA} = \frac{I}{20} \; ; \; COF_{BA} = \frac{1}{2}$$

$$-FM_{AB} = FM_{BA} = \frac{wl^2}{12} = \frac{(3.6)(20)^2}{12} = 120^{t-m}$$

　　BC桿件：B端為剛性節點，C端為固定支承

$$k_{BC} = \frac{I}{20} \; ; \; COF_{BC} = \frac{1}{2}$$

　　若採用相對k值，則$k_{BA} : k_{BC} = \dfrac{I}{20} : \dfrac{I}{20} = 1 : 1$

(2)彎矩分配和傳遞

節點	A	B		C
桿端	AB	BA	BC	CB
k	—	1	1	—
DF	—	$\frac{1}{2}$	$\frac{1}{2}$	—
COF	— $\leftarrow$	$\frac{1}{2}$	$\frac{1}{2}$ $\rightarrow$	—
FM	-120	120	0	0
DM		-60	-60	
JM		48		
DM		24	24	
COM	-18			-18
ΣM	-138	84	-36	-18

DM累加後再進行傳遞

(3)剪力圖、彎矩圖、彈性變形曲線

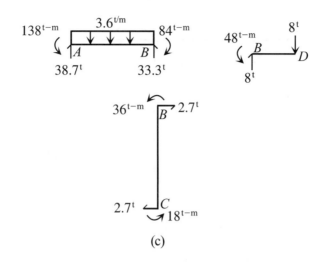

(c)

　　當各桿端彎矩求得後，取各桿件為自由體，如圖(c)所示，經由靜力平衡條件即可得出各桿端之剪力。將各桿件之剪力圖、彎矩圖繪出後，即可得出全結構之剪力圖（如圖(d)所示）及彎矩圖（如圖(e)所示）。最後再依據彎矩圖可繪出彈性變形曲線（如圖(f)所示，彎矩為零處，在曲線上為一反曲點）。

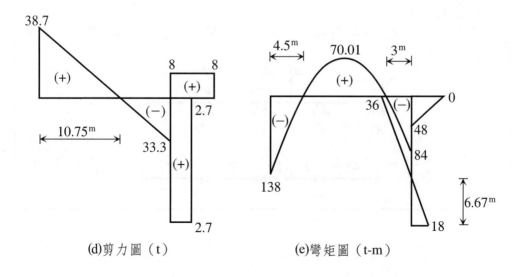

(d)剪力圖（t）　　　　　　(e)彎矩圖（t-m）

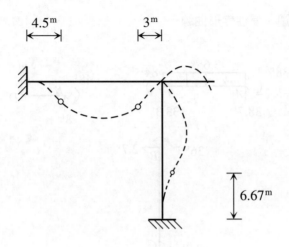

(f)彈性變形曲線

討論

請注意桿端彎矩的指向與彎矩圖的關係

例題 15-7

下圖所示為一連續梁，*EI* 為常數，試用彎矩分配法分析之並繪彎矩圖。

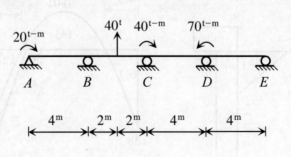

解

由 A 點及 E 點自由體，可得知 $M_{AB} = 20^{t\text{-}m}$，$M_{ED} = 0^{t\text{-}m}$。

由於 A 端及 E 端的彎矩為已知值，因此在分析時，AB 桿件及 DE 桿件可採用修正的 k 值、COF 值及固端彎矩值，而 A 點及 E 點可不必再列入分析，此時結構的節點旋轉自由度僅需考慮 θ_B、θ_C 及 θ_D。對於作用在 C 點及 D 點上的外力矩，則視為直接加載於具有旋轉自由度之節點上的外力矩。

1. 建立基本資料

　(1)各桿件之 k 值：

　　由表 15-2 得

　　修正的 $k_{BA} =$ 修正的 $k_{DE} = \dfrac{3}{4}\left(\dfrac{I}{4}\right) = \dfrac{3I}{16}$ ；其餘各 $k = \dfrac{I}{4}$

　(2)各桿件之 COF 值

　　由表 15-2 知

　　修正的 $COF_{BA} =$ 修正的 $COF_{DE} = 0$ ；其餘各 $COF = \dfrac{1}{2}$

　(3)各桿件之固端彎矩值

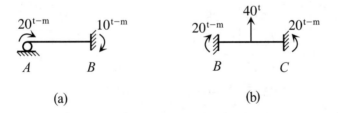

(a)　　　　　　　　　　　　(b)

　　由表 11-4 得，修正的 $HM_{BA} = 10^{t\text{-}m}$（如圖(a)所示）

　　由表 11-2 得，$FM_{BC} = -FM_{CB} = 20^{t\text{-}m}$（如圖(b)所示）

　　若採相對 k 值，則 $k_{BA} : k_{BC} = \dfrac{3I}{16} : \dfrac{I}{4} = 3 : 4$ ；$k_{CB} : k_{CD} = \dfrac{I}{4} : \dfrac{I}{4} = 1 : 1$

　　　　　　　$k_{DC} : k_{DE} = \dfrac{I}{4} : \dfrac{3I}{16} = 4 : 3$

2.彎矩分配和傳遞

節點	B		C		D	
桿端	BA	BC	CB	CD	DC	DE
k	3	4	1	1	4	3
DF	$\frac{3}{7}$	$\frac{4}{7}$	$\frac{1}{2}$	$\frac{1}{2}$	$\frac{4}{7}$	$\frac{3}{7}$
COF	0	$\frac{1}{2}$ ⇄	$\frac{1}{2}$	$\frac{1}{2}$ ⇄	$\frac{1}{2}$	0
FM	10	20	−20	0	0	0
DM	−12.9	−17.1	10	10	0	0
JM		0	40		−70	
DM	0	0	20	20	−40	−30
COM		15	−8.55	-20	15	
DM	−6.45	−8.55	14.28	14.28	−8.55	−6.45
COM		7.14	−4.28	−4.28	7.14	
DM	−3.07	−4.07	4.28	4.28	−4.07	−3.07
COM		2.14	−2.04	−2.04	2.14	
DM	−0.92	−1.22	2.04	2.04	−1.22	−0.92
COM		1.02	−0.61	−0.61	1.02	
DM	−0.44	−0.58	0.61	0.61	−0.58	−0.44
COM		0.31	−0.29	−0.29	0.31	
DM	−0.13	−0.18	0.29	0.29	−0.18	−0.13
COM		0.15	−0.09	−0.09	0.15	
DM	−0.06	−0.09	0.09	0.09	−0.09	−0.06
COM		0.05	−0.05	−0.05	0.05	
DM	−0.02	−0.03	0.05	0.05	−0.03	−0.02
COM		0.03	−0.02	−0.02	0.03	
DM	−0.01	−0.02	0.02	0.02	−0.02	−0.01
ΣM	−14	14	15.7	24.3	−28.9	−41.1

DM 累加後再傳遞

3.彎矩圖

當各桿端彎矩求得後，彎矩圖如圖(c)所示。

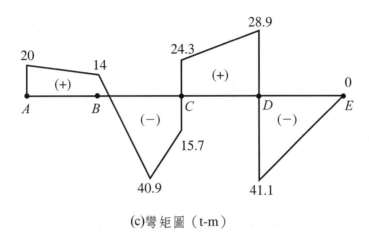

(c)彎矩圖（t-m）

討論

在 15-3 節所引述具有兩個或兩個以上節點旋轉自由度之彎矩分配法中，其彎矩分配和傳遞的方式，在實質上與本題完全相同。

例題 15-8

試以彎矩分配法分析下圖所示之剛架，並繪彎矩圖。EI為常數。

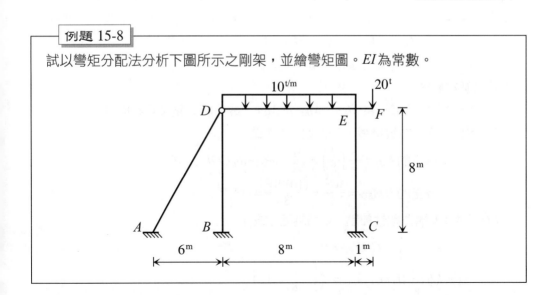

解

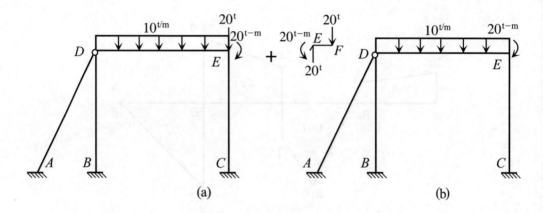

(a) + (b)

EF段為一外伸梁，是一靜定桿件，E端之內力可直接由靜力平衡條件求得，如圖(a)所示，而ABCDE部份則需由彎矩分配法進行分析。由於A點、B點及C點均為不移動節點，所以D點及E點亦為不移動節點。另外，當不計桿件軸向變形時，在ABCDE部份中可不考慮由20 t所引起的效應（如圖(b)所示）。對ABCDE部份而言，AD桿件及BD桿件均屬於一端為固定一端為鉸接續之桿件，由表11-4及表11-5可知，當桿件上無載重或桿端無變位發生時（亦即沒有會使桿件產生彎矩的因素存在時），AD桿件及BD桿件內將無彎矩產生，換言之，桿端彎矩 $M_{AD} = M_{DA} = M_{BD} = M_{DB} = 0$，此外 $M_{DE} = 0$（因為D點為鉸接續），故待求的桿端彎矩僅有 M_{ED}、M_{EC} 及 M_{CE}。

1. 建立基本資料

　　由於待求之桿端彎矩為 M_{ED}、M_{EC} 及 M_{CE}，故分析E點及C點即可。

　　DE桿件：D端為鉸接續，E端為剛性節點

$$修正的 k_{ED} = \frac{3}{4}\left(\frac{I}{8}\right) = \frac{3I}{32}\ ;\ 修正的 COF_{ED} = 0$$

$$修正的 HM_{ED} = \frac{wl^2}{8} = \frac{(10)(8)^2}{8} = 80^{\text{t}-\text{m}}$$

　　EC桿件：E端為剛性節點，C端為固定支承

$$k_{EC} = \frac{I}{8}\ ;\ COF_{EC} = 0$$

　　若採相對k值，則 $k_{ED} : k_{EC} = \frac{3I}{32} : \frac{I}{8} = 3 : 4$

2.彎矩分配和傳遞

節點	E		C
桿端	ED	EC	CE
k	3	4	—
DF	$\frac{3}{7}$	$\frac{4}{7}$	—
COF	0	$\frac{1}{2}$ →	—
FM	80	0	0
DM	−34.4	−45.6	
JM	20		
DM	8.6	11.4	
COM			−17.1
ΣM	54.2	−34.2	−17.1

故各桿端彎矩值為

$$M_{AD} = M_{DA} = M_{BD} = M_{DB} = M_{DE} = M_{FE} = 0^{\text{t-m}}$$

$$M_{ED} = 54.2^{\text{t-m}} \ (\ \supset\ )$$

$$M_{EC} = -34.2^{\text{t-m}} \ (\ \subset\ )$$

$$M_{CE} = -17.1^{\text{t-m}} \ (\ \subset\ )$$

$$M_{EF} = -20^{\text{t-m}} \ (\ \subset\ )$$

3.繪彎矩圖

當各桿端彎矩求得後，可由組合法繪出彎矩圖，如圖(c)所示

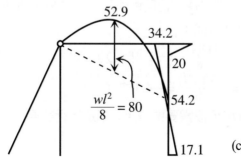

(c)彎矩圖（t-m）

例題 15-9

試以彎矩分配法分析下圖所示之剛架，EI為常數。

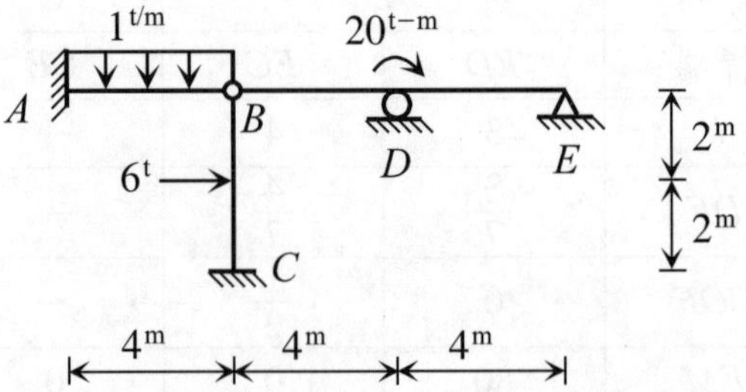

解

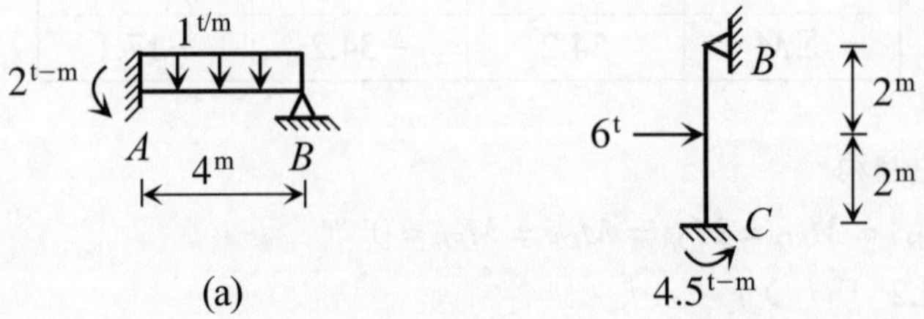

(a)　　(b)

A點及C點為不移動節點，故B點為一不移動節點；B點及E點為不移動節點，故D點亦為一不移動節點。

由於B點及E點均為鉸節點，故 $M_{BA} = M_{BC} = M_{BD} = M_{ED} = 0^{t-m}$。

由於B點為鉸接續，因此AB桿件可視同圖(a)所示之結構，而BC桿件可視同圖(b)所示之結構，由表 11-4 可知：

$$M_{AB} = HM_{AB} = -\frac{wl^2}{8} = -\frac{(1)(4)^2}{8} = -2^{t-m}\ (\circlearrowleft)$$

$$M_{CB} = HM_{CB} = -\frac{3Pl}{16} = -\frac{3(6)(4)}{16} = -4.5^{t-m}\ (\circlearrowleft)$$

經過上述之分析後，僅剩BDE段需要由彎矩分配法進行計算。

1. 建立基本資料

BD 桿件：B 端為鉸接續，D 端為剛性節點

修正的 $k_{DB} = \dfrac{3}{4}\left(\dfrac{I}{4}\right) = \dfrac{3I}{16}$ ；修正的 $COF_{DB} = 0$ ；修正的 $HM_{BD} = HM_{DB}$
$= 0^{t-m}$

DE 桿件：D 端為剛性節點，E 端為鉸支承

修正的 $k_{DE} = \dfrac{3}{4}\left(\dfrac{I}{4}\right) = \dfrac{3I}{16}$ ；修正的 $COF_{DE} = 0$ ，修正的 $HM_{DE} = = 0^{t-m}$

若採用相對的 k 值，則 $k_{DB} : k_{DE} = \dfrac{3I}{16} : \dfrac{3I}{16} = 1 : 1$

2. 彎矩分配和傳遞

節點	D	
桿端	DB	DE
k	1	1
DF	$\dfrac{1}{2}$	$\dfrac{1}{2}$
COF	0	0
JM	20	
DM	10	10
COM		
ΣM	10	10

綜合上述結果，各桿端彎矩值分別為：

$M_{BA} = M_{BC} = M_{BD} = M_{ED} = 0^{t-m}$

$M_{AB} = -2^{t-m}$ （ㄅ）

$M_{CB} = -4.5^{t-m}$ （ㄅ）

$M_{DB} = 10^{t-m}$ （ㄉ）

$M_{DE} = 10^{t-m}$ （ㄉ）

例題 15-10

試以彎矩分配法分析下圖所示之對稱剛架，EI 為常數。

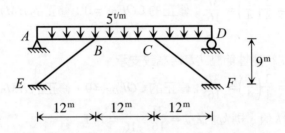

解

此為對稱結構，可採用取全做半法或取半分析法來進行分析。

解法㈠取全做半法（分析半邊結構，但結構不必沿對稱軸切開）

1. 基本資料

　　AB 桿件：A 端為鉸支承，B 端為剛性節點

　　　　修正的 $k_{BA} = \dfrac{3}{4}\left(\dfrac{I}{12}\right) = \dfrac{I}{16}$；修正的 $COF_{BA} = 0$；

　　　　修正的 $HM_{BA} = \dfrac{wl^2}{8} = \dfrac{(5)(12)^2}{8} = 90^{\text{t-m}}$

　　　　當採用修正的 k 值、COF 值與 HM 值時，由於 A 端為一外側簡支端

　　　　$M_{AB} = 0^{\text{t-m}}$ 為一已知值，因此 A 點可不再列入分析。

　　BE 桿件：B 端為剛性節點，E 端為固定支承

　　　　$k_{BE} = \dfrac{I}{15}$；$COF_{BE} = \dfrac{1}{2}$

　　BC 桿件：具對稱變形（$\theta_B = -\theta_C$）

　　　　修正的 $k_{BC} = \dfrac{1}{2}\left(\dfrac{I}{12}\right) = \dfrac{I}{24}$；修正的 $COF_{BC} = 0$

　　　　$FM_{BC} = -\dfrac{wl^2}{12} = -\dfrac{(5)(12)^2}{12} = -60^{\text{t-m}}$

　　若採用相對 k 值，則 $k_{BA} : k_{BE} : k_{BC} = \dfrac{I}{16} : \dfrac{I}{15} : \dfrac{I}{24} = 15 : 16 : 10$

2.彎矩分配和傳遞

節點	E	B			C			F
桿端	EB	BE	BA	BC	CB	CD	CF	FC
k	—	16	15	10				
DF	—	$\dfrac{16}{41}$	$\dfrac{15}{41}$	$\dfrac{10}{41}$				
COF	— ←	$\dfrac{1}{2}$	0	0				
FM	0	0	90	−60				
DM		−11.7	−11	−7.3				
COM	−5.9							
ΣM	−5.9	−11.7	79	−67.3	67.3	−79	11.7	5.9

　　由對稱性可知各桿端彎矩值分別為：

$$M_{AB} = -M_{DC} = 0^{\text{t-m}}$$

$$M_{BA} = -M_{CD} = 79^{\text{t-m}}$$

$$M_{BE} = -M_{CF} = -11.74^{\text{t-m}}$$

$$M_{EB} = -M_{FC} = -5.9^{\text{t-m}}$$

$$M_{BC} = -M_{CB} = -67.3^{\text{t-m}}$$

解法㈡取半分析法（結構沿對稱軸切開，取半邊結構進行分析）

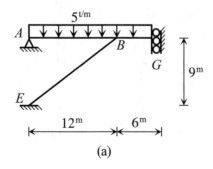

(a)

設 G 點為對稱中點，依據對稱中點之特性，可知 G 點處可模擬成一導向支承，如圖(a)所示。

1. 建立基本資料

　　AB 桿件：A 端為鉸支承，B 端為剛性節點

　　　　修正的 k_{BA}、COF_{BA} 及 HM_{BA} 均同解法㈠

　　BE 桿件：B 端為剛性節點，E 端為固定支承

　　　　k_{BE} 及 COF_{BE} 均同解法㈠

　　BG 桿件：B 端為剛性節點，G 端為導向支承

　　　　圖(a)所示之結構，BG 桿件具有側位移，但若採用表 15-2 所示之修正 k 值及修正 COF 值，以及表 14-1 所示之修正固端彎矩值時，則可不計入桿件側位移。此外，G 點為一對稱中點，若無需求解 M_{GB} 時，G 點則可不列入分析。假若欲求 M_{GB} 時，由於 G 端為一導向支承，無旋轉自由度，因此如同固定支承，在分析時可不計入對應的 k 值、DF 值與 COF 值。

　　　　修正的 $k_{BG} = \dfrac{1}{4}\left(\dfrac{I}{6}\right) = \dfrac{I}{24}$ ；修正的 $COF_{BG} = -1$ ；

　　　　修正的 $HM_{BG} = -\dfrac{wl^2}{3} = -\dfrac{(5)(6)^2}{3} = -60^{\text{t-m}}$ ；

　　　　修正的 $HM_{GB} = -\dfrac{wl^2}{6} = -30^{\text{t-m}}$ ；

　　若採用相對 k 值，則 $k_{BA} : k_{BE} : k_{BG} = \dfrac{I}{16} : \dfrac{I}{15} : \dfrac{I}{24} = 15 : 16 : 10$

2. 彎矩分配和傳遞

節點	E	B			G
桿端	EB	BE	BA	BG	GB
k	—	16	15	10	—
DF	—	$\dfrac{16}{41}$	$\dfrac{15}{41}$	$\dfrac{10}{41}$	—
COF	— ←	$\dfrac{1}{2}$	0	-1 →	—
FM	0	0	90	-60	-30
DM		-11.7	-11	-7.3	
COM	-5.9				7.3
ΣM	-5.9	-11.7	79	-67.3	-22.7

若僅求各桿端彎矩時,其實 M_{GB} 可不必求出。與解法㈠相較,可知答案完全相同,而 M_{BG} 等於原結構中之 M_{BC}。

例題 15-11

試用彎矩分配法分析下圖所示之對稱剛架,各桿相對勁度示於圖中。

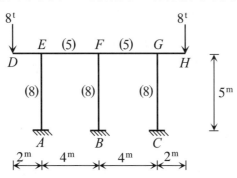

解

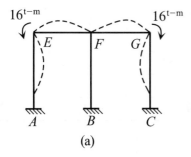

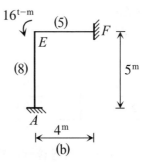

(a)

(b)

DE 段及 GH 段均為外伸梁,M_{ED} 及 M_{GH} 均可由靜力平衡條件求得:

$M_{ED} = (8^t)(2^m) = 16^{t-m}$;$M_{GH} = (8^t)(2^m) = 16^{t-m}$。(可分別視為直接加載於 E 點及 G 點上的外力矩)

因此,在原結構中僅 $ABCEFG$ 部份(如圖(a)所示)需由彎矩分配法進行分析。

由於 $ABCEFG$ 部份為一對稱結構,因此內力及變形均為對稱分佈,故知 M_{FB} 及 M_{BF} 必為零。

　　$ABCEFG$ 部份為一具有偶數跨的剛架結構，在 F 點處應同時符合對稱中點之特性及 BF 桿件的約束（即 BF 桿件在不計軸向變形時，可提供 $F_y \neq 0$ 及 $\Delta_y = 0$ 之約束），因此在取半分析法中，F 點可模擬成一固定端，如圖(b)所示。現就 AEF 部分進行分析：

1. 建立基本資料

　　AE 桿件：A 端為固定支承，E 端為剛性節點

　　　k_{EA} 之相對值為 8；$COF_{EA} = \dfrac{1}{2}$；$FM_{AE} = FM_{EA} = 0^{t-m}$

　　EF 桿件：E 端為剛性節點，F 端為固定支承

　　　k_{EF} 之相對值為 5；$COF_{EF} = \dfrac{1}{2}$；$FM_{EF} = FM_{FE} = 0^{t-m}$

2. 彎矩分配和傳遞

節點	A	E		F
桿端	AE	EA	EF	FE
k	—	8	5	—
DF	—	$\dfrac{8}{13}$	$\dfrac{5}{13}$	—
COF	—	$\leftarrow\quad\dfrac{1}{2}$	$\dfrac{1}{2}\quad\rightarrow$	—
JM		$\boxed{-16}$		
DM		$-9.85\leftarrow$	$\rightarrow -6.15$	
COM	-4.93			-3.08
ΣM	-4.93	-9.85	-6.15	-3.08

綜合上述結果，可得各桿端彎矩值如下：

$$M_{DE} = -M_{HG} = 0^{t-m} ; \quad M_{ED} = -M_{GH} = 16^{t-m} ; \quad M_{AE} = -M_{CG} = -4.93^{t-m} ;$$

$$M_{EA} = -M_{GC} = -9.85^{t-m} ; \quad M_{EF} = -M_{GF} = -6.15^{t-m} ;$$

$$M_{FE} = -M_{FG} = -3.08^{t-m} ; \quad M_{BF} = M_{FB} = 0^{t-m}$$

例題 15-12

試以彎矩分配法分析下圖所示之剛架結構，並繪彎矩圖。

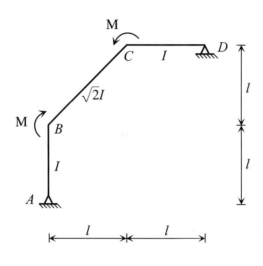

解

此剛架為對稱結構可採取全做半法進行分析

1. 基本資料

AB 桿件：

　修正的 $k_{BA} = \dfrac{3I}{4l}$；修正的 $COF_{BA} = 0$

BC 桿件：具對稱變形

　修正的 $k_{BC} = \dfrac{1}{2}\left(\dfrac{\sqrt{2}I}{\sqrt{2}l}\right) = \dfrac{I}{2l}$；修正的 $COF_{BC} = 0$

　故相對 k 值為，$k_{BA} : k_{BC} = \dfrac{3I}{4l} : \dfrac{I}{2l} = 3 : 2$

2. 彎矩分配和傳遞（$M_{AB} = M_{DC} = 0$，因此 A 點及 D 點不必再列入分析）

節點	B		C	
桿端	BA	BC	CB	CD
k	3	2		
DF	$\dfrac{3}{5}$	$\dfrac{2}{5}$		
COF	0	0		
JM		M		
DM	0.6 M	0.4 M		
COM	0	0		
ΣM	0.6 M	0.4 M	-0.4 M	-0.6 M

各桿端彎矩值為

$M_{AB} = -M_{DC} = 0$

$M_{BA} = -M_{CD} = 0.6\,\text{M}$

$M_{BC} = -M_{CB} = 0.4\,\text{M}$

3.繪彎矩圖

依桿端彎矩示意圖（見圖(a)），可迅速繪出彎矩圖（見圖(b)）。

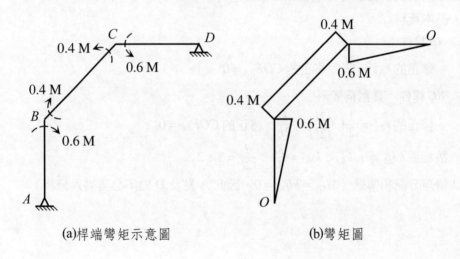

(a)桿端彎矩示意圖　　　　(b)彎矩圖

例題 15-13

設有如下圖所示之等邊三角形剛架 ABC，各桿斷面 *EI* 均勻，各桿中點受集中載重 *P* 作用，試作此剛架之軸向力圖、剪力圖、彎矩圖及彈性變形曲線示意圖（不必計算變形大小）。各桿長度均為 2*l*。

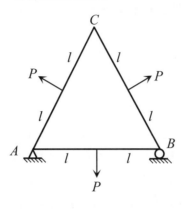

解

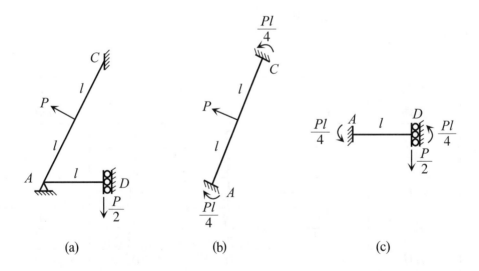

(a)   (b)   (c)

在原結構中，各桿件之長度、*EI* 值及載重情況均相同，因此對稱桿件在相對應之桿端具有相同之分配率及對稱的固端彎矩，亦即：

$$k_{CA} = k_{CB} = \frac{I}{2l} \; ; \; k_{AC} = k_{BC} = \frac{I}{2l} \; ; \; k_{AB} = k_{BA} = \frac{I}{2l}$$

$$-FM_{CA} = FM_{CB} = \frac{Pl}{4} \; ; \; FM_{AC} = -FM_{BC} = \frac{Pl}{4} \; ; \; -FM_{AB} = FM_{BA} = \frac{Pl}{4}$$

因此原結構為一實質對稱之結構，故可採用取半分析法（如圖(a)所示）來進行分析，其中 D 點為 AB 桿件之對稱中點。

1. 建立基本資料

　　AC 桿件：A 端為剛性節點，C 端為固定端

　　　　$k_{AC} = \frac{I}{2l}$; $COF_{AC} = \frac{1}{2}$; $FM_{AC} = -FM_{CA} = \frac{Pl}{4}$（如圖(b)所示）

　　AD 桿件：A 端為剛性節點，D 端為導向支承

　　　　若採用表 15-2 所示之修正 k 值及修正 COF 值，以及表 14-1 所示之修正固端彎矩值時，AD 桿件則可不計入桿件側位移。此外，D 端無旋轉自由度，因此如同固定端，可不考慮彎矩的分配和傳遞。

　　　　修正的 $k_{AD} = \frac{1}{4}\left(\frac{I}{l}\right) = \frac{I}{4l}$; 修正的 $COF_{AD} = -1$;

　　　　修正的 $HM_{AD} = -\dfrac{\left(\dfrac{P}{2}\right)l}{2} = -\dfrac{Pl}{4} = HM_{DA}$（如圖(c)所示）

　　相對 k 值為 $k_{AC} : k_{AD} = \frac{I}{2l} : \frac{I}{4l} = 2 : 1$

2. 彎矩的分配和傳遞

節點	C	A		D
桿端	CA	AC	AD	DA
k	—	2	1	—
DF	—	$\frac{2}{3}$	$\frac{1}{3}$	—
COF	— ←	$\frac{1}{2}$	-1 →	—
FM	$-\frac{Pl}{4}$	$\frac{Pl}{4}$	$-\frac{Pl}{4}$	$-\frac{Pl}{4}$
DM		0	0	
COM	0			0
ΣM	$-\frac{Pl}{4}$	$\frac{Pl}{4}$	$-\frac{Pl}{4}$	$-\frac{Pl}{4}$

3.繪軸向力圖、剪力圖、彎矩圖及彈性變形曲線

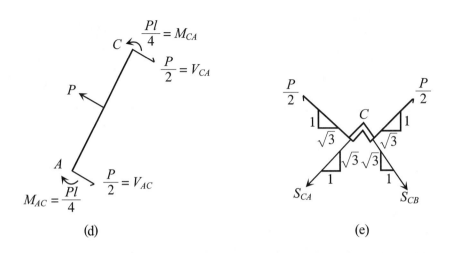

(d)　　　　　　　　　(e)

三根桿件之受力狀態相同，現以 AC 桿件為例（見圖(d)），當桿端彎矩 M_{AC} 及 M_{CA} 求得後，由靜力平衡條件即可得出桿端剪力 V_{AC} 及 V_{CA}。再取節點 C 為自由體（如圖(e)所示），由對稱性及靜力平衡條件可得桿件之軸向力 $S_{CA} = S_{CB} = \dfrac{\sqrt{3}P}{6}$。又由於三個節點受力狀態亦是相同，故知軸向力 $S_{CA} = S_{CB} = S_{AB} = \dfrac{\sqrt{3}P}{6}$。

軸向力圖、剪力圖、彎矩圖及彈性變形曲線分別示於圖(f)至圖(i)中。

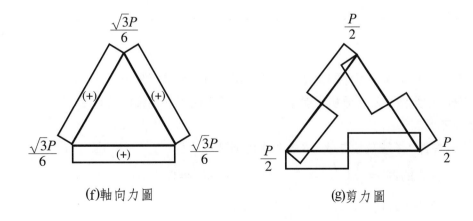

(f)軸向力圖　　　　　　(g)剪力圖

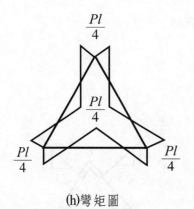

$\dfrac{Pl}{4}$

$\dfrac{Pl}{4}$

$\dfrac{Pl}{4}$ $\dfrac{Pl}{4}$

(h)彎矩圖

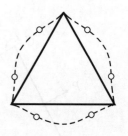

(i)彈性變形曲線

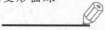

例題 15-14

試以彎矩分配法分析下圖所示之反對稱剛架，EI 為常數。

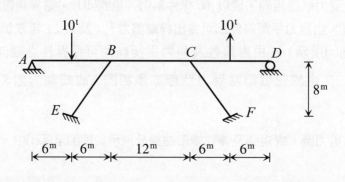

解

此為反對稱結構，可採取全做半法或取半分析法來進行分析。

解法㈠取全做半法（分析半邊結構，但結構不必沿對稱軸切開）

1. 基本資料

　　AB 桿件：A 端為鉸支承，B 端為剛性節點

　　　　修正的 $k_{BA} = \dfrac{3}{4}\left(\dfrac{I}{12}\right) = \dfrac{I}{16}$；修正的 $COF_{BA} = 0$；

　　　　修正的 $HM_{BA} = \dfrac{3Pl}{16} = \dfrac{3(10)(12)}{16} = 22.5^{\text{t-m}}$

當採用修正的 k 值、COF 值及 HM 值時，由於 A 端為一外側簡支端，

$M_{AB} = 0$ t-m 為一已知值，因此 A 點可不再列入分析。

BE 桿件：B 端為剛性節點，E 端為固定支承

$$k_{BE} = \frac{I}{10} \ ; \ COF_{BE} = \frac{1}{2}$$

BC 桿件：具反對稱變形（$\theta_B = \theta_C$）

修正的 $k_{BC} = \frac{3}{2}\left(\frac{I}{12}\right) = \frac{I}{8}$ ；修正的 $COF_{BC} = 0$

若採用相對 k 值，則 $k_{BA} : k_{BE} : k_{BC} = \dfrac{I}{16} : \dfrac{I}{10} : \dfrac{I}{8} = 5 : 8 : 10$

2. 彎矩分配和傳遞

節點	E	B			C			F
桿端	EB	BE	BA	BC	CB	CD	CF	FC
k	—	8	5	10				
DF	—	$\dfrac{8}{23}$	$\dfrac{5}{23}$	$\dfrac{10}{23}$				
COF	— $\leftarrow$	$\dfrac{1}{2}$	0	0				
FM	0	0	22.5	0				
DM		-7.83	-4.89	-9.78				
COM	-3.92							
ΣM	-3.92	-7.83	17.61	-9.78	-9.78	17.61	-7.83	-3.92

由反對稱性可知各桿端彎矩值分別為

$M_{AB} = M_{DC} = 0^{\text{t-m}}$

$M_{BA} = M_{CD} = 17.61^{\text{t-m}}$

$M_{BE} = M_{CF} = -7.83^{\text{t-m}}$

$M_{EB} = M_{FC} = -3.92^{\text{t-m}}$

$M_{BC} = M_{CB} = -9.78^{\text{t-m}}$

解法㈡取半分析法（結構沿對稱軸切開，取半邊結構進行分析）

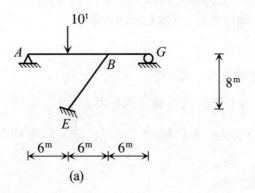

(a)

設 G 點為對稱中點，依據對稱中點之特性，可知 G 點處可模擬成一輥支承，如圖(a)所示。

1. 建立基本資料

   AB 桿件：A 端為鉸支承，B 端為剛性節點

   $$修正的\,k_{BA} = \frac{3}{4}\left(\frac{I}{12}\right) = \frac{I}{16}\,；修正的\,COF_{BA} = 0\,；$$

   $$修正的\,HM_{BA} = \frac{3Pl}{16} = 22.5^{\text{t-m}}$$

   BE 桿件：B 端為剛性節點，E 端為固定支承

   $$k_{BE} = \frac{I}{10}\,；COF_{BE} = \frac{1}{2}$$

   BG 桿件：B 端為剛性節點，G 端為輥支承

   $$修正的\,k_{BG} = \frac{3}{4}\left(\frac{I}{6}\right) = \frac{I}{8}\,；修正的\,COF_{BG} = 0$$

   當採用修正的 k 值、COF 值及 HM 值時，由於 A 端及 G 端均為外側簡支端，$M_{AB} = M_{GB} = 0^{\text{t-m}}$ 為一已知值，因此 A 點及 G 點不再列入分析。

   若採用相對 k 值，則 $k_{BA} : k_{BE} : k_{BG} = \frac{I}{16} : \frac{I}{10} : \frac{I}{8} = 5 : 8 : 10$

2.彎矩分配和傳遞

節點	E	B		
桿端	EB	BE	BA	BG
k	—	8	5	10
DF	—	$\dfrac{8}{23}$	$\dfrac{5}{23}$	$\dfrac{10}{23}$
COF	— ←	$\dfrac{1}{2}$	0	0
FM	0	0	22.5	0
DM		-7.83 ←	-4.89	→ 9.78
COM	-3.92			
ΣM	-3.92	-7.83	17.61	-9.78

以上所求得各桿端彎矩值與解法㈠完全相同，其中 M_{BG} 即為原結構中的 M_{BC}。

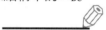

例題 15-15

利用彎矩分配法，分析下圖所示剛架之各桿端彎矩。EI 為常數。

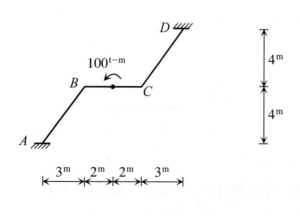

解

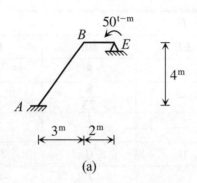

(a)

原結構為一反對稱剛架，現用取半分析法來進行分析。

設 E 點為對稱中點，依據對稱中點之特性，可知 E 點處可模擬成一鉸支承，如圖(a)所示。在圖(a)所示之結構中各桿件均無側位移發生。

1. 建立基本資料

　AB 桿件：A 端為固定支承，B 端為剛性節點

　　$k_{BA} = \dfrac{I}{5}$ ；$COF_{BA} = \dfrac{1}{2}$

　BE 桿件：B 端為剛性節點，E 端為鉸支承

　　修正的 $k_{BE} = \dfrac{3}{4}\left(\dfrac{I}{2}\right) = \dfrac{3}{8}I$ ；修正的 $COF_{BE} = 0$

另外，由 E 點自由體可知 $M_{EB} = -50^{\text{t-m}}$ 為一已知值，故 E 點可不再列入分析。

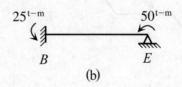

(b)

由表 11-4 可得，修正的 $HM_{BE} = -25^{\text{t-m}}$ （如圖(b)所示）

相對 k 值為 $k_{BA} : k_{BE} = \dfrac{I}{5} : \dfrac{3I}{8} = 8 : 15$

2.彎矩分配和傳遞

節點	A	B	
桿端	AB	BA	BE
k	—	8	15
DF	—	$\dfrac{8}{23}$	$\dfrac{15}{23}$
COF	—	$\dfrac{1}{2}$	0
FM	0	0	-25
DM		8.7	16.3
COM	4.35		
ΣM	4.35	8.7	-8.7

原結構各桿端彎矩值分別為：（M_{BE} 等於原結構中之 M_{BC}）

$M_{AB} = M_{DC} = 4.35^{\text{t-m}}$; $M_{BA} = M_{CD} = 8.7^{\text{t-m}}$; $M_{BC} = M_{CB} = -8.7^{\text{t-m}}$

例題 15-16

試以彎矩分配法分析下圖所示之連續梁，EI為常數。

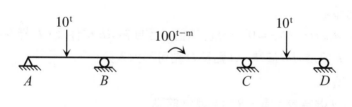

解

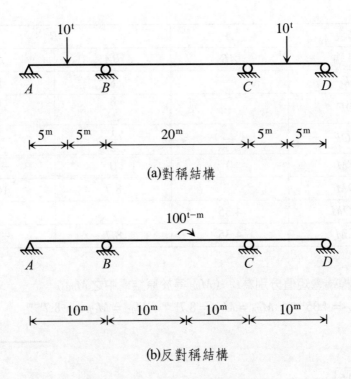

(a)對稱結構

(b)反對稱結構

原結構為一偏對稱結構，可化為對稱結構（如圖(a)所示）與反對稱結構（如圖(b)所示）之組合。現分別採用取全做半法來進行分析。

(一)對稱結構之部分

在圖(a)中，$M_{AB} = -M_{DC} = 0^{\text{t-m}}$ 為已知值，因此當 AB 桿件及 CD 桿件採用修正的 k 值、COF 值及 HM 值時，A 點及 D 點可不列入分析。

1. 建立基本資料

AB 桿件：A 端為鉸支承，B 端為剛性節點

$$修正的 \ k_{BA} = \frac{3}{4}\left(\frac{I}{10}\right) = \frac{3I}{40} \ ; \ COF_{BA} = 0$$

$$修正的 \ HM_{BA} = \frac{3Pl}{16} = \frac{(3)(10)(10)}{16} = 18.75^{\text{t-m}}$$

BC 桿件：具對稱變形

$$修正的 \ k_{BC} = \frac{1}{2}\left(\frac{I}{20}\right) = \frac{I}{40} \ ; \ 修正的 \ COF_{BC} = 0$$

相對 k 值為，$k_{BA} : k_{BC} = \dfrac{3I}{40} : \dfrac{I}{40} = 3 : 1$

2. 彎矩分配和傳遞

節點	B		C	
桿端	BA	BC	CB	CD
k	3	1		
DF	$\dfrac{3}{4}$	$\dfrac{1}{4}$		
COF	0	0		
FM	18.75	0		
DM	-14.06	-4.69		
COM	0	0		
$\Sigma M1$	4.69	-4.69	4.69	-4.69

㈡反對稱結構之部分

在圖(b)中，$M_{AB} = M_{DC} = 0^{\text{t-m}}$，因此當 AB 桿件及 CD 桿件採用修正的 k 值、COF 值及 HM 值時，A 點及 D 點可不列入分析。

1. 建立基本資料

　　AB 桿件：A 端為鉸支承，B 端為剛性節點

　　　　修正的 $k_{BA} = \dfrac{3}{4}\left(\dfrac{I}{10}\right) = \dfrac{3I}{40}$ ；修正的 $COF_{BA} = 0$

　　BC 桿件：具反對稱變形

　　　　修正的 $k_{BC} = \dfrac{3}{2}\left(\dfrac{I}{20}\right) = \dfrac{3I}{40}$ ；修正的 $COF_{BC} = 0$

　　　　$FM_{BC} = \dfrac{100}{4} = 25^{\text{t-m}}$

　　相對 k 值為，$k_{BA} : k_{BC} = \dfrac{3I}{40} : \dfrac{3I}{40} = 1 : 1$

2.彎矩分配和傳遞

節點	B		C	
桿端	BA	BC	CB	CD
k	1	1		
DF	$\dfrac{1}{2}$	$\dfrac{1}{2}$		
COF	0	0		
FM	0	25		
DM	-12.5	-12.5		
COM	0	0		
$\Sigma M2$	-12.5	12.5	12.5	-12.5

將對稱結構各桿端彎矩（$\Sigma M1$）與反對稱結構各桿端彎矩（$\Sigma M2$）相疊加，
即為原結構之各桿端彎矩值：

$M_{AB} = M_{DC} = 0^{t-m}$

$M_{BA} = 4.69 - 12.5 = -7.81^{t-m}$（ㄋ）

$M_{BC} = -4.69 + 12.5 = 7.81^{t-m}$（ㄋ）

$M_{CB} = 4.69 + 12.5 = 17.19^{t-m}$（ㄋ）

$M_{CD} = -4.69 - 12.5 = -17.19^{t-m}$（ㄋ）

例題 15-17

在下圖所示的剛架中，B 點之旋轉受到限制，可以以一抗彎彈簧 K_θ 來模擬，當 (1)$K_\theta = \dfrac{5EI}{l}$，(2)$K_\theta = \infty$ 時，試分析之，並繪出彎矩圖。EI 為定值。

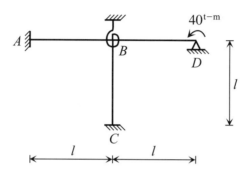

解

(一)$K_\theta = \dfrac{5EI}{l}$ 時

1. 建立基本資料

(1)由於桿件與抗彎彈簧的材料性質不同，故宜用旋轉勁度 K 來進行分析。在 B 點處有 BA 桿件、BC 桿件、BD 桿件及抗彎彈簧共同抵抗 B 點之旋轉，而各勁度分別為：

$$K_{BA} = \frac{4EI}{l} \; ; \; K_{BC} = \frac{4EI}{l} \; ; \; 修正的 \; K_{BD} = \frac{3EI}{l} \; ; \; K_\theta = \frac{5EI}{l}$$

因此相對的 K 值為，$K_{BA} : K_{BC} : K_{BD} : K_\theta = 4 : 4 : 3 : 5$

(2)$M_{DB} = -40^{\text{t-m}}$ 為已知值，故採用修正的 K 值、COF 值及 HM 值時，D 點可不列入分析

(3)A 端、C 端（均為固定支承）及抗彎彈簧不考慮彎矩的分配及傳遞，因此由相對的 K 值可知：

$$DF_{BA} = \frac{4}{16} \; ; \; DF_{BC} = \frac{4}{16} \; ; \; DF_{BD} = \frac{3}{16}$$

而 $COF_{BA} = COF_{BC} = \dfrac{1}{2}$；修正的 $COF_{BD} = 0$

(4)由表 11-4 可得出修正的 $HM_{BD} = -20^{t-m}$（如圖(a)所示）

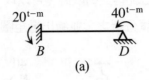

(a)

2.彎矩分配和傳遞

節點	A	B			C
桿端	AB	BA	BD	BC	CB
DF	—	$\dfrac{4}{16}$	$\dfrac{3}{16}$	$\dfrac{4}{16}$	—
COF	— ←	$\dfrac{1}{2}$	0	$\dfrac{1}{2}$ →	—
FM	0	0	−20	0	0
DM		5	3.75	5	
COM	2.5				2.5
ΣM	2.5	5	−16.25	5	2.5

各桿端彎矩，如圖(b)所示

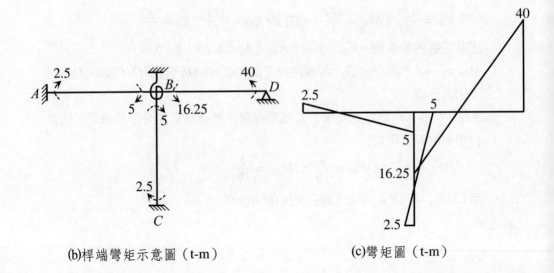

(b)桿端彎矩示意圖（t-m）　　　　　(c)彎矩圖（t-m）

3.繪彎矩圖

可藉由桿端彎矩示意圖來輔助彎矩圖的繪製。（請注意桿端彎矩的指向與彎矩圖的關係）。彎矩圖如圖(c)所示。

(二)$K_\theta = \infty$ 時

(1)此時 B 點如同固定端，轉角 $\theta_B = 0$，由傾角變位法知：

AB 桿件：$\theta_A = \theta_B = \Delta = 0$

$$M_{AB} = \frac{4EI}{l}\theta_A + \frac{2EI}{l}\theta_B - \frac{6EI}{l^2}\Delta + FM_{AB} = 0^{t-m}$$

$$M_{BA} = \frac{2EI}{l}\theta_A + \frac{4EI}{l}\theta_B - \frac{6EI}{l^2}\Delta + FM_{BA} = 0^{t-m}$$

BC 桿件：$\theta_B = \theta_C = \Delta = 0$

同理，$M_{BC} = M_{CB} = 0^{t-m}$

(2)對 BD 桿件而言，$M_{DB} = -40^{t-m}$，而 $M_{BD} = HM_{BD} = -20^{t-m}$，其中 HM_{BD} 為修正的固端彎矩，可由表 11-4 得到，如圖(d)所示。

$$HM_{BD} = 20^{t-m} \qquad 40^{t-m}$$

$$B \qquad\qquad D$$

(d)

(3)桿端彎矩示意圖，如圖(e)所示；彎矩圖如圖(f)所示

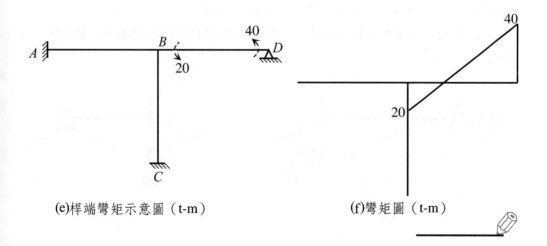

(e)桿端彎矩示意圖（t-m）　　　　(f)彎矩圖（t-m）

例題 15-18

下圖所示為一連續梁，$EI = 8 \times 10^4$ t-m²，若 B 點下陷 3 公分，試繪其剪力圖及彎矩圖。

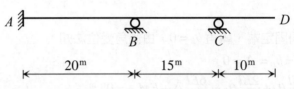

解

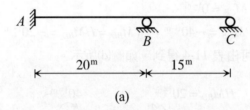

(a)

CD 段為外伸梁，是一靜定桿件，在無載重作用的情況下，桿件內將不會產生內力，此時 $M_{CD} = M_{DC} = 0^{\text{t-m}}$，因此原結構僅需分析 ABC 部分（如圖(a)所示）即可。

在 ABC 部分中，僅有支承移動效應而無載重作用，因此 AB 桿件及 BC 桿件之固端彎矩均是由支承移動量所造成。由於支承移動量為已知值，不視為未知的獨立節點變位，因此在 ABC 部分中僅存在節點之旋轉自由度而無桿件之側位移自由度。

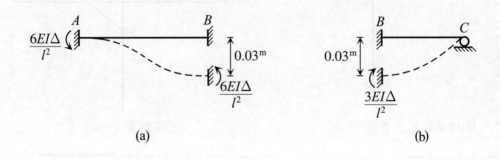

(a)   (b)

1. 建立基本資料

AB 桿件：A 端為固定支承，B 端為剛性節點

$$k_{BA} = \frac{I}{20} \; ; \; COF_{BA} = \frac{1}{2}$$

由表 11-3 可得：

$$FM_{AB} = FM_{BA} = -\frac{6EI\Delta}{l^2} = -\frac{(6)(8 \times 10^4)(0.03)}{(20)^2} = -36^{t-m} \;（見圖(a)）$$

BC 桿件：B 端為剛性節點，C 端為輥支承

由於 $M_{CB} = 0^{t-m}$ 為已知值，故採用修正的 k 值、COF 值及 HM 值時，C 點可不列入分析

修正的 $k_{BC} = \frac{3}{4}\left(\frac{I}{15}\right) = \frac{I}{20}$ ；修正的 $COF_{BC} = 0$

由表 11-5 可得：

修正的 $HM_{BC} = \frac{3EI\Delta}{l^2} = \frac{(3)(8 \times 10^4)(0.03)}{(15)^2} = 32^{t-m} \;（見圖(b)）$

相對的 k 值為　$k_{BA} : k_{BC} = \frac{I}{20} : \frac{I}{20} = 1 : 1$

2. 彎矩分配和傳遞

節點	A	B	
桿端	AB	BA	BC
k	—	1	1
DF	—	$\frac{1}{2}$	$\frac{1}{2}$
COF	—	$\frac{1}{2}$	0
FM	−36	−36	32
DM		2	2
COM	1		
ΣM	−35	−34	34

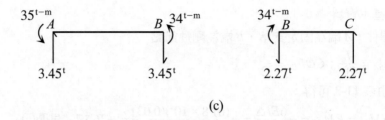

(c)

3.繪剪力圖變矩圖

當各桿端彎矩求得後，取各桿件為自由體，由靜力平衡條件即可得出各桿端剪力值，如圖(c)所示。將各桿件之剪力圖及彎矩圖繪出，即可得出全結構之剪力圖（如圖(d)所示）及彎矩圖（如圖(e)所示）。

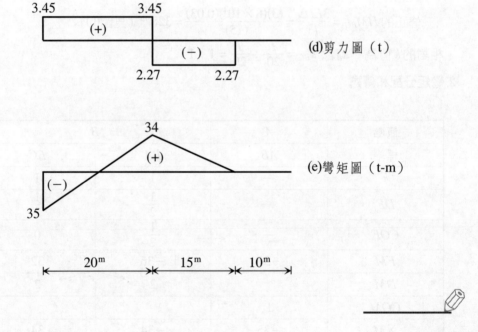

(d)剪力圖（t）

(e)彎矩圖（t-m）

例題 15-19

試用彎矩分配法計算下圖所示連續梁之各桿端彎矩，在外力作用下，支承 A 順時針旋轉 0.001 rad，支承 B 向下沉陷 0.32 in。

$E = 30 \times 10^3$ ksi，$I = 600$ in^4

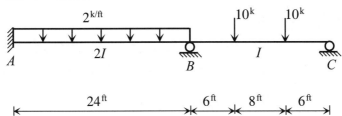

解

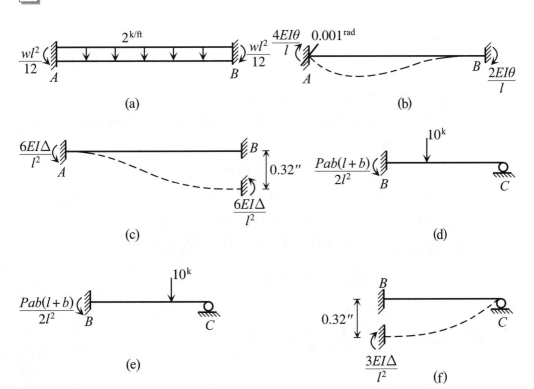

(a)   (b)

(c)   (d)

(e)   (f)

由於支承 A 的旋轉量及支承 B 的沉陷量均為已知值，因此不視為未知的獨立節點變位，故原結構無桿件側位移自由度。

1. 建立基本資料

AB 桿件：A 端為固定支承，B 端為剛性節點

$$k_{BA} = \frac{2I}{24} = \frac{I}{12} \;;\; COF_{BA} = \frac{1}{2}$$

造成 AB 桿件產生固端彎矩之因素包括有載重（見圖(a)）、支承旋轉（見圖(b)）及支承沉陷（見圖(c)）等三種，因此由表 11-2 及表 11-3 可得：

$$FM_{AB} = -\frac{wl^2}{12} + \frac{4EI\theta_A}{l} - \frac{6EI\Delta}{l^2}$$

$$= -\frac{(2)(24)^2}{12} + \frac{(4)(30 \times 10^3)(2 \times 600)(0.001)}{(24)(144)} - \frac{(6)(30 \times 10^3)(2 \times 600)(0.32)}{(24)^2(1728)}$$

$$= -123.8^{\text{k-ft}}$$

$$FM_{BA} = \frac{wl^2}{12} + \frac{2EI\theta_A}{l} - \frac{6EI\Delta}{l^2}$$

$$= 47.5^{\text{k-ft}}$$

BC 桿件：B 端為剛性節點，C 端為輥支承

由於 $M_{CB} = 0^{\text{k-ft}}$ 為已知值，故採用修正的 k 值、COF 值及 HM 值時，C 點可不列入分析。

修正的 $k_{BC} = \frac{3}{4}\left(\frac{I}{20}\right) = \frac{3I}{80}$ ；修正的 $COF_{BC} = 0$

造成 BC 桿件產生固端彎矩之因素包括有載重（見圖(d)及圖(e)）及支承沉陷（見圖(f)）等兩種，因此由表 11-4 及表 11-5 可知：

修正的 $HM_{BC} = -\frac{(10)(6)(14)(20+14)}{2(20)^2} - \frac{(10)(14)(6)(20+6)}{2(20)^2}$

$$+ \frac{(3)(30 \times 10^3)(600)(0.32)}{(20)^2(1728)}$$

$$= -38^{\text{k-ft}}$$

相對 k 值為 $k_{BA} : k_{BC} = \frac{I}{12} : \frac{3I}{80} = 20 : 9$

節點	A	B	
桿端	AB	BA	BC
k	—	20	9
DF	—	$\dfrac{20}{29}$	$\dfrac{9}{29}$
COF	—	$\dfrac{1}{2}$	0
FM	-123.8	47.5	-38
DM		-6.6	-2.9
COM	-3.3		
ΣM	-127.1	40.9	-40.9

故各桿端彎矩值分別為：

$M_{AB} = -127.1^{\text{k-ft}}$ （ ↶ ）

$M_{BA} = 40.9^{\text{k-ft}}$ （ ↷ ）

$M_{BC} = -40.9^{\text{k-ft}}$ （ ↶ ）

$M_{CB} = 0^{\text{k-ft}}$

例題 15-20

於下圖所示連續梁，斷面為矩形，寬 10 公分，高 5 公分，$E = 2 \times 10^6 \, \text{kg/cm}^2$，膨脹係數 $\alpha = 12 \times 10^{-5}/℃$。若梁頂部溫度 60℃，底部 20℃，試分析由溫差所產生的彎矩圖。

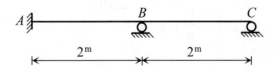

解

$$\frac{\alpha(T_1 - T_2)EI}{h} \quad (T_1 > T_2)$$

(a)

$$\frac{3\alpha(T_1 - T_2)EI}{2h} \quad (T_1 > T_2)$$

(b)

斷面之 $I = \dfrac{bh^3}{12} = \dfrac{(10)(5)^3}{12} = 104.17^{cm^4}$

$EI = (2 \times 10^6)(104.17) = 208340000^{kg-cm^2} = 20.834^{t-m^2}$

原結構僅具有節點之旋轉自由度而無桿件之側位移自由度。

1. 建立基本資料

　　AB 桿件：A 端為固定支承，B 端為剛性節點

　　　$k_{BA} = \dfrac{I}{2}$; $COF_{BA} = \dfrac{1}{2}$

　　固端彎矩可由圖(a)所示之公式（適用於桿件上之溫度呈線性變化者）求得，即

　　　$FM_{AB} = -FM_{BA} = \dfrac{\alpha(T_1 - T_2)EI}{h} = \dfrac{(12 \times 10^{-5})(60 - 20)(20.834)}{0.05} = 2^{t-m}$

　　BC 桿件：B 端為剛性節點，C 端為輥支承

　　修正的 $k_{BC} = \dfrac{3}{4}\left(\dfrac{I}{2}\right) = \dfrac{3I}{8}$; 修正的 $COF_{BC} = 0$

　　修正的固端彎矩可由圖(b)所示之公式（適用於桿件上之溫度呈線性變化者）求得，即

　　　$HM_{BC} = \dfrac{3\alpha(T_1 - T_2)EI}{2h} = \dfrac{(3)(12 \times 10^{-5})(60 - 20)(20.834)}{2(0.05)} = 3^{t-m}$

　　相對 k 值為 $k_{BA} : k_{BC} = \dfrac{I}{2} : \dfrac{3I}{8} = 4 : 3$

2.彎矩分配和傳遞

節點	A	B	
桿端	AB	BA	BC
k	—	4	3
DF	—	$\dfrac{4}{7}$	$\dfrac{3}{7}$
COF	— ←	$\dfrac{1}{2}$	0
FM	2	-2	3
DM		-0.57	-0.43
COM	-0.29		
ΣM	1.71	-2.57	2.57

3.繪彎矩圖

依據各桿端彎矩（如圖(c)所示），可迅速繪出彎矩圖，如圖(d)所示。

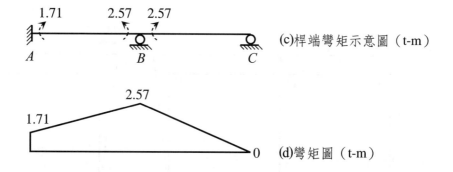

(c)桿端彎矩示意圖（t-m）

(d)彎矩圖（t-m）

例題 15-21

於下圖所示剛架中，$E = 2.1 \times 10^5$ kg/cm²，$I_b = 312{,}500$ cm⁴，$I_c = 213{,}333$ cm⁴，膨脹係數 $\alpha = 1.0 \times 10^{-5}$/℃，若全剛架溫度均勻上升 20℃，試繪彎矩圖。

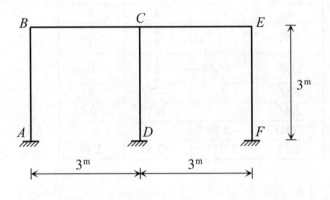

解

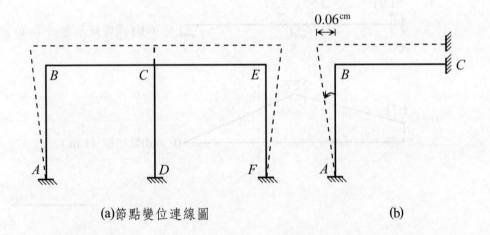

(a)節點變位連線圖　　　　　　　　　　(b)

全剛架之溫度呈均勻變化且無其他載重作用，節點變位連線圖如圖(a)所示。原剛架可依對稱結構之取半分析法來進行分析，由對稱中點之特性及約束條件可知，所取的半邊結構如圖(b)所示。在圖(b)中，BC 桿件之伸長量為 $\Delta = (\alpha)(\Delta T)(l) = (1.0 \times 10^{-5})(20)(300) = 0.06$ cm。

1. 建立基本資料

　　AB 桿件：A 端為固定支承，B 端為剛性節點

$$k_{BA} = \frac{I_c}{l} = \frac{213,333}{300} = 711.11 \; ; \; COF_{BA} = \frac{1}{2}$$

$$FM_{AB} = FM_{BA} = \frac{6EI_C\Delta}{l_{AB}^2} = \frac{6(2.1 \times 10^5)(213,333)(0.06)}{300^2} = 1.79^{\text{t}-\text{m}}$$

　　BC 桿件：B 端為剛性節點，C 端為固定支承

$$k_{BC} = \frac{I_b}{l} = \frac{312,500}{300} = 1041.67 \; ; \; COF_{BC} = \frac{1}{2}$$

　　相對 k 值為，$k_{BA} : k_{BC} = 711.11 : 1041.67 = 1 : 1.465$

2. 彎矩分配和傳遞

節　點	A	B		C
桿　端	AB	BA	BC	CB
k	—	1	1.465	—
DF	—	0.406	0.594	—
COF	— ←	$\dfrac{1}{2}$	$\dfrac{1}{2}$ →	—
FM	1.79	1.79	0	0
DM		−0.73	−1.06	
COM	−0.37			−0.53
ΣM	1.42	1.06	−1.06	−0.53

　　另外，對於 CD 桿件而言，$\theta_C = \theta_D = 0$，且無桿件側位移與載重，由（14-7）式及（14-8）式可知

$$M_{CD} = M_{DC} = 0^{\text{t}-\text{m}}$$

3. 繪彎矩圖

　　各桿端彎矩示於圖(c)中，彎矩圖示於圖(d)中。

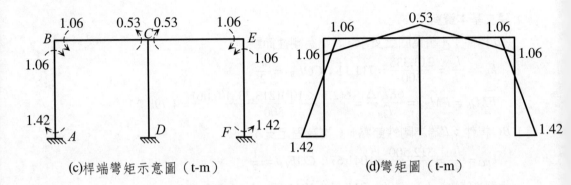

(c)桿端彎矩示意圖（t-m）　　　　　　　　(d)彎矩圖（t-m）

例題 15-22

在下圖所示的剛架中，當 *BC* 桿件有 1 公分的縮短量時，試求各桿端彎矩及 *B* 點的轉角。$EI = 10,000$ t-m²

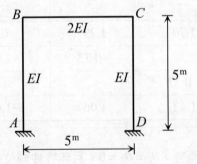

解

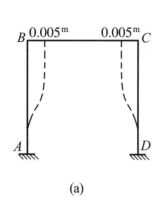
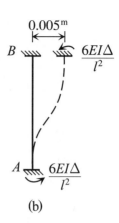

(a)　　　　　　　　(b)

原結構僅有桿件縮短效應而無載重作用（如圖(a)所示），因此 AB 桿件及 CD 桿件之固端彎矩均是由桿件縮短量所造成。由於桿件縮短量為已知值，不視為未知的獨立節點變位，因此原結構僅存在節點之旋轉自由度而無桿件之側位移自由度。

由於 AB 桿件及 CD 桿件具有相同的 EI 值與長度，因此由圖(a)可看出，原結構是一對稱結構，現採用取全做半法進行分析。

1. 建立基本資料

　　AB 桿件：A 端為固定支承，B 端為剛性節點

　　　$k_{BA} = \dfrac{I}{5}$ ；$COF_{BA} = \dfrac{1}{2}$

　　　$FM_{AB} = FM_{BA} = -\dfrac{6EI\Delta}{l^2} = -\dfrac{(6)(10{,}000)(0.005)}{(5)^2} = -12^{\text{t-m}}$　　（圖(b)所示）

　　BC 桿件：具對稱變形

　　　修正的 $k_{BC} = \dfrac{1}{2}\left(\dfrac{2I}{5}\right) = \dfrac{I}{5}$ ；修正的 $COF_{BC} = 0$

　　相對 k 值為，$k_{BA} : k_{BC} = \dfrac{I}{5} : \dfrac{I}{5} = 1 : 1$

2.彎矩分配和傳遞

節點	A	B	
桿端	AB	BA	BC
k	—	1	1
DF	—	$\frac{1}{2}$	$\frac{1}{2}$
COF	— $\leftarrow$	$\frac{1}{2}$	0
FM	-12	-12	0
DM		6	6
COM	3		
ΣM	-9	-6	6

故各桿端彎矩值分別為：

$$M_{AB} = -M_{DC} = -9^{t-m} \; ; \; M_{BA} = -M_{CD} = -6^{t-m} \; ; \; M_{BC} = -M_{CB} = 6^{t-m}$$

3.求 θ_B

由桿端彎矩方程式：

$$M_{AB} = \frac{4EI}{l}\theta_A + \frac{2EI}{l}\theta_B - \frac{6EI\Delta}{l^2} + FM_{AB}$$

即

$$-9 = 0 + \frac{(2)(10,000)}{5}\theta_B - 0 - 12$$

解得 $\theta_B = +0.00075^{rad}$　　（ ）

15-4 有桿件側位移時之彎矩分配法

　　上一節所討論的彎矩分配法適用於結構僅具有節點之旋轉自由度而無桿件側位移自由度的情況。但實際上許多結構除節點具有旋轉自由度外，桿件亦具有側位移自由度，此時所採用的分析原理是先以假想的支承來約束桿件的側位移，使結構達到彎矩平衡，接著再移開假想的支承，讓結構恢復桿件的側位移以達到剪力平衡。基於此原理，任何會產生桿件側位移之撓曲結構，均可依據疊加原理將其化為承受原有載重而無桿件側位移的結構與僅有桿件側位移的結構。對於無桿件側位移的結構而言，各桿件的固端彎矩是由已知的載重所造成；對於僅有桿件側位移的結構而言，各桿件的固端彎矩則是由桿件的側位移Δ所造成。

一、僅有一個桿件側位移自由度時之彎矩分配法

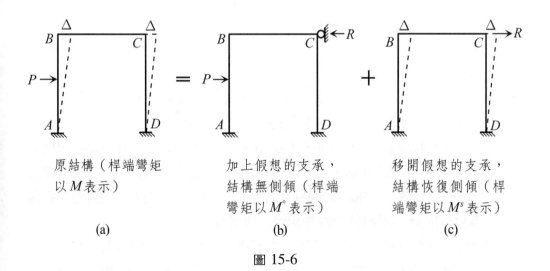

原結構（桿端彎矩　　　加上假想的支承，　　　移開假想的支承，
以 M 表示）　　　　結構無側傾（桿端　　　結構恢復側傾（桿
　　　　　　　　　　彎矩以 M^p 表示）　　　端彎矩以 M^s 表示）

(a)　　　　　　　　　　(b)　　　　　　　　　　(c)

圖 15-6

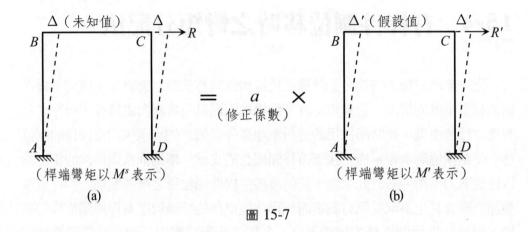

圖 15-7

現以圖 15-6(a)所示的一層剛架為例，來說明結構僅具有一個桿件側位移自由度時之彎矩分配法，其步驟及原理如下：

(1)依據疊加原理，將原結構化為僅承受原載重作用但無桿件側位移的結構（如圖 15-6(b)所示，以假想的支承 C 來約束結構的側傾）與僅有桿件側位移的結構（如圖 15-6(c)所示，將假想的約束除去，使結構恢復側傾）。

(2)對於圖 15-6(b)所示的結構而言，由於各桿件沒有側位移，因此各桿件之固端彎矩僅由作用在桿件上的載重產生。可依據 15-3 節所述的方法進行分析，當完成彎矩的分配和傳遞後，即可得出各桿端彎矩（以 M^p 表示）。

(3)對於圖 15-6(c)所示的結構而言，桿件側位移 Δ 為一未知量。基於桿件固端彎矩的求得，可先將未知的位移量 Δ 假設為一任意的已知值 Δ'，除非所假設的 Δ' 恰好等於位移量 Δ，否則 Δ' 與 Δ 之間會相差一個倍數 a（a 可稱為修正係數），亦即 $\Delta = a\Delta'$，如圖 15-7(a)與(b)所示。其實由線性理論可知，在圖 15-7(a)中，結構的物理量（如內力、變位等）會與圖 15-7(b)所示結構的物理量相差一個倍數 a。

(4)對於圖 15-7(b)所示的結構而言，各桿件之固端彎矩僅由假設值 Δ' 產生，在 k 值（或 K 值）及 COF 值不變的情況下，完成彎矩的分配和傳遞後，

即可得出待修正的各桿端彎矩（以 M' 表示）。

(5)由力的平衡條件解出修正係數 a。若 a 為正值，則表位移方向與假設者相同。

(6)各桿端彎矩值

$$M = M^\circ + M^s$$
$$= M^\circ + aM' \qquad\qquad （15\text{-}13）$$

討論

　　由載重產生的固端彎矩可由表 11-2 或表 11-4 查得；由桿件側位移 Δ' 產生的固端彎矩可由表 11-3 或表 11-5 查得。

二、具有兩個或兩個以上桿件側位移自由度時之彎矩分配法

　　分析原理與前相同。現以圖 15-8(a)所示的二層剛架為例，來說明結構具有兩個或兩個以上桿件側位移自由度時之彎矩分配法，其步驟及原理如下：

(1)依據疊加原理，將原結構化為僅承受原載重作用但無桿件側位移之結構（如圖 15-8(b)所示）與僅有桿件側位移之結構（如圖 15-8(b)及圖 15-8(c)所示）。

(2)對於圖 15-8(b)所示的結構而言，由於各桿件沒有側位移，因此各桿件之固端彎矩僅由作用在桿件上的載重產生，完成彎矩的分配和傳遞後，可得出各桿端彎矩（以 M° 表示）。

(3)對於圖 15-8(c)所示的結構而言，假設桿件側位移 Δ' 為一已知值（修正係數為 a_1），則各桿件之固定端彎矩僅由假設值 Δ' 產生，在 k 值（或 K 值）及 COF 值不變的情況下，完成彎矩的分配和傳遞後，可得出待修正之各桿端彎矩（以 M' 表示）。

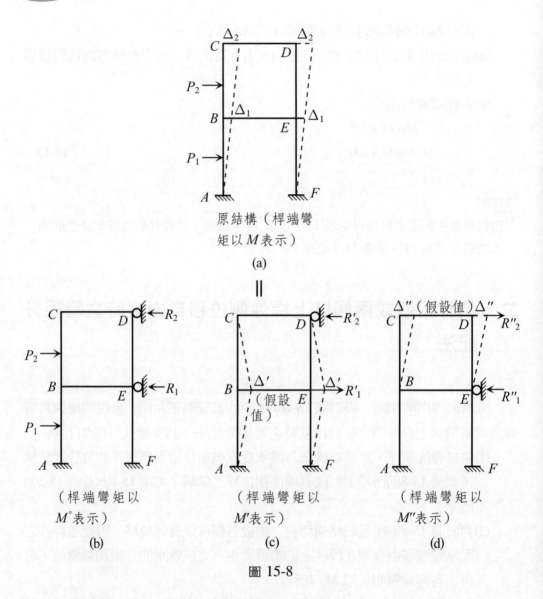

原結構（桿端彎
矩以 M 表示）

(a)

（桿端彎矩以
M° 表示）

(b)

（桿端彎矩以
M' 表示）

(c)

（桿端彎矩以
M'' 表示）

(d)

圖 15-8

(4)同理，對於圖 15-8(d)所示的結構而言，假設桿件側位移 Δ'' 為一已知值
（修正係數為 a_2），則各桿件之固端彎矩僅由假設值 Δ'' 產生，在 k 值
（或 K 值）及 COF 值不變的情況下，完成彎矩的分配和傳遞後，可得
出待修正之各桿端彎矩（以 M'' 表示）。

(5)由力的平衡條件解出修正係數 a_1 及 a_2。

(6)各桿端彎矩值

$$M = M° + a_1M' + a_2M''$$ （15-14）

例題 15-23

於下圖所示剛架中，試以彎矩分配法求各桿端彎矩、B 點水平位移 Δ_{BH} 及轉角 θ_B。EI 為常數。

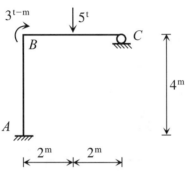

解

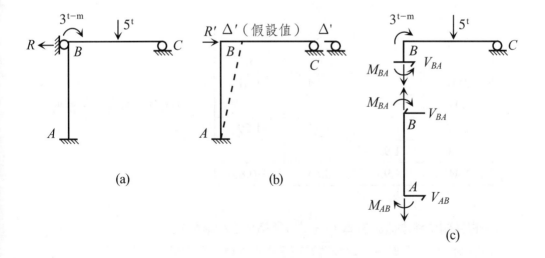

(a)   (b)   (c)

解法㈠一般解法

1. 建立基本資料

　　AB 桿件：A 端為固定支承，B 端為剛性節點

　　　　$k_{BA} = \dfrac{I}{4}$ ；$COF_{BA} = \dfrac{1}{2}$

　　BC 桿件：B 端為剛性節點，C 端為輥支承

　　　　修正的 $k_{BC} = \dfrac{3}{4}(\dfrac{I}{4}) = \dfrac{3I}{16}$ ；修正的 $COF_{BC} = 0$

　　　　相對 k 值為，$k_{BA} : k_{BC} = \dfrac{I}{4} : \dfrac{3I}{16} = 4 : 3$

2. 束制桿件側位移時之桿端彎矩

　　由圖(a)可知，此時桿件之固端彎矩是由載重所造成。由於 C 端為外側簡支端

　　（ $M_{CB} = 0^{\text{t-m}}$ 為已知值），故由表 11-4 知：

　　修正的 $HM_{BC} = -\dfrac{3pl}{16} = -\dfrac{3(5)(4)}{16} = -3.75^{\text{t-m}}$

節點	A	B	
桿端	AB	BA	BC
k	—	4	3
DF	—	$\dfrac{4}{7}$	$\dfrac{3}{7}$
COF	—	$\dfrac{1}{2}$	0
FM	0	0	−3.75
DM		2.14	1.61
JM		3	
DM		1.71	1.29
COM	1.93		
$\Sigma M°$	1.93	3.85	−0.85

DM累加後再進行傳遞

3. 由桿件側位移之假設值 $\Delta'(= \dfrac{\Delta_{BH}}{a})$ 所造成之桿端彎矩

　　由圖(b)可知，此時桿件之固端彎矩是由桿件側位移之假設值 Δ' 所造成。為計

　　算上的方便，由 Δ' 所產生的桿件固端彎矩一般可假設為分配係數（DF）中

分母的倍數，亦即可令

$$FM_{AB} = FM_{BA} = -\frac{6EI\Delta'}{l^2} = -7^{\text{t-m}} \qquad （假設 \Delta' = \frac{7l^2}{6EI}）$$

若 a 為修正係數，實際之桿件側位移 $\Delta_{BH} = a\Delta'$

其他基本資料均與束制桿件側位移時之情況相同。

節點	A	B	
桿端	AB	BA	BC
k	—	4	3
DF	—	$\dfrac{4}{7}$	$\dfrac{3}{7}$
COF	—	$\dfrac{1}{2}$	0
FM	-7	-7	0
DM		4	3
COM	2		
$\Sigma M'$	-5	-3	3

4.各桿件待解之桿端彎矩

由 $M = M° + aM'$ 得：

$$M_{AB} = 1.93 - 5a \tag{1}$$

$$M_{BA} = 3.85 - 3a \tag{2}$$

$$M_{BC} = -0.85 + 3a \tag{3}$$

$$M_{CB} = 0 \tag{4}$$

5.求解修正係數 a

在圖(c)中，由 AB 桿件自由體，取 $\Sigma M_A = 0$，得

$$V_{BA} = \frac{M_{AB} + M_{BA}}{4}$$

再由 BC 桿件自由體（涵蓋 Δ_{BH}），取 $\Sigma F_\Delta = \Sigma F_x = 0$，得

$$V_{BA} = \frac{M_{AB} + M_{BA}}{4} = 0 \tag{5}$$

將(1)式及(2)式代入(5)式中，解得

$$a = 0.723$$

6.各桿件實際之桿端彎矩值

將 a 值代入(1)～(3)式後，整理得

$$M_{AB} = -1.69^{t-m} \qquad (\circlearrowright)$$

$$M_{BA} = 1.69^{t-m} \qquad (\circlearrowleft)$$

$$M_{BC} = 1.31^{t-m} \qquad (\circlearrowleft)$$

$$M_{CB} = 0^{t-m}$$

7.求 Δ_{BH} 及 θ_B

$(1)\,\Delta_{BH} = a\Delta' = (0.723)\left(\dfrac{7l^2}{6EI}\right) = \dfrac{13.5}{EI}^{m} \qquad (\rightarrow)$

(2)由（14-7）式知：

$$M_{AB} = \frac{2EI}{l}\left(2\theta_A + \theta_B - 3\frac{\Delta_{BH}}{l}\right) + FM_{AB}$$

亦即 $-1.69 = \dfrac{2EI}{4}\left(0 + \theta_B - 3\dfrac{13.5}{EI(4)}\right) + 0$

解得　$\theta_B = \dfrac{6.75}{EI}^{rad} \qquad (\circlearrowleft)$

解法㈡視 AB 桿件為剪力靜定桿件

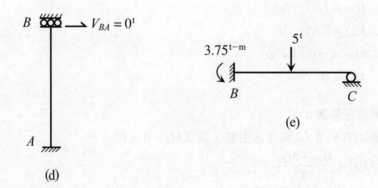

(d)

(e)

有側位移的桿件可區分為剪力靜定桿件與剪力靜不定桿件（參閱第 14 章 14-6節）。由於支承反力 R_c 平行於 AB 桿件，因而不影響 AB 桿件的剪力分佈，致使 V_{BA} 維持為一已知的固定值（$V_{BA} = 0^{t}$），此時 AB 桿件可視為剪力靜定桿件，如圖(d)所示。分析時，剪力靜定桿件將不計側位移自由度。

1. 建立基本資料

　　AB 桿件：剪力靜定桿件。A 端為固定支承，B 端視同導向接續

　　① 對 k_{BA} 而言

　　　　由（14-8）式知，$M_{BA} = 2Ek\theta_A + 4Ek\theta_B - 6EkR + FM_{BA}$

　　　　由（14-27）式知，$M_{BA} = -Ek\theta_A + Ek\theta_B + HM'_{BA}$

　　　　　　　　　　　$= \left(-\dfrac{1}{2}\right)2Ek\theta_A + \left(\dfrac{1}{4}\right)4Ek\theta_B + HM'_{BA}$

　　　　比較上兩式在 B 端的旋轉勁度可知，當 B 端視同導向接續時，B 端之旋轉勁度修正值為 $\dfrac{1}{4}$，亦即修正的 $k_{BA} = \dfrac{1}{4}\left(\dfrac{I}{4}\right) = \dfrac{I}{16}$

　　② 對 COF_{BA} 而言

　　　　在（14-26）式及（14-27）式中，由於 $\theta_A = 0^{\text{rad}}$，$HM'_{AB} = HM'_{BA} = 0^{\text{t-m}}$，因此 $M_{AB} = -Ek\theta_B$ ；$M_{BA} = Ek\theta_B$。

　　　　故當 B 端視同導向接續時，修正的 $COF_{BA} = \dfrac{M_{AB}}{M_{BA}} = -1$

　　BC 桿件：B 端為剛性節點，C 端為輥支承

　　　　修正的 $k_{BC} = \dfrac{3}{4}\left(\dfrac{I}{4}\right) = \dfrac{3I}{16}$ ；修正的 $COF_{BC} = 0$

　　　　修正的 $HM_{BC} = -\dfrac{3pl}{16} = -\dfrac{3(5)(4)}{16} = -3.75^{\text{t-m}}$　　（見圖(e)）

　　　　此外，C 端為外側簡支端，$M_{CB} = 0^{\text{t-m}}$ 為一已知值，故 C 點可不列入分析。

　　　　相對 k 值為，$k_{BA} : k_{BC} = \dfrac{I}{16} : \dfrac{3I}{16} = 1 : 3$

2.彎矩分配和傳遞

節點	A	B	
桿端	AB	BA	BC
k	—	1	3
DF	—	$\dfrac{1}{4}$	$\dfrac{3}{4}$
COF	←	-1	0
FM	0	0	-3.75
DM		0.94	2.81
JM		3	
DM		0.75	2.25
COM	-1.69		
ΣM	-1.69	1.69	1.31

DM累加後再進行傳遞

由上表可知，各桿件實際之桿端彎矩值與解法（一）所得者完全相同

3.求 Δ_{BH} 及 θ_B

將上表所得出之 $M_{AB} = -1.69^{\text{t-m}}$ 及 $M_{BA} = 1.69^{\text{t-m}}$ 代入（14-7）式及（14-8）式中可得

$$-1.69 = \frac{2EI}{4}(\theta_B - 3(\frac{\Delta_{BH}}{4})) \tag{6}$$

及　$$1.69 = \frac{2EI}{4}(2\theta_B - 3(\frac{\Delta_{BH}}{4})) \tag{7}$$

聯立解(6)式及(7)式可得

$$\theta_B = \frac{6.75}{EI}^{\text{rad}} \ (\circlearrowleft) \ ; \ \Delta_{BH} = \frac{13.5}{EI}^{\text{m}} \ (\rightarrow)$$

討論

比較兩種解法，顯然解法(二)應用剪力靜定桿件之觀念在解題時較為便捷。

例題 15-24

試求下圖所示梁結構之剪力圖及彎矩圖。EI 為常數。

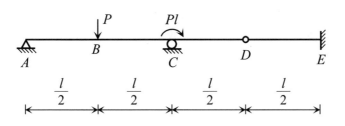

解

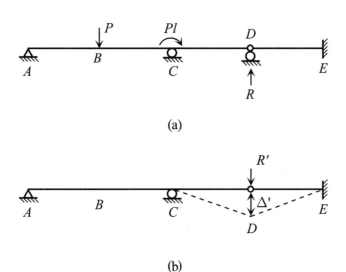

(a)

(b)

解法(一) 一般解法

由節點之定義可知,原結構具有 A、C、D、E 等 4 個節點。

1. 建立基本資料

    AC 桿件:A 端為鉸支承,C 端為剛性節點

        修正的 $k_{CA} = \dfrac{3I}{4l}$;修正的 $COF_{CA} = 0$

CD 桿件：C 端為剛性節點，D 端為鉸接續

修正的 $k_{CD} = \dfrac{3}{4}\left(\dfrac{I}{(l/2)}\right) = \dfrac{3I}{2l}$；修正的 $COF_{CD} = 0$

DE 桿件：D 端為鉸接續，E 端為固定支承

E 端為固定支承，無旋轉自由度，故可不計對應的 k 值、DF 值及 COF 值

相對 k 值為，$k_{AC} : k_{CD} = \dfrac{3I}{4l} : \dfrac{3I}{2l} = 1 : 2$

2. 束制桿件側位移時之桿端彎矩

由圖(a)可知，桿件之固端彎矩是由載重所造成，由表 11-4 得：

$HM_{CA} = \dfrac{3}{16}Pl$

由於 $M_{AC} = M_{DC} = M_{DE} = M_{ED} = 0$（由表 11-4 及表 11-5 可知，當 DE 桿件上無載重作用且無桿端變位發生時，桿端彎矩 $M_{ED} = 0$），故僅分析 C 點即可。

節點	C	
桿端	CA	CD
k	1	2
DF	$\dfrac{1}{3}$	$\dfrac{2}{3}$
COF	0	0
FM	$\dfrac{3}{16}Pl$	0
DM	$-\dfrac{1}{16}Pl$	$-\dfrac{2}{16}Pl$
JM	Pl	
DM	$\dfrac{1}{3}Pl$	$\dfrac{2}{3}Pl$
COM		
$\sum M°$	$\dfrac{11}{24}Pl$	$\dfrac{13}{24}Pl$

DM 疊加後再進行傳遞

3. 由桿件側位移之假設值Δ'所造成之桿端彎矩

由圖(b)可知，此時桿件之固端彎矩是由桿件側位移之假設值Δ'所造成。令

$$HM_{CD} = -\frac{3EI\Delta'}{l_{CD}^2} = -12 \qquad （假設\ \Delta' = \frac{12l_{CD}^2}{3EI}）$$

$$HM_{ED} = \frac{3EI\Delta'}{l_{ED}^2} = 12$$

若 a 為修正係數，則實際桿件側位移 $\Delta_D = a\Delta'$

由於 $M_{AC} = M_{DC} = M_{DE} = 0$，而 $M_{ED} = 12$（由 E 點自由體可知，$M_{ED} = HM_{ED}$），均為已知值，故僅分析 C 點即可。

節點	C	
桿端	CA	CD
k	1	2
DF	$\frac{1}{3}$	$\frac{2}{3}$
COF	0	0
FM	0	-12
DM	4	8
COM	0	0
$\Sigma M'$	4	-4

4. 各桿件待解之桿端彎矩

由 $M = M° + aM'$ 得

$$M_{AC} = M_{DC} = M_{DE} = 0 \tag{1}$$

$$M_{CA} = \frac{11}{24}Pl + 4a \tag{2}$$

$$M_{CD} = \frac{13}{24}Pl - 4a \tag{3}$$

$$M_{ED} = 0 + 12a \tag{4}$$

5. 求解修正係數 a

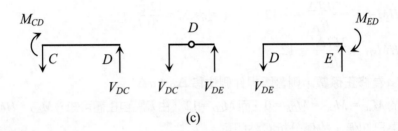

(c)

取 D 點為自由體（涵蓋 Δ），如圖(c)所示，由

$$\Sigma F_\Delta = \Sigma F_y = 0$$

得 $-V_{DC} + V_{DE} = 0$

即 $-\dfrac{M_{CD}}{(l/2)} + \dfrac{M_{ED}}{(l/2)} = 0$ \hfill (5)

將(3)式及(4)式代入(5)式中，解得

$$a = \frac{13}{384}Pl$$

6. 各桿件實際之桿端彎矩

將 a 值代入(2)～(4)式後，整理得

$$M_{AC} = M_{DC} = M_{DE} = 0$$

$$M_{CA} = \frac{19}{32}Pl \qquad (\circlearrowright)$$

$$M_{CD} = \frac{13}{32}Pl \qquad (\circlearrowright)$$

$$M_{ED} = \frac{13}{32}Pl \qquad (\circlearrowright)$$

7. 繪剪力圖及彎矩圖

與例題 14-19 完全相同。

解法(二)視 CE 段為一桿件

在原結構中，由於 D 點的垂直變位將使 CD 桿件及 DE 桿件產生側位移（如圖(b)所示），但若藉由鉸接續之特性，將此變位反應在 CE 段的旋轉勁度及

傳遞係數中，則 CE 段可視為一根桿件，因而在分析時不必再重覆計入 D 點產生桿件側位移的效應。

1. 建立基本資料

   AC 桿件：同解法(一)

   修正的 $k_{CA} = \dfrac{3I}{4l}$；修正的 $COF_{CA} = 0$

   $HM_{CA} = \dfrac{3}{16}Pl$

   CE 桿件：

   若將 CE 段視為一桿件，則須將 D 點為鉸接續之特性反應在 CE 桿件的旋轉勁度及傳遞係數中：

   修正的 $k_{CE} = \dfrac{3}{4}\left(\dfrac{I}{l}\right) = \dfrac{3I}{4l}$

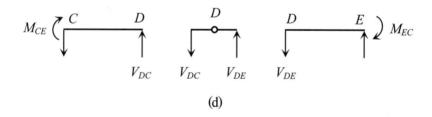

(d)

   在圖(d)中，由 D 點力系的平衡可知，V_{DC} 與 V_{DE} 必大小相等，因而可得 $M_{CE} = M_{EC}$。再由傳遞係數的定義可知

   $COF_{CE} = \dfrac{M_{EC}}{M_{CE}} = 1$

   若採用相對 k 值，則 $k_{CA} : k_{CE} = \dfrac{3I}{4l} : \dfrac{3I}{4l} = 1 : 1$

2. 彎矩分配和傳遞

   鉸接續的特性已反應在 CE 桿件的旋轉勁度及傳遞係數中，因此在分析時無需再重覆計入由鉸接續產生之側位移。

節點	C		E
桿端	CA	CE	EC
k	1	1	—
DF	$\dfrac{1}{2}$	$\dfrac{1}{2}$	—
COF	0	1	—
FM	$\dfrac{3}{16}Pl$	0	0
DM	$-\dfrac{3}{32}Pl$	$-\dfrac{3}{32}Pl$	
JM		Pl	
DM	$\dfrac{Pl}{2}$	$\dfrac{Pl}{2}$	
COM			$\dfrac{13}{32}Pl$
ΣM	$\dfrac{19}{32}Pl$	$\dfrac{13}{32}Pl$	$\dfrac{13}{32}Pl$

整理上述結果，得

$M_{AC} = M_{DC} = M_{DE} = 0$

$M_{CA} = \dfrac{19}{32}Pl$ 　（↻）

$M_{CD} = \dfrac{13}{32}Pl$ 　（↻）　　　　　（$M_{CD} = M_{CE}$）

$M_{ED} = \dfrac{13}{32}Pl$ 　（↻）　　　　　（$M_{ED} = M_{EC}$）

所得答案與解法㈠完全相同，唯解法㈡快捷許多。

例題 15-25

試用彎矩分配法求下圖所示剛架 B 點及 C 點的水平位移，並繪彎矩圖。EI 為常數。

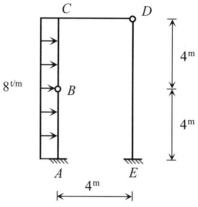

解

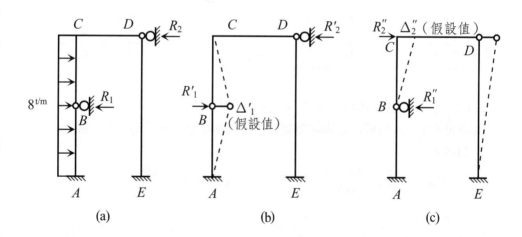

(a)   (b)   (c)

原剛架具有兩個獨立桿件側位移自由度，故需分為圖(a)、圖(b)及圖(c)三種情況來討論。

由於 $M_{BA} = M_{BC} = M_{DC} = M_{DE} = 0^{\text{t-m}}$，因此待求的桿端彎矩為 M_{AB}、M_{CB}、M_{CD} 及 M_{ED}，故 B 點及 D 點可不列入彎矩分配及傳遞的計算中。

1. 基本資料

各桿件相對 k 值為：

$$k_{AB} : k_{BC} : k_{CD} : k_{DE} = \frac{3}{4}\left(\frac{I}{4}\right) : \frac{3}{4}\left(\frac{I}{4}\right) : \frac{3}{4}\left(\frac{I}{4}\right) : \frac{3}{4}\left(\frac{I}{8}\right) = 2 : 2 : 2 : 1$$

2. 束制桿件側位移時之桿端彎矩

由圖(a)可知，此時桿件之固端彎矩是由載重所造成。由表 11-4 得

$$-HM_{AB} = HM_{CB} = \frac{\omega l^2}{8} = \frac{(8)(4)^2}{8} = 16^{t-m}$$

節點	A	C		E
桿端	AB	CB	CD	ED
k	—	2	2	—
DF	—	$\frac{1}{2}$	$\frac{1}{2}$	—
COF	—	0	0	—
FM	−16	16	0	0
DM		−8	−8	
COM	0	0	0	0
$\Sigma M°$	−16	8	−8	0

3. 由桿件側位移之假設值 Δ'_1 所造成之桿端彎矩

由圖(b)可知，此時桿件之固端彎矩是由桿件側位移之假設值 Δ'_1 所造成。由表 11-5 得

$$-HM_{AB} = HM_{CB} = \frac{3EI\Delta'_1}{(4)^2} = 10^{t-m} \qquad （假設 \Delta'_1 = \frac{160}{3EI}）$$

節點	A	C		E
桿端	AB	CB	CD	ED
k	—	2	2	—
DF	—	$\dfrac{1}{2}$	$\dfrac{1}{2}$	—
COF	—	0	0	—
FM	-10	10	0	0
DM		-5	-5	
COM	0	0	0	0
$\Sigma M'$	-10	5	-5	0

4. 由桿件側位移之假設值 Δ_2'' 所造成之桿端彎矩

由圖(c)可知，此時桿件之固端彎矩是由桿件側位移之假設值 Δ_2'' 所造成。由表 11-5 得

$$HM_{CB} = -\frac{3EI\Delta_2''}{(4)^2} = -40^{\text{t-m}} \qquad \left(假設 \ \Delta_2'' = \frac{640}{3EI}\right)$$

$$HM_{ED} = -\frac{3EI\Delta_2''}{(8)^2} = -10^{\text{t-m}}$$

節點	A	C		E
桿端	AB	CB	CD	ED
k	—	2	2	—
DF	—	$\dfrac{1}{2}$	$\dfrac{1}{2}$	—
COF	—	0	0	—
FM	0	-40	0	-10
DM		20	20	
COM	0	0	0	0
$\Sigma M''$	0	-20	20	-10

5.各桿件待解之桿端彎矩

由 $M = M° + a_1 M' + a_2 M''$ 得

$$M_{AB} = -16 - 10a_1 \tag{1}$$

$$M_{CB} = 8 + 5a_1 - 20a_2 \tag{2}$$

$$M_{CD} = -8 - 5a_1 + 20a_2 \tag{3}$$

$$M_{ED} = -10a_2 \tag{4}$$

6.求解修正係數 a_1 及 a_2

(d)B點自由體

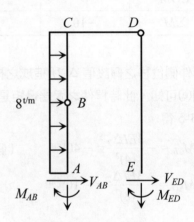

(e)$ABCDE$ 自由體

取 B 點為自由體（涵蓋 Δ'_1 ），如圖(d)所示，由

$\xrightarrow{+}\, \Sigma F_{\Delta'_1} = \Sigma F_x = 0$ ，得

$$-V_{BC} + V_{BA} = 0$$

$$-\frac{M_{CB} - 64}{4} + \frac{M_{AB} + 64}{4} = 0 \tag{5}$$

再取 $ABCDE$ 部份為自由體（涵蓋 Δ''_2 ），如圖(e)所示，由

$\xrightarrow{+}\, \Sigma F_{\Delta''_2} = \Sigma F_x = 0$ ，得

$$V_{AB} + V_{ED} + (8)(8) = 0$$

$$\frac{M_{AB} - 64}{4} + \frac{M_{ED}}{8} + 64 = 0 \tag{6}$$

將(1)式、(2)式及(4)式代入(5)式、(6)式中，聯立解得

$a_1 = 14.691$；$a_2 = 5.818$

7.各桿件實際之桿端彎矩值

將 a_1 及 a_2 代入(1)～(4)式後，整理得

$M_{AB} = -162.91^{t-m}$（ㄅ）；$M_{CB} = -34.91^{t-m}$（ㄅ）

$M_{CD} = 34.91^{t-m}$（ㄋ）；$M_{ED} = -58.18^{t-m}$（ㄅ）

$M_{BA} = M_{BC} = M_{DC} = M_{DE} = 0^{t-m}$

8.彎矩圖

彎矩圖如圖(f)所示。

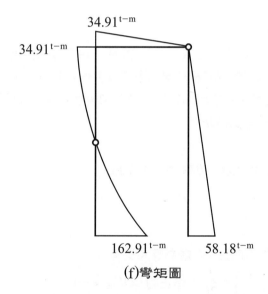

(f)彎矩圖

9.求 Δ_{BH} 及 Δ_{CH}

$$\Delta_{BH} = a_1 \Delta'_1 = (14.691)\left(\frac{160}{3EI}\right) = \frac{783.52}{EI}^{t-m^3} \quad (\rightarrow)$$

$$\Delta_{CH} = a_2 \Delta''_2 = (5.818)\left(\frac{640}{3EI}\right) = \frac{1241.17}{EI}^{t-m^3} \quad (\rightarrow)$$

例題 15-26

連續梁 ABC，斷面之彎曲剛度為 EI，C 點為可承受彎矩之導向支承，求梁之剪力圖及彎矩圖。

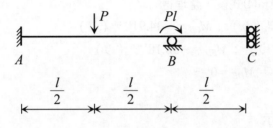

解

C 端為導向支承，剪力為零，由（14-26）式及（14-27）式可知，若採用修正的 k 值 COF 值及 HM 值時，BC 桿件無需考慮桿件側位移 Δ_C。

由於 C 端無旋轉自由度，不需考慮彎矩的分配和傳遞，因此如同固定支承，可不計對應的 k 值、DF 值及 COF 值。

1. 建立基本資料

　　AB 桿件：A 端為固定支承，B 端為剛性節點

$$k_{BA} = \frac{I}{l} \; ; \; COF_{BA} = \frac{1}{2}$$

$$-FM_{AB} = FM_{BA} = \frac{Pl}{8}$$

　　BC 桿件：B 端為剛性節點，C 端為導向支承

　　修正的 $k_{BC} = \frac{1}{4}\left(\frac{I}{l/2}\right) = \frac{I}{2l}$ ；修正的 $COF_{BC} = -1$

　　相對 k 值為，$k_{BA} : k_{BC} = \frac{I}{l} : \frac{I}{2l} = 2 : 1$

2.彎矩的分配和傳遞

節點	A	B		C
桿端	AB	BA	BC	CB
k	—	2	1	—
DF	—	$\dfrac{2}{3}$	$\dfrac{1}{3}$	—
COF	—	$\xleftarrow{\hspace{0.5em}} \dfrac{1}{2}$	$-1 \xrightarrow{\hspace{0.5em}}$	—
FM	$-\dfrac{Pl}{8}$	$\boxed{\dfrac{Pl}{8}}$	0	0
DM		$-\dfrac{Pl}{12}$	$-\dfrac{Pl}{24}$	
JM		$\boxed{Pl}$		
DM		$\dfrac{2Pl}{3}$	$\dfrac{Pl}{3}$	
COM	$\dfrac{7Pl}{24}$			$-\dfrac{7Pl}{24}$
ΣM	$\dfrac{Pl}{6}$	$\dfrac{17Pl}{24}$	$\dfrac{7Pl}{24}$	$-\dfrac{7Pl}{24}$

DM 累加後再進行傳遞

3.繪剪力圖及彎矩圖

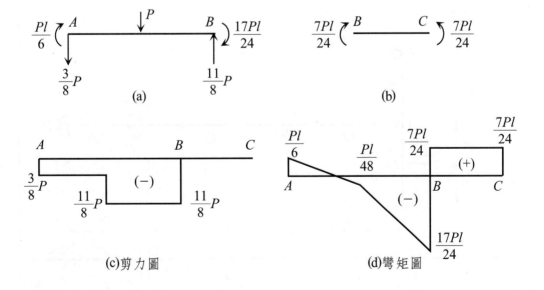

(a)

(b)

(c)剪力圖

(d)彎矩圖

當各桿端彎矩求得後，取各桿件為自由體，由靜力平衡條件即可解得各桿端剪力（如圖(a)及圖(b)所示），由此即可迅速繪出剪力圖（如圖(c)所示）及彎矩圖（如圖(d)所示）。

討論

若題目僅需繪彎矩圖時，則不必求出各桿端剪力，由各桿端彎矩配合組合法（見第三章 3-4 節）可直接繪出彎矩圖，如圖(e)所示。

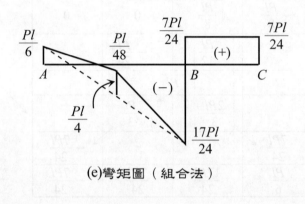

(e)彎矩圖（組合法）

例題 15-27

試求下圖所示剛架各桿件之桿端彎矩

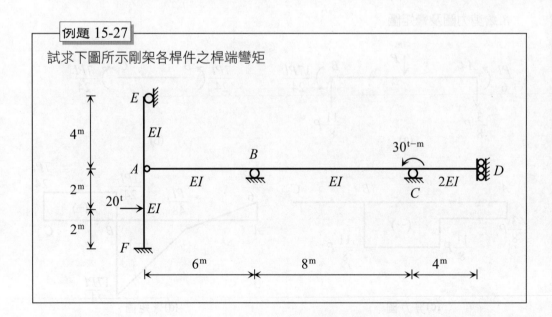

解

若將 CD 桿件視為一端為剛性節點一端為導向支承的桿件，而採用修正 k 值、COF 值及固端彎矩值時，原結構可不計入 D 端的側位移。D 端為導向支承端，無旋轉自由度，因此如同固定支承端，將不參與彎矩的分配和傳遞。

1. 基本資料

   AF 桿件：A 端為剛性節點，F 端為固定支承

   $$k_{AF} = \frac{I}{4} \ ; \ COF_{AF} = \frac{1}{2}$$

   $$-FM_{FA} = FM_{AF} = \frac{Pl}{8} = \frac{(20)(4)}{8} = 10^{\text{t-m}}$$

   AE 桿件：A 端為剛性節點，E 端為輥支承

   修正的 $k_{AE} = \frac{3}{4}\left(\frac{I}{4}\right) = \frac{3I}{16}$ ；修正的 $COF_{AE} = 0$

   AB 桿件：A 端為鉸接續，B 端為剛性節點

   修正的 $k_{BA} = \frac{3}{4}\left(\frac{I}{6}\right) = \frac{I}{8}$ ；修正的 $COF_{BA} = 0$

   BC 桿件：兩端均為剛性節點

   $$k_{BC} = k_{CB} = \frac{I}{8} \ ; \ COF_{BC} = COF_{CB} = \frac{1}{2}$$

   CD 桿件：C 端為剛性節點，D 端為導向支承

   修正的 $k_{CD} = \frac{1}{4}\left(\frac{2I}{4}\right) = \frac{I}{8}$ ；修正的 $COF_{CD} = -1$

   相對 k 值為

   $$k_{AF} : k_{AE} : k_{BA} : k_{BC} : k_{CB} : k_{CD} = \frac{I}{4} : \frac{3I}{16} : \frac{I}{8} : \frac{I}{8} : \frac{I}{8} : \frac{I}{8}$$
   $$= 4 : 3 : 2 : 2 : 2 : 2$$

2. 彎矩分配和傳遞

節點	F	A		B		C		D
桿端	FA	AF	AE	BA	BC	CB	CD	DC
k	—	4	3	2	2	2	2	—
DF	—	$\frac{4}{7}$	$\frac{3}{7}$	$\frac{2}{4}$	$\frac{2}{4}$	$\frac{2}{4}$	$\frac{2}{4}$	—
COF	— ←	$\frac{1}{2}$	0	0	$\frac{1}{2}$ ←	$\frac{1}{2}$	−1 →	—
FM	−10	10	0	0	0	0	0	0
DM		−5.71	−4.29					
JM						−30		
DM						−15	−15	
COM	−2.86				−7.5			15
DM				3.75	3.75			
COM						1.88		
DM						−0.94	−0.94	
COM					−0.47			0.94
DM				0.235	0.235			
COM						0.12		
DM						−0.06	−0.06	
COM					−0.03			0.06
DM				0.015	0.015			
ΣM	−12.86	4.29	−4.29	4	−4	−14	−16	16

故各桿端彎矩值為：

$M_{FA} = -12.86^{t-m}$ （ ⊃ ）；$M_{AF} = 4.29^{t-m}$ （ ⊃ ）；

$M_{AE} = -4.29^{t-m}$ （ ⊃ ）

$M_{BA} = 4^{t-m}$ （ ⊃ ）；$M_{BC} = -4^{t-m}$ （ ⊃ ）；$M_{CB} = -14^{t-m}$ （ ⊃ ）

$M_{CD} = -16^{t-m}$ （ ⊃ ）；$M_{DC} = 16^{t-m}$ （ ⊃ ）；$M_{EA} = M_{AB} = 0^{t-m}$

例題 15-28

於下圖所示之剛架中，EI為常數，試求 θ_B、θ_C、θ_D、Δ_B、Δ_C、Δ_D，並繪彎矩圖。

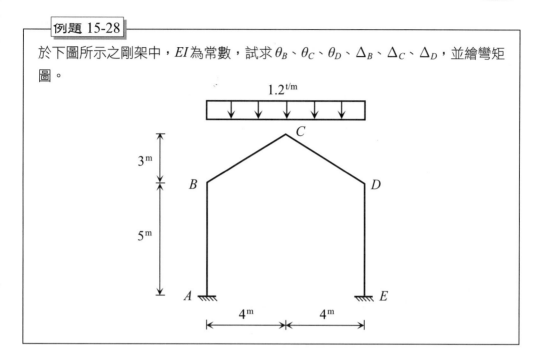

解

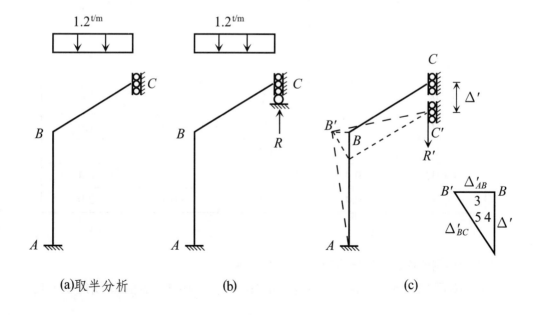

(a)取半分析　　　　　(b)　　　　　(c)

原結構為一對稱結構，可採取半分析法進行分析，如圖(a)所示。待求之桿端彎矩為 $M_{AB}(=-M_{ED})$、$M_{BA}(=-M_{DE})$、$M_{BC}(=-M_{DC})$、$M_{CB}(=-M_{CD})$。

1. 建立基本資料

   AB 桿件：A 端為固定支承，B 端為剛性節點

   $$k_{BA} = \frac{I}{5} \ ; \ COF_{BA} = \frac{1}{2}$$

   BC 桿件：B 端為剛性節點，C 端為導向支承，但 C 端的剪力並不為零（BC 桿件並不與導向支承垂直，故 C 端剪力不為零），因此 C 端仍以固定支承之方式來處理

   $$k_{BC} = \frac{I}{5} \ ; \ COF_{BC} = \frac{1}{2}$$

   相對 k 值為 $k_{BA} : k_{BC} = \dfrac{I}{5} : \dfrac{I}{5} = 1 : 1$

2. 束制桿件側位移時之桿端彎矩

   由圖(b)可知，桿件之固端彎矩是由載重所造成，由表 11-2 得

   $$-FM_{BC} = FM_{CB} = \frac{\omega l^2}{12} = \frac{(1.2)(4)^2}{12} = 1.6^{t-m}$$

節點	A	B		C
桿端	AB	BA	BC	CB
k	—	1	1	—
DF	—	$\frac{1}{2}$	$\frac{1}{2}$	—
COF	— ←	$\frac{1}{2}$	$\frac{1}{2}$ →	—
FM	0	0	−1.6	1.6
DM		0.8	0.8	
COM	0.4			0.4
$\Sigma M°$	0.4	0.8	−0.8	2.0

3. 由桿件側位移之假設值 Δ′ 所造成之桿端彎矩

   由圖(c)可知，此時桿件之固端彎矩是由桿件側位移之假設值 Δ′ 所造成，其

中 $\Delta'_{AB} = \dfrac{3}{4}\Delta'$ ； $\Delta'_{BC} = \dfrac{5}{4}\Delta'$。而實際之 $\Delta_c = a\Delta'$。由表 11-3 得

$$FM_{AB} = FM_{BA} = \frac{6EI\Delta'_{AB}}{l^2_{AB}} = \frac{6EI(3\Delta'/4)}{(5)^2} = 6^{\,t-m} \qquad （假設 \Delta' = \frac{100}{3EI}）$$

$$FM_{BC} = FM_{CB} = -\frac{6EI\Delta'_{BC}}{l^2_{BC}} = -\frac{6EI(5\Delta'/4)}{(5)^2} = -10^{\,t-m}$$

節點	A	B		C
桿端	AB	BA	BC	CB
k	—	1	1	—
DF	—	$\dfrac{1}{2}$	$\dfrac{1}{2}$	—
COF	—	$\dfrac{1}{2}$	$\dfrac{1}{2}$	—
FM	6	6	-10	-10
DM		2	2	
COM	1			1
$\Sigma M'$	7	8	-8	-9

4.各桿件待解之桿端彎矩

　　由 $M = M° + aM'$ 得

$$M_{AB} = 0.4 + 7a \tag{1}$$

$$M_{BA} = 0.8 + 8a \tag{2}$$

$$M_{BC} = -0.8 - 8a \tag{3}$$

$$M_{CB} = 2.0 - 9a \tag{4}$$

5.求解修正係數 a

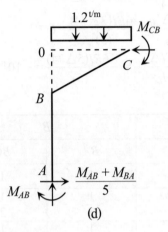

(d)

取 ABC 段為自由體，如圖(d)所示，由

$+\circlearrowright\Sigma M_o=0$ 得

$$-M_{AB}-M_{CB}+\left(\frac{M_{AB}+M_{BA}}{5}\right)(8)-\frac{(1.2)(4)^2}{2}=0$$

解得 $a=0.3877$

6.各桿件實際之桿端彎矩

將 a 值代入(1)～(4)後，整理得

$$M_{AB}=-M_{ED}=3.11^{t-m}$$

$$M_{BA}=-M_{DE}=3.9^{t-m}$$

$$M_{BC}=-M_{DC}=-3.9^{t-m}$$

$$M_{CB}=-M_{CD}=-1.49^{t-m}$$

7.繪彎矩圖

彎矩圖如圖(e)所示

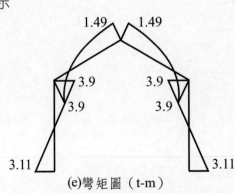

(e)彎矩圖（t-m）

8.求 θ_B，θ_C，θ_D，Δ_B，Δ_C，Δ_D

(1) $\Delta_B = a\Delta'_{AB} = (a)\left(\dfrac{3}{4}\Delta'\right) = (0.3877)\left(\dfrac{3}{4}\right)\left(\dfrac{100}{3EI}\right) = \dfrac{9.69}{EI}$　（←）

(2) $\Delta_D = -\Delta_B = -\dfrac{9.69}{EI}$　（→）　　　（對稱）

(3) $\Delta_C = a\Delta' = (0.3877)\left(\dfrac{100}{3EI}\right) = \dfrac{12.92}{EI}$　（↓）

(4)由 $M_{AB} = \dfrac{2EI}{5}\left(\theta_B - 3\left(-\dfrac{\Delta_B}{5}\right)\right) = 3.12$ ，得 $\theta_B = \dfrac{1.96}{EI}$　（↻）

(5) $\theta_D = -\theta_B = -\dfrac{1.96}{EI}$　（↻）　　　（對稱）

(6) $\theta_C = 0$　（對稱中點處無旋轉角）

例題 15-29

求下圖所示剛架中 A 點之彎矩及反力與 C 點之水平位移。桿件長均為 L ，斷面 EI ＝常數。

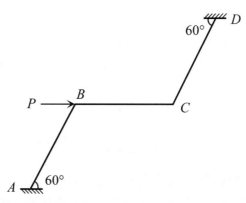

解

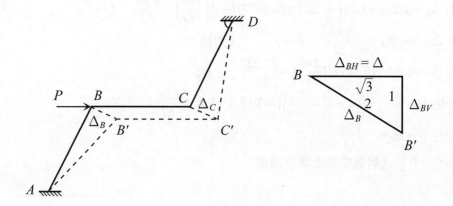

(a)節點變位連線圖

由圖(a)所示之節點變位連線圖可知，在外力 P 作用下，$\Delta_{BH} = \Delta_{CH} = \Delta$，因此 $\Delta_B = \Delta_C = \dfrac{2}{\sqrt{3}}\Delta$。

桿件之固端彎矩將是由桿件側位移所造成（外力 P 係作用在節點上，將不產生桿件固端彎矩），因此束制桿件側位移之情況可不予以分析。

1. 建立基本資料

$$k_{BA} = k_{BC} = k_{CB} = k_{CD} = \frac{I}{L} \; ; \; DF_{BA} = DF_{BC} = DF_{CB} = DF_{CD} = \frac{1}{2}$$

$$FM_{AB} = FM_{BA} = -FM_{CD} = -FM_{DC} = -\frac{6EI(2\Delta/\sqrt{3})}{L^2} = -\frac{4\sqrt{3}\,EI\Delta}{L^2}$$

由上可知，原結構在對應點處之固端彎矩呈對稱，且實質對稱之桿件在相互對應點處具有相同之勁度分配，因此為一具有桿件側位移之實質對稱結構，因此可採取全做半法來進行分析，此時 BC 桿件（具對稱變形）之 k 值及 COF 值修正如下：

修正的 $k_{BC} = \dfrac{I}{2L}$ ；修正的 $COF_{BC} = 0$

故相對 k 值為，$k_{BA} : k_{BC} = \dfrac{I}{L} : \dfrac{I}{2L} = 2 : 1$

2.彎矩分配和傳遞

節點	A	B		C		D
桿端	AB	BA	BC	CB	CD	DC
k	—	2	1			
DF	—	$\frac{2}{3}$	$\frac{1}{3}$			
COF	—	$\leftarrow \quad \frac{1}{2}$	$0 \quad \rightarrow$			
FM	$-4\sqrt{3}EI\Delta/L^2$	$-4\sqrt{3}EI\Delta/L^2$	0			
DM		$8\sqrt{3}EI\Delta/3L^2$	$4\sqrt{3}EI\Delta/3L^2$			
COM	$4\sqrt{3}EI\Delta/3L^2$					
ΣM	$-8\sqrt{3}EI\Delta/3L^2$	$-4\sqrt{3}EI\Delta/3L^2$	$4\sqrt{3}EI\Delta/3L^2$	$-4\sqrt{3}EI\Delta/3L^2$	$4\sqrt{3}EI\Delta/3L^2$	$8\sqrt{3}EI\Delta/3L^2$

3.求解 A 點支承反力及 Δ_{CH}

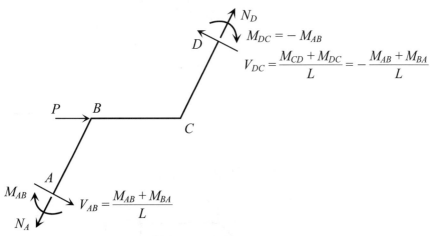

$$M_{DC} = -M_{AB}$$
$$V_{DC} = \frac{M_{CD}+M_{DC}}{L} = -\frac{M_{AB}+M_{BA}}{L}$$

$$V_{AB} = \frac{M_{AB}+M_{BA}}{L}$$

(b)ABCD 自由體

(1)取 ABCD 部份為自由體，如圖(b)所示，再由力的平衡關係可知

$$V_{AB} + \frac{\sqrt{3}}{2}P - V_{DC} = 0$$

即 $\left(\dfrac{M_{AB}+M_{BA}}{L}\right) + \dfrac{\sqrt{3}}{2}P + \left(\dfrac{M_{AB}+M_{BA}}{L}\right) = 0$

即 $-\dfrac{8\sqrt{3}\,EI\Delta}{L^3} + \dfrac{\sqrt{3}}{2}P = 0$

解得 $\Delta = \dfrac{PL^3}{16EI} = \Delta_{CH}$ $(\rightarrow)$

(2)支承反力 $M_A = -\dfrac{8\sqrt{3}\,EI\Delta}{3L^2} = -\dfrac{\sqrt{3}}{6}PL$ $(\,\curvearrowright\,)$

支承反力 $V_{AB} = \dfrac{M_{AB}+M_{BA}}{L} = -\dfrac{\sqrt{3}}{4}P$ $(\,\nwarrow\,)$

由 $ABCD$ 自由體，如圖(b)所示，取

$+\,\curvearrowright\,\Sigma M_D = 0$，得支承反力 $N_A = \dfrac{P}{4}$ $(\,\nearrow\,)$

A 點之支承反力如圖(c)所示

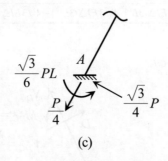

$\dfrac{\sqrt{3}}{6}PL$ A $\dfrac{P}{4}$ $\dfrac{\sqrt{3}}{4}P$

(c)

例題 15-30

試由彎矩分配法分析下圖所示之剛架，並繪彎矩圖。EI 為常數。

C P D

B

A

4^m 4^m 4^m 4^m

解

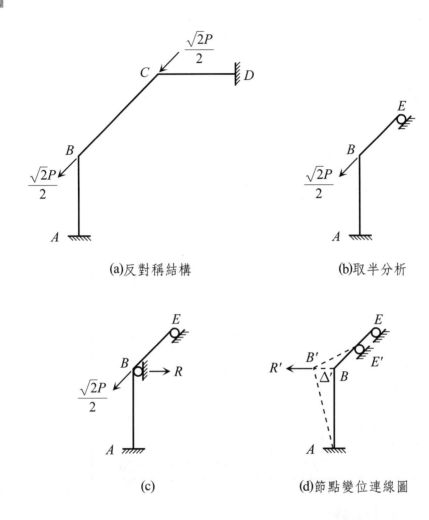

(a)反對稱結構　　　　　　(b)取半分析

(c)　　　　　　(d)節點變位連線圖

原剛架可化為一反對稱結構，如圖(a)所示。現採用取半分析法進行分析，若 E 點為結構對稱中點，則所取半邊結構如圖(b)所示。

1. 基本資料

　AB 桿件：A 端為固定支承，B 端為剛性節點

　　$k_{BA} = \dfrac{I}{4}$; $COF_{BA} = \dfrac{1}{2}$

　BE 桿件：B 端為剛性節點，E 端為輥支承

$$修正的 k_{BE} = \frac{3}{4}\left(\frac{I}{2\sqrt{2}}\right) = \frac{3I}{8\sqrt{2}} \;;\; 修正的 COF_{BE} = 0$$

相對 k 值為，$k_{BA} : k_{BE} = \dfrac{I}{4} : \dfrac{3I}{8\sqrt{2}} = 2.82 : 3$

2. 束制桿件側位移時之桿端彎矩

　　由圖(c)可知，各桿件固端彎矩均為零，因此 $M_{AB}^\circ = M_{BA}^\circ = M_{BE}^\circ = M_{EB}^\circ = 0$

3. 由桿件側位移之假設值 Δ' 所造成之桿端彎矩

　　由圖(d)可知，各桿件之固端彎矩均是由桿件側位移之假設值 Δ' 所造成。

$$FM_{AB} = FM_{BA} = \frac{6EI\Delta'}{(4)^2} = 10 \quad （假設 \Delta' = \frac{80}{3EI}）$$

$$HM_{BE} = \frac{3EI(\Delta'/\sqrt{2})}{(2\sqrt{2})^2} = -7.07$$

節點	A	B	
桿端	AB	BA	BE
k	—	2.82	3
DF	—	0.49	0.51
COF	— $\longleftarrow$	$\dfrac{1}{2}$	0
FM	10	10	−7.07
DM		−1.44	−1.49
COM	−0.72		
$\Sigma M'$	9.28	8.56	−8.56

4. 各桿件待解之桿端彎矩

　　由 $M = M^\circ + aM'$ 得

$$M_{AB} = 9.28\,a \tag{1}$$

$$M_{BA} = 8.56\,a \tag{2}$$

$$M_{BE} = -8.56\,a \tag{3}$$

5.求解修正係數 a

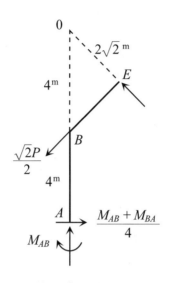

(e) ABE 自由體

取 ABE 段為自由體，如圖(e)所示，由

$+ \circlearrowleft \Sigma M_o = 0$，得

$$- M_{AB} + \left(\frac{M_{AB} + M_{BA}}{4} \right)(8) - \left(\frac{\sqrt{2}P}{2} \right)(2\sqrt{2}) = 0$$

解得 $a = 0.07576\,P$

6.各桿件實際之桿端彎矩值

將 a 值代入⑴～⑶式後，整理得

$M_{AB} = M_{DC} = 0.70\,P$

$M_{BA} = M_{CD} = 0.65\,P$

$M_{BC} = M_{CB} = -0.65\,P$

7.彎矩圖

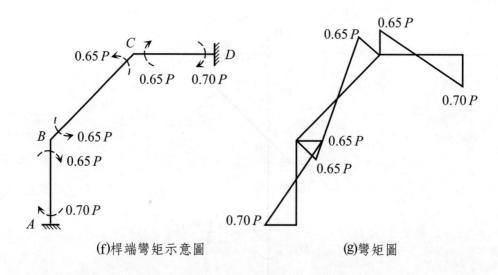

(f)桿端彎矩示意圖　　　　　　　　(g)彎矩圖

依據桿端彎矩（見圖(f)），可迅速繪出彎矩圖（見圖(g)）。

例題 15-31

於下圖所示之剛架結構，試以彎矩分配法計算各桿端之彎矩及剪力，*EI* 為常數。

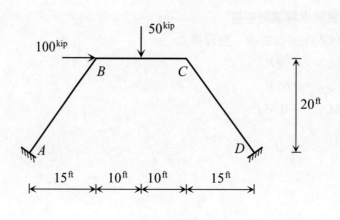

解

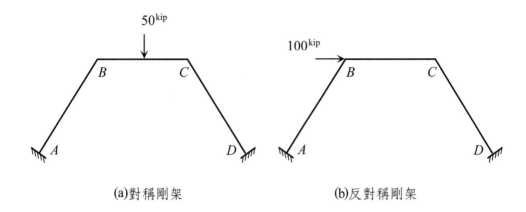

(a)對稱剛架　　　　　　　　(b)反對稱剛架

原剛架為一偏對稱結構，可化為對稱剛架（如圖(a)所示）與反對稱剛架（如圖(b)所示）之組合。

㈠對稱剛架之分析（無桿件側位移）

可採用取全做半法進行分析

1. 基本資料

AB 桿件：A 端為固定支承，B 端為剛性節點

$$k_{BA} = \frac{I}{25} \; ; \; COF_{BA} = \frac{1}{2}$$

BC 桿件：具對稱變形

修正的 $k_{BC} = \frac{1}{2} \left(\frac{I}{20} \right) = \frac{I}{40}$ ；修正的 $COF_{BC} = 0$

$-FM_{BC} = FM_{CB} = \frac{pl}{8} = \frac{(50)(20)}{8} = 125^{\text{k-ft}}$

相對 k 值為，$k_{BA} : k_{BC} = \frac{I}{25} : \frac{I}{40} = 8 : 5$

2.彎矩分配和傳遞

節點	A	B		C		D
桿端	AB	BA	BC	CB	CD	DC
k	—	8	5			
DF	—	$\dfrac{8}{13}$	$\dfrac{5}{13}$			
COF	—	$\overset{\longleftarrow}{\dfrac{1}{2}}$	0			
FM	0	0	-125			
DM		76.92	48.08			
COM	38.46					
ΣM_1	38.46	76.92	-76.92	76.92	-76.92	-38.46

(二)反對稱剛架之分析（有桿件側位移）

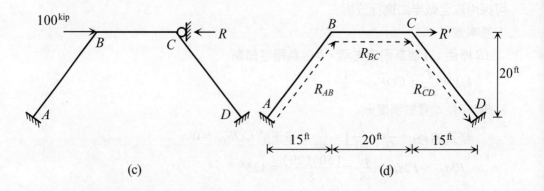

(c)　　　　　　　　　　　　　(d)

可採用取全做半法進行分析

1.基本資料

AB桿件：A端為固定支承，B端為剛性節點

$$k_{BA} = \frac{I}{25} \; ; \; COF_{BA} = \frac{1}{2}$$

BC桿件：具反對稱變形

$$修正的 \; k_{BC} = \frac{3}{2}\left(\frac{I}{20}\right) = \frac{3I}{40} \; ; \; 修正的 \; COF_{BC} = 0$$

相對 k 值為，$k_{BA} : k_{BC} = \dfrac{I}{25} : \dfrac{3I}{40} = 8 : 15$

2. 束制桿件側位移時之桿端彎矩

此時桿件之固端彎矩是由載重所造成。由圖(c)可知，由於載重係作用在節點上而非桿件上，故各桿件均無固端彎矩產生，因而各桿端彎矩值（$M°$）均為零。

3. 由桿件側位移之假設值所造成之桿端彎矩

此時桿件之固端彎矩是由桿件側位移之假設值所造成。

在圖(d)中，可由投影法來求解各桿件相對旋轉角之比值：

$$\xrightarrow{\;+\;} (R_{AB})(15) + (R_{BC})(20) + (R_{CD})(15) = 0 \tag{1}$$

$$+\uparrow (R_{AB})(20) + (R_{BC})(0) - (R_{CD})(20) = 0 \tag{2}$$

解(1)式及(2)式得

$$R_{AB} : R_{BC} : R_{CD} = 2R_1 : -3R_1 : 2R_1$$

因此

$$FM_{AB} = FM_{BA} = -\frac{6EI\Delta_{AB}}{l_{AB}^2} = -\frac{6EI}{25}(2R_1) = -40^{\text{k-ft}} \qquad （假設 R_1 = \frac{250}{3EI}）$$

$$FM_{BC} = FM_{CB} = -\frac{6EI\Delta_{BC}}{l_{BC}^2} = -\frac{6EI}{20}(-3R_1) = 75^{\text{k-ft}}$$

節點	A	B		C		D
桿端	AB	BA	BC	CB	CD	DC
k	—	8	15			
DF	—	$\dfrac{8}{23}$	$\dfrac{15}{23}$			
COF	—	$\overset{\longleftarrow}{\dfrac{1}{2}}$	0			
FM	−40	−40	75			
DM		− 12.17	−22.83			
COM	− 6.09					
$\Sigma M'$	− 46.09	− 52.17	52.17	52.17	−52.17	−46.09

由 $M_2 = M° + aM'$ 得

$$M_{AB2} = M_{DC2} = 0 - 46.09\,a = -46.09\,a \tag{3}$$

$$M_{BA2} = M_{CD2} = 0 - 52.17\,a = -52.17\,a \tag{4}$$

$$M_{BC2} = M_{CB2} = 0 + 52.17\,a = 52.17\,a \tag{5}$$

4. 求解修正係數 a

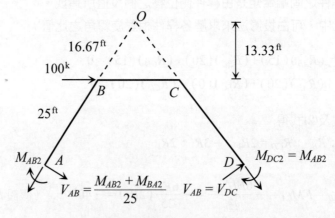

(e) $ABCD$ 自由體

取 $ABCD$ 段為自由體，如圖(e)所示，由

$+\circlearrowright\Sigma M_o = 0$　得

$$2M_{AB2} - 2\left(\frac{M_{AB2} + M_{BA2}}{25}\right)(25 + 16.67) - (100)(13.33) = 0 \tag{6}$$

將(3)式及(4)式代入(6)式，解得

$a = 5.67$

5. 各桿端彎矩值及剪力值

將 a 值代入(3)～(5)式後，可得出反對稱剛架之各桿端彎矩值。最後，將對稱剛架及反對稱剛架之桿端彎矩相疊加，即可得出原剛架各桿件之桿端彎矩值：

$$M_{AB} = (38.46) + (-46.09 \times 5.67) = -222.87^{k-ft}$$

$$M_{BA} = (76.92) + (-52.17 \times 5.67) = -218.88^{k-ft}$$

$M_{BC} = (-76.92) + (52.17 \times 5.67) = 218.88^{k-ft}$

$M_{CB} = (76.92) + (52.17 \times 5.67) = 372.72^{k-ft}$

$M_{CD} = (-76.92) + (-52.17 \times 5.67) = -372.72^{k-ft}$

$M_{DC} = (-38.46) + (-46.09 \times 5.67) = -299.79^{k-ft}$

當桿端彎矩求得後，由各桿件力的平衡可以得出各桿端之剪力值，如圖(f)所示。

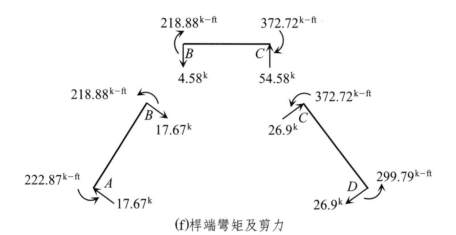

(f)桿端彎矩及剪力

例題 15-32

試求下圖所示剛架各桿端彎矩值。$I_1 = \dfrac{5}{4}I$，$I_2 = \dfrac{6}{4}I$，$I_3 = I$。

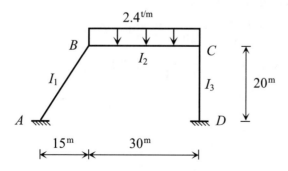

解

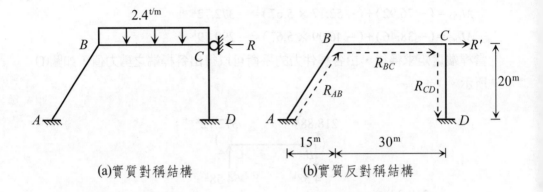

(a)實質對稱結構　　　　　　(b)實質反對稱結構

1. 建立基本資料

$$k_{BA} = \frac{I_1}{25} = \frac{I}{20} \;;\; k_{BC} = k_{CB} = \frac{I_2}{30} = \frac{I}{20} \;;\; k_{CD} = \frac{I_3}{20} = \frac{I}{20}$$

$$DF_{BA} = DF_{BC} = DF_{CB} = DF_{CD} = \frac{1}{2}$$

2. 束制桿件側位移時之桿端彎矩

由圖(a)可知，此時桿件之固端彎矩是由載重所造成。

$$FM_{AB} = FM_{BA} = FM_{CD} = FM_{DC} = 0^{\text{t-m}}$$

$$-FM_{BC} = FM_{CB} = +\frac{\omega l^2}{12} = +\frac{(2.4)(30)^2}{12} = +180^{\text{t-m}}$$

在圖(a)所示之結構中，幾何構架雖非對稱，但對應點之固端彎矩呈對稱且實質對稱之桿件在相互對應點處具有相同之勁度分配，因此為一無桿件側位移之實質對稱結構，故可採用取全做半法進行分析，此時 BC 桿件（具對稱變形）之 k 值與 COF 值修正如下：

$$修正的\; k_{BC} = \frac{1}{2}\left(\frac{I_2}{30}\right) = \frac{I}{40} \;;\; 修正的\; COF_{BC} = 0$$

相對 k 值為，$k_{BA} : k_{BC} = \frac{I}{20} : \frac{I}{40} = 2 : 1$

節　點	A	B		C		D
桿端	AB	BA	BC	CB	CD	DC
k	—	2	1			
DF	—	$\dfrac{2}{3}$	$\dfrac{1}{3}$			
COF	— ←	$\dfrac{1}{2}$	0			
FM	0	0	-180			
DM		120	60			
COM	60					
$\Sigma M°$	60	120	-120	120	-120	-60

3. 由桿件側位移之假設值所造成之桿端彎矩

此時桿件之固端彎矩是由桿件側位移之假設值所造成。

於圖(b)中，可由投影法來求解各桿件相對旋轉角之比值：

$$\xrightarrow{+}\ (R_{AB})(15)+(R_{BC})(30)+(R_{CD})(0)=0 \tag{1}$$

$$+\uparrow(R_{AB})(20)+(R_{BC})(0)-(R_{CD})(20)=0 \tag{2}$$

解(1)式及(2)式得

$$R_{AB}:R_{BC}:R_{CD}=R_1\ :\ -\frac{R_1}{2}:R_1$$

因此

$$FM_{AB}=FM_{BA}=-\frac{6EI\Delta_{AB}}{l_{AB}^2}=-\frac{3EI}{10}R_1=-10^{\text{t-m}}\qquad（假設\ R_1=\frac{100}{EI}）$$

$$FM_{BC}=FM_{CB}=-\frac{-6EI\Delta_{BC}}{l_{BC}^2}=\frac{3EI}{20}R_1=5^{\text{t-m}}$$

由上可知，在圖(b)所示之結構中，幾何構架雖非對稱，但對應點之固端彎矩呈反對稱且實質反對稱之桿件在相互對應點處具有相同之勁度分配，因此為一實質反對稱之結構，故可採用取全做半法進行分析，此時 BC 桿件（具反對稱變形）之 k 值與 COF 值修正如下：

修正的 $k_{BC} = \dfrac{3}{2}\left(\dfrac{I_2}{30}\right) = \dfrac{3I}{40}$ ；修正的 $COF_{BC} = 0$

相對 k 值為，$k_{BA} : k_{BC} = \dfrac{I}{20} : \dfrac{3I}{40} = 2 : 3$

節點	A	B		C		D
桿端	AB	BA	BC	CB	CD	DC
k	—	2	3			
DF	—	$\dfrac{2}{5}$	$\dfrac{3}{5}$			
COF	— ←	$\dfrac{1}{2}$	0			
FM	-10	-10	5			
DM		2	3			
COM	1					
$\Sigma M'$	-9	-8	8	8	-8	-9

4.各桿件待解之桿端彎矩

　由 $M = M^\circ + aM'$ 　得

$$M_{AB} = 60 - 9a \tag{1}$$
$$M_{BA} = 120 - 8a \tag{2}$$
$$M_{BC} = -120 + 8a \tag{3}$$
$$M_{CB} = 120 + 8a \tag{4}$$
$$M_{CD} = -120 - 8a \tag{5}$$
$$M_{DC} = -60 - 9a \tag{6}$$

5.求解修正係數 a

　取 $ABCD$ 為自由體（涵蓋 Δ），如圖(c)所示，由 $+\circlearrowleft \Sigma M_o = 0$，得

$$-M_{AB} - M_{DC} + \frac{(2.4)(30)^2}{2} + \left(\frac{M_{AB} + M_{BA}}{25}\right)(75) + \left(\frac{M_{CD} + M_{DC}}{20}\right)(60) = 0 \tag{7}$$

將(1)式、(2)式、(5)式及(6)式代入(7)式中解得

$a = 12.86$

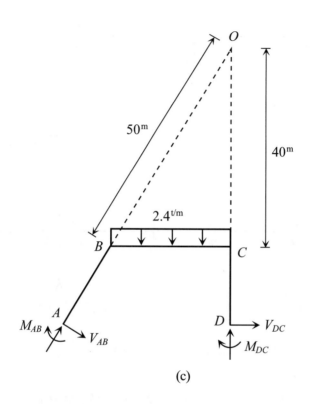

(c)

6. 各桿件實際之桿端彎矩值

將 a 值代入(1)～(6)式中得

$M_{AB} = -55.74^{t-m}$　（↶）

$M_{BA} = +17.12^{t-m}$　（↷）

$M_{BC} = -17.12^{t-m}$　（↶）

$M_{CB} = +222.88^{t-m}$　（↷）

$M_{CD} = -222.88^{t-m}$　（↶）

$M_{DC} = -175.74^{t-m}$　（↶）

例題 15-33

試繪下圖所示結構之彎矩圖。EI 為常數，$EA = \dfrac{6EI}{l^2}$。

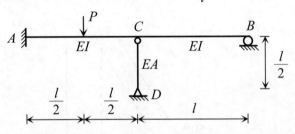

解

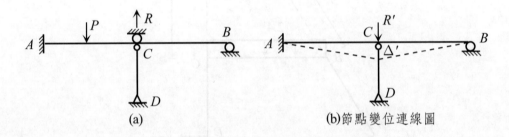

(a)　　　　　　　　　　　(b)節點變位連線圖

CD 桿件之 EA 值非無限大，受軸力作用後將會產生軸向變形（如同彈簧構件），此時宜採用旋轉勁度 K 來進行分析。

$M_{CD} = M_{DC} = M_{BC} = 0$，故待求之桿端彎矩為 M_{AC}，M_{CA} 及 M_{CB}

1. 建立基本資料

　　AC 桿件：A 端為固定支承，C 端為剛性節點

$$K_{CA} = \frac{4EI}{l} \; ; \; COF_{CA} = \frac{1}{2}$$

　　CB 桿件：C 端為剛性節點，B 端為鉸支承

　　修正的 $K_{CB} = \dfrac{3EI}{l} \; ; \; COF_{CA} = 0$

　　相對 K 值為，$K_{CA} : K_{CB} = \dfrac{4EI}{l} : \dfrac{3EI}{l} = 4 : 3$

2. 束制桿件側位移時之桿端彎矩

　　由圖(a)可知，桿件之固端彎矩是由載重所造成，由表 11-2 得

$$- FM_{AC} = FM_{CA} = \frac{Pl}{8}$$

節點	A	C	
桿端	AC	CA	CB
k	—	4	3
DF	—	$\frac{4}{7}$	$\frac{3}{7}$
COF	— $\longleftarrow$	$\frac{1}{2}$	0
FM	$-\frac{1}{8}Pl$	$\boxed{\frac{1}{8}Pl}$	0
DM		$-\frac{4}{56}Pl$	$-\frac{3}{56}Pl$
COM	$-\frac{2}{56}Pl$		
$\Sigma M°$	$-\frac{9}{56}Pl$	$\frac{3}{56}Pl$	$-\frac{3}{56}Pl$

3. 由桿件側位移之假設值 Δ' 所造成之桿端彎矩

由圖(b)可知，桿件之固端彎矩是由桿件側位移之假設值 Δ' 所造成，由表 11-3 及表 11-5 得

$$FM_{AC} = FM_{CA} = -\frac{6EI\Delta'}{l^2} = -14 \qquad （假設 \Delta' = \frac{7l^2}{3EI}）$$

$$HM_{CB} = \frac{3EI\Delta'}{l^2} = 7$$

節點	A	C	
桿端	AC	CA	CB
k	—	4	3
DF	—	$\frac{4}{7}$	$\frac{3}{7}$
COF	— $\longleftarrow$	$\frac{1}{2}$	0
FM	−14	$\boxed{-14}$	7
DM		4	3
COM	2		
$\Sigma M'$	−12	−10	10

4.各桿件待解之桿端彎矩

由 $M = M° + aM'$ 得

$$M_{AC} = -\frac{9}{56}Pl - 12a \tag{1}$$

$$M_{CA} = \frac{3}{56}Pl - 10a \tag{2}$$

$$M_{CB} = -\frac{3}{56}Pl + 10a \tag{3}$$

5.求解修正係數 a

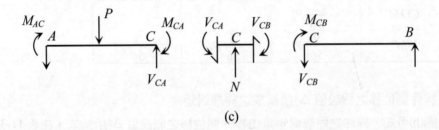

(c)

CD桿件之軸力為 $N = \dfrac{EA}{(l/2)}(a\Delta') = \left(\dfrac{12EI}{l^3}\right)(a)\left(\dfrac{7l^2}{3EI}\right) = \dfrac{28}{l}a$

取 C 點為自由體，

由 $\Sigma F_\Delta = \Sigma F_y = 0$ 得

$-V_{CA} + N + V_{CB} = 0$

即 $-\left(\dfrac{M_{AC} + M_{CA} + \frac{1}{2}Pl}{l}\right) + \dfrac{28}{l}a + \dfrac{M_{CB}}{l} = 0$

解得 $a = \dfrac{5}{672}Pl$

6.各桿件實際之桿端彎矩

將得出之 a 值代入(1)～(3)式後，整理得出

$M_{AC} = -\dfrac{1}{4}Pl$; $M_{CA} = -\dfrac{1}{48}Pl$; $M_{CB} = \dfrac{1}{48}Pl$;

$M_{CD} = M_{DC} = M_{BC} = 0$

7.繪彎矩圖

彎矩圖如圖(d)所示。

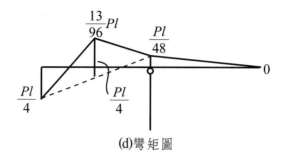

$$\frac{13}{96}Pl$$

$$\frac{Pl}{48}$$

$$\frac{Pl}{4}$$

$$\frac{Pl}{4}$$

0

(d)彎矩圖

例題 15-34

下圖所示為不均等斷面梁 AC，AC 梁中點 B 連接一彈簧支承。此彈簧之彈性係數為 k，$k = \dfrac{10EI}{l^3}$，試求此梁各支承處之反力。

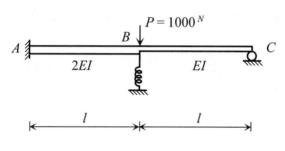

$P = 1000^N$

解

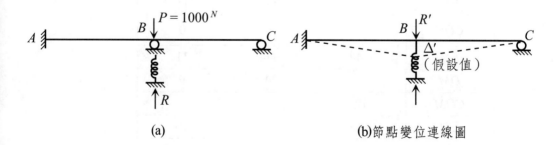

$P = 1000^N$

R'

Δ'（假設值）

(a)　　　　　　　(b)節點變位連線圖

具彈簧構件，AB 桿件及 BC 桿件宜採旋轉勁度 K 進行分析。

1. 基本資料

　　AB 桿件：A 端為固定支承，B 端為剛性節點

　　$K_{BA} = \dfrac{4(2EI)}{l} = \dfrac{8EI}{l}$; $COF_{BA} = \dfrac{1}{2}$

　　BC 桿件：B 端為剛性節點，C 端為輥支承

　　　修正的 $K_{BC} = \dfrac{3EI}{l}$; 修正的 $COF_{BC} = 0$

　　相對 K 值為，$K_{BA} : K_{BC} = \dfrac{8EI}{l} : \dfrac{3EI}{l} = 8 : 3$

2. 束制桿件側位移時之桿端彎矩

　　此時桿件之固端彎矩是由載重所造成。由圖(a)可知，載重 P 係作用在節點上而非桿件上，故各桿件均無固端彎矩產生，因而各桿端彎矩值（$M°$）均應為零。

3. 由桿件側位移之假設值 Δ' 所造成之桿端彎矩

　　此時桿件之固端彎矩是由桿件側位移之假設值 Δ' 所造成。

　　由圖(b)可知

　　$FM_{AB} = FM_{BA} = -\dfrac{6(2EI)\Delta'}{l^2} = -\dfrac{12EI\Delta'}{l^2} = -44$ 　（假設 $\Delta' = \dfrac{44\,l^2}{12\,EI}$）

　　$HM_{BC} = \dfrac{3EI\Delta'}{l^2} = 11$

節點	A	B	
桿端	AB	BA	BC
k	—	8	3
DF	—	$\dfrac{8}{11}$	$\dfrac{3}{11}$
COF	— ←	$\dfrac{1}{2}$	0
FM	−44	−44	11
DM		24	9
COM	12 ←		
$\Sigma M'$	−32	−20	20

4.各桿件待解之桿端彎矩

由 $M = M° + aM'$ 得

$$M_{AB} = 0 - 32\,a = -32\,a \tag{1}$$

$$M_{BA} = 0 - 20\,a = -20\,a \tag{2}$$

$$M_{BC} = 0 + 20\,a = 20\,a \tag{3}$$

5.求解修正係數 a

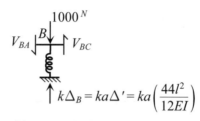

(c) B 點自由體

取 B 點為自由體（涵蓋 Δ_B），如圖(c)所示，由

$+\uparrow \Sigma F_\Delta = \Sigma F_y = 0$ 得

$$- V_{BA} - 1000\,N + k\Delta_B + V_{BC} = 0$$

$$-\left(\frac{M_{AB} + M_{BA}}{l}\right) - 1000 + \left(\frac{10EI}{l^3}\right)(a)\left(\frac{44l^2}{12EI}\right) + \left(\frac{M_{BC}}{l}\right) = 0 \tag{4}$$

將(1)～(3)式代入(4)式，解得

$$a = 9.2025\,l$$

6.求各支承反力

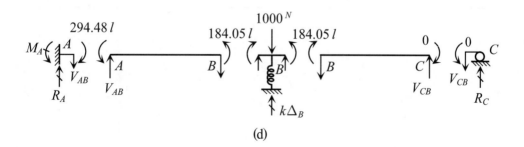

(d)

(1) $R_B = k\Delta_B = ka\Delta' = \left(\dfrac{10EI}{l^3}\right)(9.2025\,l)\left(\dfrac{44l^2}{12EI}\right) = 337.4^N$　（↑）

(2)將 a 值代入(1)式及(2)式，得 $M_{AB} = -294.48\,l$，$M_{BA} = -184.05\,l$

取 AB 桿件為自由體，由 $\Sigma M_B = 0$，得 $V_{AB} = 478.53^N$，再由 A 點自由體的平衡關係，可得

$R_A = 478.53^N$　（↑）；$M_A = 294.48\,l$　（↺）

(3)將 a 值代入(3)式，得 $M_{BC} = 184.05\,l$

取 BC 桿件為自由體，由 $\Sigma M_B = 0$，得 $V_{CB} = 184.05^N$，再由 C 點自由體的平衡關係，可得

$R_C = 184.05^N$　（↑）

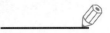

例題 15-35

於下圖所示剛架，試求 A 點的彎矩及 B 點的水平位移。$k = \dfrac{3EI}{32}$。

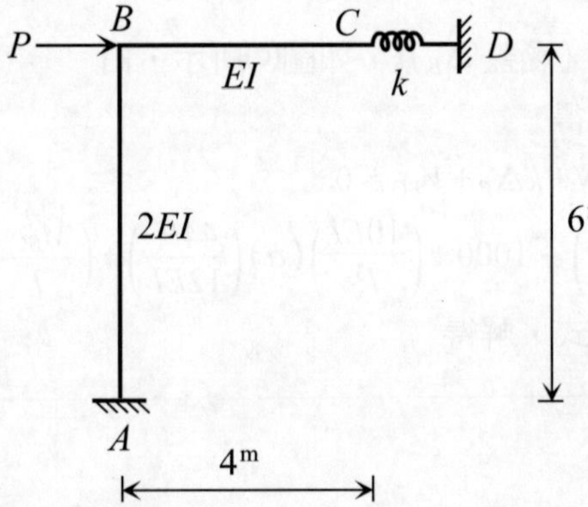

解

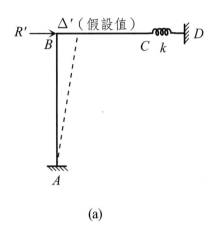

(a)

具彈簧構件，AB 桿件及 BC 桿件宜採旋轉勁度 K 進行分析。

直線彈簧不具抗彎能力，因此 $M_{CB} = 0$。

1. 基本資料

　　AB 桿件：A 端為固定支承，B 端為剛性節點

　　　$K_{BA} = \dfrac{4(2EI)}{6} = \dfrac{4EI}{3}$; $COF_{BA} = \dfrac{1}{2}$

　　BC 桿件：B 端為剛性節點，C 端視同外側簡支端（因 $M_{CB} = 0$）

　　　修正的 $K_{BC} = \dfrac{3EI}{4}$; 修正的 $COF_{BC} = 0$

　　相對 K 值為，$K_{BA} : K_{BC} = \dfrac{4EI}{3} : \dfrac{3EI}{4} = 16 : 9$

2. 束制桿件側位移時之桿端彎矩

　　載重 P 係作用在節點上而非桿件上，故各桿件均無固端彎矩，因而各桿端彎矩值（$M°$）均為零。

3. 由桿件側位移之假設值 Δ' 所造成之桿端彎矩

　　由圖(a)知

　　　$FM_{AB} = FM_{BA} = -\dfrac{6(2EI)\Delta'}{(6)^2} = -\dfrac{EI\Delta'}{3} = -25$　　（假設 $\Delta' = \dfrac{75}{EI}$）

節點	A	B	
桿端	AB	BA	BC
k	—	16	9
DF	—	$\dfrac{16}{25}$	$\dfrac{9}{25}$
COF	—	$\dfrac{1}{2}$	0
FM	-25	-25	0
DM		16	9
COM	8		
$\Sigma M'$	-17	-9	9

4. 各桿件待解之桿端彎矩

由 $M = M° + aM'$ 得

$$M_{AB} = 0 - 17a = -17a \tag{1}$$

$$M_{BA} = 0 - 9a = -9a \tag{2}$$

$$M_{BC} = 0 + 9a = 9a \tag{3}$$

5. 求解修正係數 a

$$k\Delta_B = ka\Delta' = ka\left(\frac{75}{EI}\right)$$

(b) BC 自由體

取 BC 部分為自由體（涵蓋 Δ_B），如圖(b)所示，由

$\xrightarrow{+} \Sigma F_\Delta = \Sigma F_x = 0$，得

$$P + V_{BA} - k\Delta_B = 0$$

$$P + \left(\frac{M_{AB} + M_{BA}}{6}\right) - \left(\frac{3EI}{32}\right)(a)\left(\frac{75}{EI}\right) = 0 \tag{4}$$

將(1)式、(2)式代入(4)式，解得

$a = 0.088\,P$

6. 求解 Δ_B 及 M_A

(1) $\Delta_B = a\Delta' = (0.088\,P)\left(\dfrac{75}{EI}\right) = \dfrac{6.6}{EI}\,P \qquad (\rightarrow)$

(2) 將 a 值代入(1)式後，得

$M_A = M_{AB} = -1.496\,P \qquad (\circlearrowright)$

例題 15-36

下圖所示為一連續梁，A 點順時針旋轉 0.002 rad，試利用彎矩分配法分析 C 點的垂直變位 Δ_{CV}，並繪彎矩圖。$k_1 = 150$ t-m/rad，$k_2 = 1200$ t/m，$EI = 8 \times 10^2$ t-m^2。

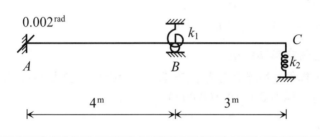

解

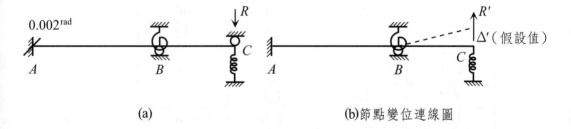

(a)	(b)節點變位連線圖

當 A 點順時針旋轉 0.002 rad 時，C 點將產生垂直變位 Δ_{CV}，而 C 點處線性彈簧之內力 $F_S = k_2\Delta_{CV}$。

1. 建立基本資料

　(1) $M_{CB} = 0^{t-m}$ 為已知值，故採用修正的 K 值、COF 值及 HM 值時，C 點可不列入分析。

　(2) 在 B 點處有 AB 桿件、BC 桿件及抗彎彈簧共同抵抗 B 點之旋轉，而各勁度分別為：（桿件與抗彎彈簧的材料性質不同，故宜用旋轉勁度 K 來進行分析）

$$K_{BA} = \frac{4EI}{l} = \frac{(4)(8 \times 10^2)}{4} = 800^{t-m} \;;\; k_1 = 150^{t-m/rad}$$

修正的 $K_{BC} = \frac{3EI}{l} = \frac{(3)(8 \times 10^2)}{3} = 800^{t-m}$

因此相對 K 值為，$K_{BA} : K_{BC} : k_1 = 16 : 16 : 3$

　(3) A 端（為固定端）、抗彎彈簧及 C 端均不考慮彎矩的分配及傳遞，因此由相對 K 值可知：

$$DF_{BA} = \frac{16}{35} \;;\; DF_{BC} = \frac{16}{35}$$

而 $COF_{BA} = \frac{1}{2}$；修正的 $COF_{BC} = 0$

2. 束制桿件側位時之桿端彎矩

　由圖(a)可知，桿件之固端彎矩是由支承旋轉所造成。由表 11-3 知：

$$FM_{AB} = \frac{4EI\theta_A}{l} = \frac{(4)(8 \times 10^2)(0.002)}{4} = 1.6^{t-m}$$

$$FM_{BA} = \frac{2EI\theta_A}{l} = 0.8^{t-m}$$

節點	A	B	
桿端	AB	BA	BC
DF	—	$\frac{16}{35}$	$\frac{16}{35}$
COF	—	$\frac{1}{2}$	0
FM	1.6	0.8	0
DM		−0.366	−0.366
COM	−0.183		
ΣM	1.417	0.434	−0.366

3. 由桿件側位移之假設值 Δ' 所造成之桿端彎矩

由圖(b)可知，桿件之固端彎矩是由桿件側位移之假設值 Δ' $\left(=\dfrac{\Delta_{CV}}{a}\right)$ 所造成，為計算上的方便，由 Δ' 所產生的固端彎矩一般可假設為分配係數（DF）中分母的倍數，亦即可令

修正的 $HM_{BC}=\dfrac{3EI\Delta'}{l^2}=35^{\text{t-m}}$　（假設 $\Delta'=\dfrac{35l^2}{3EI}$）

節點	A	B	
桿端	AB	BA	BC
DF	—	$\dfrac{16}{35}$	$\dfrac{16}{35}$
COF	— ←	$\dfrac{1}{2}$	0
FM	0	0	35
DM		-16	-16
COM	-8		
$\Sigma M'$	-8	-16	19

4. 各桿件待解之桿端彎矩

由 $M=M^\circ+aM'$ 得：

$M_{AB}=1.417-8\,a$ 　　　　　　　　　　　　　　　(1)

$M_{BA}=0.434-16\,a$ 　　　　　　　　　　　　　　(2)

$M_{BC}=-0.366+19\,a$ 　　　　　　　　　　　　　(3)

$M_{CB}=0$ 　　　　　　　　　　　　　　　　　　(4)

5. 求解修正係數 a

$$F_S=k_2\Delta_{CV}=k_2a\Delta'=k_2a\left(\dfrac{35l^2}{3EI}\right)$$

(c)

取 C 點為自由體（涵蓋 Δ_{CV}），如圖(c)所示，由

$$\Sigma F_\Delta = \Sigma F_y = 0 \; ; \; V_{CB} + F_S = 0 \; , \; 得$$

$$\frac{M_{BC} + M_{CB}}{3} + k_2 a \left(\frac{35l^2}{3EI} \right) = 0 \tag{5}$$

將(3)式、(4)式、k_2 及 EI 值等代入(5)式，可解得

　　$a = 0.00075$

6. 各桿件實際之桿端彎矩值

將(a)值代入(1)~(4)式中，得

$M_{AB} = 1.411^{\text{t-m}}$ 　（ ↻ ）

$M_{BA} = 0.422^{\text{t-m}}$ 　（ ↻ ）

$M_{BC} = -0.352^{\text{t-m}}$ 　（ ↺ ）

$M_{CB} = 0^{\text{t-m}}$

7. 求 Δ_{CV}

$$\Delta_{CV} = a\Delta' = (0.00075) \left(\frac{(35)(3)^2}{(3)(8 \times 10^2)} \right) = 0.0001^{\text{m}} \quad (\uparrow)$$

8. 繪彎矩圖

各桿端彎矩值求得後可直接繪出彎矩圖，如圖(d)所示。

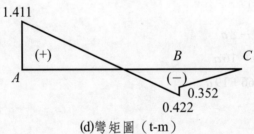

(d)彎矩圖（t-m）

討論

在彎矩圖中，B 點之彎矩跳躍值 $= 0.422 - 0.352 = 0.07^{\text{t-m}}$ 係為抗彎彈簧所承受之彎矩值。

例題 15-37

於下圖所示之剛架結構，A 端下陷 0.01 m，D 端向右移 0.02 m，試以彎矩分配法分析之，並繪彎矩圖，$EI = 8 \times 10^4$ t-m²。

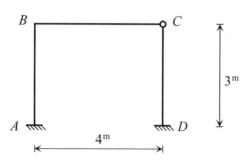

解

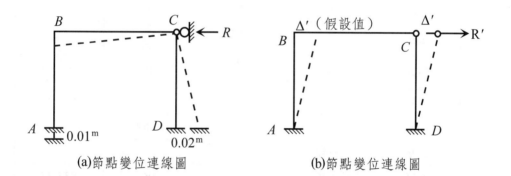

(a)節點變位連線圖　　　　(b)節點變位連線圖

C 點為鉸接續，$M_{CB} = M_{CD} = 0^{\text{t-m}}$ 為已知值，故 C 點可不列入分析。

1. 建立基本資料

　AB 桿件：A 端為固定支承，B 端為剛性節點

　　$k_{BA} = \dfrac{I}{3}$; $COF_{BA} = \dfrac{1}{2}$

　BC 桿件：B 端為剛性節點，C 端為鉸接續

　　修正的 $k_{BC} = \dfrac{3}{4}(\dfrac{I}{4}) = \dfrac{3I}{16}$; 修正的 $COF_{BC} = 0$

CD 桿件：C 端為鉸接續；D 端為固定支承

　　C 點可不列入分析；D 端不計 k 值及 COF 值。

相對 k 值為　　$k_{BA} : k_{BC} = \dfrac{I}{3} : \dfrac{3I}{16} = 16 : 9$

2. 束制桿件側位移時之桿端彎矩

　　由圖(a)可知，各桿件之固端彎矩均是由支承移動所造成。由表 11-5 知：

修正的 $HM_{BC} = \dfrac{3EI\Delta}{l^2} = \dfrac{(3)(8 \times 10^4)(0.01)}{(4)^2} = 150^{t\text{-}m}$　　（由 A 端下陷 0.01 m 造成）

修正的 $HM_{DC} = \dfrac{3EI\Delta}{l^2} = \dfrac{(3)(8 \times 10^4)(0.02)}{(3)^2} = 533.33^{t\text{-}m}$　　（由 D 端右移 0.02 m 造成）

節　點	A	B		D
桿　端	AB	BA	BC	DC
k	—	16	9	—
DF		$\dfrac{16}{25}$	$\dfrac{9}{25}$	
COF	—	$\dfrac{1}{2}$	0	—
FM	0	0	150	533.33
DM		−96	−54	
COM	−48			
ΣM	−48	−96	96	533.33

3. 由桿件側位移之假設值 Δ' 所造成之桿端彎矩。

　　由圖(b)可知，各桿件之固端彎矩是由桿件側位移之假設值 Δ' 所造成。由表 11-3 及表 11-5 可得：

$$FM_{AB} = FM_{BA} = -\frac{6EI\Delta'}{(3)^2} = -50^{t\text{-}m}$$　　（假設 $\Delta' = \dfrac{75}{EI}$）

修正的 $HM_{DC} = -\dfrac{3EI\Delta'}{(3)^2} = -25^{t\text{-}m}$

節點	A	B		D
桿端	AB	BA	BC	DC
k	—	16	9	—
DF	—	$\dfrac{16}{25}$	$\dfrac{9}{25}$	—
COF	—	$\dfrac{1}{2}$	0	—
FM	-50	-50	0	-25
DM		32	18	
COM	16			
$\Sigma M'$	-34	-18	18	-25

4.各桿件待解之桿端彎矩

由 $M = M^{\circ} + aM'$ 得

$$M_{AB} = -48 - 34a \tag{1}$$

$$M_{BA} = -96 - 18a \tag{2}$$

$$M_{BC} = 96 + 18a \tag{3}$$

$$M_{DC} = 533.33 - 25a \tag{4}$$

5.求解修正係數 a

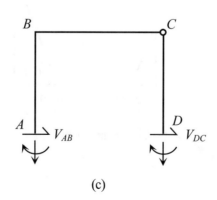

(c)

取 $ABCD$ 為自由體（涵蓋Δ），如圖(c)所示，由

$\Sigma F_{\Delta} = \Sigma F_x = 0$；$V_{AB} + V_{DC} = 0$，得

$$\frac{M_{AB}+M_{BA}}{3}+\frac{M_{DC}}{3}=0 \tag{5}$$

將(1)式、(2)式及(4)式代入(5)式中，解得

$a = 5.056$

6. 各桿件實際之桿端彎矩值

將 a 值代入(1)～(4)式中，得

$M_{AB} = -219.9^{t-m}$（↺）

$M_{BA} = -187.0^{t-m}$（↺）

$M_{BC} = 187.0^{t-m}$（↻）

$M_{DC} = 406.9^{t-m}$（↻）

且 $M_{CB} = M_{CD} = 0^{t-m}$

7. 繪彎矩圖

各桿端彎矩值求得後，可直接繪出彎矩圖，如圖(d)所示。

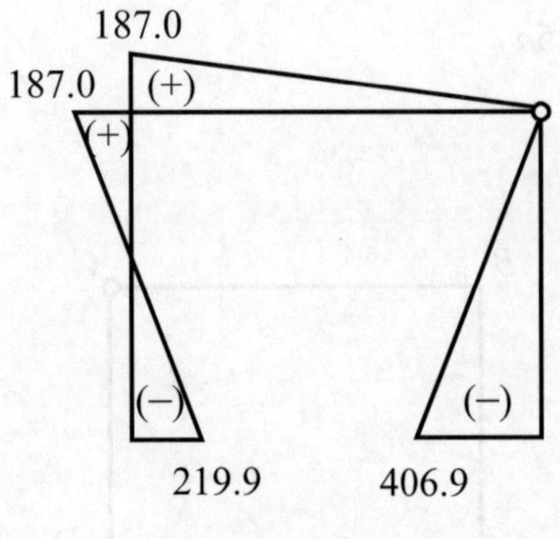

(d)彎矩圖（t-m）

例題 15-38

於下圖所示剛架中，A 點向右移動 0.1in，D 點下陷 0.1in 並順時針方向旋轉 0.002rad，試用彎矩分配法求各桿端彎矩，$EI=10000$ k-ft²。

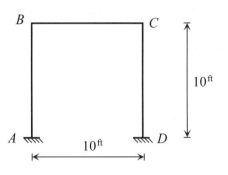

解

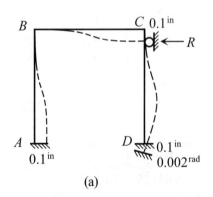

(a)

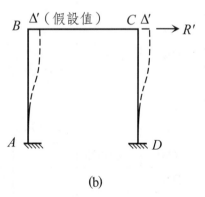

(b)

1. 建立基本資料

A 點、D 點為固定支承；B 點、C 點為剛性節點，

故相對 k 值為 $k_{AB} : k_{BC} : k_{CD} = \dfrac{I}{10} : \dfrac{I}{10} : \dfrac{I}{10} = 1 : 1 : 1$

$COF_{BA} = COF_{BC} = COF_{CB} = COF_{CD} = \dfrac{1}{2}$

2. 束制桿件側位移時之桿端彎矩

由圖(a)可知，各桿件之固端彎矩均是由支承移動所造成：（見表 11-3）

(1)由 A 點向右移動 0.1 in 所造成之固端彎矩

$$FM_{AB} = FM_{BA} = \frac{6EI\Delta_{AB}}{l_{AB}^2} = \frac{(6)(10000)(0.1/12)}{(10)^2} = 5^{\text{k-ft}}$$

(2)由 D 點下陷 0.1 in 所造成之固端彎矩

$$FM_{BC} = FM_{CB} = -\frac{6EI\Delta_{BC}}{l_{BC}^2} = -\frac{(6)(10000)(0.1/12)}{(10)^2} = -5^{\text{k-ft}}$$

(3)由 D 順時針旋轉 0.002 rad 所造成之固端彎矩

$$FM_{DC} = \frac{4EI\theta_D}{l_{DC}} = \frac{4(10000)(0.002)}{(10)} = 8^{\text{k-ft}}$$

$$FM_{CD} = \frac{2EI\theta_D}{l_{DC}} = \frac{2(10000)(0.002)}{(10)} = 4^{\text{k-ft}}$$

節點	A	B		C		D
桿端	AB	BA	BC	CB	CD	DC
k	—	1	1	1	1	—
DF	—	$\frac{1}{2}$	$\frac{1}{2}$	$\frac{1}{2}$	$\frac{1}{2}$	—
COF	— ←	$\frac{1}{2}$	$\frac{1}{2}$ ←	$\frac{1}{2}$	$\frac{1}{2}$ →	—
FM	5	5	−5	−5	4	8
DM		0	0	0.5	0.5	
COM	0		0.25	0		0.25
DM		−0.125	−0.125			
COM	−0.0625			−0.0625		
DM				0.03125	0.03125	
COM			0.0156			0.0156
DM		−0.008	−0.008			
$\Sigma M°$	4.94	4.87	−4.87	−4.53	4.53	8.27

3. 由桿件之側位移假設值 Δ' 所造成之桿端彎矩

　由圖(b)可知，此部份屬於反對稱結構，可採取全做半法進行分析

　修正的 $k_{BC} = (\frac{3}{2})(\frac{I}{l}) = \frac{3I}{20}$ ；修正的 $COF_{BC} = 0$

相對 k 值為，$k_{BA} : k_{BC} = \dfrac{I}{10} : \dfrac{3I}{20} = 2 : 3$

桿件之固端彎矩此時是由桿件側位移之假設值 Δ' 所造成：（見表 11-3）

$$FM_{AB} = FM_{BA} = -\dfrac{6EI\Delta'}{l_{AB}^2} = -\dfrac{6(10000)\Delta'}{(10)^2} = -5^{\,k\text{-}ft} \quad (假設 \Delta' = \dfrac{1}{120})$$

節點	A	B		C		D
桿端	AB	BA	BC	CB	CD	DC
k	—	2	3			
DF	—	$\dfrac{2}{5}$	$\dfrac{3}{5}$			—
COF	—	$\leftarrow \dfrac{1}{2}$	0			
FM	-5	-5	0			
DM		2	3			
COM	1					
$\Sigma M'$	-4	-3	3	3	-3	-4

4.各桿件待解之桿端彎矩

由 $M = M° + aM'$ 得

$$M_{AB} = 4.94 - 4a \tag{1}$$

$$M_{BA} = 4.87 - 3a \tag{2}$$

$$M_{BC} = -4.87 + 3a \tag{3}$$

$$M_{CB} = -4.53 + 3a \tag{4}$$

$$M_{CD} = 4.53 - 3a \tag{5}$$

$$M_{DC} = 8.27 - 4a \tag{6}$$

5.求解修正係數 a

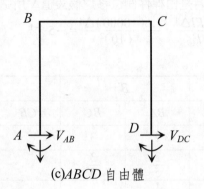

(c)$ABCD$ 自由體

取$ABCD$自由體，如圖(c)所示，由

$\Sigma F_\Delta = \Sigma F_x = 0$得

$V_{AB} + V_{DC} = 0$

即 $\left(\dfrac{M_{AB} + M_{BA}}{l_{AB}}\right) + \left(\dfrac{M_{CD} + M_{DC}}{l_{CD}}\right) = 0$

解得 $a = 1.615$

6.各桿件實際之桿端彎矩值

將a值代入(1)～(6)式後，得

$M_{AB} = -1.52^{\text{k-ft}}$

$M_{BA} = 0.025^{\text{k-ft}}$

$M_{BC} = -0.025^{\text{k-ft}}$

$M_{CB} = 0.315^{\text{k-ft}}$

$M_{CD} = -0.315^{\text{k-ft}}$

$M_{DC} = 1.81^{\text{k-ft}}$

例題 15-39

在下圖所示之剛架中，$E = 2.1 \times 10^6 \, \text{kg/cm}^2$，斷面寬 5 公分，高 10 公分，膨脹係數 $\alpha = 12 \times 10^{-6}/°\text{C}$，若內部溫度 T_1 較外部溫度 T_2 低 15℃，試用彎矩分配法分析 C 點的水平位移 Δ_{CH}，並繪彎矩圖。

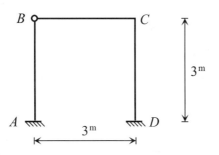

解

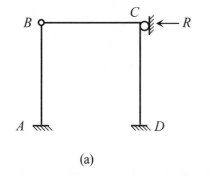

斷面之 $I = \dfrac{bh^3}{12} = \dfrac{(5)(10)^3}{12} = 416.67^{\text{cm}^4}$

$EI = (2.1 \times 10^6)(416.67) = 8.75 \times 10^{8 \, \text{kg-cm}^2} = 87.5^{\text{t-m}^2}$

B 點為鉸接續，$M_{BA} = M_{BC} = 0^{\text{t-m}}$ 為已知值，故 B 點可不列入分析。

1. 建立基本資料

　AB 桿件：A 端為固定支承，B 端為鉸接續

　　B 點不列入分析；A 端不計 k 值及 COF 值。

BC桿件：B端為鉸接續，C端為剛性節點

修正的 $k_{CB} = \dfrac{3}{4}(\dfrac{I}{3}) = \dfrac{I}{4}$ ；修正的$COF_{CB} = 0$

CD桿件：C端為剛性節點，D端為固定支承

$k_{CD} = \dfrac{I}{3}$ ；$COF_{CD} = \dfrac{1}{2}$

相對k值為，$k_{CB} : k_{CD} : = \dfrac{I}{4} : \dfrac{I}{3} = 3 : 4$

2. 束制桿件側位移時之桿端彎矩

由圖(a)知，各桿件之固端彎矩均是由溫差效應所造成

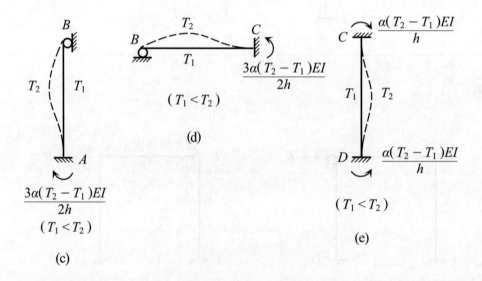

(c)

(d)

(e)

由(c)、圖(d)及圖(e)所示之公式，可計算出由溫差效應所得到各桿件之固端彎矩：

修正的 $HM_{AB} = \dfrac{3\alpha(T_2 - T_1)EI}{2h} = \dfrac{(3)(12 \times 10^{-6})(15)(87.5)}{2(0.1)} = 0.24^{\text{t-m}}$

修正的 $HM_{CB} = -\dfrac{3\alpha(T_2 - T_1)EI}{2h} = -0.24^{\text{t-m}}$

$FM_{CD} = -FM_{DC} = \dfrac{\alpha(T_2 - T_1)EI}{h} = \dfrac{(12 \times 10^{-6})(15)(87.5)}{(0.1)} = 0.16^{\text{t-m}}$

節點	A	C		D
桿端	AB	CB	CD	DC
k	—	3	4	—
DF	—	$\dfrac{3}{7}$	$\dfrac{4}{7}$	—
COF	—	0	$\dfrac{1}{2}$ →	—
FM	0.24	−0.24	0.16	−0.16
DM		0.03	0.05	
COM				0.03
ΣM°	0.24	−0.21	0.21	−0.13

3. 由桿件側位移之假設值Δ′所造成之桿端彎矩

由圖(b)知，各桿件之固端彎矩均是由桿件側位移之假設值Δ′所造成。由表 11-5 及表 11-3 可得：

修正的 $HM_{AB} = -\dfrac{3EI\Delta'}{(3)^2} = -7^{\text{t-m}}$　　（假設 $\Delta' = \dfrac{21}{EI}$ ）

$FM_{CD} = FM_{DC} = -\dfrac{6EI\Delta'}{(3)^2} = -14^{\text{t-m}}$

節點	A	C		D
桿端	AB	CB	CD	DC
k	—	3	4	—
DF	—	$\dfrac{3}{7}$	$\dfrac{4}{7}$	—
COF	—	0	$\dfrac{1}{2}$ →	—
FM	−7	0	−14	−14
DM		6	8	
COM				4
$\Sigma M'$	−7	6	−6	−10

4.各桿件待解之桿端彎矩

由 $M = M^{\circ} + aM'$ 得

$$M_{AB} = 0.24 - 7a \tag{1}$$

$$M_{CB} = -0.21 + 6a \tag{2}$$

$$M_{CD} = 0.21 - 6a \tag{3}$$

$$M_{DC} = -0.13 - 10a \tag{4}$$

5.求解修正係數 a

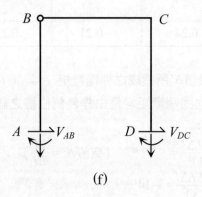

(f)

取 $ABCD$ 為自由體（涵蓋Δ），如圖(f)所示，由

$\Sigma F_{\Delta} = \Sigma F_x = 0$ ； $V_{AB} + V_{DC} = 0$ ，得

$$\frac{M_{AB}}{3} + \frac{M_{CD} + M_{DC}}{3} = 0 \tag{5}$$

將(1)式、(3)式及(4)式代入(5)式中，解得

$a = 0.0139$

6.求 Δ_{CH}

$$\Delta_{CH} = a\Delta' = (0.0139)(\frac{21}{87.5}) = 0.0033^{m} \ (\rightarrow)$$

7.各桿件實際之桿端彎矩值及彎矩圖

將 a 值代入(1)～(4)式可求得各桿端彎矩值，彎矩圖如圖(g)所示。

$M_{AB} = 0.14^{\text{t-m}}$ （ ↻ ）

$M_{CB} = -0.13^{\text{t-m}}$ （ ↺ ）

$M_{CD} = 0.13^{\text{t-m}}$ （ ↻ ）

$M_{DC} = -0.27^{\text{t-m}}$ （ ↺ ）

且 $M_{BA} = M_{BC} = 0^{\text{t-m}}$

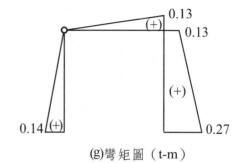

(g)彎矩圖（t-m）

例題 15-40

在下圖所示的靜不定梁中，*AB* 段的 *EI* 值為無限大，試利用彎矩分配法分析其彎矩圖。

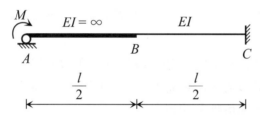

解

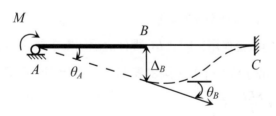

(a)彈性變形曲線

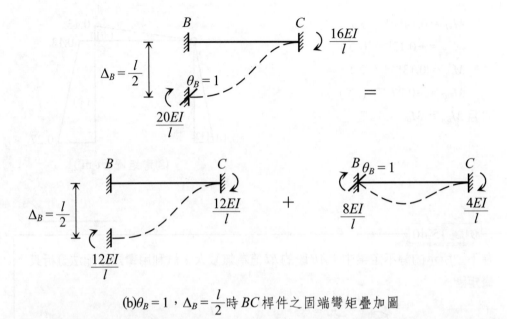

(b)$\theta_B = 1$，$\Delta_B = \dfrac{l}{2}$ 時 BC 桿件之固端彎矩疊加圖

由第三章可知，原結構彎矩圖的變化點是在 A 點及 C 點（即集中力或集中力矩所在處），因而 A 點、C 點間之彎矩圖將呈一傾斜直線，所以只要知道 A 點及 C 點的彎矩值即可繪出彎矩圖。

由於 $M_a = M$ 為一已知值，故只需將傳遞係數 COF_{AC} 求得，即可得出 M_C 值。

圖(a)所示為結構之彈性變形曲線圖。

在 AB 桿件中，由於 EI 值為無限大，因此 AB 桿件受力後將呈剛體變形（見圖(a)），即 $\theta_A = \theta_B$，$\Delta_B = (\theta_A)(\dfrac{l}{2})$

由於 BC 桿件上無載重作用，因此 BC 桿件之固端彎矩是由 θ_B 及 Δ_B 所造成，若假設 $\theta_B = 1$（此時 $\Delta_B = \dfrac{l}{2}$），則由表 11-3 可得出固端彎矩：（見圖(b)）

$$FM_{BC} = \frac{12EI}{l} + \frac{8EI}{l} = \frac{20EI}{l}$$

$$FM_{CB} = \frac{12EI}{l} + \frac{4EI}{l} = \frac{16EI}{l}$$

故由 $\theta_B = 1$，$\Delta_B = \dfrac{l}{2}$ 所造成 BC 桿件之桿端彎矩為：（BC 桿件可視為兩端均為固定支承之單跨靜不定梁，如圖(b)所示，因而可不計對應的 k 值，DF 值及 COF 值）

節點	B	C
桿端	BC	CB
k	—	—
DF	—	—
COF	—	—
FM	$\dfrac{20EI}{l}$	$\dfrac{16EI}{l}$
DM	0	0
COM	0	0
$\Sigma M'$	$\dfrac{20EI}{l}$	$\dfrac{16EI}{l}$

$$M_{BC} = M_B = M_{BC}^{\circ} + aM'_{BC} = 0 + (a)\left(\frac{20EI}{l}\right) = \frac{20EI}{l}a \quad （a為修正係數） \tag{1}$$

$$M_{CB} = M_C = M_{CB}^{\circ} + aM'_{CB} = 0 + (a)\left(\frac{16EI}{l}\right) = \frac{16EI}{l}a \tag{2}$$

由於 A、B、C 之間的彎矩值呈線性變化（呈一傾斜直線），因此由比例關係可求得

$$M_A = \frac{56EI}{l}a \tag{3}$$

依傳遞係數之定義可知

$$COF_{AC} = \frac{M_C}{M_A} = \frac{2}{7}$$

故當 $M_A = M$ 時

$$M_C = (M_A)(COF_{AC}) = (M)\left(\frac{2}{7}\right) = \frac{2}{7}M \quad （順時針）$$

彎矩圖如圖(c)所示，其中 B 點之彎矩值可由比例關係求得，即

$$M_B = \frac{5}{14}M$$

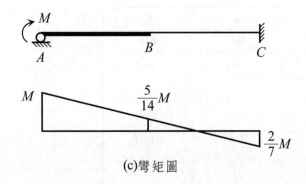

(c)彎矩圖

檢核：由於 $M_A = \dfrac{56EI}{l}a = M$，故知修正係數 $a = \dfrac{Ml}{56EI}$，將此 a 值分別代入(1)

式及(2)式中，得

$$M_B = \frac{5}{14}M$$

$$M_C = \frac{2}{7}M$$

故檢核無誤。

例題 15-41

求下圖所示剛架各桿件之桿端彎矩，其中 BC 桿件之 EI 值為無限大。

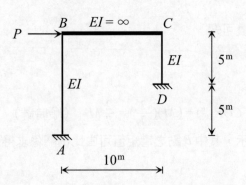

解

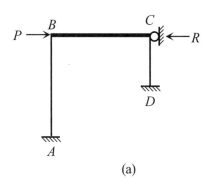
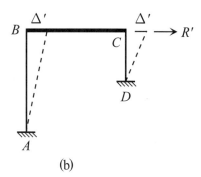

$$(a) \qquad\qquad\qquad (b)$$

1. 基本資料

　　由桿件之旋轉勁度 K 及分配係數 DF 的定義可知，當桿件之 EI 值愈大，則 K 值與 DF 值亦愈大，因此當 BC 桿件之 EI 值為無限大時，由（15-2）式及（15-3）式可知：

　(1)對 B 點而言，$DF_{BA}=0$，$DF_{BC}=1$

　(2)對 C 點而言，$DF_{CB}=1$，$DF_{CD}=0$

　　另外，從變形的觀點來看，當 BC 桿件的 EI 值為無限大時，BC 桿件受力後將只產生剛體平移而不會轉動（即 $\theta_B=\theta_C=0$），因而 B 點及 C 點將不參與彎矩的傳遞。

2. 束制桿件側位移時之桿端彎矩

　　由圖(a)可知，載重僅作用在節點上，故各桿件均無固端彎矩產生，因而各桿端彎矩值（M°）均為零。

3. 由桿件側位移之假設值 Δ' 所造成之桿端彎矩

　　此時桿件之固端彎矩是由桿件側位移之假設值所造成。由圖(b)可知

$$FM_{AB}=FM_{BA}=-\frac{6EI\Delta'}{(10)^2}=-10 \qquad (假設\Delta'=\frac{1000}{6EI})$$

$$FM_{CD}=FM_{DC}=-\frac{6EI\Delta'}{(5)^2}=-40$$

節點	A	B		C		D
桿端	AB	BA	BC	CB	CD	DC
DF	—	0	1	1	0	—
COF	—	0	0	0	0	—
FM	-10	-10	0	0	-40	-40
DM		0	10	40	0	
COM						
$\Sigma M'$	-10	-10	10	40	-40	-40

4.各桿件待解之桿端彎矩

由 $M = M° + aM'$ 得

$$M_{AB} = 0 + a(-10) = -10a \tag{1}$$
$$M_{BA} = 0 + a(-10) = -10a \tag{2}$$
$$M_{BC} = 0 + a(10) = 10a \tag{3}$$
$$M_{CB} = 0 + a(40) = 40a \tag{4}$$
$$M_{CD} = 0 + a(-40) = -40a \tag{5}$$
$$M_{DC} = 0 + a(-40) = -40a \tag{6}$$

5.求解修正係數 a

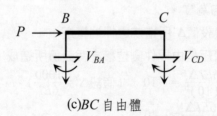

(c)BC 自由體

取 BC 段為自由體，如圖(c)所示，由

$\Sigma F_\Delta = \Sigma F_x = 0$ 得

$$\left(\frac{M_{AB}+M_{BA}}{10}\right)+\left(\frac{M_{CD}+M_{DC}}{5}\right)+P=0$$

解得 $a=\dfrac{P}{18}$

6. 各桿件實際之桿端彎矩值

將 a 值代入⑴～⑹式後，整理得

$$M_{AB}=-\frac{10}{18}P$$

$$M_{BA}=-\frac{10}{18}P$$

$$M_{BC}=\frac{10}{18}P$$

$$M_{CB}=\frac{40}{18}P$$

$$M_{CD}=-\frac{40}{18}P$$

$$M_{DC}=-\frac{40}{18}P$$

例題 15-42

試求下圖所示剛架之剪力圖及彎矩圖。BC、DE 為剛域，EI 值為無限大。

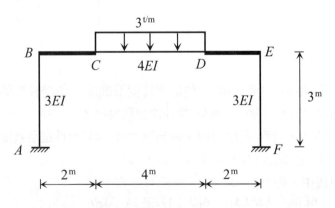

解

原剛架具有 A、B、C、D、E、F 等六個節點，在垂直載重作用下，C 點及 D 點的垂直變位將會造成桿件側位移。若能將 C 點及 D 點所造成桿件側位移的效應一併考慮在 BE 段之旋轉勁度及傳遞係數中，則 BE 段可簡化成為一根桿件，此時原剛架僅需分析 A、B、C、D 等四個節點。由於原剛架為一對稱結構，故可採用取全做半法來進行分析。

1. 基本資料

　AB 桿件：A 端為固定支承，B 端為剛性節點

　　$K_{BA} = \dfrac{3EI}{3} = EI$ ；$COF_{BA} = \dfrac{1}{2}$

　BE 桿件：兩端均為剛性節點

　⑴決定旋轉勁度 K_{BE}

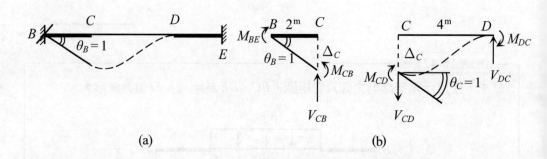

(a)　　　　　　　　　　　　(b)

　圖(a)所示為 $\theta_B = 1$ 時，BE 桿件之彈性變形曲線，由桿件旋轉勁度之定義可知，當 $\theta_B = 1$ 時，M_{BE} 即為 BE 桿件之旋轉勁度 K_{BE}。

　由圖(b)可知，當 BC 桿件的 EI 值為無限大時，BC 桿件呈剛體變形，若 $\theta_B = 1$，則 $\theta_C = 1$，且 $\Delta_C = (\theta_B)(l_{BC}) = (1)(2) = 2^m$。

　在 CD 段中，$\theta_C = 1$，$\Delta_C = 2$，由表 11-3 得：

$$V_{CD} = \frac{6EI\theta_C}{l_{CD}^2} + \frac{12EI\Delta_C}{l_{CD}^3} = \frac{6EI}{(4)^2} + \frac{12EI(2)}{(4)^3} = \frac{3EI}{4} \quad (\downarrow)$$

$$M_{CD} = \frac{4EI\theta_C}{l_{CD}} + \frac{6EI\Delta_C}{l_{CD}^2} = \frac{4EI}{(4)} + \frac{6EI(2)}{(4)^2} = \frac{7EI}{4} \quad (\circlearrowleft)$$

在 BC 段中：

當 V_{CD} 及 M_{CD} 求得後，由平衡觀念得知

$$V_{CB} = \frac{3EI}{4} \quad (\uparrow)$$

$$M_{CB} = \frac{7EI}{4} \quad (\circlearrowright)$$

故

$$K_{BE} = M_{BE} = M_{CB} + (V_{CB})(l_{BC}) = \frac{7EI}{4} + \left(\frac{3EI}{4}\right)(2) = \frac{13EI}{4}$$

由於 BE 桿件具對稱變形，因此

$$修正的 \; K_{BE} = \left(\frac{1}{2}\right)\left(\frac{13EI}{4}\right) = \frac{3EI}{8}$$

(2)決定傳遞係數 COF_{BE}

由於 BE 桿件具對稱變形，由表 15-2 知， $COF_{BE} = 0$

(3)決定固端彎矩 FM_{BE}

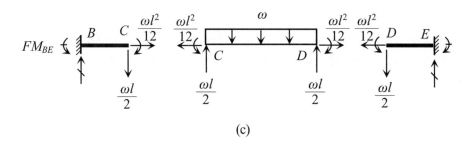

(c)

由圖(c)可知

$$FM_{BE} = -\frac{\omega l^2}{12} - \left(\frac{\omega l}{2}\right)(l_{BC}) = -\frac{(3)(4)^2}{12} - \frac{(3)(4)}{2}(2) = -16^{t\text{-}m} \quad (\circlearrowright)$$

相對 K 值為， $K_{BA}:K_{BE} = EI:\dfrac{13EI}{8} = 8:13$

2.彎矩分配和傳遞

節點	A	B		E		F
桿端	AB	BA	BE	EB	EF	FE
k	—	8	13			
DF	—	$\dfrac{8}{21}$	$\dfrac{13}{21}$			
COF	— ←	$\dfrac{1}{2}$	0			
FM	0	0	−16			
DM		6.10	9.90			
COM	3.05					
ΣM	3.05	6.10	−6.10	6.10	−6.10	−3.05

3.繪剪力圖及彎矩圖

當各桿端彎矩求得後，由平衡關係即可求得各桿端剪力，如圖(d)所示。依據各桿件之桿端剪力、桿端彎矩及載重即可繪出剪力圖（如圖(e)所示），及彎矩圖（如圖(f)所示）。

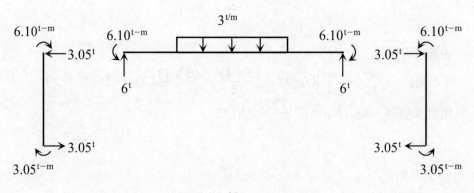

(d)

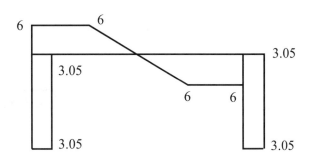

(e)剪力圖（t）（圖形呈反對稱分佈）

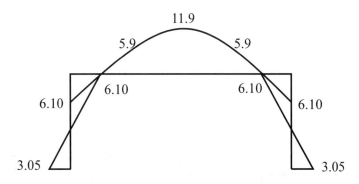

(f)彎矩圖（t-m）（圖形呈對稱分佈）

討論

　　本題將 BE 段視為一根桿件，因而彎矩分配法僅可得出 A、B、E、F 四點處之桿端彎矩，但並不影響剪力圖及彎矩圖的繪製。

例題 15-43

於下圖所示剛架，試求其桿端彎矩。彈簧係數 $K_s = \dfrac{EI}{l^3}$。

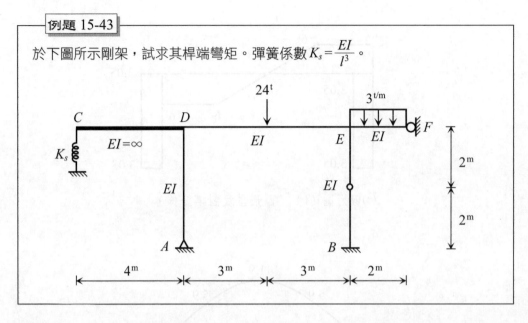

解

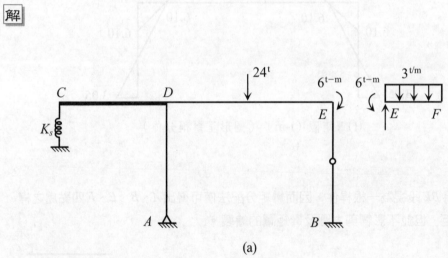

(a)

在垂直方向上，F 端相當於自由端。對 EF 桿件而言，桿端彎矩 M_{EF} 可直接由靜力平衡方程式求得（如圖(a)所示，$M_{EF} = -6^{\text{t-m}}$），而 $ABCDE$ 部份之各桿端彎矩則可由彎矩分配法求得。由於具有彈簧構件，因此在分析時宜用旋轉勁度 K，而不宜用旋轉勁度因數 k。

1. 建立基本資料

　　DE 桿件：兩端均為剛性節點

$$K_{DE} = K_{ED} = \frac{4EI}{l} = \frac{4EI}{6}$$

$$COF_{DE} = COF_{ED} = \frac{1}{2}$$

$$-FM_{DE} = FM_{ED} = \frac{Pl}{8} = \frac{(24)(6)}{8} = 18^{\text{t-m}}$$

　　DA 桿件：D 端為剛性節點，A 端為鉸支承

　　修正的 $K_{DA} = \frac{3EI}{l} = \frac{3EI}{4}$

　　修正的 $COF_{DA} = 0$

EB 桿件：

將 EB 段視為一根桿件時，必須將鉸接續的特性反應在 EB 桿件的旋轉勁度及傳遞係數中：

修正的 $K_{EB} = \frac{3EI}{l} = \frac{3EI}{4}$

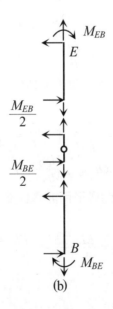

(b)

在圖(b)中，由鉸接續點力系的平衡可知，$\dfrac{M_{EB}}{2} = \dfrac{M_{BE}}{2}$，因而可得 $M_{EB} = M_{BE}$。再由傳遞係數的定義可知

$$COF_{EB} = \frac{M_{BE}}{M_{EB}} = 1$$

由於鉸接續之特性已反應在修正的 K_{EB} 及 COF_{EB} 中，因此在分析時，EB 桿件無需再重覆計入由鉸接續產生之側位移。

CD 桿件：

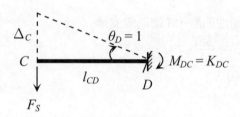

(c) CD 桿件剛體變形圖

由於 CD 桿件之 EI 值為無限大，因此 CD 桿件之變形屬於剛體變形（如圖(c)中之虛線所示），故當 $\theta_D = \dfrac{\Delta_C}{l_{CD}} = 1$ 時，$\Delta_C = l_{CD} = l$，此時彈簧力 F_S 為

$$F_S = (K_S)(\Delta_C) = \left(\frac{EI}{l^3}\right)(l) = \frac{EI}{l^2}$$

由桿件旋轉勁度之定義可知，當 $\theta_D = 1$ 時，M_{DC} 即為 CD 桿件之旋轉勁度 K_{DC}。換言之，當 $\theta_D = 1$ 時

$$K_{DC} = M_{DC} = (F_S)(l_{CD}) = \left(\frac{EI}{l^2}\right)(l) = \frac{EI}{l} = \frac{EI}{4}$$

此外，由於 $M_{CD} = 0$，故 $COF_{DC} = \dfrac{M_{CD}}{M_{DC}} = 0$

因為 CD 桿件之變形為剛體變形而非彈性變形，因此在分析時，CD 桿件將不計入側位移之效應。

$$K_{DC} : K_{DA} : K_{DE} : K_{ED} : K_{EB} = \frac{EI}{4} : \frac{3EI}{4} : \frac{4EI}{6} : \frac{4EI}{6} : \frac{3EI}{4} = 3 : 9 : 8 : 8 : 9$$

2.彎矩分配和傳遞

節點	D			E		B
桿端	DC	DA	DE	ED	EB	BE
k	3	9	8	8	9	—
DF	0.15	0.45	0.40	0.471	0.529	—
COF	0	0	$\frac{1}{2}$	$\frac{1}{2}$	1	—
FM	0	0	-18	18	0	0
DM	2.7	8.1	7.2	-8.48	-9.52	
JM				6		
DM				2.83	3.17	
COM			-2.83	3.6		-6.35
DM	0.42	1.27	1.14	-1.70	-1.90	
COM			-0.85	0.57		-1.90
DM	0.13	0.39	0.33	-0.27	-0.30	
COM			-0.14	0.17		-0.30
DM	0.02	0.06	0.06	-0.08	-0.09	
COM			-0.04	0.03		-0.09
DM	0.006	0.018	0.016	-0.014	-0.016	
ΣM	3.28	9.84	-13.12	14.66	-8.66	-8.66

綜合上述結果，各桿端彎矩值為：

$$M_{CD} = M_{FE} = M_{AD} = 0^{\text{t-m}}$$

$$M_{EF} = -6^{\text{t-m}} \quad (\circlearrowleft)$$

$$M_{DC} = 3.28^{\text{t-m}} \quad (\circlearrowright)$$

$$M_{DA} = 9.84^{\text{t-m}} \quad (\circlearrowright)$$

$M_{DE} = -13.12^{\text{t-m}}$ 　（⤸）

$M_{ED} = 14.66^{\text{t-m}}$ 　（⤹）

$M_{EB} = -8.66^{\text{t-m}}$ 　（⤸）

$M_{BE} = -8.66^{\text{t-m}}$ 　（⤸）

第十六章
靜不定結構之影響線

在外力作用下，靜不定結構之力學行為比靜定結構複雜許多，而影響線的分析亦是如此。在本書第六章中曾應用 Müller-Breslau 原理分析靜定結構之影響線，然而 Müller-Breslau 原理亦可應用於靜不定結構影響線之分析，尤其是對靜不定結構影響線草圖（亦即影響線之大致形狀）之繪製提供了十分便捷的繪製方法。

在實際應用上，對於承受均佈活載重之結構（如房屋建築構架）而言，如何藉由影響線草圖來定出活載重之作用位置，則是設計上最重要的，但是對於承受集中活載重之結構（如橋梁）而言，則有必要定出影響線值以利設計分析。對於靜不定結構影響線值之決定，除了 Müller-Breslau 原理外，一般常用的方法尚有諧和變形法、最小功法、傾角變位法、彎矩分配法等，在本章中均將以範例來解說。

至於影響線之符號規定，則與第六章相同。

16-1 應用 Müller-Breslau 原理繪製靜不定結構影響線之草圖

對於靜不定結構而言，若能應用 Müller-Breslau 原理繪出相關力素之影響線草圖，則對設計載重之安排有莫大之助益，例如在房屋建築構架中，若能將均佈活載重滿佈於梁之正影響線區間，則可得到最大正應力；反之，若能將均佈活載重滿佈於梁之負影響線區間，則可得到最大負應力。

欲繪靜不定結構影響線之草圖，則必須明瞭 Müller-Breslau 原理，現將該原理重述如下：（詳見第六章）

「結構某力素之影響線，乃是去除該力素方向上之束制（但其他束制保持

不變），並於該力素之正方向上產生一單位之變形量，因此所形成結構之彈性變形線即為該力素的影響線，而各點之變位值即為該力素的影響線值」。

在此原理中，所謂該力素之正方向，係指正向支承反力或正向斷面內力之方向。

明白 Müller-Breslau 原理後，靜不定結構各力素影響線草圖的繪製原則即可明確定出：

(1)支承反力影響線草圖的繪製原則：去除該支承反力方向上的束制，並在該支承反力之正方向上產生一單位之變位，此時結構之彈性變形線即為該支承反力的影響線。

圖 16-1 所示即為連續梁 abc 各支承反力 R_c、R_b、R_a 及 M_a 的影響線草圖（如虛線所示）。

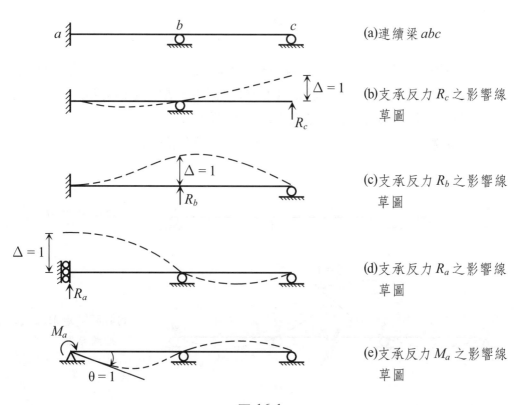

圖 16-1

(2)梁或剛架某斷面之剪力影響線草圖的繪製原則：去除該斷面之剪力束制，並使該斷面之兩側於正剪力方向上產生一單位之相對位移（但不產生相對轉角），此時結構之彈性變形線即為該斷面之剪力影響線。

圖 16-2 所示即為連續梁 *abc* 在斷面 *e* 的剪力影響線草圖（如虛線所示）。

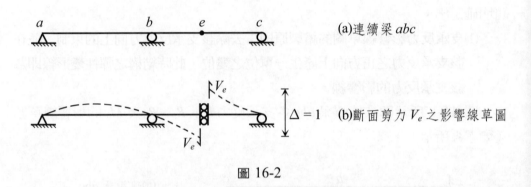

圖 16-2

(3)梁或剛架某斷面之彎矩影響線草圖的繪製原則：去除該斷面之彎矩束制，並使該斷面之兩側於正彎矩方向上產生一單位之相對轉角，此時結構之彈性變形線即為該斷面之彎矩影響線。

圖 16-3 所示即為連續梁 *abcd* 在斷面 *e* 的彎矩影響線草圖（如虛線所示）。

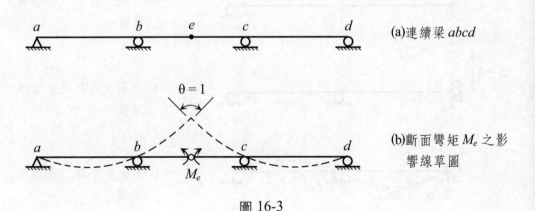

圖 16-3

(4)桁架某桿件之軸力影響線草圖的繪製原則：將欲求軸力影響線之桿件切斷，並使切開之兩端產生一單位之相對軸向位移，則此變形結構即為該桿件之軸力影響線。

討論 1

一般而言，靜不定結構各力素之影響線均是由曲線所組成，但是以節點荷載形式來傳遞移動載重的各類靜不定結構（如靜不定桁架或主梁為靜不定梁的重疊梁），其各力素之影響線均是由直線所組成。以主梁為靜不定梁的重疊梁為例，主梁各力素的影響線將由曲線組成，經由橫梁位置可繪出縱梁之位置線，而此縱梁之位置線即為重疊梁的影響線，由於縱梁之位置線是由直線所組成，因此主梁為靜不定梁的重疊梁，各力素之影響線均是由直線所組成。

討論 2

影響線之草圖可表示出影響線之大致形狀及正負等性質，稱為**定性的影響線**（qualitative influence line）；決定出影響線值者，稱為**定量的影響線**（quantitative influence line）。

例題 16-1

於下圖所示連續梁中，試繪支承反力 R_a、R_b 及斷面內力 $(V_b)_L$、$(V_b)_R$、M_b、V_m、M_m 的影響線草圖。

解

各影響線之草圖分別示於下圖中。

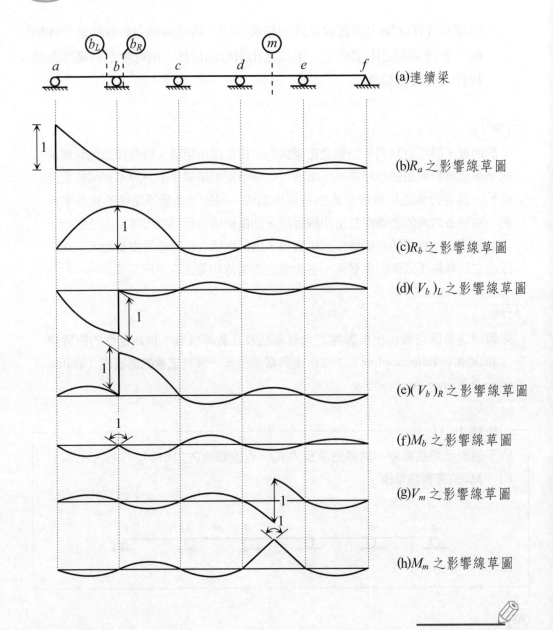

(a)連續梁

(b)R_a 之影響線草圖

(c)R_b 之影響線草圖

(d)$(V_b)_L$ 之影響線草圖

(e)$(V_b)_R$ 之影響線草圖

(f)M_b 之影響線草圖

(g)V_m 之影響線草圖

(h)M_m 之影響線草圖

例題 16-2

於下圖所示重疊梁中，試繪支承反力 R_B 及斷面彎矩 M_3 的影響線草圖。

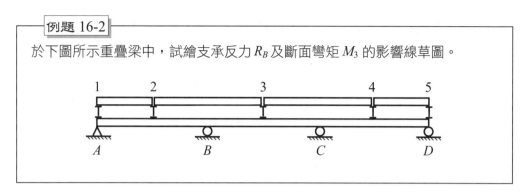

解

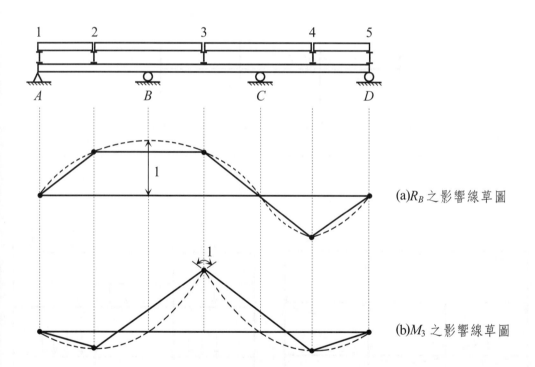

(a)R_B 之影響線草圖

(b)M_3 之影響線草圖

⑴先以虛線表示出主梁的影響線草圖

⑵定出橫梁在虛線上的投影位置（如圖(a)及圖(b)中的黑點）

⑶將縱梁架設在橫梁的投影位置上，形成縱梁之位置線，並以實線表示之，則

此縱梁之位置線即為欲求之影響線的草圖，如圖(a)及圖(b)中的實線所示。

例題 16-3

於下圖所示剛架結構，説明如何佈置均佈活載重以獲得：

(1)*ab* 梁中央斷面上之最大正剪力

(2)*cd* 梁中央斷面上之最大正彎矩

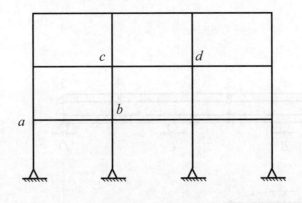

解

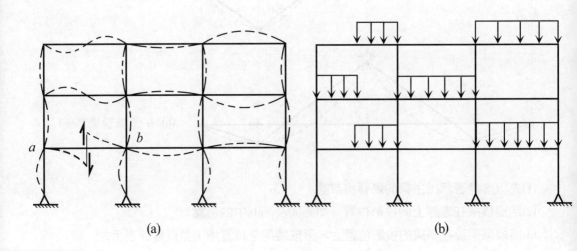

(a)　　　　　　　　　　　　　(b)

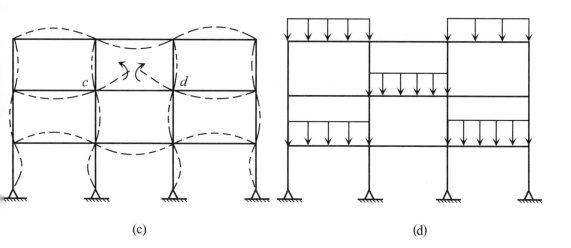

(c)   (d)

欲求最大正應力,可將均佈活載重滿佈於梁之正影響線區間。圖(a)及圖(b)分別
表示 ab 梁中央斷面處之剪力影響線草圖及產生最大正剪力時均佈活載重之佈
置。圖(c)及圖(d)分別表示 cd 梁中央斷面處之彎矩影響線草圖及產生最大正彎矩
時均佈活載重之佈置。

（討論）

「剛性節點永遠保持剛接」是繪影響線草圖所需注意的原則。

16-2 　靜不定結構影響線值之分析計算

　　靜不定結構各力素之影響線多是由曲線所組成,因而各點之影響線值無法
由比例關係直接求得。本節除說明如何應用 Müller-Breslau 原理來計算靜不定

結構之影響線值外，亦將介紹若干其他方法來計算靜不定結構之影響線值，諸如諧合變形法、最小功法、傾角變位法及彎矩分配法等。

16-2-1 應用 Müller-Breslau 原理計算靜不定結構之影響線值

在 16-1 節中，曾對 Müller-Breslau 原理作一敘述，並介紹如何應用 Müller-Breslau 原理來繪製靜不定結構之影響線草圖，現在將舉例說明如何應用 Müller-Breslau 原來計算靜不定結構之影響線值。

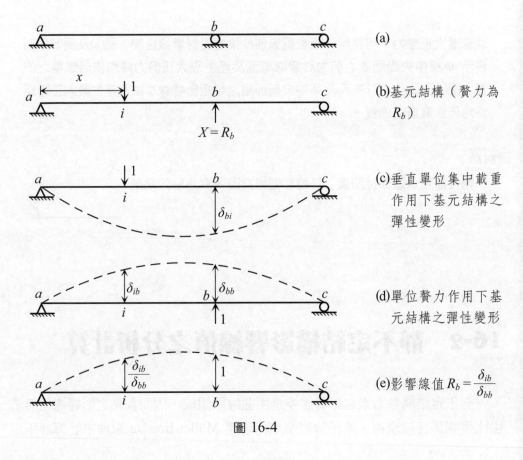

圖 16-4

以圖 16-4(a)所示的 1 度靜不定梁結構為例，現依以下之步驟來說明如何應用 Müller-Breslau 原理，計算支承反力 R_b 的影響線值：

(1)將支承 b 移去，取支承反力 R_b 為贅力，基元結構如圖 16-4(b)所示。在基元結構中，i 點處（設與 a 點之距離為 x）承受移動之垂直單位集中載重作用，而 b 點處承受贅力 R_b 作用。

(2)原結構在 b 點處對應於贅力 R_b 方向之位移 Δ_b 為零，因此由諧合變形法知

$$\Delta_b = R_b\,\delta_{bb} - \delta_{bi} = 0 \tag{16-1}$$

亦即

$$R_b = \frac{\delta_{bi}}{\delta_{bb}} \tag{16-2}$$

在上式中，位移 δ_{bi} 及 δ_{bb}（分示於圖 16-4(c)及(d)中）分別表示由垂直單位集中載重及單位贅力所造成基元結構在 b 點之位移。

(3)由馬克斯威爾法則（見（8-74）式）可知

$$\delta_{bi} = \delta_{ib}$$

因此（16-2）式可改寫為

$$R_b = \frac{\delta_{ib}}{\delta_{bb}} \tag{16-3}$$

式中 δ_{ib} 表示由單位贅力所造成基元結構在 i 點之位移（見圖(d)）

（16-3）式之物理意義可由圖 16-4(e)來表示，這也就是說，在去除 R_b 方向的束制後，於 R_b 之正方向產生一單位之位移，則梁之彈性變形曲線即為 R_b 的影響線，而在 i 點處之影響線值為 $\dfrac{\delta_{ib}}{\delta_{bb}}$。

推而廣之，結構任一力素（支承反力、軸向力、剪力、彎矩…）之影響線值均可應用 Müller-Breslau 原理求得，其方法為：

「**移去該力素方向之束制，並於該力素之正方向導入一單位力（可為集中力、剪力、彎矩），然後再將彈性變形曲線上各點之座標值除以該單位力所在位置之座標值，即可得出該力素之影響線值**」。

例題 16-4

於下圖所示連續梁，試用 Müller-Breslau 原理求支承反力 R_b 及斷面彎矩 M_b 之影響線函數式。EI 為常數。

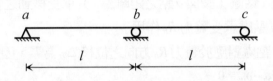

解

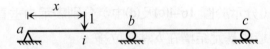

(a)連續梁

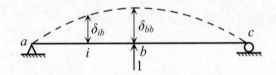

(b)單位反力作用下結構之彈性變形曲線

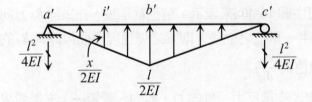

(c)共軛梁與彈性載重 $\dfrac{M}{EI}$

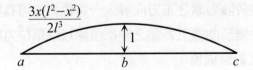

(d)R_b 之影響線（對稱）

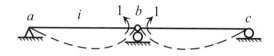

(e)單位彎矩作用下結構
之彈性變形曲線

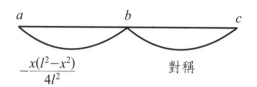

(f) M_b 之影響線（對稱）

$-\dfrac{x(l^2-x^2)}{4l^2}$　　對稱

(一)求支承反力 R_b 之影響線函數式

去除 R_b 方向之束制，並於 R_b 之正方向導入一單位反力，則結構在此單位反力作用下之彈性變形曲線如圖(b)所示，其中 δ_{ib} 及 δ_{bb} 分別表示結構在 i 點（距 a 點之距離為 x）及 b 點處的垂直變位。由於結構為對稱，故可採用取全做半法進行分析（即分析時取 $0 \le x \le 1$）

(1)求 δ_{ib}

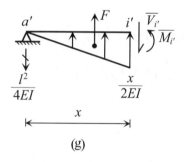

(g)

採共軛梁法，於圖(c)中取 $a'i'$ 段為自由體，如圖(g)所示，並假設 $\overline{V_{i'}}$ 及 $\overline{M_{i'}}$ 均為正向。

在 $a'i'$ 段中，彈性載重之合力 $F = \dfrac{1}{2}(x)(\dfrac{x}{2EI}) = \dfrac{x^2}{4EI}$　　（↑）

取 $+\!\!\curvearrowleft \Sigma M_{i'} = 0$ ；$\overline{M_{i'}} + (\dfrac{l^2}{4EI})(x) - (\dfrac{x^2}{4EI})(\dfrac{x}{3}) = 0$

可解得

$$\overline{M_{i'}} = \frac{x(x^2 - 3l^2)}{12EI} \qquad (0 \le x \le l)$$

$$= \delta_{ib}$$

(2)求 δ_{bb}

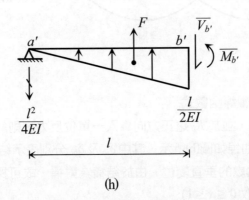

(h)

同理，採共軛梁法，於圖(c)中取 $a'b'$ 段為自由體，如圖(h)所示，並假設 $\overline{V_{i'}}$ 及 $\overline{M_{i'}}$ 均為正向。

在 $a'b'$ 段中，彈性載重之合力 $F = \frac{1}{2}(l)(\frac{l}{2EI}) = \frac{l^2}{4EI}$ （↑）

取 $+\curvearrowleft \Sigma M_{b'} = 0$; $\overline{M_{b'}} + (\frac{l^2}{4EI})(l) - (\frac{l^2}{4EI})(\frac{l}{3}) = 0$

可解得

$$\overline{M_{b'}} = -\frac{l^3}{6EI}$$

$$= \delta_{bb}$$

(3)求 R_b 影響線函數式

由（16-3）式可得出支承反力 R_b 之影響線函數式

$$R_b = \frac{\delta_{ib}}{\delta_{bb}} = \frac{x(3l^2 - x^2)}{2l^3} \qquad (0 \le x \le l)$$

若將不同之 x 值（$0 \le x \le l$）代入上式中，即可得出 ab 段之 R_b 影響線值，再由對稱關係可直接繪出 bc 段之 R_b 影響線，如圖(d)所示。

㈡求斷面彎矩 M_b 之影響線函數式

去除 M_b 方向之束制，並於 M_b 之正方向導入一對單位彎矩，則結構在此單位彎矩作用下之彈性變形曲線如圖(e)所示。

由於結構為對稱，故可採用取全做半法進行分析，亦即僅分析垂直單位集中載重在 ab 區間（$0 \le x \le l$）之情況。

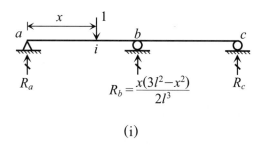

(i)

若將上述分析結果 $R_b = \dfrac{x(3l^2 - x^2)}{2l^3}$ 計入，則原結構可視為一靜定結構來分析，如圖(i)所示。

於圖(i)中，取整體結構為自由體，由

$$+\circlearrowleft \Sigma M_c = 0 \ ; \ -(R_a)(2l) + (1)(2l - x) - (\frac{x(3l^2 - x^2)}{2l^3})(l) = 0$$

可解得

$$R_a = \frac{4l^3 - 5l^2 x + x^3}{4l^3} \qquad (0 \le x \le l)$$

再取 ab 段為自由體，由

$$+\circlearrowleft \Sigma M_b = 0 \ ; \ -(\frac{4l^3 - 5l^2 x + x^3}{4l^3})(l) + (1)(l - x) + M_b = 0$$

可解得

$$M_b = \frac{-x(l^2 - x^2)}{4l^2} \qquad (0 \le x \le l)$$

若將不同之 x 值（$0 \le x \le l$）代入上式中，即可得出 ab 段之 M_b 影響線值，再由對稱關係可直接繪出 bc 段之 M_b 影響線，如圖(f)所示。

討論

若已得知支承反力之影響線函數式，則斷面剪力或彎矩之影響線函數式皆可由靜力平衡關係直接求得。

例題 16-5

於下圖所示連續梁，試由 Müller-Breslau 原理求斷面剪力 V_d 之影響線，並每隔 2 ft 計算 V_d 的影響線值。EI 為常數。

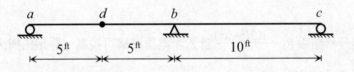

解

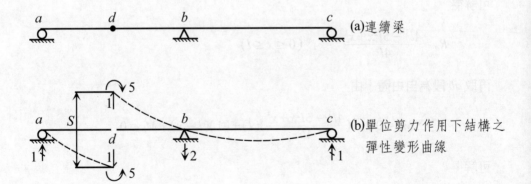

(a)連續梁

(b)單位剪力作用下結構之彈性變形曲線

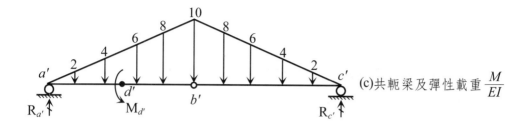

(c)共軛梁及彈性載重 $\dfrac{M}{EI}$

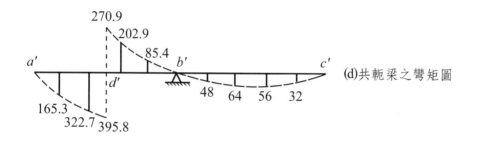

(d)共軛梁之彎矩圖

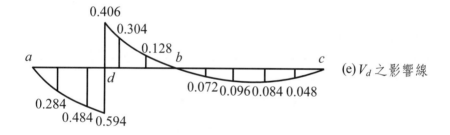

(e)V_d 之影響線

(1)原結構為一兩跨連續梁，如圖(a)所示。在原結構中去除 V_d 方向之束制，使 d
　點成為一具有抵抗彎矩能力的導向接續，並於 V_d 之正方向導入一對單位剪
　力，則結構在此單位剪力作用下之彈性變形曲線如圖(b)所示，其中斷面 d 處
　不產生相對轉角，但會產生相對垂直位移 S。由於 d 點是為導向接續，因此
　在圖(b)中，當各支承反力求得後，即可得出 d 點處之斷面彎矩值（＝5）。

(2)由共軛梁法，假設 $EI = 1$（EI 為常數，為簡化計算，可假設 $EI = 1$），則所
　建立之共軛梁及彈性載重 $\dfrac{M}{EI}$（在單位剪力作用下，實際梁之 $\dfrac{M}{EI}$ 圖即為共
　軛梁之彈性載重），如圖(c)所示。另外，有一點需要說明的是，在圖(b)中，
　d 點兩側具有相對垂直位移 S，因此在圖(c)中，共軛梁於 d' 點處必須施加一

額外的彈性載重 $M_{d'}$（$EI=1$），以為之對應。在圖(c)中，取整體共軛梁為自由體，由

$$\Sigma M_{a'} = 0 \;;\; (R_{c'})(20) + M_{d'} - (\frac{(10)(20)}{2})(10) = 0 \tag{1}$$

$$\Sigma M_{c'} = 0 \;;\; M_{d'} - (R_{a'})(20) + (\frac{(10)(20)}{2})(10) = 0 \tag{2}$$

再取共軛梁 $b'c'$ 段為自由體，由

$$\Sigma M_{b'} = 0 \;;\; (R_{c'})(10) - (\frac{(10)(10)}{2})(\frac{10}{3}) = 0 \tag{3}$$

聯立解(1)、(2)、(3)式，得

$$R_{a'} = 83.33 \quad (\uparrow)\;;\; R_{c'} = 16.67 \quad (\uparrow)\;;\; M_{d'} = 666.67 \quad (\circlearrowright)$$

支承反力 $R_{a'}$ 及 $R_{c'}$ 即已求得，則共軛梁上每隔 2ft 的彎矩值即可得出（如圖(d)所示）。由共軛梁法的計算原理可知，這些共軛梁之彎矩值實際上即是圖(b)所示彈性變形曲線上每隔 2ft 處的變位值。

(3) $M_{d'} = 666.67$ 即為共軛梁中 d' 點左右二側的彎矩差值，此差值即是原結構在 d 點處的相對垂直位移 S（見圖(b)）。

由 Müller-Breslau 原理知，$S=1$ 乃是剪力影響線的絕對條件（亦即 $M_{d'}$ 應由 666.67 修正至 1），因此圖(d)中各點的座標值必須全部除以 666.67（如此即可使得 $S=1$）方可求得斷面之 d 之剪力影響線值（如圖(e)所示）。

例題 16-6

於下圖所示連續梁，試由Müller-Breslau原理求斷面彎矩 M_d 之影響線，並每隔 2 ft 計算 M_d 的影響線值。EI 為常數。

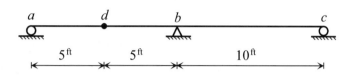

解

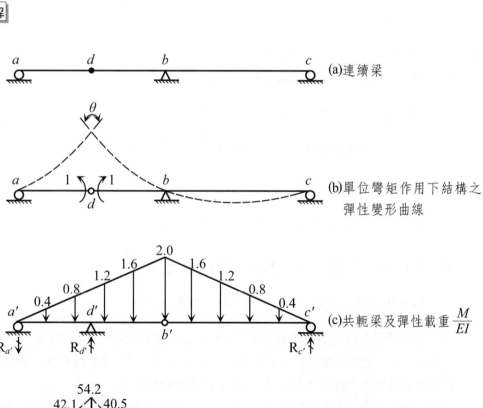

(a)連續梁

(b)單位彎矩作用下結構之彈性變形曲線

(c)共軛梁及彈性載重 $\dfrac{M}{EI}$

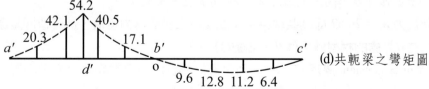

(d)共軛梁之彎矩圖

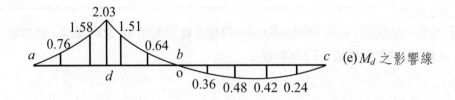

(e) M_d 之影響線

(1)原結構為一兩跨連續梁，如圖(a)所示。在原結構中去除 M_d 方向之束制，使 d 點成為一鉸接續，並於 M_d 之正方向導入一對單位彎矩，則結構在此單位彎矩作用下之彈性變形曲線如圖(b)所示，其中斷面 d 處之相對轉角為 θ。

(2)由共軛梁法，假設 $EI = 1$（EI 為常數，為簡化計算，可假設 $EI = 1$），則所建立之共軛梁及彈性載重 $\dfrac{M}{EI}$（在單位彎矩作用下，實際梁之 $\dfrac{M}{EI}$ 圖即為共軛梁之彈性載重），如圖(c)所示。

在圖(c)中，取整體共軛梁為自由體，由

$$\Sigma M_{a'} = 0 \; ; \; (R_{c'})(20) + (R_{d'})(5) - (\frac{(2)(20)}{2})(10) = 0 \tag{1}$$

$$\Sigma M_{c'} = 0 \; ; \; (R_{a'})(20) - (R_{d'})(15) + (\frac{(2)(20)}{2})(10) = 0 \tag{2}$$

再取共軛梁 $b'c'$ 段為自由體，由

$$\Sigma M_{b'} = 0 \; ; \; (R_{c'})(10) - (\frac{(2)(10)}{2})(\frac{10}{3}) = 0 \tag{3}$$

聯立解(1)、(2)、(3)式，得出共軛梁上各支承反力：

$$R_{a'} = 10 \quad (\downarrow) \; ; \; R_{c'} = 3.33 \quad (\uparrow) \; ; \; R_{d'} = 26.67 \quad (\uparrow)$$

支承反力既已求得，則共軛梁上每隔 2ft 及在 d 點處的彎矩值即可得出（如圖(d)所示）。由共軛梁法的計算原理可知，這些共軛梁之彎矩值實際上即是圖(b)所示彈性變形曲線上每隔 2ft 及在 d 點處的變位值。

(3)支承反力 $R_{d'} = 26.67$ 即為共軛梁中 d' 點左右二側的剪力差值，此差值即是原結構在 d 點處的相對轉角值 θ（見圖(b)）。

由 Müller-Breslau 原理知，$\theta = 1$ 乃是彎矩影響線的絕對條件（亦即 $R_{d'}$ 應由

26.67 修正至 1），因此圖(d)中各點的座標值必須全部除以 26.67（如此即可使得 $\theta = 1$）方可求得斷面 d 之彎矩影響線值（如圖(e)所示）。

┌─ 例題 16-7 ─

於下圖所示桁架，設所有桿件的 $\dfrac{l}{A} = 2\text{ m/cm}^2$，且 $E = 2.1 \times 10^6\text{ kg/cm}^2$，試利用 Müller-Breslau 原理，求㈠支承反力 R_c 之影響線；㈡ CD 桿件之軸力 S_{CD} 的影響線。假設垂直單位集中載重於 $a \sim e$ 範圍內移動。

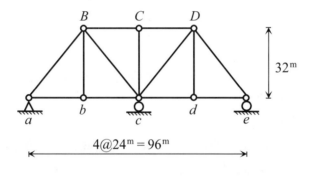

解

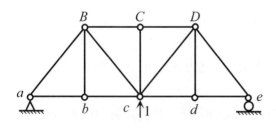

(a) 單位反力作用（各桿件之軸力以 n_c 來表示）

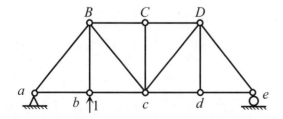

(b) 單位虛力作用（各桿件之軸力以 n_b 來表示）

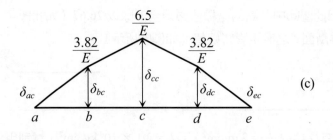

(c)

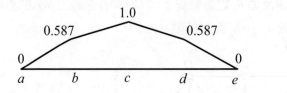

(d) R_c 之影響線

垂直單位集中載重在 $a \sim e$ 範圍內移動，則各力素的影響線係由 $a \sim e$ 部份（即下弦桿）的彈性變形線得出。

(一)求支承反力 R_c 的影響線

在原桁架中去除 R_c 方向的束制，並於 R_c 之正方向導入一單位反力，如圖(a)所示，此時各桿件之軸力以 n_c 來表示。

原桁架為一標準架設之下承桁架，垂直單位集中載重在 $a \sim e$ 範圍內移動。由於 R_c 的影響線是由直線所組成，而下弦桿各節點將為影響線的分段點，因此在求取 R_c 的影響線值時，僅需計算下弦桿各節點之變位 δ_{ac}、δ_{bc}、δ_{cc}、δ_{dc}、δ_{ec} 即可。現由單位虛載重法求解這些變位值：

(1)求 δ_{ac} 及 δ_{ec}

a 點及 e 點在垂直方向上有完全之束制，因此 $\delta_{ac} = \delta_{ec} = 0^{m/cm^2}$。

(2)求 δ_{bc}

做一虛擬系統如圖(b)所示，在單位虛力作用下各桿件之軸力以 n_b 來表示。

表一

桿件	n_c	n_b	$n_b n_c$	n_c^2
ab	$-3/8$	$-9/16$	27/128	9/64
bc	$-3/8$	$-9/16$	27/128	9/64
cd	$-3/8$	$-3/16$	9/128	9/64
de	$-3/8$	$-3/16$	9/128	9/64
BC	$3/4$	$3/8$	36/128	36/64
CD	$3/4$	$3/8$	36/128	36/64
aB	$5/8$	$15/16$	75/128	25/64
Bb	0	-1	0	0
Bc	$-5/8$	$5/16$	$-25/128$	25/64
Cc	0	0	0	0
cD	$-5/8$	$-5/16$	25/128	25/64
Dd	0	0	0	0
De	$5/8$	$5/16$	25/128	25/64
Σ			1.91	3.25

由表一得

$$\delta_{bc} = \Sigma n_b \frac{n_c l}{EA} = \frac{(1.91)(2)}{E} = \frac{3.82}{E} \text{ m/cm}^2$$

(3)求 δ_{cc}

　虛擬系統同圖(a)所示。由表一得

$$\delta_{cc} = \Sigma n_c \frac{n_c l}{EA} = \frac{(3.25)(2)}{E} = \frac{6.5}{E} \text{ m/cm}^2$$

(4)求 δ_{dc}

　由於圖(a)所示為一對稱桁架，所以

$$\delta_{dc} = \delta_{bc} = \frac{3.82}{E} \text{ m/cm}^2$$

下弦桿各節點之變位 δ_{ac}、δ_{bc}、δ_{cc}、δ_{dc}、δ_{ec}示於圖(c)中。

依據 Müller-Breslau 原理，將上述求得之下弦桿各節點之變位值分別除以單位反力方向上的變位值 δ_{cc}，即可得出支承反力 R_c 之影響線，如圖(d)所示。

(二)求 CD 桿件之軸力 S_{CD} 的影響線

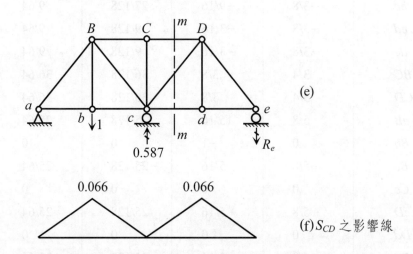

(e)

(f)S_{CD} 之影響線

繪製桿件軸力影響線時，需將垂直單位集中載重分別置於下弦桿 a、b、c、d、e 等節點上，然後再求出桿件 CD 的軸力 S_{CD}。

(1)當垂直單位集中載重分別作用於節點 a、c、e 時

a、c、e 點在垂直方向上均有支承束制，是為影響線的固定點（詳見第六章），因此當垂直單位集中載重作用於 a、c、e 點時，$S_{CD} = 0$。

(2)當垂直單位集中載重作用於節點 b 時

當垂直單位集中載重作用於節點 b 時，由圖(d)可知

$$R_c = 0.587 \quad (\uparrow)$$

於圖(e)中，取整體桁架為自由體，由

$$\Sigma M_a = 0 \; ; \; -(1)(24)+(0.587)(48)-(R_e)(96)=0$$

解得 $R_e = 0.044$ （↓）

再取 $m-m$ 切斷面右側桁架為自由體，由

$$\Sigma M_c = 0 \; ; \; (S_{CD})(32)-(0.044)(48)=0$$

解得 $S_{CD} = 0.066$ （張力）

(3)當垂直單位集中載重作用於節點 d 時

　　由對稱關係可知，S_{CD} 亦等於 0.066（張力）

　　根據上述分析結果，S_{CD} 之影響線繪於圖(f)中。

16-2-2　應用力法或位移法計算靜不定結構之影響線值

　　結構中某力素之影響線值除可用 Müller-Breslau 原理求得外，實際上亦可應用力法或位移法求得。現由以下各例題來說明之：

例題 16-8

於下圖所示剛架，各桿件長度均為 l，EI 為定值，試用諧合變形法分析支承反力 R_c 之影響線。假設垂直單位集中載重於 BC 間移動。

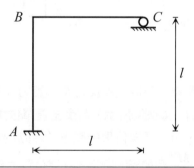

解

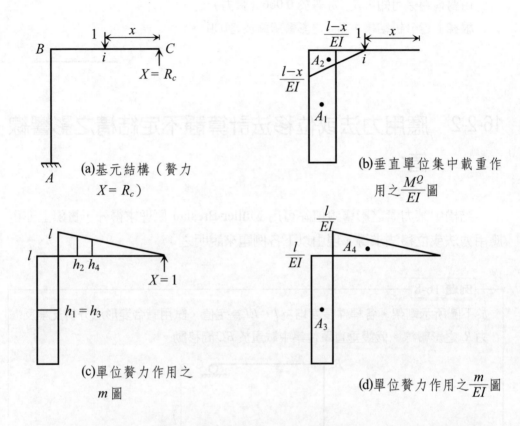

(a)基元結構（贅力 $X = R_c$）

(b)垂直單位集中載重作用之 $\dfrac{M^Q}{EI}$ 圖

(c)單位贅力作用之 m 圖

(d)單位贅力作用之 $\dfrac{m}{EI}$ 圖

(1)原結構為 1 次靜不定剛架，現取支承反力 R_c 為贅力（即 $X = R_c$），並設贅力之方向向上，基元結構（如圖(a)所示）將受垂直單位集中載重與贅力 R_c 共同作用。在基元結構中，由垂直單位集中載重（活動於 BC 間，並假設距 C 點之距離為 x）所造成之 $\dfrac{M^Q}{EI}$ 圖如圖(b)所示。在單位贅力作用下，基元結構之 m 圖及 $\dfrac{m}{EI}$ 圖分別如圖(c)及圖(d)所示。

(2)原結構在 C 點處對應於贅力方向之變位 $\Delta_c = 0$，諧合方程式可由垂直單位集中載重效應及贅力效應相疊加得到：
$$\Delta_c = \delta_{ci} + \delta_{cc}R_c = 0 \tag{1}$$

在上式中，由垂直單位集中載重造成基元結構在贅點（即 C 點）處沿贅力 R_c 方向之變位 δ_{ci}，可由 $\dfrac{M^Q}{EI}$ 圖對 m 圖計算得出：

$$
\begin{aligned}
\delta_{ci} &= \int m \frac{M^Q}{EI} dx \\
&= (A_1)(h_1) + (A_2)(h_2) \\
&= \left[\left(-\frac{l-x}{EI} \right)(l) \right](l) + \left[\frac{1}{2} \left(-\frac{l-x}{EI} \right)(l-x) \right]\left(\frac{2l+x}{3} \right) \\
&= -\frac{(l-x)l^2}{EI} - \frac{(l-x)^2(2l+x)}{6EI}
\end{aligned}
$$

由單位贅力造成基元結構在贅點處沿贅力 R_c 方向之變位 δ_{cc}，可由 $\dfrac{m}{EI}$ 圖對 m 圖計算得出：

$$
\begin{aligned}
\delta_{cc} &= \int m \frac{m}{EI} dx \\
&= (A_3)(h_3) + (A_4)(h_4) \\
&= \left[\left(\frac{l}{EI} \right)(l) \right](l) + \left[\frac{1}{2} \left(\frac{l}{EI} \right)(l) \right]\left(\frac{2l}{3} \right) \\
&= \frac{4l^3}{3EI}
\end{aligned}
$$

將得出之 δ_{ci} 及 δ_{cc} 代入(1)式解得

$$
R_c = -\frac{\delta_{ci}}{\delta_{cc}} = \frac{8l^3 - 9l^2x + x^3}{8l^3}
$$

(3)支承反力 R_c 之影響線如圖(e)所示。由於垂直單位集中載重是在 BC 間移動，故由影響線的定義可知，R_c 之影響線係繪在 BC 範圍內。

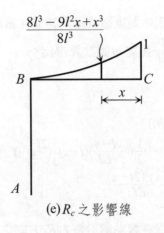

(e) R_c 之影響線

例題 16-9

於下圖所示組合結構中，垂直單位集中載重係在 AB 梁上移動，試用最小功法分析 BC 桿件之內力影響線。E 為常數。

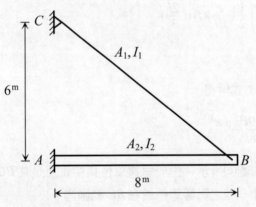

$A_1 = 1^{cm^2}$

$I_1 = 0^{cm^4}$

$A_2 = 10^{cm^2}$

$I_2 = 100^{cm^4}$

解

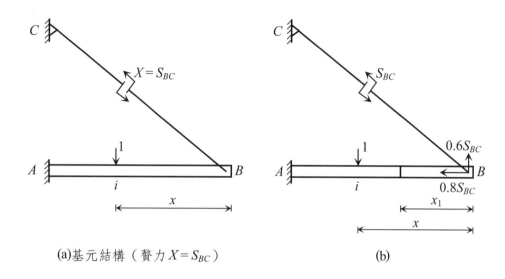

(a)基元結構（贅力 $X = S_{BC}$）　　　　　　(b)

(1)原結構為 1 次靜不定之組合結構，取 BC 桿件之軸力S_{BC}為贅力（即 $X = S_{BC}$），並設為張力。基元結構將受垂直單位集中載重及贅力S_{BC}共同作用，如圖(a)所示。

(2)垂直單位集中載重於 AB 梁上移動，並假設距 B 點之距離為 x。若 AB 梁上任一點至 B 點之距離為 x_1，則 AB 梁上的彎矩函數可分為兩段來表示（見圖(b)）：

$$M = (0.6S_{BC})(x_1) \ ; \quad \frac{\partial M}{\partial S_{BC}} = 0.6x_1 \qquad (0 \le x_1 \le x)$$

$$M = (0.6S_{BC})(x_1) - (1)(x_1 - x) \ ; \quad \frac{\partial M}{\partial S_{BC}} = 0.6x_1 \qquad (x \le x_1 \le 8)$$

AB 梁及 BC 桿件所受之軸力分別為

$$N_{AB} = -0.8S_{BC} \ ; \quad \frac{\partial N_{AB}}{\partial S_{BC}} = -0.8$$

$$N_{BC} = S_{BC} \ ; \quad \frac{\partial N_{BC}}{\partial S_{BC}} = 1$$

由於原結構對應於 BC 桿件切口處之相對軸向位移為零，因此由最小功原理

可得出卡氏諧合方程式：

$$\frac{\partial U}{\partial S_{BC}} = \int_0^x \frac{[(0.6S_{BC})(x_1)](0.6x_1)}{EI_2} dx_1 + \int_x^8 \frac{[(0.6S_{BC})(x_1) - (1)(x_1 - x)](0.6x_1)}{EI_2} dx_1$$

$$+ \frac{[(-0.8S_{BC})(-0.8)](8)}{EA_2} + \frac{[(S_{BC})(1)](10)}{EA_1}$$

$$= 0$$

將 $I_2 = 10^{-6}$ m^4，$A_2 = 10^{-3}$ m^2，$A_1 = 10^{-4}$ m^{2}代入上式解得

$$S_{BC} = 1.66 + (1.62 \times 10^{-3})(x^3) - 0.312x \qquad (0^{\text{ m}} \le x \le 8^{\text{ m}})$$

(3)桿件 BC 之軸力影響線如圖(c)所示。由於垂直集中單位載重是在 AB 間移動，因此由影響線的定義可知，S_{BC} 之影響線係繪在 AB 範圍內。

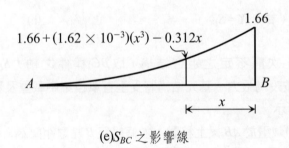

(e)S_{BC} 之影響線

例題 16-10

於下圖所示連續梁，試利用傾角變位法分析 B 點的彎矩影響線，並每隔 $\frac{l}{4}$ 將影響線值列出。EI 為常數。

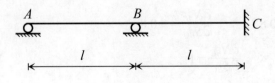

解

傾角變位法可以求得各桿端彎矩值，因此較便於分析支承處斷面彎矩之影響
線值。

1. 建立桿端彎矩方程式

(1)各桿件之相對 $2Ek$ 值

$$2Ek_{BA} : 2Ek_{BC} = \frac{2EI}{l} : \frac{2EI}{l} = 1 : 1$$

(2)各桿件之桿端彎矩方程式

當應用修正的桿端彎矩方程式進行分析時，實際上要求解的未知獨立節點變
位僅有 θ_B，因而只需列出 M_{BA} 及 M_{BC} 兩個桿端彎矩方程式。

由（14-15）式知

$$M_{BA} = 2Ek_{BA}(1.5\theta_B - 1.5R) + HM_{BA}$$
$$= 1.5\theta_B + HM_{BA} \tag{1}$$

由（14-7）式知

$$M_{BC} = 2Ek_{BC}(2\theta_B + \theta_C - 3R) + FM_{BC}$$
$$= 2\theta_B + FM_{BC} \tag{2}$$

2. 求解 θ_B

取節點 B 為自由體，由

$$\Sigma M_B = M_{BA} + M_{BC} = 0 \tag{3}$$

將(1)式及(2)式代入(3)式解得

$$\theta_B = -\frac{2}{7}(HM_{BA} + FM_{BC})$$

3.求桿端彎矩 M_{BA}

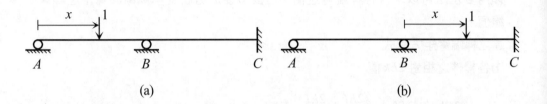

(a)　　　　　　　　　　　　　(b)

實際上 M_{BA} 之影響線即表斷面 B 之彎矩影響線。將得出之 θ_B 代入(1)式得

$$M_{BA} = \frac{4}{7}HM_{BA} - \frac{3}{7}FM_{BC} \qquad\qquad (4)$$

(1)當垂直單位集中載重在 AB 間移動，並距 A 端（設為原點）之距離為 x 時（如圖(a)所示），則各固端彎矩值為

$$HM_{BA} = FM_{BA} - \frac{1}{2}FM_{AB}$$
$$= \frac{x^2(l-x)}{l^2} - \frac{1}{2}\left[-\frac{x(l-x)^2}{l^2}\right]$$
$$= \frac{x(l^2-x^2)}{2l^2} \qquad (0 \le x \le l)$$
$$FM_{BC} = 0 \qquad (0 \le x \le l)$$

將 HM_{BA}、FM_{BC} 代入(4)式得

$$M_{BA} = \frac{2x(l^2-x^2)}{7l^2} \qquad (0 \le x \le l)$$

在 AB 區間（原點為 A 點，$0 \le x \le l$），M_{BA} 每隔 $\dfrac{l}{4}$ 之影響線值如表一所示。

表一

x	0	$l/4$	$l/2$	$3l/4$	l
M_{BA}	0	$0.067l$	$0.107l$	$0.094l$	0

⑵當垂直單位集中載重在 BC 間移動，並距 B 端（設為原點）之距離為 x 時（如圖(b)所示），則各固端彎矩為

$$HM_{BA} = 0 \quad (0 \le x \le l)$$

$$FM_{BC} = -\frac{x(l-x)^2}{l^2} \quad (0 \le x \le l)$$

將 HM_{BA}、FM_{BC} 代入⑷式得

$$M_{BA} = \frac{3x(l-x)^2}{7l^2} \quad (0 \le x \le l)$$

在 BC 區間（原點為 B 點，$0 \le x \le l$），M_{BA} 每隔 $\dfrac{l}{4}$ 之影響線值如表二所示。

表二

x	0	$l/4$	$l/2$	$3l/4$	l
M_{BA}	0	$0.060l$	$0.054l$	$0.020l$	0

4.繪影響線

在傾角變位法中，桿端彎矩是採順時針為正，但在繪彎矩影響線時，應採 Timoshenko's 符號系統（亦即使桿件上緣受壓、下緣受拉之彎矩定為正彎矩；反之為負彎矩），故在繪 M_B（即 M_{BA}）的影響線時，應將表一及表二的數值乘一負號。M_B 之影響線如圖(c)所示。

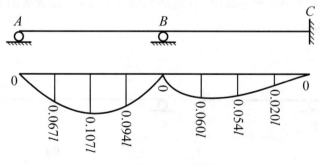

(c) M_B 之影響線

例題 16-11

於下圖所示連續梁，試利用彎矩分配法分析 B 點及 C 點的彎矩影響線，並每隔 $\dfrac{l}{4}$ 將影響線值列出。EI 為常數。

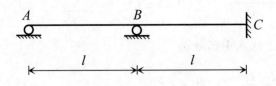

解

1. 建立基本資料

　　AB 桿件：A 端為輥支承，B 端為剛性節點

　　　　修正的 $k_{BA} = \dfrac{3}{4}\left(\dfrac{I}{l}\right)$；修正的 $COF_{BA} = 0$

　　　　修正的固端彎矩設為 HM_{BA}

　　BC 桿件：B 端為剛性節點，C 端為固定支承

　　　　$k_{BC} = \dfrac{I}{l}$；$COF_{BC} = \dfrac{1}{2}$

　　　　固端彎矩設為 FM_{BC} 及 FM_{CB}

　　相對 k 值為，$k_{BA} : k_{BC} = \dfrac{3I}{4l} : \dfrac{I}{l} = 3 : 4$

2. 彎矩分配法分析 M_{BA} 及 M_{CB} 之影響線值

　　實際上 M_{BA} 之影響線即表示斷面 B 之彎矩影響線；M_{CB} 之影響線即表示斷面 C 之彎矩影響線。

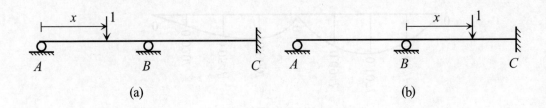

(a)　　　　　　　　　　　　　　　　　　(b)

(1)當垂直單位集中載重在 AB 間移動，並距 A 端（設為原點）之距離為 x 時
（如圖(a)所示），則各固端彎矩值為

$$HM_{BA} = FM_{BA} - \frac{1}{2}FM_{AB}$$

$$= \frac{x^2(l-x)}{l^2} - \frac{1}{2}\left[-\frac{x(l-x)^2}{l^2}\right]$$

$$= \frac{x(l^2-x^2)}{2l^2} \qquad (0 \le x \le l)$$

$$FM_{BC} = FM_{CB} = 0 \qquad (0 \le x \le l)$$

節　點	B		C
桿　端	BA	BC	CB
k	3	4	——
DF	$\dfrac{3}{7}$	$\dfrac{4}{7}$	——
COF	0	$\dfrac{1}{2}$ $\longrightarrow$	——
FM	HM_{BA}	0	
DM	$-\dfrac{3}{7}HM_{BA}$	$-\dfrac{4}{7}HM_{BA}$	
COM			$-\dfrac{2}{7}HM_{BA}$
ΣM	$\dfrac{4}{7}HM_{BA}$	$-\dfrac{4}{7}HM_{BA}$	$-\dfrac{2}{7}HM_{BA}$

將固端彎矩值代入各桿端彎矩中，整理得

$$M_{BA} = \frac{4}{7}HM_{BA} = \frac{2x(l^2-x^2)}{7l^2} \qquad (0 \le x \le l)$$

$$M_{CB} = -\frac{2}{7}HM_{BA} = -\frac{x(l^2-x^2)}{7l^2} \qquad (0 \le x \le l)$$

在 AB 區間（原點為 A 點，$0 \le x \le l$），M_{BA} 及 M_{CB} 每隔 $\dfrac{l}{4}$ 之影響線值如表

一所示

表一

x	0	$l/4$	$l/2$	$3l/4$	l
M_{BA}	0	$0.067l$	$0.107l$	$0.094l$	0
M_{CB}	0	$-0.034l$	$-0.054l$	$-0.047l$	0

(2)當垂直單位集中載重在 BC 間移動，並距 B 端（設為原點）之距離為 x 時
（如圖(b)所示），則各固端彎矩為

$$HM_{BA} = 0 \qquad\qquad (0 \le x \le l)$$

$$FM_{BC} = -\frac{x(l-x)^2}{l^2} \qquad (0 \le x \le l)$$

$$FM_{CB} = \frac{x^2(l-x)}{l^2} \qquad (0 \le x \le l)$$

節點	B		C
桿端	BA	BC	CB
k	3	4	——
DF	$\dfrac{3}{7}$	$\dfrac{4}{7}$	——
COF	0	$\dfrac{1}{2}$ $\longrightarrow$	——
FM	0	FM_{BC}	FM_{CB}
DM	$-\dfrac{3}{7}FM_{BC}$	$-\dfrac{4}{7}FM_{BC}$	
COM			$-\dfrac{2}{7}FM_{BC}$
ΣM	$-\dfrac{3}{7}FM_{BC}$	$\dfrac{3}{7}FM_{BC}$	$FM_{CB}-\dfrac{2}{7}FM_{BC}$

將固端彎矩值代入各桿端彎矩中，整理得

$$M_{BA} = -\frac{3}{7}FM_{BC} = \frac{3x(l-x)^2}{7l^2} \qquad (0 \le x \le l)$$

$$M_{CB} = FM_{CB} - \frac{2}{7}FM_{BC} = \frac{x^2(l-x)}{l^2} + \frac{2x(l-x)^2}{7l^2} \qquad (0 \le x \le l)$$

在 BC 區間（原點為 B 點，$0 \le x \le l$），M_{BA} 及 M_{CB} 每隔 $\frac{l}{4}$ 之影響線值如表二所示

表二

x	0	$l/4$	$l/2$	$3l/4$	l
M_{BA}	0	$0.060\,l$	$0.054\,l$	$0.020\,l$	0
M_{CB}	0	$0.087\,l$	$0.161\,l$	$0.154\,l$	0

3.繪影響線

在彎矩分配法中，桿端彎矩是採順時針為正，但在繪彎矩影響線時，應採 Timoshenko's 符號系統（亦即使桿件上緣受壓、下緣受拉之彎矩定為正彎矩；反之為負彎矩），故在繪 M_B（即 M_{BA}）及 M_C（即 M_{CB}）的影響線時，應將表一及表二的數值乘一負號。

M_B 及 M_C 影響線分別如圖(c)及圖(d)所示。

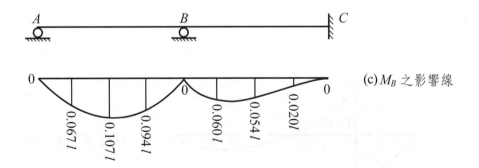

(c) M_B 之影響線

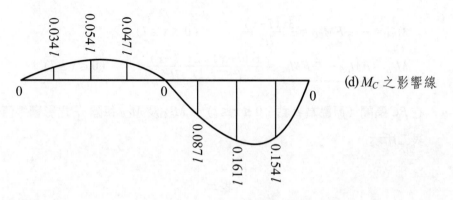

(d) M_C 之影響線

例題 16-12

下圖所示為一兩跨連續梁，EI 為常數，試以彎矩分配法分析 D 點處之剪力 V_D 及彎矩 M_D 之影響線。只需標示最大正、負剪力值及最大彎矩值。

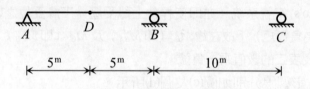

解

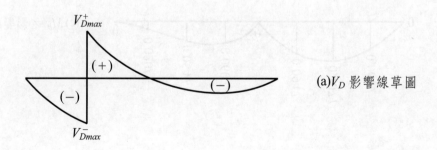

(a) V_D 影響線草圖

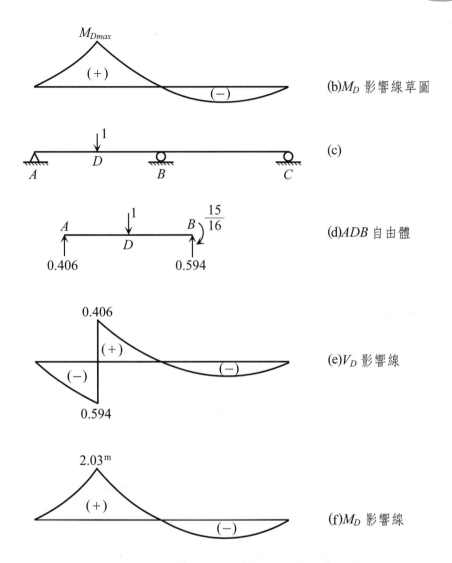

(b)M_D 影響線草圖

(c)

(d)ADB 自由體

(e)V_D 影響線

(f)M_D 影響線

首先應用 Müller-Breslau 原理繪出 V_D 及 M_D 影響線的草圖，分別如圖(a)及圖(b)所示。由草圖中可看出，欲得出 V_{Dmax}^+、V_{Dmax}^- 及 M_{Dmax} 值，垂直單位集中載重應作用在 D 點上，如圖(c)所示。現以彎矩分配法對圖(c)所示的連續梁進行分析。

⑴建立基本資料

　　AB 桿件：A 端為鉸支承，B 端為剛性節點

　　修正的 $k_{BA} = \dfrac{3}{4}(\dfrac{I}{l}) = \dfrac{3I}{40}$ ；修正的 $COF_{BA} = 0$

修正的 $HM_{BA} = \dfrac{3Pl}{16} = \dfrac{3(1)(10)}{16} = \dfrac{15}{8}$

BC 桿件：B 端為剛性節點，C 端為輥支承

修正的 $k_{BC} = \dfrac{3}{4}(\dfrac{I}{l}) = \dfrac{3I}{40}$ ；修正的 $COF_{BC} = 0$

修正的 $HM_{BC} = 0$

相對 k 值為，$k_{BA} : k_{BC} = \dfrac{3I}{40} : \dfrac{3I}{40} = 1 : 1$

(2)彎矩分配和傳遞

節點	B	
桿端	BA	BC
k	1	1
DF	$\dfrac{1}{2}$	$\dfrac{1}{2}$
COF	0	0
FM	$\dfrac{15}{8}$	0
DM	$-\dfrac{15}{16}$	$-\dfrac{15}{16}$
COM	0	0
ΣM	$\dfrac{15}{16}$	$-\dfrac{15}{16}$

故知各桿端彎矩值分別為：

$$M_{AB} = M_{CB} = 0 \ ; \ M_{BA} = \frac{15}{16} \ (\ \circ\ ) \ ; \ M_{BC} = -\frac{15}{16} \ (\ \circ\ )$$

(3)繪影響線並求出 V_{Dmax}^{+}、V_{Dmax}^{-} 及 M_{Dmax}

取 ADB 部份為自由體，如圖(d)所示，由

$\Sigma M_B = 0$ ；得 $R_A = 0.406$ 　（↑）

$\Sigma F_y = 0$ ；得 $V_{BL} = 0.594$ 　（↑）

因此

$$V^-_{Dmax} = V_{BL} = 0.594$$

$$V^+_{Dmax} = 1 - 0.594 = 0.406$$

$$M_{Dmax} = (R_A)(5) = (0.406)(5) = 2.03^m$$

V_D 及 M_D 之影響線分別如圖(e)及圖(f)所示。

國家圖書館出版品預行編目資料

結構學／苟昌煥著. -- 二版. -- 臺北市：五
南, 2018.09
　　面；　公分
ISBN 978-957-11-8252-0 (上冊：平裝).--
ISBN 978-957-11-8253-7 (下冊：平裝)

1.結構工程

441.21　　　　　　　　　104015269

5G18

結構學（下）

作　　　者 ― 苟昌煥（443.1）

發 行 人 ― 楊榮川

總 經 理 ― 楊士清

主　　編 ― 高至廷

責任編輯 ― 許子萱

封面設計 ― 姚孝慈

出 版 者 ― 五南圖書出版股份有限公司

地　　址：106台北市大安區和平東路二段339號4樓

電　　話：(02)2705-5066　　傳　　真：(02)2706-6100

網　　址：http://www.wunan.com.tw

電子郵件：wunan@wunan.com.tw

劃撥帳號：01068953

戶　　名：五南圖書出版股份有限公司

法律顧問　林勝安律師事務所　林勝安律師

出版日期　2005年5月初版一刷
　　　　　2018年9月二版一刷

定　　價　新臺幣680元